高等职业教育建筑工程技术专业系列教材

总主编 /李　辉
执行总主编 /吴明军

（第2版）

地基与基础工程施工

主　编　董　伟
副主编　孔令时　朱　菁　石　硕
　　　　熊　英　沈小芹
参　编　张　涛　丁建伟　李江林
　　　　汪仁娇
主　审　钟汉华　朱保才

重庆大学出版社

内 容 提 要

本书结合大量工程实例,系统地阐述了地基与基础工程施工的主要内容,充分反映了国内外地基与基础工程施工的新技术、新工艺、新方法,包括地基与基础工程施工基础知识、土方工程施工、基坑支护结构施工及降水排水、地基处理、浅基础施工、桩基础施工、灌注桩基础施工、季节性地基基础施工等内容。

本书附有大量工程案例,每个项目还附有习题供读者练习。通过学习本书,读者可以熟悉地基与基础工程施工的基本理论知识,掌握地基与基础工程施工工艺、施工方法及质量验收方法。

本书可作为高等职业学校建筑工程技术、工程监理等土建类专业的教材,也可作为土建工程技术人员的参考用书。

图书在版编目(CIP)数据

地基与基础工程施工 / 董伟主编. --2版. --重庆:
重庆大学出版社,2020.1(2022.7重印)
高等职业教育建筑工程技术专业系列教材
ISBN 978-7-5624-7403-6

Ⅰ.①地… Ⅱ.①董… Ⅲ.①地基—工程施工—高等
职业教育—教材②基础(工程)—工程施工—高等职业教育
—教材 Ⅳ.①TU47②TU753

中国版本图书馆 CIP 数据核字(2019)第 175176 号

高等职业教育建筑工程技术专业系列教材
地基与基础工程施工
(第2版)

主 编 董 伟
副主编 孔令时 朱 菁 石 硕
熊 英 沈小芹
主 审 钟汉华 朱保才
责任编辑:刘颖果 版式设计:刘颖果
责任校对:刘志刚 责任印制:赵 晟
*
重庆大学出版社出版发行
出版人:饶帮华
社址:重庆市沙坪坝区大学城西路 21 号
邮编:401331
电话:(023) 88617190 88617185(中小学)
传真:(023) 88617186 88617166
网址:http://www.cqup.com.cn
邮箱:fxk@ cqup.com.cn(营销中心)
全国新华书店经销
重庆市国丰印务有限责任公司印刷
*
开本:787mm×1092mm 1/16 印张:21.5 字数:538千
2020 年 1 月第 2 版 2022 年 7 月第 5 次印刷
印数:8 501—11 500
ISBN 978-7-5624-7403-6 定价:59.00 元

编委会名单

序　言

　　进入 21 世纪,高等职业教育建筑工程技术专业办学在全国呈现出点多面广的格局。截止到 2013 年,我国已有 600 多所院校开设了高职建筑工程技术专业,在校生达到 28 万余人。如何培养面向企业、面向社会的建筑工程技术技能型人才,是广大建筑工程技术专业教育工作者一直在思考的问题。建筑工程技术专业作为教育部、住房和城乡建设部确定的国家技能型紧缺人才培养专业,也被许多示范高职院校选为探索构建"工作过程系统化的行动导向教学模式"课程体系建设的专业,这些都促进了该专业的教学改革和发展,其教育背景以及理念都发生了很大变化。

　　为了满足建筑工程技术专业职业教育改革和发展的需要,重庆大学出版社在历经多年深入高职高专院校调研的基础上,组织编写了这套"高等职业教育建筑工程技术专业系列教材"。该系列教材由全国住房和城乡建设职业教育教学指导委员会副主任委员吴泽教授担任顾问,四川建筑职业技术学院李辉教授、吴明军教授分别担任总主编和执行总主编,以国家级示范高职院校或建筑工程技术专业为国家级特色专业、省级特色专业的院校为编著主体,全国共 20 多所高职高专院校建筑工程技术专业骨干教师参与完成,极大地提升了教材的品质。

　　本系列教材精心设计该专业课程体系,共包含两大模块:通用的"公共模块"和各具特色的"体系方向模块"。公共模块包含专业基础课程、公共专业课程、实训课程三个小模块;体系方向模块包括传统体系专业课程、教改体系专业课程两个小模块。各院校可根据自身教改和教学条件实际情况,选择组合各具特色的教学体系,即传统教学体系(公共模块+传统体系专业课)和教改教学体系(公共模块+教改体系专业课)。

本系列教材在编写过程中,力求突出以下特色:

(1)依据《高等职业学校专业教学标准(试行)》中"高等职业学校建筑工程技术专业教学标准"和"实训导则"编写,紧贴当前高职教育的教学改革要求。

(2)教材编写以项目教学为主导,以职业能力培养为核心,适应高等职业教育教学改革的发展方向。

(3)教改教材的编写以实际工程项目或专门设计的教学项目为载体展开,突出"职业工作的真实过程和职业能力的形成过程",强调"理实"一体化。

(4)实训教材的编写突出职业教育实践性操作技能训练,强化本专业的基本技能的实训力度,培养职业岗位需求的实际操作能力,为停课进行的实训专周教学服务。

(5)每本教材都有企业专家参与大纲审定、教材编写以及审稿等工作,确保教学内容更贴近建筑工程实际。

我们相信,本系列教材的出版将对高等职业教育建筑工程技术专业的教学改革和健康发展起到积极的促进作用!

2013 年 9 月

前　言

　　本书根据高等职业教育土建类各专业人才培养目标,以施工员、二级建造师等职业岗位能力的培养为导向,衔接国家现行的有关标准及相关专业施工规范,同时遵循高等职业院校学生的认知规律,以专业知识和职业技能、自主学习能力及综合素质培养为课程目标,紧密结合职业资格考试中的相关考核要求,确定本书的内容。

　　本书共分 8 个项目,主要包括地基与基础工程施工基础知识、土方工程施工、基坑支护结构施工及降水排水、地基处理、浅基础施工、桩基础施工、灌注桩基础施工、季节性地基基础施工。

　　"地基与基础工程施工"是一门实践性很强的课程,为此,在编写本书时我们始终坚持"素质为本、能力为主、需要为准、够用为度"的原则。本书结合我国基础工程施工的实际精选内容,力求理论联系实际,注重实践能力的培养,突出针对性和实用性,以满足学生学习的需要。同时,本书还在一定程度上反映了国内外基础工程施工的先进经验和技术成就。

　　本书既可作为高等职业学校建筑工程技术、工程监理、工程造价等土建类专业的教材,也可作为土建类其他层次职业教育相关专业培训教材和土建工程技术人员的参考书。

　　本书是根据最新的技术规范、施工及验收标准、规范要求进行编写,建议安排 80~100 学时进行教学。

　　本书由湖北水利水电职业技术学院董伟担任主编;湖北水利水电职业技术学院孔令时、朱菁、石硕、熊英、沈小芹担任副主编;湖北水利水电职业技术学院钟汉华、中建五局华东建设有限公司朱保才担任主审;董伟负责统稿。本书具体项目编写分工为:项目 1 由朱菁编写;项目 2 由董伟编写;项目 3 由石硕编写;项目 4 由沈小芹和熊英共同编写;项目 5 由孔令时编写;项目 6 由湖北省来凤县农业农村局张涛编写;项目 7 由湖北大禹水利水电建设有限责任公司丁建伟编写;项目 8 由恩施州新禹建设工程有限公司李江林和湖北楚元工程建设咨询有限公司汪仁娇共同编写。

本书在编写过程中参考和引用了有关专业文献和资料,未在书中一一注明出处,在此谨向有关文献的作者表示衷心感谢。

由于编者水平有限,本书难免存在错误和不足之处,敬请各位读者与同行批评指正。

编　者

2019 年 8 月

目　录

项目 1
地基与基础工程施工基础知识

项目导读

- **基本要求**　了解工程地质、地基承载力和地质勘察的相关知识;了解土的组成,掌握土的物理性质和物理状态指标;掌握土的鉴别方法;掌握基础施工图的识读方法,能够阅读一般房屋基础施工图,并根据图纸进行后序工作;能够阅读和使用工程地质勘察报告。
- **重点**　土的物理性质和物理状态指标,基础施工图的识读方法。
- **难点**　阅读和使用工程地质勘察报告。

子项 1.1　基础施工图的识读

基础是房屋施工图的图示内容之一,要熟练地识读基础施工图,首先要掌握房屋施工图的图示方法和相关制图规定。

1.1.1　建筑识图概述

1)房屋施工图的分类

①建筑施工图(简称建施)。建筑施工图主要表达建筑物的外部形状、内部布置、装饰构造、施工要求等。这类基本图有首页图、建筑总平面图、平面图、立面图、剖面图以及墙身、楼梯、门、窗详图等。

②结构施工图(简称结施)。结构施工图主要表达承重结构的构件类型、布置情况以及

构造做法等。这类基本图有基础平面图、基础详图、楼层及屋盖结构平面图、楼梯结构图和各构件的结构详图等(梁、柱、板)。

③设备施工图(简称设施)。设备施工图主要表达房屋各专用管线和设备布置及构造等情况。这类基本图有给水排水、采暖通风、电气照明等设备的平面布置图、系统图和施工详图。

2)房屋施工图的识读方法和步骤

(1)看基础平面布置图

①了解基础类型:独立基础、条形基础、桩基础等;

②了解每个基础的平面位置(与定位轴线间的相对关系);

③了解每类基础的平面大小、形状;

④了解基础梁的平面位置、断面大小、配筋(平法);

⑤对桩基础,应了解每根桩的平面定位(与横、纵轴线的关系)。

(2)看构件统计表

了解本图中的基础类型和数量以及各基础详图所在施工图号。

(3)看"说明"

即看基础施工说明。对桩基础,应了解桩类型(预制桩、灌注桩)、沉桩方法、检测方法等。

(4)看基础平面详图

①了解基础平面形状、大小尺寸及平面定位(与轴线的关系);

②了解基础上部结构(柱)的断面尺寸及配筋;

③了解基础底板配筋。

(5)看基础剖面详图

①了解基础埋置深度(顶面、地面标高);

②了解基础台阶的宽度和高度;

③了解上部结构(柱)断面尺寸及配筋构造;

④了解基础底板的钢筋布置。

(6)看施工要求

了解基础施工要求,如混凝土强度等级、钢筋类型等。

3)识读房屋施工图的相关规定

房屋施工图是按照正投影的原理及视图、剖面、断面等基本方法绘制而成的。它的绘制应遵守现行《房屋建筑制图统一标准》(GB/T 50001—2017)、《建筑制图标准》(GB/T 50104—2010)、《建筑结构制图标准》(GB/T 50105—2010)及相关专业图的规定。

(1)尺寸及标高

施工图上的尺寸可分为总尺寸、定位尺寸及细部尺寸3种。细部尺寸表示各部位构造的大小,定位尺寸表示各部位构造之间的相互位置,总尺寸应等于各分尺寸之和。尺寸除了总平面图尺寸及标高尺寸以米(m)为单位外,其余一律以毫米(mm)为单位。

在施工图上,常用标高符号表示某一部位的高度。标高符号用细实线绘制,符号中的三角形为等腰直角三角形,90°角所指为实际高度线。长横线上下用来注写标高数值,数值以 m 为单位,一般注至小数点后三位(总平面图中为二位数)。如标高数字前有"−"号的,表示该处完成面低于零点标高;如数字前没有符号的,表示高于零点标高。

标高符号形式如图 1.1 所示。标高符号画法如图 1.2 所示。立面图与剖面图上的标高符号注法如图 1.3 所示。

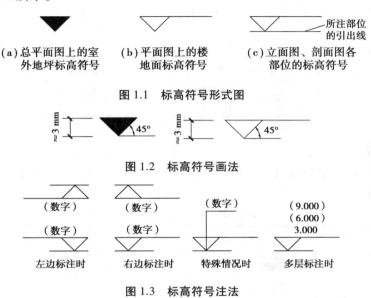

图 1.1　标高符号形式图

图 1.2　标高符号画法

图 1.3　标高符号注法

(2)索引符号和详图符号

在施工图中,由于房屋体形大,房屋的平、立、剖面图均采用小比例绘制,所以某些局部无法表达清楚的,需要另绘制其详图进行表达。

对需用详图表达部分应标注索引符号,并在所绘详图处标注详图符号。

索引符号应由直径为 8~10 mm 的圆和水平直径组成,圆及水平直径线宽宜为 $0.25b$。

索引符号如用于索引剖视详图,应在被剖切的部位绘制剖切位置线,并用引出线引出索引符号,引出线所在的一侧应为投视方向,见表 1.1。

表 1.1　索引符号与详图符号

名　称	符　号	说　明
详图的索引符号	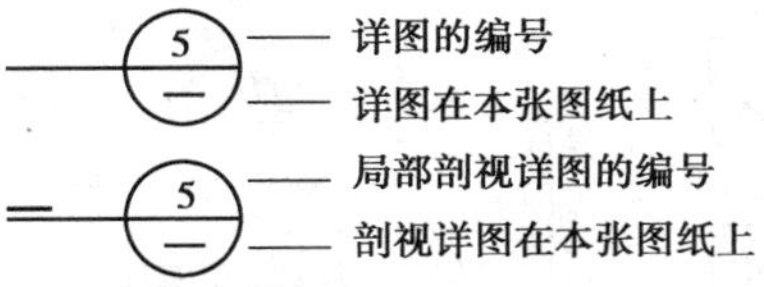 ⑤ — 详图的编号 — 详图在本张图纸上 ⑤ — 局部剖视详图的编号 — 剖视详图在本张图纸上	细实线单圆圈直径应为 10 mm,详图在本张图纸上,剖开后从上往下投影
	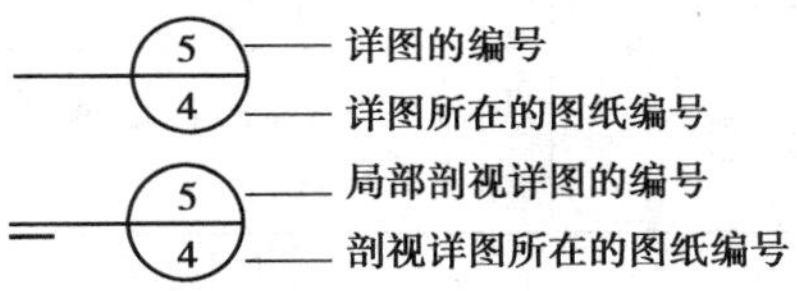 ⑤/④ — 详图的编号 — 详图所在的图纸编号 ⑤/④ — 局部剖视详图的编号 — 剖视详图所在的图纸编号	详图不在本张图纸上,剖开后从下往上投影

续表

名　称	符　号	说　明
详图的索引符号	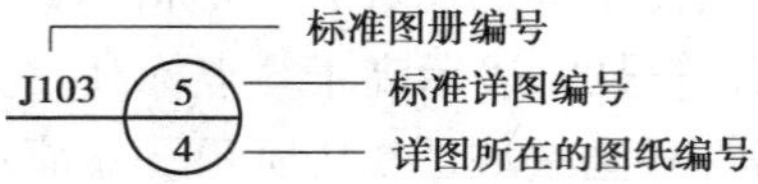 J103 ⑤／④　标准图册编号／标准详图编号／详图所在的图纸编号	标准详图
详图的符号	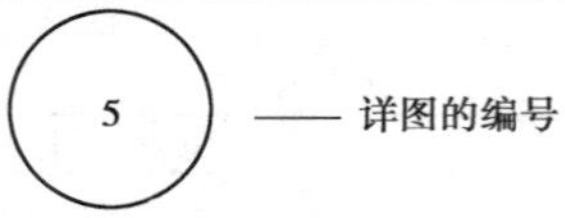 ⑤　详图的编号	详图符号的圆直径应为 14 mm,线宽为 b,详图与被索引的图样同在一张图纸内
详图的符号	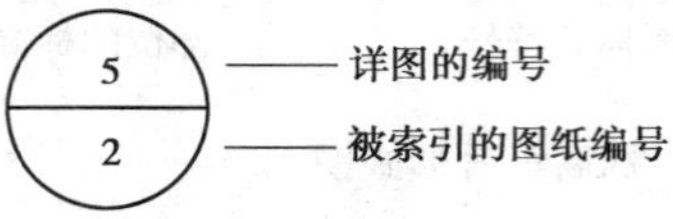 ⑤／②　详图的编号／被索引的图纸编号	详图与被索引的图样不在同一张图纸内

（3）常用建筑材料图例

按照《房屋建筑制图统一标准》（GB/T 50001—2017）的规定,常用建筑材料应按表 1.2 所示图例进行绘制。

表 1.2　常用建筑材料图例

序号	名　称	图　例	说　明
1	自然土壤		包括各种自然土壤
2	夯实土壤		—
3	砂、灰土	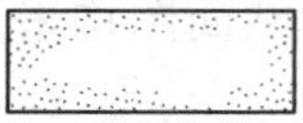	—
4	砂砾石、碎砖三合土	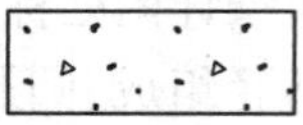	—
5	石材	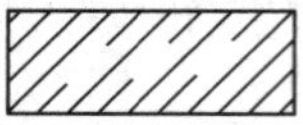	—
6	毛石	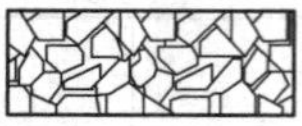	—
7	实心砖、多孔砖	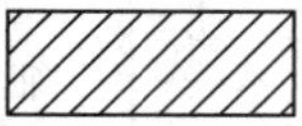	包括普通砖、多孔砖、混凝土砖等砌体
8	耐火砖	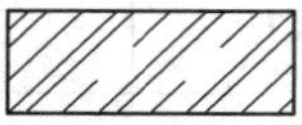	包括耐酸砖等砌体
9	空心砖、空心砌块	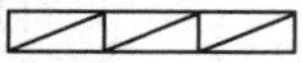	包括空心砖、普通或轻骨料混凝土小型空心砌块等砌体

续表

序 号	名 称	图 例	说 明
10	加气混凝土	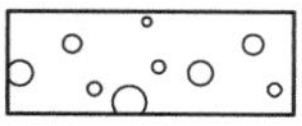	包括加气混凝土砌块砌体、加气混凝土墙板及加气混凝土材料制品等
11	饰面砖		包括铺地砖、玻璃马赛克、陶瓷锦砖、人造大理石等
12	焦渣、矿渣	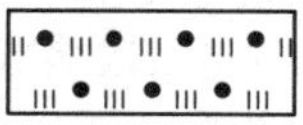	包括与水泥、石灰等混合而成的材料
13	混凝土	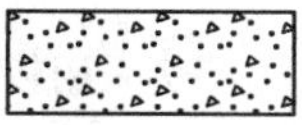	1.包括各种强度等级、骨料、添加剂的混凝土 2.在剖面图上绘制表达钢筋时,则不需绘制图例线
14	钢筋混凝土	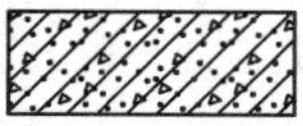	3.断面图形较小,不易绘制表达图例线时,可填黑或深灰(灰度宜70%)
15	多孔材料	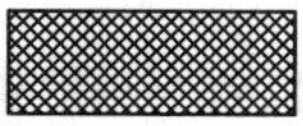	包括水泥珍珠岩、沥青珍珠岩、泡沫混凝土、软木、蛭石制品等
16	纤维材料	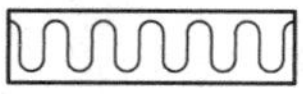	包括矿棉、岩棉、玻璃棉、麻丝、木丝板、纤维板等
17	泡沫塑料材料	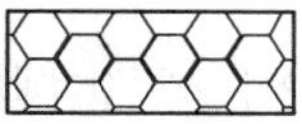	包括聚苯乙烯、聚乙烯、聚氨酯等多聚合物类材料
18	木材		1.上图为横断面,左上图为垫木、木砖或木龙骨 2.下图为纵断面
19	胶合板		应注明为×层胶合板
20	石膏板	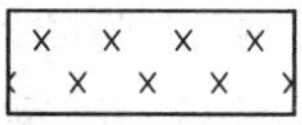	包括圆孔或方孔石膏板、防水石膏板、硅钙板、防火石膏板等
21	金属		1.包括各种金属 2.图形较小时,可填黑或深灰(灰度宜70%)
22	网状材料		1.包括金属、塑料网状材料 2.应注明具体材料名称
23	液体	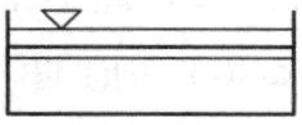	应注明具体液体名称
24	玻璃	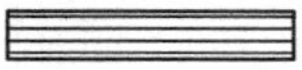	包括平板玻璃、磨砂玻璃、夹丝玻璃、钢化玻璃、中空玻璃、夹层玻璃、镀膜玻璃等

续表

序 号	名 称	图 例	说 明
25	橡胶		—
26	塑料		包括各种软、硬塑料及有机玻璃等
27	防水材料		构造层次多或绘制比例较大时,采用上面的图例
28	粉刷		本图例采用较稀的点

4)钢筋混凝土结构的基本知识

用钢筋和混凝土制成的梁、板、柱、基础等构件,称为钢筋混凝土构件。全部由钢筋混凝土构件组成的房屋结构,称为钢筋混凝土结构。

(1)钢筋混凝土结构中的材料

● 混凝土

混凝土是由水泥、石子、砂和水及其他掺合料按一定比例配合,经过搅拌、捣实、养护而形成的一种人造石。它是一种脆性材料,抗压能力好,抗拉能力差(一般仅为抗压强度的 $1/10 \sim 1/20$)。混凝土的强度等级按《混凝土结构设计规范》(GB 50010—2010,2015 年版)规定分为 14 个不同的等级:C15,C20,C25,C30,C35,C40,C45,C50,C55,C60,C65,C70,C75,C80。工程上常用的混凝土有 C20,C25,C30,C35,C40 等。

● 钢筋

钢筋是建筑工程中用量最大的钢材品种之一。按钢筋的外观特征可分为光面钢筋和带肋钢筋;按钢筋的生产加工工艺可分为热轧钢筋、冷拉钢筋、钢丝和热处理钢筋;按钢筋的力学性可分为有明显屈服点钢筋和没有明显屈服点钢筋。建筑结构中常用热轧钢筋的种类有 HPB300 级、HRB400 级、HRB500 级,分别用符号Φ,Φ,Φ表示。

配置在钢筋混凝土构件中的钢筋,按其所起的作用主要有以下几种:

①受力筋:构件中承受拉力或压力的钢筋。如图 1.4(a)钢筋混凝土梁底部的2Φ20;图(b)单元入口处雨篷板内靠近顶面的Φ10@140 等钢筋,均为受力筋。

②箍筋:构件中承受剪力和扭矩的钢筋,同时用来固定纵向钢筋的位置,形成钢筋骨架,多用于梁和柱内。如图 1.4(a)钢筋混凝土梁中的Φ8@200 便是箍筋。

③架立筋:一般用于梁内,固定箍筋位置,并与受力筋、箍筋一起构成钢筋骨架。如图 1.4(a)钢筋混凝土梁中的 2Φ10 便是架立筋。

④分布筋:一般用于板、墙类构件中,与受力筋垂直布置,用于固定受力筋的位置,与受力筋一起形成钢筋网片,同时将承受的荷载均匀地传给受力筋。如图 1.4(b)单元入口处雨

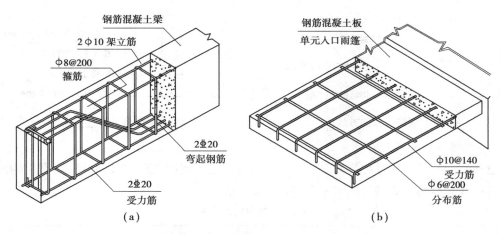

图 1.4　钢筋混凝土构件的钢筋配置

篷板内位于受力筋下面的 φ6@200 便是分布筋。

⑤构造筋：包括架立筋、分布筋、腰筋、拉结筋、吊筋等由于构造要求和施工安装需要而配置的钢筋，统称为构造筋。

（2）钢筋混凝土构件的图示方法

● 钢筋图例

为规范表达钢筋混凝土构件的位置、形状、数量等参数，在钢筋混凝土构件的立面图和断面图上，构件轮廓用细实线画出，钢筋用粗实线及黑圆点表示，图内不画材料图例。一般钢筋的规定画法见表 1.3。

表 1.3　一般钢筋图例

●	钢筋横断面
──	无弯钩的钢筋及端部
⌐	带半圆弯钩的钢筋端部
╱	长短钢筋重叠时，短钢筋端部用 45° 短画表示
└	带直钩的钢筋端部
─///─	带丝扣的钢筋端部
╱	无弯钩的钢筋搭接
└─┘	带直钩的钢筋搭接
⌐─⌐	带半圆钩的钢筋搭接
─▭─	套管接头（花篮螺丝）

● 钢筋的标注

钢筋的标注方法有以下两种：

①钢筋的根数、级别和直径的标注，如图 1.5 所示。

②钢筋级别、直径和相邻钢筋中心距离的标注，主要用来表示分布钢筋与箍筋，标注方法如图 1.6 所示。

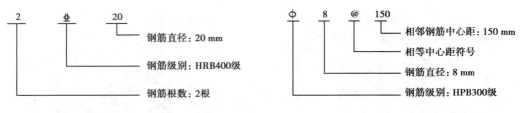

图 1.5　钢筋的标注方法一　　　　　　图 1.6　钢筋的标注方法二

（3）常用结构构件代号

建筑结构的基本构件种类繁多、布置复杂，为了便于制图、施工查阅和统计，常用构件代号用各构件名称的汉语拼音的第一个字母表示，见表1.4。

表 1.4　常用构件代号

序号	名　称	代号	序号	名　称	代号	序号	名　称	代号
1	板	B	15	吊车梁	DL	29	基础	J
2	屋面板	WB	16	圈梁	QL	30	设备基础	SJ
3	空心板	KB	17	过梁	GL	31	桩	ZH
4	槽形板	CB	18	连系梁	LL	32	柱间支撑	ZC
5	折板	ZB	19	基础梁	JL	33	垂直支撑	CC
6	密肋板	MB	20	楼梯梁	TL	34	水平支撑	SC
7	楼梯板	TB	21	檩条	LT	35	梯	T
8	盖板或沟盖板	GB	22	屋架	WJ	36	雨篷	YP
9	挡雨板或檐口板	YB	23	托架	TJ	37	阳台	YT
10	吊车安全走道板	DB	24	天窗架	CJ	38	梁垫	LD
11	墙板	QB	25	框架	KJ	39	预埋件	M
12	天沟板	TGB	26	刚架	GJ	40	天窗端壁	TD
13	梁	L	27	支架	ZJ	41	钢筋网	W
14	屋面梁	WL	28	柱	Z	42	钢筋骨架	G

1.1.2　基础平面布置图的识读

基础是位于墙或柱下面的承重构件，它承受建筑的全部荷载，并传递给基础下面的地基。根据上部结构的形式和地基承载能力的不同，基础可做成条形基础、独立基础、联合基础等。基础图是表示房屋地面以下基础部分的平面布置和详细构造的图样，通常包括基础平面图和基础详图两部分。

1）基础平面图的形成与作用

假想用一个水平剖切面，沿建筑物首层室内地面把建筑物水平剖开，移去剖切面以上的建筑物和回填土,向下作水平投影,所得到的图称为基础平面图。基础平面图主要表达基础的平面位置、形式及其种类,是基础施工时定位、放线、开挖基坑的依据。

2) 基础平面图的图示方法

（1）图线

基础平面图的图线应符合结构施工图图线的有关要求。如基础为条形基础或独立基础,被剖切平面剖切到的基础墙或柱用粗实线表示,基础底部的投影用细实线表示;如基础为筏板基础,则用细实线表示基础的平面形状,用粗实线表示基础中钢筋的配置情况。

（2）绘制比例

基础平面图一般采用 1∶100,1∶200 等比例绘制,常采用与建筑平面图相同的比例。

（3）轴线

在基础平面布置中,基础墙、基础梁以及基础底面的轮廓形状与定位轴线有着密切的关系。基础平面图上的轴线和编号应与建筑平面图上的轴线和编号一致。

（4）尺寸标注

基础平面图中应标注出基础的定形尺寸和定位尺寸。定形尺寸包括基础墙宽度、基础底面尺寸等,可直接标注,也可用文字加以说明和用基础代号等形式标注。定位尺寸包括基础梁、柱等的轴线尺寸,必须与建筑平面图的定位轴线及编号相一致。

（5）剖切符号

基础平面图主要用来表达建筑物基础的平面布置情况,而基础详图主要表达基础的具体做法,详图实际上是基础的断面图,不同尺寸和构造的基础需加画断面图,与其对应在基础平面图上要标注剖切符号并对其进行编号。

3) 基础平面图的阅读方法

①了解图名、比例。

②与建筑平面图对照,了解基础平面图的定位轴线。

③了解基础的平面布置,结构构件的种类、位置、代号。

④了解剖切编号,通过剖切编号了解基础的种类、各类基础的平面尺寸。

⑤阅读基础设计说明,了解基础的施工要求、用料。

⑥联合阅读基础平面图与设备施工图,了解设备管线穿越基础的准确位置,洞口的形状、大小以及洞口上方的过梁要求等。

4) 几种常见的基础平面图

（1）条形基础

如图 1.7 所示为办公楼的基础平面图,它表示出了条形基础的平面布置情况。在基础平面图中,被剖切到的基础墙轮廓要画成粗实线,基础底部的轮廓画成细实线。图中的材料图例可与建筑平面图的画法一致。

①从图名可知,该图为条形基础平面图,采用的绘图比例为 1∶100,即①轴线与②轴线实际间距为 3 300 mm,在图纸上的绘制长度为 33 mm。

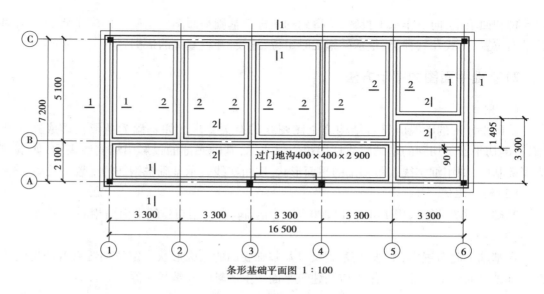

条形基础平面图 1：100

图 1.7 条形基础平面图

②该图有横向轴线(读图顺序从下至上)共 3 根,竖向轴线(读图顺序从左到右)共 6 根。建筑制图相关规范规定,主要承重构件应绘制定位轴线,并编注轴线号;对非承重墙或次要承重构件,应编写附加定位轴线。通过平面图的轴线分布,可大致了解房屋的布局与构造。

③从该平面图可以看出Ⓐ轴线与①轴线、③轴线、④轴线、⑥轴线交点处,Ⓒ轴线与①轴线、⑥轴线交点处均设有柱,尺寸、材料并未在该图上显现出来,因此需要与其他图纸对比识图。

④该图上出现多处剖切符号,可知该图纸应参照 1—1 断面图、2—2 断面图共同识读,所有编号相同的断面构造对应该编号的断面图。

通过对图 1.9 的识读,可知剖切符号标识为 1—1 的条形基础宽度为 600 mm,左边缘偏离定位轴线 365 mm,右边缘偏离定位轴线 235 mm。基础底部标高−1.800 m,基础埋深(基础底部至室外地面高差)1.5 m,基础厚度 300 mm。基础材料:采用 C20 混凝土,配有单层钢筋网片,受力筋为 φ10,钢筋之间的间距为 200 mm;分布筋为 φ6,钢筋之间的间距为 200 mm。墙体厚度为 370 mm,左边缘偏离定位轴线 250 mm,右边缘偏离定位轴线120 mm,两侧各有 60 mm 大放脚,高度为 120 mm。室内外地面高差为 300 mm,基础下有垫层。2—2 断面图参照 1—1 断面图的识读方法。

⑤Ⓐ轴线上,③轴线与④轴线之间设有过门地沟,尺寸:长度 2 900 mm、宽度 400 mm、高度 400 mm。

(2)独立基础

采用框架结构的房屋以及工业厂房的基础常采用柱下独立基础,如图 1.8 所示。

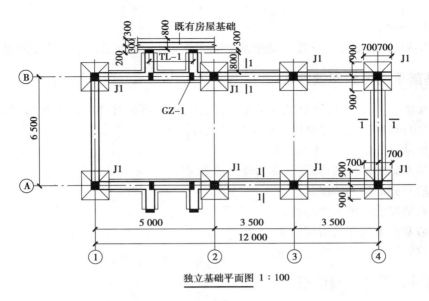

独立基础平面图 1∶100

图 1.8　独立基础平面图

1.1.3　基础详图的识读

1)基础详图的形成与作用

假想用剖切平面垂直剖切基础,用较大比例画出的断面图称为基础详图。基础详图主要表达基础的形状、大小、材料和构造做法,是基础施工的重要依据。

2)基础详图的图示方法

基础详图实际上是基础平面图的配合图,通过平面图与详图配合来表达完整的基础情况。基础详图尽可能与基础平面图画在同一张图纸上,以便对照施工。

(1)图线

基础详图中的基础轮廓、基础墙及柱轮廓等均用中实线(0.5b)绘制。

(2)绘制比例

基础详图是局部图样,它采用比基础平面图放大的比例,一般常用比例为 1∶10,1∶20 或 1∶50。

(3)轴线

为了便于对照阅读,基础详图的定位轴线应与对应的基础平面图的定位轴线的编号一致。

(4)图例

剖切的断面需要绘制材料图例。通常材料图例按照制图规范的规定绘制,如果是钢筋混凝土结构,一般不绘制材料图例,而直接绘制相应的配筋图,由配筋图代表材料图例。

(5)尺寸标注

主要标注基础的定形尺寸,另外还应标注钢筋的规格,防潮层的位置,室内地面、室外地坪及基础底面标高。

（6）文字说明

有关钢筋、混凝土、砖、砂浆的强度等级和防潮层材料及施工技术要求等说明。

3）基础平面图的阅读方法

①了解图名与比例,因基础的种类比较多,读图时,将基础详图的图名与基础平面图的剖切符号、定位轴线对照,了解该基础在建筑中的位置。

②了解基础的形状、大小与材料。

③了解基础各部位的标高,计算基础的埋置深度。

④了解基础的配筋情况。

⑤了解垫层的厚度尺寸与材料。

⑥了解基础梁的配筋情况。

⑦了解管线穿越洞口的详细做法。

4）几种常见的基础详图

（1）条形基础

如图 1.9 所示是墙下钢筋混凝土条形基础详图。混凝土采用 C20,钢筋采用 HPB300级,识读参照图 1.7 基础平面图。

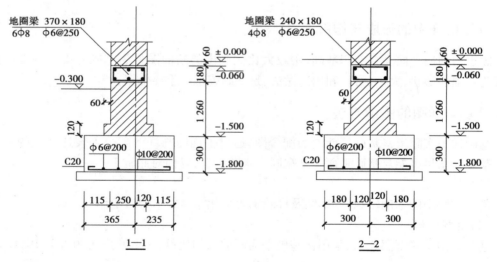

图 1.9　条形基础详图

（2）柱下独立基础

如图 1.10 所示为柱下独立基础详图,从图中可知柱的轴线、外形尺寸、钢筋配置等。基础底部通常浇筑 100 mm 厚混凝土垫层。柱的钢筋在柱的详图中注明,基础底板纵横双向配置 φ12@200 钢筋网。立面图采用全剖面,平面图采用局部剖面表示钢筋网配置情况。

1.1.4　基础施工图识读案例

图 1.11 和图 1.12 分别是某房屋的基础平面图和详图。平面图中粗实线表示墙体,细实线表示基础底面轮廓,读图时应弄清楚以下几个问题:

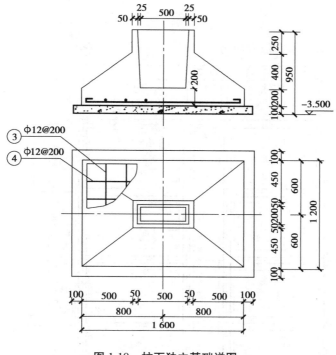

图 1.10 柱下独立基础详图

1)轴线网及其尺寸

应将基础平面图和建筑平面图对照着看,两者的轴线网及其尺寸应完全一致。

2)基础的类型

由图 1.11 和图 1.12 可知,基础是钢筋混凝土条形基础。外墙为 37 墙,内墙为 24 墙。

3)基础的形状、大小及其与轴线的关系

从图 1.11 中可看到每一条定位轴线处均有 4 条线,两条粗实线(基础墙宽)和两条细实线(基础底面宽度)。基础底面宽度根据受力情况而定,如图中标注的(560,440),(550,550),(290,410),说明基础宽度分别为 1 000 mm,1 100 mm,700 mm。从图 1.12 中可看出基础断面为矩形,基础高度为 0.3 m。

4)基础中有无地沟与孔洞

由图 1.11 可知,Ⓔ轴线上③轴到④轴间的基础墙上两处画有两段虚线,在引出线上注有:300×400/底-1.100,其中 300 表示洞口宽度,400 表示洞口高度,洞深同基础墙厚,不用表示;-1.100 表示洞底标高为-1.1 m。

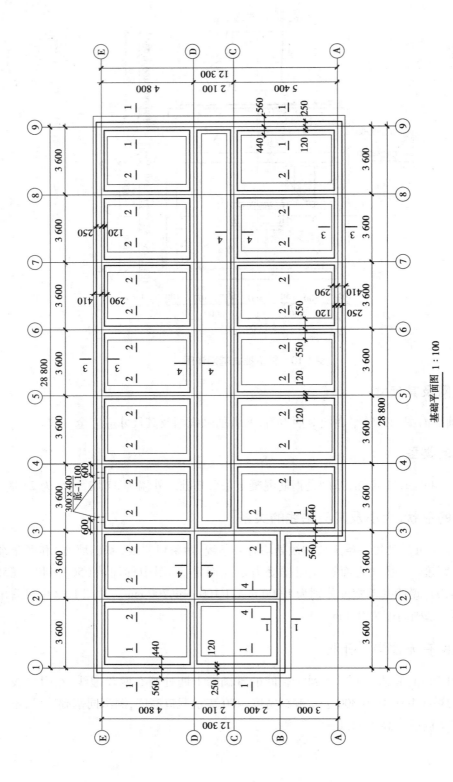

基础平面图 1:100

图1.11　条形基础平面图

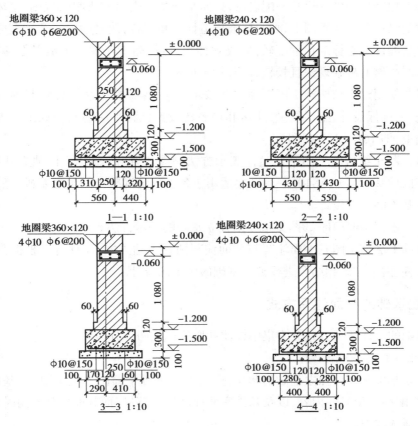

图 1.12 条形基础详图

5) 基础底面的标高和室内、外地面的标高

从图 1.12 中可知,基础顶面标高为-1.200 m,底面标高为-1.500 m,室内地面标高为
±0.000,由此可知基础的埋深小于 1.5 m。

6) 基础的详细构造

由图 1.12 可知,基础底面有 100 mm 厚的素混凝土垫层,每边比基础宽出 100 mm。基
础顶面墙体做了 60 mm 宽大放脚,大放脚高 120 mm。基础内配有 Φ10@150 双向钢筋网片。
外墙圈梁的配筋为 6 Φ10,内墙圈梁的配筋为 4 Φ10,箍筋为 Φ6@200。圈梁顶面标高
为-0.060 m。

1.1.5 基础施工图平面整体表示方法

钢筋混凝土结构构件配筋图的表示方法有详图法、梁柱表法和平面整体表示法 3 种。
详图法和梁柱表法都属于传统的施工图绘制方法。传统的施工图绘制方法将创造性劳动和
非创造性劳动混为一体,不仅有出图量大的缺点,而且图中还有大量的重复性工作,绘图过
程中容易出错,也不易修改,从而导致设计效率低,质量难以控制。

平法则是把结构构件的尺寸和配筋等,按照平面整体表示方法制图规则,整体直接表达在各类构件的结构平面布置图上,再与标准构造详图相配合,使之构成一套新型完整的结构施工图。平法的优点是标准化程度较高,直观性强,可提高工作效率1倍以上,减少图纸量65%~80%,减少错漏碰缺现象且校核方便,易于更正。

为了规范使用建筑结构施工图平面整体表示方法,保证按平法设计绘制的结构施工图实现全国统一,确保设计、施工质量,住房和城乡建设部已将平法的制图规则纳入国家建筑标准设计图集,即16G101系列图集。

其中,《混凝土结构施工图平面整体表示方法制图规则和构造详图(独立基础、条形基础、筏形基础、桩基础)》(16G101—3)图集适用于各种现浇混凝土的独立基础、条形基础、筏形基础及桩基础施工图设计。

本节主要根据16G101—3图集来介绍独立基础的表示方法。

独立基础平法施工图有平面注写与截面注写两种表达方式,设计者可根据具体工程情况选择一种,或两种方式相结合进行独立基础的施工图设计。

1)独立基础的平面注写方式

独立基础的平面注写方式分为集中标注和原位标注两部分内容。

(1)独立基础的集中标注

普通独立基础和杯口独立基础的集中标注,系在基础平面图上集中引注:基础编号、截面竖向尺寸、配筋三项必注内容,以及基础底面标高(与基础底面基准标高不同时)和必要的文字注解两项选注内容。

素混凝土普通独立基础的集中标注,除无基础配筋内容外,其他均与钢筋混凝土普通独立基础相同。

独立基础集中标注的具体内容规定如下:

①注写独立基础编号,该项为必注内容,见表1.5。

表 1.5 独立基础编号

类型	基础底板 截面形状	代号	序号
普通独立基础	阶形	DJ_J	××
	坡形	DJ_P	××
杯口独立基础	阶形	BJ_J	××
	坡形	BJ_P	××

注:独立基础底板的截面形状通常有两种:阶形截面编号加下标"J",如$DJ_J××$,$BJ_J××$;坡形截面编号加下标"P",如$DJ_P××$,$BJ_P××$。

②注写独立基础截面竖向尺寸,该项为必注内容。下面按普通独立基础和杯口独立基础分别进行说明。

对于普通独立基础,注写为 $h_1/h_2/\cdots$,具体标注为:当基础为阶形截面时,见示意图 1.13;当基础为单阶时,其竖向尺寸仅为一个,即为基础总高度,见示意图 1.14。例如,当阶形截面普通独立基础 $DJ_J\times\times$ 的竖向尺寸注写为 400/300/300 时,表示 $h_1 = 400$ mm,$h_2 = 300$ mm,$h_3 = 300$ mm,基础底板总高度为 1 000 mm。

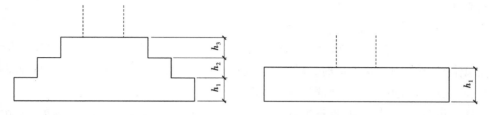

图 1.13　阶形截面普通独立基础竖向尺寸　　　图 1.14　单阶普通独立基础竖向尺寸

对于杯口独立基础,当基础为阶形截面时,其竖向尺寸分两组,一组表达杯口内,另一组表达杯口外,两组尺寸以",",分隔,注写为:a_0/a_1,$h_1/h_2/\cdots$,其含义见示意图 1.15,其中杯口深度 a_0 为柱插入杯口的尺寸加 50 mm;当基础为坡形截面时,注写为:a_0/a_1,$h_1/h_2/h_3/\cdots$,其含义见示意图 1.16。

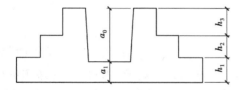

图 1.15　阶形截面杯口独立基础竖向尺寸　　　图 1.16　坡形截面杯口独立基础竖向尺寸

③注写独立基础配筋,该项为必注内容。

注写独立基础底板配筋时,普通独立基础和杯口独立基础的底部双向配筋注写规定为:以 B 代表各种独立基础底板的底部配筋;X 向配筋以 X 打头、Y 向配筋以 Y 打头注写,当两向配筋相同时,则以 X&Y 打头注写。例如,见示意图 1.17,当独立基础底板配筋标注为:B:XΦ16@ 150,YΦ16@ 200,表示基础底板底部配置 HRB400 级钢筋,X 向钢筋直径为16 mm,间距为 150 mm;Y 向钢筋直径为 16 mm,间距为 200 mm。

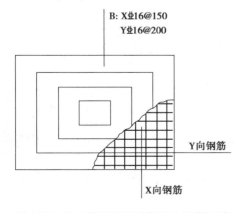

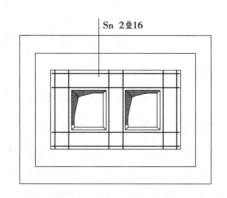

图 1.17　独立基础底板底部双向配筋示意　　　图 1.18　双杯口独立基础顶部焊接钢筋网示意

注写杯口独立基础顶部焊接钢筋网时,以 Sn 打头引注杯口顶部焊接钢筋网的各边钢筋。例如,见示意图 1.18,当双杯口独立基础顶部钢筋网标注为:Sn2$\underline{\Phi}$16,表示杯口每边和双杯口中间杯壁的顶部均配置 2 根 HRB400 级、直径为 16 mm 的焊接钢筋网。

注写高杯口独立基础的短柱配筋(亦适用于杯口独立基础杯壁有配筋的情况)时,具体注写规定为:

a.以 O 代表短柱配筋。

b.先注写短柱纵筋,再注写箍筋。注写为:角筋/长边中部筋/短边中部筋,箍筋(两种间距);当短柱水平截面为正方形时,注写为:角筋/x 边中部筋/y 边中部筋,箍筋(两种间距,短柱杯口壁内箍筋间距/短柱其他部位箍筋间距)。

c.对于双高杯口独立基础的短柱配筋,注写形式与单高杯口相同。例如,见示意图 1.19,当高杯口独立基础的短柱配筋标注为:O:4$\underline{\Phi}$20/$\underline{\Phi}$16@ 220/$\underline{\Phi}$16@ 200,ϕ 10@ 150/300,表示高杯口独立基础的短柱配置 HRB400 级竖向纵筋和 HPB300 级箍筋,其竖向纵筋为:4$\underline{\Phi}$20 角筋、$\underline{\Phi}$16@ 220 长边中部筋和 $\underline{\Phi}$16@ 200 短边中部筋,其箍筋直径为 10 mm,短柱杯口壁内间距为 150 mm,短柱其他部位间距为 300 mm。

注写普通独立基础带短柱竖向尺寸及钢筋时,当独立基础埋深较大,设置短柱时,短柱配筋应注写在独立基础中。具体注写规定为:

a.以 DZ 代表普通独立基础短柱。

b.先注写短柱纵筋,再注写箍筋,最后注写短柱标高范围。注写为:角筋/长边中部筋/短边中部筋,箍筋,短柱标高范围。当短柱水平截面为正方形时,注写为:角筋/x 边中部筋/y 边中部筋,箍筋,短柱标高范围。例如,见示意图 1.20,当短柱配筋标注为:DZ:4$\underline{\Phi}$20/5$\underline{\Phi}$18/5$\underline{\Phi}$18,ϕ 10@ 100,$-2.500 \sim -0.050$,表示独立基础的短柱设置在 $-2.500 \sim -0.050$ 高度范围内,配置 HRB400 级竖向纵筋和 HPB300 级箍筋,其竖向纵筋为:4$\underline{\Phi}$20 角筋、5$\underline{\Phi}$18x 边中部筋和 5$\underline{\Phi}$18y 边中部筋,其箍筋直径为 10 mm、间距为 100 mm。

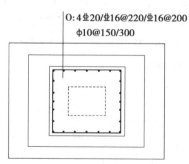

图 1.19　高杯口独立基础短柱配筋示意

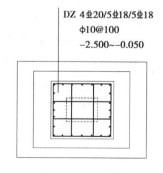

图 1.20　独立基础短柱配筋示意

④注写基础底面标高,该项为选注内容。当独立基础的底面标高与基础底面基准标高不同时,应将独立基础底面标高直接注写在"(　)"内。

⑤必要的文字注解,该项为选注内容。当独立基础的设计有特殊要求时,宜增加必要的文字注解。例如,基础底板配筋长度是否采用减短方式等,可在该项内注明。

（2）独立基础的原位标注

钢筋混凝土和素混凝土独立基础的原位标注，系在基础平面布置图上标注独立基础的平面尺寸。对相同编号的基础，可选择一个进行原位标注；当平面图形较小时，可将所选定进行原位标注的基础按比例适当放大；其他相同编号者仅注编号。

原位标注的具体内容规定如下：

①普通独立基础。原位标注 x、y，x_c、y_c（或圆柱直径 d_c），x_i、y_i，$i=1,2,3\cdots$。其中，x、y 为普通独立基础两向边长，x_c、y_c 为柱截面尺寸，x_i、y_i 为阶宽或坡形平面尺寸（当设置短柱时，尚应标注短柱的截面尺寸）。

对称阶形截面普通独立基础的原位标注如图 1.21 所示；非对称阶形截面普通独立基础的原位标注如图 1.22 所示；设置短柱独立基础的原位标注如图 1.23 所示。

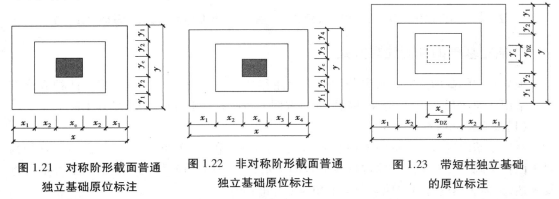

图 1.21　对称阶形截面普通
独立基础原位标注

图 1.22　非对称阶形截面普通
独立基础原位标注

图 1.23　带短柱独立基础
的原位标注

对称坡形截面普通独立基础的原位标注如图 1.24 所示；非对称坡形截面普通独立基础的原位标注如图 1.25 所示。

②杯口独立基础。原位标注 x、y，x_u、y_u，t_i，x_i、y_i，$i=1,2,3\cdots$。其中，x、y 为杯口独立基础两向边长，x_u、y_u 为杯口上口尺寸，t_i 为杯壁上口厚度，下口厚度为 t_i+25，x_i、y_i 为阶宽或坡形截面尺寸。

杯口上口尺寸 x_u、y_u，按柱截面边长两侧双向各加 75 mm；杯口下口尺寸按标准构造详图（为插入杯口的相应柱截面边长尺寸，每边各加 50 mm），设计不注。

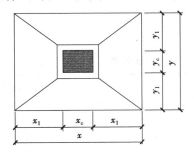

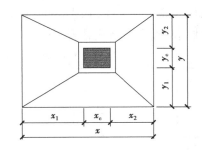

图 1.24　对称坡形截面普通独立
基础原位标注

图 1.25　非对称坡形截面普通
独立基础原位标注

阶形截面杯口独立基础的原位标注如图 1.26 所示。高杯口独立基础的原位标注与杯口独立基础完全相同。

坡形截面杯口独立基础的原位标注如图 1.27 所示。高杯口独立基础的原位标注与杯口独立基础完全相同。

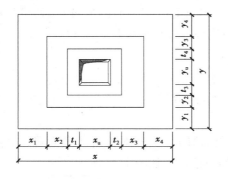 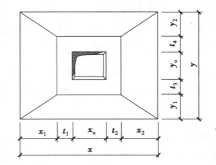

图 1.26　阶形截面杯口独立基础原位标注　　图 1.27　坡形截面杯口独立基础原位标注

2) 独立基础的截面注写方式

独立基础的截面注写方式又分为截面标注和列表注写(结合截面示意图)两种表达方式。采用截面注写方式时,应在基础平面布置图上对所有基础进行编号,见表 1.5。

(1)独立基础的截面标注

对单个基础进行截面标注的内容和形式,与传统"单构件正投影表示方法"基本相同。对于已在基础平面布置图上原位标注清楚的该基础的平面几何尺寸,在截面图上可不再重复表达,具体表达内容可参照本图集中相应的标准构造。

(2)独立基础的列表注写

对多个同类基础,可采用列表注写(结合截面示意图)的方式进行集中表达。表中内容为基础截面的几何数据和配筋等,在截面示意图上应标注与表中栏目相对应的代号。列表的具体内容规定如下:

①普通独立基础。普通独立基础列表集中注写栏目为:

编号:阶形截面编号为 $DJ_J××$,坡形截面编号为 $DJ_P××$。

几何尺寸:水平尺寸 x、y、x_c、y_c(或圆柱直径 d_c),x_i、y_i,$i=1,2,3\cdots$;竖向尺寸 $h_1/h_2/\cdots$。

配筋:B:X:$\Phi××@×××$,Y:$\Phi××@×××$。

普通独立基础列表格式见表 1.6。

表 1.6　普通独立基础几何尺寸和配筋表

基础编号/ 截面号	截面几何尺寸				底部配筋(B)	
	x、y	x_c、y_c	x_i、y_i	$h_1/h_2/\cdots$	X 向	Y 向

注:表中可根据实际情况增加栏目。例如:当基础底面标高与基础底面基准标高不同时,加注基础底面标高;当为双柱独立基础时,加注基础顶部配筋或基础梁几何尺寸和配筋;当设置短柱时,增加短柱尺寸及配筋等。

②杯口独立基础。杯口独立基础列表集中注写栏目为：

编号：阶形截面编号为 $BJ_J \times \times$，坡形截面编号为 $BJ_P \times \times$。

几何尺寸：水平尺寸 x、y、x_u、y_u、t_i、x_i、y_i，$i = 1,2,3\cdots$；竖向尺寸 a_0、a_1、$h_1/h_2/\cdots$。

配筋：$B:X:\mathbin{\text{\textcircled{$\pm$}}} \times \times @ \times \times \times,Y:\mathbin{\text{\textcircled{$\pm$}}} \times \times @ \times \times \times,Sn \times \mathbin{\text{\textcircled{$\pm$}}} \times \times$，

$O: \times \mathbin{\text{\textcircled{$\pm$}}} \times \times / \mathbin{\text{\textcircled{$\pm$}}} \times \times @ \times \times \times / \mathbin{\text{\textcircled{$\pm$}}} \times \times @ \times \times \times, \phi \times \times @ \times \times \times / \times \times \times$。

杯口独立基础列表格式见表 1.7。

表 1.7　杯口独立基础几何尺寸和配筋表

基础编号/截面号	截面几何尺寸				底部配筋(B)		杯口顶部钢筋网(Sn)	短柱配筋(O)	
	x、y	x_c、y_c	x_i、y_i	a_0、a_1,$h_1/h_2/\cdots$	X 向	Y 向		角筋/长边中部筋/短边中部筋	杯口壁箍筋/其他部位箍筋

注：①表中可根据实际情况增加栏目。如当基础底面标高与基础底面基准标高不同时,加注基础底面标高或增加说明栏目等。

　　②短柱配筋适用于高杯口独立基础,也适用于杯口独立基础杯壁有配筋的情况。

子项 1.2　地基土的基本性质及分类

1.2.1　土的组成、结构和构造

1)土的组成

土是由地壳表层岩石经物理、化学、生物风化作用,再经搬运、沉积,形成各类沉积物,中间贯穿着孔隙,孔隙中存在着水和空气。因此,在天然状态下,土体一般由固体的颗粒(固相)、水(液相)和气体(气相)三部分组成,固体颗粒构成土的骨架,土粒间具有孔隙,在孔隙中充填着空气和水,简称三相体系如图 1.28 所示。这些组成部分的性质及相互间的比例关系决定了土的物理力学性质。

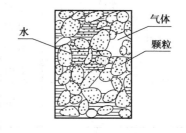

图 1.28　土的三相组成示意图

（1）土的固相

土的固相即土中固体颗粒,简称土粒,由矿物颗粒或有机质组成,构成土的骨架,是土中最主要的组成部分。土粒的成分不同、颗粒大小不同、形状不同以及大小搭配情况不同,土

的性质也明显不同。

①土粒的矿物成分。土粒的矿物成分取决于母岩的矿物成分和风化作用,可分为原生矿物和次生矿物。原生矿物是岩石经物理风化作用后破碎形成的矿物颗粒,其矿物成分与母岩相同,如石英、云母、长石等,它们的性质比较稳定,由其组成的土具有无黏性、透水性大、压缩性较低的特点。若级配好,则土强度高、压缩性低。

次生矿物是岩石经化学风化作用(水化、氧化、碳化等)形成的新的矿物。由次生矿物组成的土的颗粒极细,性质较不稳定,具有很强的与水作用能力,遇水易膨胀。主要是黏土矿物,常见的有蒙脱石、伊利石和高岭石。

土中的有机质是在土的形成过程中动、植物的残骸及其分解物质与土混掺沉积在一起,经生物化学作用生成的物质。有机质亲水性很强,因此有机土压缩性大、强度低。当有机质含量超过5%时,不能作为堤坝工程的填筑土料,否则会影响工程质量。

②土粒的大小和形状。自然界中土都是由大小不同的土粒组成的。颗粒的大小通常用粒度表示。一般地,粒度不同,矿物成分不同,土的工程性质就不相同。为了研究的方便,工程上通常把性质和粒径大小相近的土颗粒划分为一组,称为粒组。我国规范依据粒径的大小,将土粒划分为6个粒组,见表1.8。

表 1.8　土粒的粒组划分

粒组统称	粒组名称		粒径范围/mm	一般特征
巨粒土	漂石或块石颗粒		>200	透水性大,无黏性,无毛细水
	卵石或碎石颗粒		200~20	
粗粒土	圆砾或角砾颗粒	粗	20~10	透水性大,无黏性,毛细水上升高度不超过粒径大小
		中	10~5	
		细	5~2	
	砂粒	粗	2~0.5	易透水,当混入云母等杂质时透水性减小,压缩性增加;无黏性,遇水不膨胀,干燥时松散;毛细水上升高度不大,随粒径变小而增大
		中	0.5~0.25	
		细	0.25~0.075	
细粒土	粉粒	粗	0.075~0.01	透水性小;湿时稍有黏性,遇水膨胀小,干时稍有收缩;毛细水上升高度较大较快,极易出现冻胀现象
		细	0.01~0.005	
	黏粒		<0.005	透水性很小;湿时有黏性、可塑性,遇水膨胀大,干时收缩显著;毛细水上升高度大,但速度较慢

注:①漂石、卵石和圆砾颗粒呈一定的磨圆形状(圆形或亚圆形),块石、碎石和角砾颗粒都带有棱角;

　　②黏粒或称黏土粒,粉粒或称粉土粒;

　　③黏粒的粒径上限也有采用 0.002 mm 的。

天然土体中含有大小不同的颗粒,为了表示土粒的大小及组成情况,通常以土中各粒组的相对含量来表示,称为土的粒径级配。确定各粒组相对含量的方法有筛分法和比重计法,应相互配合使用。

a.筛分法:适用于土粒直径 60 mm>d>0.075 mm 的土。此方法是用一套孔径不同的筛子,按从上至下筛孔分别为 20,10,5,2.0,1.0,0.5,0.25,0.075 mm 放置,将事先称过质量的烘干土样过筛,称出留在各筛上的土的质量,然后计算占总土粒质量的百分数。

b.比重计法:适用于粒径小于 0.075 mm 的试样质量占试样总质量的 10% 以上的土。主要仪器是土壤比重计和容积为 1 000 mL 的量筒。由于土粒大小不同,在水中下沉的速度也不同,将比重计放入悬液中,测不同时间比重计读数,根据球状细颗粒在水中的下沉速度与颗粒直径的平方成正比的原理计算出某一粒径土粒占总土粒质量的百分数。

根据颗粒分析试验结果,可绘制如图 1.29 所示的颗粒级配曲线,根据曲线的坡度和曲率可判断土的级配状况。如曲线平缓,表示土粒大小都有,即级配良好;如曲线较陡,则表示颗粒粒径较均匀,即级配不良。

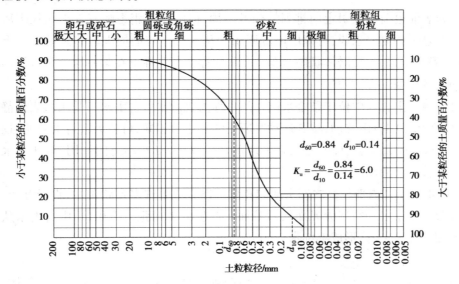

图 1.29 颗粒粒径级配曲线

为了定量反映土的不均匀性,工程上常用不均匀系数 K_u 来描述颗粒级配的不均匀程度:

$$K_u = \frac{d_{60}}{d_{10}} \tag{1.1}$$

式中 d_{60}——小于某粒径土粒累计质量占总质量的 60% 所对应的粒径,称为限定粒径。

d_{10}——小于某粒径的土粒累计质量达 10% 时的粒径,称为有效粒径。

K_u 越大,表示土粒越不均匀,工程上把 $K_u<5$ 的土视为级配不良的土,$K_u>10$ 的土视为级配良好的土。

(2)土的液相

土的液相即土中的水,其含量及性质明显影响土的性质(尤其是黏性土)。

①结合水。结合水是指受土粒表面电场力作用失去自由活动的水。大多数黏土颗粒表面带有负电荷,因此围绕土粒周围形成了一定强度的电场,水分子为极分子,由带正电荷的氢离子 H^+ 和带负电荷的氧离子 O^{2-} 组成,在电场力的作用下定向地吸附在土颗粒表面周围,

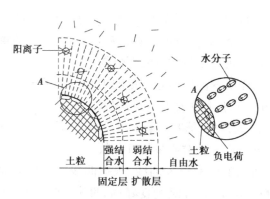

图 1.30 土粒与水分子相互作用模拟图

形成一层不可自由移动的水膜,即结合水。结合水又可根据受电场力作用的强弱分成强结合水和弱结合水,如图 1.30 所示。

a.强结合水。由黏土表面的电分子力牢固地吸引的水分子,所受电场的作用力很大,几乎完全固定排列,性质和普通水不同,丧失液体的特性而接近固体,不传递静水压力,不蒸发,并具有很大的黏滞性、弹性和抗剪强度。

b.弱结合水。这种水在强结合水的外侧,也受土颗粒表面电荷所吸引定向排列于颗粒四周,但电场作用力随着与土颗粒距离的增大而减弱。它是一种黏滞水膜,可以因电场吸引力从一个土粒的周围转移到另一个土粒的周围,不传递静水压力,呈黏滞体状态。弱结合水的存在是黏性土在某一含水量范围内表现出可塑性的根本原因。

②自由水。土孔隙中位于结合水以外的水称为自由水。自由水不受土粒表面静电场力的作用,可在孔隙中自由移动,按其运动时所受的作用力不同,可分为重力水和毛细水。

a.重力水。在透水层中,重力水位于地下水位以下,具有浮力的作用,可从总水头较高处向总水头较低处流动。

b.毛细水。土体内部相互之间贯通的孔隙可以看成是许多形状不一、直径互异、彼此连通的毛细管。由于水和空气分界面处弯液面上产生的表面张力作用,土中自由水从地下水位通过毛细管逐渐上升,形成毛细水。

(3)土中气体

土中的气体可分为自由气体和封闭气体两种。自由气体是与大气连通的气体,并随外界条件改变与大气有交换作用,处于动态平衡状态,如受外荷载作用时,易被排出土外,对土的工程力学性质影响不大。封闭气体是与大气隔绝,以气泡形式存在的气体。封闭气体的存在可以使土的弹性增大,使填土不易压实,还会阻止水通过,使土的渗透性降低。

2)土的结构

土的结构是指土粒或粒团的排列方式及其粒间或粒团间联结的特征。它对土的物理力学性质有着重要影响。土的结构是在地质作用过程中逐渐形成的,它与土的矿物成分、颗粒形状和沉积条件有关。通常土的结构可分为 3 种基本类型,即单粒结构、蜂窝结构和絮状结构,如图 1.31 所示。

(a)单粒结构　　(b)蜂窝结构　　(c)絮状结构

图 1.31 土的结构

3) 土的构造

土的构造即土层在空间的赋存状态,如层状土体、裂隙土体、软弱夹层、透水层与不透水层等。一般有层状构造、裂隙构造、分散构造等。

(1)层状构造

土粒在沉积过程中,由于不同阶段沉积的物质成分、颗粒大小或颜色不同,而沿竖向呈现出成层特征。常见的有水平层理构造及带夹层、尖灭和透镜体等交错层理构造。

(2)裂隙构造

土体被许多不连续的小裂隙所割裂,在裂隙中常充填有各种盐类的沉淀物。不少坚硬和硬塑状态的黏性土具有此构造,如黄土的柱状裂隙、膨胀土的收缩裂隙等。裂隙将破坏土的整体性、增强透水性,对工程不利,往往成为工程结构或土体边坡失稳的控制性因素。

(3)分散构造

在颗粒搬运和沉积过程中,经过分选的卵石、砾石、砂等,沉积厚度往往较大,其间没有明显的层理,呈现分散构造。具有分散构造的土层中各部分土粒无明显差异,分布均匀,各部分性质接近。

1.2.2 土的物理性质指标

土的物理性质不仅取决于三相组成中各相的性质,而且三相之间量的相对比例关系也是一个非常重要的影响因素。因此,土的固相、液相和气相三相各自在体积和质量上所占的比例及其相互作用将影响土的物理力学性质,成为评价土的工程性质的最基本的物理性质指标。工程中常用土的物理性质指标作为评价土体工程性质优劣的基本指标,也是工程地质勘察报告中不可缺少的基本内容。

1) 土的三相草图

天然的土体,其三相的分布通常是分散的,即土中液体水和气体充满着固体颗粒之间的空隙。为了更直观地反映土中三相数量之间的比例关系,常常人为地把土的三相分别集中在一起,并以图 1.32 的形式表示出来,该图称为土的三相草图。

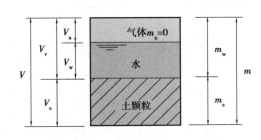

图 1.32 土的三相草图

图中各符号的含义如下:m 表示质量,V 表示体积;下标 a 表示气体,下标 s 表示土粒,下标 w 表示水,下标 v 表示孔隙。

2) 指标的定义

(1)实测指标

①土的密度 ρ。土的密度是指天然状态下单位体积土的质量,常用 ρ 表示,其表达式为:

$$\rho = \frac{m}{V} = \frac{m_s + m_w}{V} \quad (\text{g/cm}^3) \tag{1.2}$$

天然状态下土的密度变化范围较大，一般为 1.6~2.2 g/cm³。土的密度常用环刀法测定（试验方法详见土工试验部分）。土的重度是指天然状态下单位土体所受的重力，常用 γ 表示，其表达式为：

$$\gamma = \frac{W}{V} = \frac{W_s + W_w}{V} \quad (\text{kN/m}^3) \tag{1.3}$$

$$\gamma = \rho g \tag{1.4}$$

式中　W——土的重力；

　　　g——重力加速度，在国际单位制中常用 9.8 m/s²，为换算方便，也可近似用 $g = 10$ m/s² 进行计算。

②土粒比重 G_s。土粒比重是指土在 105~110 ℃下烘至恒重时的质量与同体积4 ℃时纯水的质量之比，简称比重，其表达式为：

$$G_s = \frac{m_s}{V_s \rho_w} \tag{1.5}$$

式中　ρ_w——4 ℃时纯水的密度，取 $\rho_w = 1$ g/cm³。

土粒比重常用比重瓶法测定。土粒比重主要取决于土粒的矿物成分和有机质含量，颗粒越细，比重越大，当土中含有机质时，比重减小。土粒比重的变化范围不大，见表 1.9。

表 1.9　土粒比重常见范围

土的名称	砂土	粉土	黏性土		有机土	泥炭
			粉质黏土	黏土		
土粒比重	2.65~2.69	2.70~2.71	2.72~2.73	2.74~2.76	2.4~2.5	1.5~1.6

③土的含水率 ω。土的含水率是指土中水的质量与土粒质量比值，以百分数表示。其表达式为：

$$\omega = \frac{m_w}{m_s} \times 100\% \tag{1.6}$$

土的含水率常用烘箱烘干的方法测定，也可近似采用酒精燃烧法快速测定。

（2）换算指标

测出上述 3 个实测指标后，就可以根据图 1.32 所示的三相草图，计算出三相组成各自的体积和质量，并由此确定其他的物理性质指标，即换算指标。

①孔隙比 e。土的孔隙比是指土中孔隙体积与土颗粒体积之比，其表达式为：

$$e = \frac{V_v}{V_s} \tag{1.7}$$

孔隙比是评价土的密实程度的重要物理性质指标。

②孔隙率 n。土的孔隙率是指土中孔隙体积与总体积之比，常用百分数表示，其表达

式为：

$$n = \frac{V_v}{V} \times 100\% \tag{1.8}$$

孔隙率也可以用来表示同一种土的松密程度，其值随土的形成过程中所受的压力、粒径级配和颗粒排列的状况而变化。

③饱和度 S_r。饱和度反映土中孔隙被水充满的程度，是土中水的体积与孔隙体积之比，用百分数表示，其表达式为：

$$S_r = \frac{V_w}{V_v} \times 100\% \tag{1.9}$$

饱和度可以描述土体中水在孔隙中的充满程度。理论上，当 $S_r = 100\%$ 时，表示土体孔隙中全部充满了水，土是完全饱和的；当 $S_r = 0$ 时，表明土是完全干燥的。砂土与粉土以饱和度作为湿度划分的标准，划分为以下 3 种湿润状态：

$S_r \leqslant 50\%$ 稍湿

$50\% < S_r \leqslant 80\%$ 很湿

$S_r > 80\%$ 饱和

④干密度 ρ_d。土的干密度是指单位体积土体中土粒的质量，即土体中土粒质量 m_s 与总体积 V 之比，表达式为：

$$\rho_d = \frac{m_s}{V} \quad (\text{g/cm}^3) \tag{1.10}$$

单位体积的干土所受的重力称为干重度（γ_d），可按式（1.10）计算：

$$\gamma_d = \rho_d g \quad (\text{kN/m}^3) \tag{1.11}$$

土的干密度（或干重度）是评价土的密实程度的指标，干密度大表明土密实，干密度小表明土疏松。因此，在填筑堤坝、路基等填方工程中，常把干密度作为填土设计和施工质量控制的指标。

⑤饱和密度 ρ_{sat}。土的饱和密度是指土在饱和状态时，单位体积土的密度。此时，土中的孔隙完全被水所充满，土体处于固相和液相的二相状态，其表达式为：

$$\rho_{sat} = \frac{m_s + V_v \rho_w}{V} \quad (\text{kN/m}^3) \tag{1.12}$$

式中 ρ_w——水的重度，$\rho_w = 1$ g/cm^3。

饱和重度 $\gamma_{sat} = \rho_{sat} \cdot g$。

ρ, ρ_d, ρ_{sat} 计算时体积相同，三者的关系：$\rho_{sat} > \rho > \rho_d$。

⑥浮重度 γ'。位于地下水位面以下的土会受到浮力的作用，此时土粒间传递的力应是土粒重力扣除浮力后的数值，故引入有效重度表示，也称为浮重度。其数值等于土的饱和重度与水的重度的差值，即

$$\gamma' = \frac{m_s - V_s \rho_w}{V} g = \gamma_{sat} - \gamma_w \tag{1.13}$$

3) 土的三相指标间的换算

指标间的换算就是由已知指标推求其他相关的未知指标的过程。

指标换算的基本思路:先求解三相草图上的全部质量和体积(用实测指标 ρ, ω, G_s 表示),再根据其他指标的定义求解其表达式。因为土样的性质与研究时所取土样的体积无关,所以可以假设土粒的体积 $V_s = 1$。

由土粒比重的定义 $G_s = \dfrac{m_s}{V_s \rho_w}$,$V_s = 1$ 得:

$$m_s = G_s \rho_w$$

又由含水率的定义 $\omega = \dfrac{m_w}{m_s} \times 100\%$ 得:

$$m_w = \omega G_s \rho_w$$

所以

$$m = m_s + m_w = (1 + \omega) G_s \rho_w$$

根据孔隙比的定义 $e = \dfrac{V_v}{V_s}$,则有 $V_v = e$。

根据三相草图及各指标定义可计算其他各指标:

$$\rho = \frac{m}{V} = \frac{G_s (1 + \omega) \rho_w}{1 + e}$$

$$e = \frac{G_s \rho_w}{\rho_d} - 1 = \frac{G_s (1 + \omega) \rho_w}{\rho} - 1$$

$$n = \frac{V_v}{V} = \frac{e}{1 + e}$$

$$S_r = \frac{V_w}{V_v} = \frac{m_w}{V_v \rho_w} = \frac{\omega G_s}{e}$$

$$\rho_d = \frac{m_s}{V} = \frac{G_s \rho_w}{1 + e}$$

$$\rho_{sat} = \frac{m_s + V_v \rho_w}{V} = \frac{(G_s + e) \rho_w}{1 + e}$$

$$\gamma' = \frac{m_s - V_s \rho_w}{V} g = \frac{G_s \rho_w - \rho_w}{1 + e} g = \frac{G_s - 1}{1 + e} \gamma_w$$

熟练之后,土的三相指标的关系推导就没有必要按以上假设进行了。为了方便应用,表1.10列出了常用的土的三相比例指标换算公式。

表 1.10　土的三相比例指标换算公式

名称	符号	三相比例表达式	常用换算	单位
含水率	ω	$\omega = \dfrac{m_w}{m_s} \times 100\%$	$\omega = \dfrac{S_r e}{G_s} = \dfrac{\rho}{\rho_d} - 1$	%

续表

名称	符号	三相比例表达式	常用换算	单位
土粒密度	G_s	$G_s = \dfrac{m_s}{V_s \rho_w}$	$G_s = \dfrac{S_r e}{\omega}$	
密　度	ρ	$\rho = \dfrac{m}{V}$	$\rho = \rho_d(1+\omega)$，$\rho = \dfrac{G_s(1+\omega)}{1+e}\rho_w$	g/cm^3
干密度	ρ_d	$\rho_d = \dfrac{m_s}{V}$	$\rho_d = \dfrac{\rho}{1+\omega} = \dfrac{G_s \rho_w}{1+e}$	g/cm^3
饱和密度	ρ_{sat}	$\rho_{sat} = \dfrac{m_s + V_v \rho_w}{V}$	$\rho_{sat} = \dfrac{G_s + e}{1+e}\rho_w$	g/cm^3
浮密度	ρ'	$\rho' = \dfrac{m_s - V_s \rho_w}{V}$	$\rho' = \rho_{sat} - \rho_w$，$\rho' = \dfrac{G_s - 1}{1+e}\rho_w$	g/cm^3
孔隙比	e	$e = \dfrac{V_v}{V_s}$	$e = \dfrac{G_s \rho_w}{\rho_d} - 1$，$e = \dfrac{G_s(1+\omega)\rho_w}{\rho} - 1$	
孔隙率	n	$n = \dfrac{V_v}{V} \times 100\%$	$n = \dfrac{e}{1+e} = 1 - \dfrac{\rho_d}{G_s \rho_w}$	%
饱和度	S_r	$S_r = \dfrac{V_w}{V_v} \times 100\%$	$S_r = \dfrac{\omega G_s}{e} = \dfrac{\omega \rho_d}{n \rho_w}$	%

1.2.3　土的物理状态指标

土的三相比例反映着土的物理状态,如干燥或潮湿、疏松或紧密。土的物理状态对土的工程性质影响较大,类别不同的土所表现出的物理状态特征也不同。

1)黏性土的稠度

稠度是指黏性土在某一含水率时的稀稠程度或软硬程度。黏性土处在某种稠度时所呈现出的状态,称为稠度状态。黏性土有 4 种稠度状态,即固态、半固态、可塑状态和流动状态,如图 1.33 所示。这些状态的变化反映了土粒与水相互作用的结果。土的状态不同,稠度不同,强度及变形特性也不同,土的工程性质也就不同。

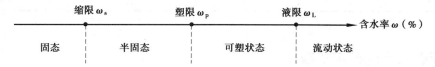

图 1.33　黏性土的稠度状态

黏性土由某一种稠度状态过渡到另一种稠度状态的分界含水率,称为界限含水率,也称稠度界限。黏性土的物理状态随其含水率的变化而有所不同,4 种稠度状态之间有 3 个界限含水率,分别称为缩限 ω_s、塑限 ω_p 和液限 ω_L,如图 1.33 所示。

(1)缩限 ω_s

缩限是黏性土呈固态与半固态之间的界限含水率。当含水率小于缩限 ω_s 时,土体的体积不随含水率的减小而缩小。

测定方法:收缩皿法。

(2)塑限 ω_p

塑限是黏性土呈半固态与可塑态之间的界限含水率。

测定方法:搓条法。取略高于塑限含水率的试样 8~10 g,用手搓成椭圆形土条,放在毛玻璃上用手掌滚搓。要求手掌均匀施压于土条上,不得使土条在毛玻璃板上无力滚动,在任何情况下土条不得有空心现象,当土条搓至 3 mm 直径时,表面产生许多裂缝,并开始断裂,此时试样的含水率即为塑限。

(3)液限 ω_L

液限是黏性土呈可塑状态与流动状态之间的界限含水率。

测定方法:锥式液限仪法。取一定数量的土样加适量水调拌成土糊,分层装入土样试杯,放在底座上,置于水平桌面,用 76 g 的圆锥仪测定,当圆锥仪锥尖与试样表面正好接触时,让锥体自由沉入土中,经 5 s,锥体入土深度恰好为 10 mm 的圆锥环状刻度线处,此时土的含水率即为液限。

(4)塑性指数 I_p

液限与塑限的差值,去掉百分数符号,称为塑性指数。表达式为:

$$I_p = (\omega_L - \omega_p) \times 100 \tag{1.14}$$

塑性指数主要与土中黏粒含量、土中吸附水的能力有关。黏粒含量越强,其比表面积越大,土颗粒吸附结合水的能力越强,塑性指数越高。若土中不含黏粒,则塑性指数为零,即无黏性。

(5)液性指数 I_L

天然含水率与塑限的差值和液限与塑限的差值之比,表达式为:

$$I_L = \frac{\omega - \omega_p}{\omega_L - \omega_p} \tag{1.15}$$

根据液性指数大小不同,可将黏性土分为 5 种状态,见表 1.11。

表 1.11　黏性土状态划分

液性指数	$I_L \leq 0$	$0 < I_L \leq 0.25$	$0.25 < I_L \leq 0.75$	$0.75 < I_L \leq 1$	$I_L > 1$
稠度状态	坚硬	硬塑	可塑	软塑	流塑

2)无黏性土的密实状态

无黏性土是单粒结构的散粒体,它的密实状态对其工程性质有很大影响。密实的砂土,其结构稳定、强度较高、压缩性较小,是良好的天然地基;疏松的砂土,特别是饱和的松散粉细砂,其结构常处于不稳定状态,容易产生流砂,在振动荷载作用下,可能会发生液化,对工程建筑不利。因此,常根据密实度来判定天然状态下无黏性土的工程性质。

(1)孔隙比 e 判别

判别无黏性土密实度最简便的方法是用孔隙比 e,孔隙比越小,土越密实;孔隙比越大,土越疏松。但由于颗粒的形状和级配对孔隙比的影响很大,而孔隙比没有考虑颗粒级配这一重要因素的影响,故应用时存在缺陷。

(2)相对密度 D_r 判别

为弥补用孔隙比判别的缺陷,在工程上采用相对密度判别。相对密度 D_r 是将天然状态的孔隙比 e 与最疏松状态的孔隙比 e_{max} 和最密实状态的孔隙比 e_{min} 进行对比,作为衡量无黏性土密实度的指标,其表达式为:

$$D_r = \frac{e_{max} - e}{e_{max} - e_{min}}$$

(1.16)

显然,相对密度 D_r 越大,土越密实。当 $D_r = 0$ 时,表示土处于最疏松状态;当 $D_r = 1$ 时,表示土处于最紧密状态。工程上常依据所取代表性土样的相对密度对其进行分类,见表 1.12。

表 1.12 砂土密实度划分

相对密度	$0 \leq D_r \leq 1/3$	$1/3 < D_r \leq 2/3$	$2/3 < D_r \leq 1$
密实状态	松散	中密	密实

用相对密度判断砂土的密实度在理论上较完善,但实用中仍有困难。

(3)标准贯入试验锤击数 N

工程实践中较普遍采用标准贯入试验的锤击数 N 来划分无黏性土的密实度。标准贯入试验是在现场把 63.5 kg 的钢锤提升至 76 cm 高度,让钢锤自由下落在锤垫上,使标准贯入器打入土中,记录贯入 30 cm 深度时所需的锤击数,记作 N。根据 N 的大小,砂土的密实度可划分为 4 种,见表 1.13。

表 1.13 以标准贯入试验锤击数 N 划分砂土密实度

标准贯入锤击数 N	$N \leq 10$	$10 < N \leq 15$	$15 < N \leq 30$	$N > 30$
砂土的密实状态	松散	稍密	中密	密实

对于碎石土,土颗粒很粗,不易取土,也难以把贯入器打入土中,可采用野外鉴别方法,根据其骨架颗粒含量及排列、可挖性、可钻性来判别其密实度。

1.2.4 土的压实性

土的压实性是指土体在一定的击实功能作用下,土颗粒克服粒间阻力,产生位移,颗粒重新排列,使土的孔隙比减小、密度增大,从而提高土料的强度,减小其压缩性和渗透性。对土料压实的方法主要有碾压、夯实、震动 3 类,但在压实过程中,即使采用相同的压实功能,对于不同种类、不同含水率的土,压实效果也不完全相同。因此,为了技术上可靠和经济上合理,必须对填土的压实性进行研究。

1)黏性土的击实特征

实践证明,对过湿的黏性土进行夯实或碾压会出现软弹现象,此时土的密度不会增大;对很干的土进行夯实或碾压,也不会将土充分压实。因此,要使黏性土的压实效果最好,含水量一定要适宜。

根据黏性土的击实数据绘出的击实曲线如图1.34所示。由图可知,当含水率较低时,随着含水率的增加,土的干密度也逐渐增大,表明压实效果逐步提高;当含水率超过某一界限 ω_{op} 时,干密度则随着含水率增大而减小,即压实效果下降。这说明土的压实效果随着含水率而变化,并在击实曲线上出现一个峰值,相应于这个峰值的含水率就是最优含水率 ω_{op}。因此,黏性土在最优含水率时可压实达到最大干密度,即达到其最密实、承载力最高的状态。

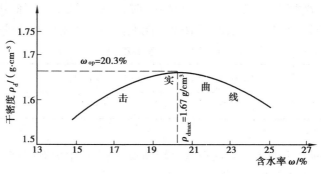

图1.34 黏性土的击实曲线

通过大量实践,人们发现,黏性土的最优含水率 ω_{op} 与土的塑限很接近,大约是 $\omega_{op} = \omega_p \pm 2$;而且当土体压实程度不足时,可以加大击实功,以达到所要求的干密度。

2)无黏性土的击实特征

无黏性土颗粒较粗大,颗粒之间没有黏聚力,压缩性低,抗剪强度较大。无黏性土中含水量的变化对它的性质影响不明显。根据无黏性土的击实试验数据绘出的击实曲线如图1.35所示。由图中可以看出,在风干和饱和状态下,无黏性土的击实都能得到较好的效果。

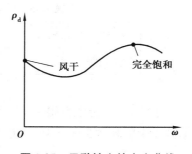

图1.35 无黏性土的击实曲线

工程实践证明,对于无黏性土的压实,应该有一定静荷载与动荷载联合使用,才能达到较好的压实效果。因此,振动碾是无黏性土最理想的压实工具。

1.2.5 土的工程分类与鉴别

土的工程分类的目的是判断土的工程特性和评价土作为建筑场地的可用程度。把土性能指标接近的划分为一类,以便对土体做出合理的评价和选择合适的地基处理方法。土的分类方法有很多,不同部门根据研究对象的不同采用不同的分类方法。

1)按土的主要特征分类

《建筑地基基础设计规范》(GB 50007—2011)将作为建筑地基的岩土,分为岩石、碎石土、砂土、粉土、黏性土和人工填土六大类,另有淤泥质土、红黏土、膨胀土、黄土等特殊土。

(1)岩石

作为建筑地基的岩石,根据其坚硬程度和完整程度分类。岩石按饱和单轴抗压强度标准值分为坚硬岩、较坚硬岩、较软岩、软岩和极软岩 5 个等级,见表 1.14;按风化程度可分为未风化、微风化、中等风化、强风化和全风化岩石,详见表 1.15;按完整程度可分为完整、较完整、较破碎、破碎和极端破碎。

表 1.14　岩石坚硬程度划分

坚硬程度级别	坚固岩	较硬岩	较软岩	软岩	极软岩
饱和单轴抗压强度标准值/MPa	$f_{rk}>60$	$60 \geqslant f_{rk}>30$	$30 \geqslant f_{rk}>15$	$15 \geqslant f_{rk}>5$	$f_{rk} \leqslant 5$

表 1.15　岩石风化程度划分

风化特征	特征
未风化	岩质新鲜,表面未有风化迹象
微风化	岩质新鲜,表面稍有风化迹象
中等风化	①结构和构造层理清晰 ②岩石被节理、裂缝分割成块状(200~500 mm),裂缝中填充少量风化物,锤击声脆,且不易击碎 ③用镐难挖掘,用岩心钻方可钻进
强风化	①结构和构造层理不甚清晰,矿物成分已显著变化 ②岩石被节理、裂缝分割成碎石状(20~200 mm),碎石用手可以折断 ③用镐难挖掘,用手摇钻不易钻进
全风化	①结构和构造层理错综杂乱,矿物成分变化很显著 ②岩石被节理、裂缝分割成碎屑状(<200 mm),用手可捏碎 ③用锹镐挖掘困难,用手摇钻钻进极困难

(2)碎石土

粒径大于 2 mm 的颗粒含量超过全重 50% 的土称为碎石土。碎石土根据粒组含量及颗粒形状可进一步分为漂石或块石、卵石或碎石、圆砾或角砾,其分类标准见表 1.16。

表 1.16　碎石土的分类

土的名称	颗粒形状	粒组含量
漂石 块石	圆形及亚圆形为主 棱角形为主	粒径大于 200 mm 的颗粒含量超过全重 50%
卵石 碎石	圆形及亚圆形为主 棱角形为主	粒径大于 20 mm 的颗粒含量超过全重 50%
圆砾 角砾	圆形及亚圆形为主 棱角形为主	粒径大于 2 mm 的颗粒含量超过全重 50%

注:分类时应根据粒组含量栏从上到下以最先符合者确定。

（3）砂土

粒径大于 2 mm 的颗粒含量不超过全重 50%、粒径大于 0.075 mm 的颗粒含量超过全重 50% 的土称为砂土。砂土根据粒组含量可进一步分为砾砂、粗砂、中砂、细砂和粉砂,其分类标准见表 1.17。

表 1.17　砂土的分类

土的名称	粒组含量
砾　砂	粒径大于 2 mm 的颗粒含量占全重 25% ~ 50%
粗　砂	粒径大于 0.5 mm 的颗粒含量超过全重 50%
中　砂	粒径大于 0.25 mm 的颗粒含量超过全重 50%
细　砂	粒径大于 0.075 mm 的颗粒含量超过全重 85%
粉　砂	粒径大于 0.075 mm 的颗粒含量超过全重 50%

注:分类时应根据粒组含量栏从上到下以最先符合者确定。

（4）粉土

塑性指数 $I_p \leq 10$ 且粒径大于 0.075 mm 的颗粒含量不超过全重 50% 的土称为粉土。它的性质介于砂土和黏性土之间。

（5）黏性土

塑性指数 $I_p > 10$ 的土称为黏性土。黏性土按塑性指数大小又分为黏土（$I_p > 17$）和粉质黏土（$10 < I_p \leq 17$）。

（6）人工填土

人工填土是指由于人类活动而形成的堆积物。人工填土的物质成分较复杂,均匀性也较差,按堆积物的成分和成因可分为如下几类:

①素填土:由碎石土、砂土、粉土、黏性土等组成的填土。

②压实填土:经过压实或夯实的素填土。

③杂填土:含有建筑物垃圾、工业废料、生活垃圾等杂物的填土。

④冲填土：由水力冲填泥沙形成的填土。

在工程建设中遇到的人工填土，各地区往往不一样。在历代古城，一般都保留有人类文化活动的遗迹或古建筑的碎石、瓦砾；在山区常是由于平整场地而堆积未经压实的素填土；城市建设中常遇到的是煤渣、建筑垃圾或生活垃圾堆积的杂填土，一般是不良地基，多需进行处理。

（7）特殊性土

①淤泥和淤泥质土。淤泥和淤泥质土是指在静水或缓慢流水环境中沉积，经生物化学作用形成的黏性土。天然含水率大于液限，天然孔隙比 $e \geq 1.5$ 的黏性土称为淤泥；天然含水率大于液限而天然孔隙比 $1 \leq e < 1.5$ 的为淤泥质土。

淤泥和淤泥质土的主要特点是含水率大、强度低、压缩性高、透水性差、固结需时长。一般地基需要预压加固。

②红黏土。红黏土是指碳酸盐岩系出露的岩石，经风化作用而形成的褐红色的黏性土。其液限一般大于 50%，具有上层土硬、下层土软，失水后有明显的收缩性及裂隙发育的特性。针对以上红黏土地基情况，可采用换土，将起伏岩面进行必要的清除，对孔洞予以充填或注意采取防渗及排水措施等。

③膨胀土。土中黏粒成分主要由亲水性矿物组成，同时具有显著的吸水膨胀性和失水收缩性，其自由胀缩率大于或等于 40% 的黏性土称为膨胀土。膨胀土一般强度较高，压缩性较低，易被误认为是工程性能较好的土，但由于具有胀缩性，在设计和施工中如果没有采取必要的措施，会对工程造成危害。

④湿陷性黄土。黄土广泛分布于我国西北地区，是一种第四纪时期形成的黄色粉状土，当土体浸水后沉降，其湿陷系数大于或等于 0.015 的土称为湿陷性黄土。天然状态下的黄土质地坚硬、密度低、含水量低、强度高。对湿陷性黄土地基一般采取防渗、换填、预浸法等处理。

2）按土的坚硬程度分类及其鉴别方法

在建筑工程施工中，根据土的开挖难易程度，将土分为松软土、普通土、坚土、砂砾坚土、软石、次坚石、坚石、特坚石 8 类。前 4 类属一般土，后 4 类属岩石。土的这 8 种分类方法及现场鉴别方法见表 1.18。由于土的类别不同，单位工程消耗的人工或机械台班不同，因而施工费用就不同，施工方法也不同。因此，正确区分土的种类、类别，对合理选择开挖方法、准确套用定额和计算土方工程费用关系重大。

表 1.18　土的工程分类及鉴别方法

土的分类	土的名称	可松性系数		现场鉴别方法
		K_S	K_S'	
一类土（松软土）	砂；亚砂土；冲积砂土层；种植土；泥炭（淤泥）	1.08～1.17	1.01～1.03	能用锹、锄头挖掘

续表

| 土的分类 | 土的名称 | 可松性系数 | | 现场鉴别方法 |
		K_s	K'_s	
二类土 (普通土)	亚黏土;潮湿的黄土;夹有碎石、卵石的砂;种植土;填筑土及亚砂土	1.14~1.28	1.02~1.05	用锹、锄头挖掘,少许用镐翻松
三类土 (坚土)	软及中等密实黏土;重亚黏土;粗砾石;干黄土及含碎石、卵石的黄土、亚黏土;压实的填筑土	1.24~1.30	1.04~1.07	主要用镐,少许用锹、锄头挖掘,部分用撬棍
四类土 (砂砾坚土)	重黏土及含碎石、卵石的黏土;粗卵石;密实的黄土;天然级配砂石;软泥灰岩及蛋白石	1.26~1.32	1.06~1.09	整个用镐、撬棍,然后用锹挖掘,部分用楔子及大锤
五类土 (软石)	硬石炭纪黏土;中等密实的页岩、泥灰岩、白垩土;胶结不紧的砾岩;软的石炭岩	1.30~1.45	1.10~1.20	用镐或撬棍、大锤挖掘,部分使用爆破方法
六类土 (次坚石)	泥岩;砂岩;砾岩;坚实的页岩;泥灰岩;密实的石灰岩;风化花岗岩;片麻岩	1.30~1.45	1.10~1.20	用爆破方法开挖,部分用风镐
七类土 (坚石)	大理岩;辉绿岩;玢岩;粗、中粒花岗岩;坚实的白云岩、砂岩、砾岩、片麻岩、石灰岩;风化痕迹的安山岩、玄武岩	1.30~1.45	1.10~1.20	用爆破方法开挖
八类土 (特坚石)	安山岩;玄武岩;花岗片麻岩、坚实的细粒花岗岩,闪长岩、石英岩、辉长岩、辉绿岩、玢岩	1.45~1.50	1.20~1.30	用爆破方法开挖

1.2.6　土的压缩性

土的压缩性是指土在压力作用下体积缩小的特性。在工程实践中可能遇到的压力(<600 kPa)作用下,土粒与土中水本身的压缩极其微小,可以忽略不计。因此,土的压缩被认为是由于孔隙中的水分和气体被挤出,土粒相互移动靠拢,使得土的孔隙体积减小而引起的。

1)侧限压缩试验及 $e\text{-}p$ 曲线

土的压缩性的高低常用压缩性指标描述。压缩性指标由土的侧限压缩试验测定,也称为固结试验。

侧限压缩指受压土体的周围受到限制,受压过程中基本不能向侧面膨胀,只能发生垂直方向变形,又称为无侧胀压缩。试验装置压缩仪也称为固结仪,如图1.36所示。

试验时,取出金属环刀,小心切入保持天然结构的原状土样中,试样连同环刀一起置于护环中,其上、下各放置一块透水石,以便试样受压后土孔隙中的水能自由排出。透水石顶部放一加压上盖,所加压力通过加压支架作用在上盖上,土样产生的压缩量可通过百分表量测。由于金属环刀及刚性护环的限制,使得土样在竖向压力作用下只能发生竖向变形,而无侧向变形,因此这种方法也称为侧限压缩试验。常规压缩试验通过逐级加荷进行试验,常用的

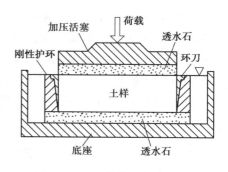

图 1.36　压缩仪的压缩容器简图

分级加荷量 p 为 50,100,200,400 kPa。当试样在每级压力作用下使土样变形至稳定,测出土样的压缩变形量 ΔS_i 值,根据压缩过程中土样变形与土的三相指标的关系,计算孔隙比 e,从而绘制土的压缩曲线,即孔隙比随荷载变化的曲线。

压缩试验前后,土粒体积 V_s 和土样面积 A 都不变,利用这两个条件和物理性质指标的换算,可得出各级荷载作用下压缩稳定后孔隙比与压缩量的关系,即

$$e_i = e_0 - \frac{S_i}{H_0}(1 + e_0) \tag{1.17}$$

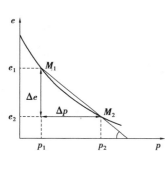

图 1.37　$e\text{-}p$ 曲线

式中　e_i——土样压缩稳定的最终孔隙比;

$\quad\quad e_0$——土样初始孔隙比,$e_0 = \dfrac{G_s(1+\omega)\rho_w}{\rho} - 1$;

$\quad\quad s_i$——土样压缩稳定后的垂直压缩变形量,mm;

$\quad\quad h_0$——试验土样厚度,mm。

只要测得土样在各级压力 p_i 作用下的稳定变形量 S_i,即可按此式算出孔隙比 e_i。然后以横坐标表示压力 p_i,纵坐标表示孔隙比 e_i,则可得出 $e\text{-}p$ 曲线,称为压缩曲线,如图 1.37 所示。

2)压缩性指标

(1)压缩系数 a

曲线上任一点的切线斜率表示相应压力作用下土的压缩性。当压力变化范围不大时,可将 M_1M_2 一小段曲线用割线来代替,用割线 M_1M_2 的斜率来表示土在这一段压力范围的压缩性,即

$$\alpha = \tan\alpha = \frac{\Delta e}{\Delta p} = \frac{e_1 - e_2}{p_2 - p_1} \tag{1.18}$$

在实际工程中,一般研究土中某点由原来的自重应力 p_1 增加到外荷载作用下的土中应力 p_2 这一压力间隔所表征的压缩性。为便于应用和比较,《建筑地基基础设计规范》(GB 50007—2011)规定,采用压力间隔由 $p_1 = 100$ kPa 增加至 $p_2 = 200$ kPa 时对应的压缩系数 $a_{1\text{-}2}$ 来评价土的压缩性。

$a_{1-2}<0.1$ MPa^{-1}时,为低压缩性土;

0.1 MPa$^{-1}\leqslant a_{1-2}<0.5$ MPa^{-1}时,为中压缩性土;

$a_{1-2}\geqslant 0.5$ MPa^{-1}时,为高压缩性土。

(2)压缩模量 E_s

土体在完全侧限条件下竖向应力增量 Δp 与相应的竖向应变增量 $\Delta \varepsilon$ 的比值,称为压缩模量。其表达式为:

$$E_s = \frac{\sigma_z}{\varepsilon_z} \quad (\text{kPa 或 MPa}) \tag{1.19}$$

土的压缩系数和压缩模量是判断土的压缩性和计算地基压缩变形量的重要指标,两者之间的关系为反比关系。E_s 越大,a 越小,土的压缩性越低。

一般认为,$E_s<4$ MPa 时,为高压缩性土;$E_s=4\sim15$ MPa 时,为中压缩性土;$E_s>15$ MPa 时,为低压缩性土。

(3)变形模量 E_0

土体在无侧限条件下的应力与应变的比值,称为土的变形模量,用 E_0 表示,其大小可由静载荷试验结果求得。静载荷试验是一种现场原位测试方法,主要用于地基承载力的确定,具体试验方法可参阅《建筑地基础设计规范》(GB 50007—2011)。

子项 1.3   地质勘察

1.3.1   工程地质常识

1)地质作用

在地质历史发展的过程中,由自然动力引起的地壳物质组成、内部结构及地表形态不断变化发展的作用,称为地质作用。土木工程建筑场地的地形地貌和组成物质的成分、分布、厚度与工程特性,都取决于地质作用。

地质作用按其动力来源可分为内力地质作用和外力地质作用。内力地质作用是由地球内部的能量引起的,包括地壳运动、岩浆活动、变质作用、地震作用。外力地质作用是由地球外部的能量引起的,主要来自太阳的辐射热能,它引起大气圈、水圈、生物圈的物质循环运动,形成了河流、地下水、海洋、湖泊、冰川、风等地质营力,各种地质营力在运动的过程中不断地改造着地表。

地壳在内力和外力地质作用下形成了各种类型的地形,称为地貌。地表形态可按不同的成因划分为各种相应的地貌单元。在山区,基岩常露出地表;而在平原地区,各种成因的土层覆盖在基岩之上,土层往往很厚。

2)风化作用

地壳表层的岩石,在太阳辐射、大气、水和生物等风化营力的作用下,发生物理和化学变化,使岩石崩解破碎以致逐渐分解的作用,称为风化作用。

风化作用使坚硬致密的岩石松散破坏,改变了岩石原有的矿物组成和化学成分,使岩石的强度和稳定性大大降低,对工程建筑条件产生不良影响。此外,如滑坡、崩塌、碎落、岩堆及泥石流等不良地质现象,大部分都是在风化作用的基础上逐渐形成和发展起来的。因此了解风化作用,认识风化现象,分析岩石风化程度,对评价工程建筑条件是必不可少的。

3)地质构造

在漫长的地质历史发展演变过程中,地壳在内、外力地质作用下,不断运动、发展和变化,所造成的各种不同的构造形迹,如褶皱、断裂等,称为地质构造。它与场地稳定性以及地震评价等的关系尤为密切,因此是评价建筑场地工程地质条件应考虑的基本因素。

（1）褶皱构造

组成地壳的岩层,受构造应力的强烈作用,使岩层形成一系列波状弯曲而未丧失其连续性的构造,称为褶皱构造。褶皱的基本单元,即岩层的一个弯曲称为褶曲。褶曲虽然有各种形式,但基本形式只有两种,即背斜和向斜(图1.38)。背斜由核部老岩层和翼部新岩层组成,横剖面呈凸起弯曲的形态;向斜则由核部新岩层和翼部老岩层组成,横剖面呈向下凹曲的形态。

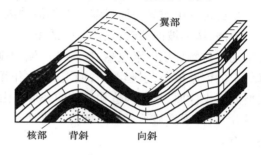

图 1.38　背斜与向斜

在褶曲山区,岩层遭受的构造变动常较大,故节理发育,地形起伏不平,坡度也大。因此,在褶曲山区的斜坡或坡脚修建建筑物时,必须注意边坡的稳定问题。

（2）断裂构造

岩体受力断裂,使原有的连续完整性遭受破坏而形成断裂构造,沿断裂面两侧的岩层未发生位移或仅有微小错动的断裂构造,称为节理;反之,如发生了相对位移,则称为断层。断裂构造在地壳中广泛分布,它往往是工程岩体稳定性的控制性因素。

分居于断层面两侧相互错动的两个断块,其中位于断层面之上的称为上盘,位于断层面之下的称为下盘。若按断块之间的相对错动的方向来划分,上盘下降、下盘上升的断层称为正断层;反之,上盘上升、下盘下降的断层称为逆断层。如两断块水平互错,则称为平移断层(图1.39)。

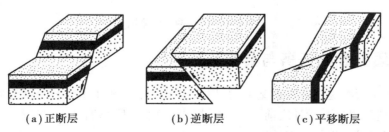

（a）正断层　　　　（b）逆断层　　　　（c）平移断层

图 1.39　断层类型示意图

断层面往往不是一个简单的平面,而是有一定宽度的断层带。断层规模越大,这个带就越宽,破坏程度也越严重。因此,工程设计原则上应避免将建筑物跨放在断层带上,尤其要注意避开近期活动的断层带。调查活动断层的位置、活动特点和强烈程度,对于工程建设有着重要的实际意义。

4)不良地质条件

建筑工程中常见的不良地质条件有山坡滑动、河床冲淤、地震、岩溶等,这些不良地质条件可能导致建筑物地基基础事故。对此,应查明其范围、活动性、影响因素、发生机理,评价其对工程的影响,制订相应的防治措施。

（1）山坡滑动

一般天然山坡经历漫长的地质年代,已趋稳定。但由于人类活动和自然环境的因素,会使原来稳定的山坡失稳而滑动。人类活动因素包括:在山麓建房,为利用土地削去坡脚;在坡上建房,增加坡面荷载;生产与生活用水大量渗入坡积物,降低土的抗剪强度指标,导致山坡滑动。自然环境因素包括:坡脚被河流冲刷,使山坡失稳;当地连降暴雨,大量雨水渗入,降低土的内摩擦角,引起滑动;地震、风化作用等可能引发的滑坡。滑坡产生的内因是组成斜坡的岩土性质、结构构造和斜坡的外形。由软质岩层及覆盖土所组成的斜坡,在雨季或浸水后,因抗剪强度显著降低而极易产生滑动;当岩层的倾向与斜坡坡面的倾向一致时,易产生滑坡。

在工程建设中,对滑坡必须采取预防为主的原则,场址要选择在相对稳定的地段,避免大挖大填。目前整治滑坡常用排水、支挡、减重与反压护坡等措施,也可用化学加固等方法来改善岩土的性质。

（2）河床冲淤

平原河道往往有弯曲,凹岸受水流的冲刷产生坍岸,危及岸上建筑物的安全;凸岸水流的流速慢,产生淤积,使当地的抽水站无水可抽,如图1.40所示。河岸的冲淤在多沙河上尤为严重,例如,在潼关上游黄河北干流,河床冲淤频繁,黄河主干流游荡,当地有"三十年河东,三十年河西"的民谣;渭河下游华县、华阴与潼关一段河床冲淤也十分严重。

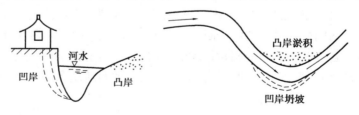

图1.40　河床冲淤示意图

1.3.2　地质勘察的任务与要求

任何建筑工程都是建造在地基上的,地基岩土的工程地质条件将直接影响建筑物的安全。因此,在建筑物进行设计之前,必须通过各种勘察手段和测试方法进行工程地质勘察,为设计和施工提供可靠的工程地质资料。

1）工程地质勘察的任务

工程地质勘察是完成工程地质学在经济建设中"防灾"这一总任务的具体实践过程,其任务从总体上来说是为工程建设规划、设计、施工提供可靠的地质依据,以充分利用有利的自然和地质条件,避开或改造不利的地质因素,保证建筑物的安全和正常使用。具体而言,工程地质勘察的任务可归纳为:

①查明建筑场地的工程地质条件,选择地质条件优越、合适的建筑场地。

②查明场区内崩塌、滑坡、岩溶、岸边冲刷等物理地质作用和现象,分析和判明它们对建筑场地稳定性的危害程度,为拟订改善和防治不良地质条件的措施提供地质依据。

③查明建筑物地基岩土的地层时代、岩性、地质构造、土的成因类型及其埋藏分布规律,测定地基岩土的物理力学性质。

④查明地下水类型、水质、埋深及分布变化。

⑤根据建筑场地的工程地质条件,分析研究可能发生的工程地质问题,提出拟建建筑物的结构形式、基础类型及施工方法的建议。

⑥对于不利于建筑的岩土层,提出切实可行的处理方法或防治措施。

2）工程地质勘察的一般要求

建设工程项目设计一般分为可行性研究、初步设计和施工图设计3个阶段。为了提供各设计阶段所需的工程地质资料,勘察工作也相应地划分为选址勘察(可行性研究勘察)、初步勘察、详细勘察3个阶段。下面简述各勘察阶段的任务和工作内容。

(1)选址勘察阶段

选址勘察工作的目的在于从总体上判定拟建场地的工程地质条件是否适宜工程建设项目。一般通过取得几个候选场址的工程地质资料并进行对比分析,对拟选场址的稳定性和适宜性作出工程地质评价。选择场址阶段应进行下列工作:

①搜集区域地质、地形地貌、地震、矿产和附近地区的工程地质资料及当地的建筑经验。

②在收集和分析已有资料的基础上,通过踏勘,了解场地的地层、构造、岩石和土的性质、不良地质现象及地下水等工程地质条件。

③对工程地质条件复杂,已有资料不能符合要求,但其他方面条件较好且倾向于选取的场地,应根据具体情况进行工程地质测绘及必要的勘探工作。

(2)初步勘察阶段

初步勘察阶段是在选定的建设场址上进行的。根据选址报告书了解建设项目类型、规模、建筑物高度、基础的形式及埋置深度和主要设备等情况。初步勘察的目的是:对场地内建筑地段的稳定性作出评价;为确定建筑总平面布置、主要建筑物地基基础设计方案以及不良地质现象的防治工程方案作出工程地质论证。本阶段的主要工作如下:

①搜集本项目可行性研究报告、有关工程性质及工程规模的文件。

②初步查明地层、构造、岩石和土的性质,地下水埋藏条件、冻结深度、不良地质现象的成因和分布范围及其对场地稳定性的影响程度和发展趋势。当场地条件复杂时,应进行工程地质测绘与调查。

③对抗震设防烈度为 7 度或 7 度以上的建筑场地,应判定场地和地基的地震效应。

（3）详细勘察阶段

在初步设计完成之后进行详细勘察,它是为施工图设计提供资料的,此时场地的工程地质条件已基本查明。因此,详细勘察的目的是:提出设计所需的工程地质条件的各项技术参数,对建筑地基作出岩土工程评价,为基础设计、地基处理和加固、不良地质现象的防治等具体方案作出论证和结论。详细勘察阶段的主要工作是:

①取得附有坐标及地形的建筑物总平面布置图,各建筑物的地面整平标高,建筑物的性质和规模,可能采取的基础形式与尺寸和预计埋置的深度,建筑物的单位荷载和总荷载、结构特点和对地基基础的特殊要求。

②查明不良地质现象的成因、类型、分布范围、发展趋势及危害程度,提出评价与整治所需的岩土技术参数和整治方案建议。

③查明建筑物范围各层岩土的类别、结构、厚度、坡度、工程特性,计算和评价地基的稳定性和承载力。

④对需进行沉降计算的建筑物,提出地基变形计算参数,预测建筑物的沉降、差异沉降或整体倾斜。

⑤对抗震设防烈度大于或等于 6 度的场地,应划分场地土类型和场地类别;对抗震设防烈度大于或等于 7 度的场地,尚应分析预测地震效应,判定饱和砂土和粉土的地震液化可能性,并对液化等级作出评价。

⑥查明地下水的埋藏条件,判定地下水对建筑材料的腐蚀性。当需进行基坑降水设计时,尚应查明水位变化幅度与规律,提供地层的渗透性系数。

⑦提供为深基坑开挖的边坡稳定计算和支护设计所需的岩土技术参数,论证和评价基坑开挖、降水等对邻近工程和环境的影响。

⑧为选择桩的类型、长度,确定单桩承载力,计算群桩的沉降以及选择施工方法提供岩土技术参数。

1.3.3　地质勘察的方法

1）工程地质测绘

（1）工程地质测绘的内容

工程地质测绘是早期岩土工程勘察阶段的主要勘察方法。工程地质测绘实质上是综合性地质测绘,它的任务是在地形图上填绘出测区的工程地质条件。测绘成果是提供给其他工程地质工作,如勘探、取样、试验、监测等的规划、设计和实施的基础。

工程地质测绘的内容包括工程地质条件的全部要素,即测绘拟建场地的地层、岩性、地质构造、地貌、水文地质条件、物理地质作用和现象;已有建筑物的变形和破坏状况及建筑经验;可利用的天然建筑材料的质量及其分布等。因此,工程地质测绘是多种内容的测绘,它有别于矿产地质或普查地质测绘。工程地质测绘是围绕工程建筑所需的工程地质问题而进行的。

（2）工程地质测绘的方法

工程地质测绘的方法有相片成图法和实地测绘法。相片成图法是利用地面摄影或航空摄影的照片,先在室内进行解释,划分地层岩性、地质构造、地貌、水系及不良地质现象等,并在相片上选择若干点和路线,然后据此做实地调查,进行核对修正和补充,将调查得到的资料转绘在等高线图上而成工程地质图。

当该地区没有航测等相片时,工程地质测绘主要依靠野外工作,即实地测绘法。实地测绘法有路线法、布点法、追索法3种。

2) 工程地质勘探

工程地质勘探方法主要有钻探、井探、槽探和地球物理勘探等。勘探方法的选取应符合勘探目的和岩土的特性。当需查明岩土的性质和分布,采取岩土试样或进行原位测试时,可采用上述勘探方法。

（1）钻探

工程地质钻探是获取地表下准确的地质资料的重要方法,而且还可以通过钻探的钻孔采取原状岩土样和做原位试验。钻孔的直径、深度、方向取决于钻孔用途和钻探点的地质条件。钻孔的直径一般为75～150 mm,但在一些大型建筑物的工程地质勘探时,孔径往往大于150 mm,有时可达到500 mm。直径达500 mm以上的钻孔称为钻井。钻孔的深度由数米至上百米,视工程要求和地质条件而定,一般的建筑工程的地质钻探深度在数十米以内。钻孔的方向一般为垂直的,也可打成斜孔。在地下工程中有打成水平的,甚至打成直立向上的钻孔。

（2）井探、槽探

当钻探方法难以查明地下情况时,可采用井探、槽探进行勘探。井探、槽探主要是人力开挖,也有用机械开挖。利用井探、槽探可以直接观察地层结构的变化,取得准确的资料和采取原状土样。

槽探是在地表挖掘成长条形的槽子,深度通常小于3 m,其宽度一般为0.8～1.0 m,长度视需要而定。常用槽探来了解地质构造线、断裂破碎带的宽度、地层分界线、岩脉宽度及其延伸方向和采取原状土样等。槽探一般应垂直岩层走向或构造线布置。

井探一般是垂直向下掘进,浅者称为探坑,深者称为探井。断面一般为1.5 m×1.0 m的矩形或直径为0.8～1.0 m的圆形。井探主要用来查明覆盖层的厚度和性质、滑动面、断面、地下水位以及采取原状土样等。

（3）地球物理勘探

地球物理勘探简称为物探,是利用仪器在地面、空中、水上测量物理场的分布情况,通过对测得的数据进行分析判释,并结合有关的地质资料推断地质性状的勘探方法。各种地球物理场有电场、重力场、磁场、弹性波应力场、辐射场等。工程地质勘察可在下列方面采用物探:

①作为钻探的先行手段,了解隐蔽的地质界线、界面或异常点。

②作为钻探的辅助手段,在钻孔之间增加地球物理勘察点,为钻探成果的内插、外推提供依据。

③作为原位测试手段,测定岩土体的波速、动弹性模量、动剪切模量、特征周期、电阻率、放射性辐射参数、土对金属的腐蚀等参数。

3)测试

测试是工程地质勘察的重要内容。通过室内试验或现场原位试验,可以取得岩土的物理力学性质和地下水水质等定量指标,以供设计计算时使用。

(1)室内试验

室内试验项目应按岩土类别、工程类型,考虑工程分析计算要求确定。

(2)原位测试

原位测试包括地基静载荷试验、旁压试验、土的现场剪切试验、地基土动力参数的测定、桩的静载荷试验以及触探试验等。有时,还要进行地下水位变化和抽水试验等测试工作。一般来说,原位测试能在现场条件下直接测定土的性质,避免试样在取样、运输以及室内试验操作过程中被扰动后导致测定结果失真,因此其结果较为可靠。

(3)长期观测

有时在建筑物建成之前或以后的一段时期内,还要对场地或建筑物进行专门的工程性质长期观测工作。这种观测的时间一般不小于1个水文年。对重要建筑物或变形较大的地基,可能要对建筑物进行沉降观测,直至地基变形稳定为止,从而观察沉降的发展过程,在必要时可及时采取处理措施,或积累沉降资料,以便总结经验。

1.3.4 工程地质勘察报告

在野外勘察工作和室内土样试验完成后,将工程地质勘察纲要、勘探孔平面布置图、钻孔记录表、原位测试记录表、土的物理力学试验成果、勘察任务委托书、建筑平面布置图及地形图等有关资料汇总,并进行整理、检查、分析、鉴定,经确定无误后编制成工程地质勘察成果报告,提供给建设单位、设计单位和施工单位使用,是存档长期保存的技术资料。

1)工程地质勘察报告的基本内容

(1)文字部分

文字部分包括勘察目的、任务、要求和勘察工作概况;拟建工程概述;建筑场地描述及地震基本烈度;建筑场地的地层分布,结构,岩土的颜色、密度、湿度、均匀性、层厚;地下水的埋藏深度、水质侵蚀性及当地冻结深度;各土层的物理力学性质、地基承载力和其他设计计算指标;建筑场地稳定性与适宜性的评价;建筑场地及地基的综合工程地质评价;结论与建议;根据拟建工程的特点,结合场地的岩土性质,提出的地基与基础方案设计建议;推荐持力层的最佳方案,建议采用何种地基加固处理方案;对工程施工和使用期间可能发生的岩土工程问题,提出预测、监控和预防措施的建议。

(2)图表部分

一般工程勘察报告书中所附图表有以下几种:勘探点平面布置图;工程地质剖面图;地质柱状图或综合地质柱状图;室内土工试验成果表;原位测试成果图表;其他必要的专门土建和计算分析图表。

2) 工程地质勘察报告的阅读

工程地质勘察报告的表达形式各地不统一，但其内容一般包括工程概况、场地描述、勘探点平面布置图、工程地质剖面图、土层分布、土的物理力学性质指标及工程地质评价等内容。

下面根据某单位拟建在某市的某花苑工程情况，介绍如何阅读工程地质勘察报告。该项目的工程地质勘察报告摘录如下。

（1）工程概况

该花苑工程包括兴建两幢 28 层塔楼及 4 层裙楼。场地整平高程为 30.00 m。塔楼底面积 73 m×40 m，设一层地下室，拟采用钢筋混凝土框剪结构，最大柱荷载为 17 000 kN，采用桩基方案；裙楼底面积 73 m×60 m，钢筋混凝土框架结构，采用天然地基浅基础或沉管灌注桩基础方案。

（2）勘察目的与要求

受某市城镇建设局委托，某勘测总队对拟建的某市西区某花苑工程进行岩土工程勘察工作，要求达到以下目的：

①查明拟建场地的地层结构及其分布规律，提供各层土的物理力学性质指标、承载能力及变形指标。

②提出建议基础方案并进行分析论证，提供相关的设计参数。

③查明地下水类型、埋藏条件、有无腐蚀性等。

④查明场地内及其附近有无影响工程稳定的不良地质情况，成因分布范围，并提出处理措施及建议。

⑤查明埋藏的河道、沟浜、墓穴、防空洞、孤石等对工程不利的埋藏物。

⑥划分场地土类型和场地类别，对场地土进行液化判别。

⑦为基坑开挖的边坡设计和支护结构设计提供必要的参数，评价基坑开挖对周围环境的影响，建议合理的开挖方案，并对施工中应注意的问题提出建议。

⑧对施工过程和使用过程中的监测方案提出建议。

（3）勘探点平面布置图

按建筑物轮廓布置钻孔 25 个，如图 1.41 所示。

（4）场地描述

拟建场地位于河流西岸一级阶地上，由于场地基岩受河水冲刷，松散覆盖层下为坚硬的微风化砾岩。阶地上冲积层呈"二元结构"：上层颗粒细，为黏土或粉土层；下层颗粒粗，为砂砾或卵石层。根据场地岩、土样剪切波速测量结果，地表下 15 m 范围内剪切波速平均值 $v_{sm} = 324.4$ m/s，属中硬场地土类型。又据有关地震烈度区划图资料，场地一带基本地震烈度为 6 度。

（5）地层分布

该工程取 Ⅰ—Ⅰ′~Ⅷ—Ⅷ′ 8 个地质剖面，其中 Ⅶ—Ⅶ′ 剖面如图 1.42 所示。ZK1 钻孔柱状图如图 1.43 所示。

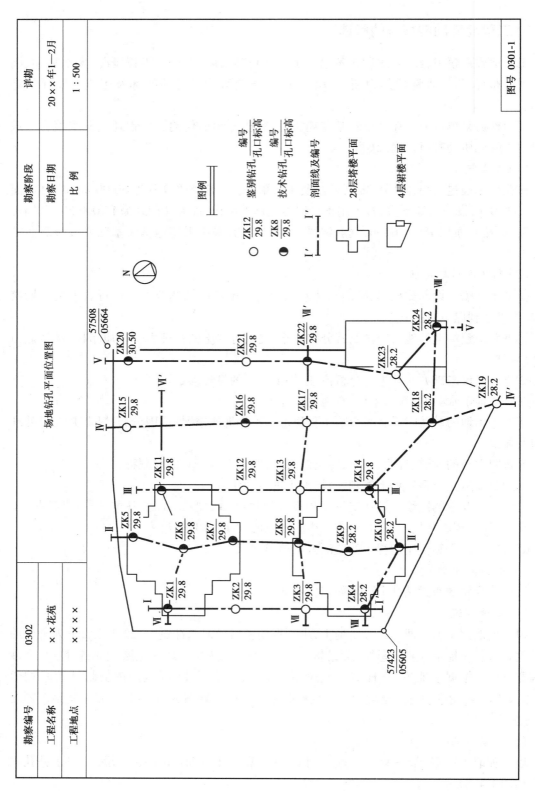

图1.41 勘探点平面布置图

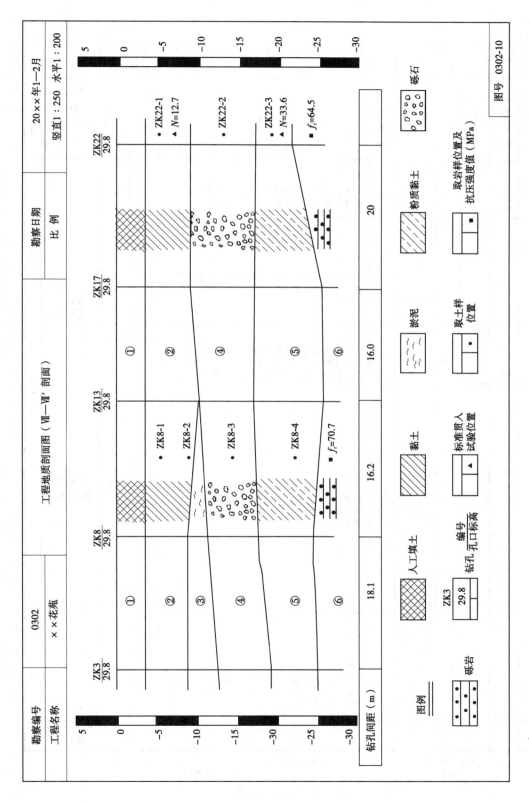

图1.42 工程地质剖面图

勘察编号	0302					钻孔柱状图			孔口标高		29.8 m
工程名称	××花苑								地下水位		27.6 m
钻孔编号	ZK1								钻探日期		20××年2月7日
地质代号	层底标高/m	层底深度/m	分层厚度/m	层序号	地质柱状图1:200	岩心采取率/%	工程地质简述		标贯N		岩土样
								深度/m	实际击数/校正击数	编号 深度/m	备注
Q^{ml}	3.0	3.0		①		75	填土: 杂色、松散，内有碎砖、瓦片、混凝土块、粗砂及黏性土，钻进时常遇混凝土板					
Q^{al}	10.7	7.7		②		90	黏土: 黄褐色、冲积、可塑、具黏滑感，顶部为灰黑色耕作层，底部土中含较多粗颗粒		10.85～11.15	31/25.7	ZK1-1 10.5～10.7	
	14.3	3.6		④		70	砾石: 土黄色、冲积、松散～稍密，上部以砾、砂为主，含泥量较大，下部颗粒变粗，含砾石、卵石，粒径一般为2~5 cm，个别达7~9 cm，磨圆度好					
Q^{el}	27.3	13.0		⑤		85	粉质黏土: 褐黄色带白色斑点，残积，为砾岩风化产物，硬塑～坚硬，土中含较多粗石英粒，局部为岩芯砾石颗粒		20.55～20.85	42/29.8	ZK1-2 20.2～20.4	
γ_5^3	32.4	5.1		⑥		80	砾岩: 褐红色，铁质硅质胶结，中～微风化，岩质坚硬，性脆，砾石成分有石英、砂岩、石灰岩块，岩芯呈柱状				ZK1-3 31.2～31.3	
				⑥							图号0302-7	

▲ 标贯位置　　　　　　■ 岩样位置　　　　　　● 砂、土样位置

拟编：　　　　　　　　　　　　　　　　　　审核：

图1.43 钻孔柱状图

钻探显示,场地的地层自上而下分为 6 层,各土层描述如下:

①人工填土:浅黄色,松散,以中、粗砂和粉质细粒土为主,有混凝土块、碎砖、瓦片,厚约 3 m。

②黏土:冲积,硬塑,压缩系数 $a_{1-2}=0.29$ MPa^{-1},具有中等压缩性;地基承载力特征值 $f_a =$ 288.5 kPa,桩侧土极限侧阻力标准值 $q_{sik}=70$ kPa,厚度 4~5 m。

③淤泥:灰黑色,冲积,流塑,具有高压缩性,底夹薄粉砂层,厚度 0~3.70 m,场地西部较厚,东部缺失。

④砾石:褐黄色,冲积,稍密,饱和,层中含卵石和粉粒,透水性强,厚度 3.70~8.20 m。

⑤粉质黏土:褐黄色,残积,硬塑至坚硬,为砾岩风化产物;压缩系数 $a_{1-2}=0.22$ MPa^{-1},具有中等偏低压缩性;桩侧土极限侧阻力标准值 $q_{sik}=90$ kPa,桩端土极限端阻力标准值 $q_{pk}=$ 5 400 kPa,厚度 5~6 m。

⑥砾岩:褐红色,岩质坚硬,岩样单轴抗压强度标准值 $f_{rk}=58.5$ kPa,场地东部的基岩埋藏浅,而西部较深,埋深一般为 24~26 cm。

(6)地下水情况

本区地下水为潜水,埋深约 2.10 m。表层黏土层为隔水层,渗透系数 $k=1.28\times10^{-7}$ cm/s;砾石层为强透水层,渗透系数 $k=2.07\times10^{-1}$ cm/s,砾石层地下水量丰富。分析水质,地下水化学成分对混凝土无腐蚀性。场地一带的地下水与邻近的河水有水力联系。

(7)土的物理力学性质指标

土的物理力学性质指标见表 1.19。

表 1.19　某花苑工程岩土物理力学性质指标的标准值

主要指标	天然含水量 $\omega/\%$	土的天然重度 γ /(kN·m^{-3})	孔隙比 e	液限 ω_L /%	塑限 ω_p /%	塑性指数 I_p	液性指数 I_L
② 黏　土	25.3	19.1	0.710	39.2	21.2	18.0	0.23
③ 淤　泥	77.4	15.3	2.107	47.3	26.0	21.3	2.55
⑤ 粉质黏土	18.1	19.5	0.647	36.5	20.3	16.2	<0
⑥ 砾　岩							

主要指标	压缩系数 a_{1-2} /MPa^{-1}	压缩模量 E_{a1-2} /MPa	饱和单轴抗压强度 f_{ak}/MPa	抗剪强度 黏聚力 /kPa	抗剪强度 内摩擦角 $\varphi/(°)$	地基承载力特征值 f_{ak}/kPa
② 黏　土	0.29	5.90		25.7	14.8	288.5
③ 淤　泥	1.16	2.18		6	6	35
⑤ 粉质黏土	0.22	7.49		30.8	17.2	355
⑥ 砾　岩			58.5			

注:①黏土层、淤泥层、粉质黏土层、砾岩承载力参考《建筑地基基础设计规范》(GB 50007—2011)确定;
　　②黏土层、淤泥层、粉质黏土层各取土样 6~7 件,除 c、φ、地基承载力、岩石抗压强度不为标准值外,其余指标均为标准值。

（8）S 波测试结果报告

其中 ZK1 孔 S 波测试结果见表 1.20。

表 1.20　ZK1 孔 S 波测试结果表

层　序	层底深度/m	岩　性	层厚/m	S 波波速/($m \cdot s^{-1}$)	密度/($g \cdot cm^{-3}$)	剪变模量/MPa
1	3.0	填　土	3.0	128	1.71	30.5
2	10.7	黏　土	7.7	305	1.91	175.6
3	14.3	砾　石	3.6	560	2.01	860.2
4	27.3	粉质黏土	13.0	224	1.95	105.2
5	32.4	砾　岩	5.1	1 018	2.2	2 485.9

（9）工程地质评价

● 本场地地层建筑条件评价

① 人工填土层物质成分复杂，含有分布不均的混凝土块和砖瓦等杂物，呈松散状，承载力低。

② 黏土层呈硬塑状态，具有中等压缩性，场地内厚度变化不大，一般为 4~5 m。地基承载力特征值 $f_a = 288.5$ kPa，可直接作为 5 或 6 层建筑物的天然地基。

③ 淤泥层含水量高，孔隙比大，具有高压缩性，厚度变化大，不宜作为建筑物地基的持力层。

④ 砾石层呈稍密状态，厚度变化颇大，土的承载能力不高。

⑤ 粉质黏土呈硬塑至坚硬状态，桩侧土极限侧阻力标准值 $q_{sik} = 90$ kPa，桩端土极限端阻力标准值 $q_{pk} = 5 400$ kPa，可作为沉管灌注桩的地基持力层。

⑥ 微风化砾岩，岩样的单轴抗压强度标准值 $f_{rk} = 58.5$ kPa，呈整体块状结构，是理想的高层建筑桩基持力层。

● 基型与地基持力层的选择

① 4 层裙楼。对 4 层裙楼，可采用天然地基上的浅基础方案，以硬塑黏土作为持力层。由于裙楼上部荷载较小，黏土层相对来说承载力较高并有一定厚度，其下又没有软弱淤泥层。黏土层作为持力层具有下列有利因素：

a. 地基承载力完全可以满足设计要求（其地基承载力标准值达 288.5 kPa）；

b. 该层具有一定厚度，在本场地内的厚度为 4~5 m，分布稳定，且其下方不存在淤泥等软弱土层；

c. 黏土层呈硬塑状态，是场地内的隔水层，预计基坑开挖后的涌水量较少，基坑边坡易于维持稳定状态；

d. 上部结构荷载不大，若柱基的埋深和宽度加大，黏土层承载力还可提高。

② 28 层塔楼。对 28 层塔楼来说，情况与裙楼完全不同：塔楼层数高，荷载大且集中，最大柱荷载为 17 000 kN；黏土层虽有一定承载力和厚度，但该地段下方分布有厚薄不均的软弱淤泥土层，加之塔楼设置有一层地下室，部分黏土层被挖去后，将使基底更接近软弱淤泥层顶面，正常使用过程中发生不均匀沉降的可能性很大；场地内基岩强度高，埋藏深度又不大，故选择砾岩作为桩基持力层合理可靠；从地下室底面起算的桩长为 20 m 左右，施工难度不大。

选择砾岩作为桩基持力层，由于砾石层地下水量丰富，透水性强，所以不宜采用人工挖孔桩，而应选用钻孔灌注桩，并以微风化砾岩作为桩端持力层。

1.3.5　地基承载力基本知识

所谓地基承载力,是指地基单位面积上所能承受荷载的能力。地基承载力一般可分为地基极限承载力和地基承载力特征值两种。地基极限承载力是指地基发生剪切破坏丧失整体稳定时的地基承载力,是地基所能承受的基底压力极限值,用 p_u 表示;地基承载力特征值则是满足土的强度稳定和变形要求时的地基承载能力,以 f_a 表示。将地基极限承载力除以安全系数 K,即为地基承载力特征值。

要研究地基承载力,首先要研究地基在荷载作用下的破坏类型和破坏过程。

1)地基的破坏类型

现场载荷试验和室内模型试验表明,在荷载作用下,建筑物地基的破坏通常是由于承载力不足而引起的剪切破坏。地基剪切破坏随着土的性质而不同,一般可分为整体剪切破坏、局部剪切破坏和冲切剪切破坏 3 种类型。3 种不同破坏类型的地基作用荷载 p 和沉降 s 之间的关系,即 p-s 曲线如图 1.44 所示。

(1)整体剪切破坏

对于比较密实的砂土或较坚硬的黏性土,常发生这种破坏类型。其特点是地基中产生连续的滑动面一直延续到地表,基础两侧土体有明显隆起,破坏时基础急剧下沉或向一侧突然倾斜,p-s 曲线有明显拐点,如图 1.44(a)所示。

(2)局部剪切破坏

在中等密实砂土或中等强度的黏性土地基中都可能发生这种破坏类型。局部剪切破坏的特点是基底边缘的一定区域内有滑动面,类似于整体剪切破坏,但滑动面没有发展到地表,基础两侧土体微有隆起,基础下沉比较缓慢,一般无明显倾斜,p-s 曲线拐点不易确定,如图 1.44(b)所示。

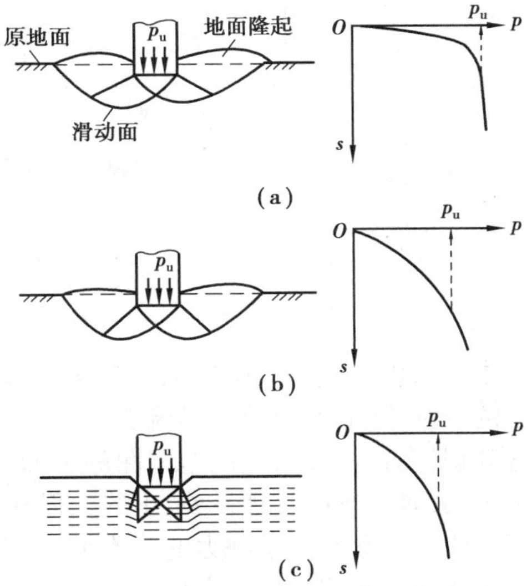

图 1.44　地基的破坏形式

(3)冲切剪切破坏

若地基为压缩性较高的松砂或软黏土时,基础在荷载作用下会连续下沉,破坏时地基无明显滑动面,基础两侧土体无隆起也无明显倾斜,基础只是下陷,就像"切入"土中一样,故称为冲切剪切破坏,或称为刺入剪切破坏。该破坏形式的 p-s 曲线也无明显拐点,如图 1.44(c)所示。

2)地基变形的 3 个阶段

根据地基从加荷到整体剪切破坏的过程,地基的变形一般经过 3 个阶段。

①弹性变形阶段:相应于图 1.45(a)中 p-s 曲线的 oa 部分。由于荷载较小,地基主要产生压密变形,荷载与沉降的关系接近于直线。此时土体中各点的剪应力均小于抗剪强度,地基处于弹性平衡状态。

②塑性变形阶段:相应于图 1.45(a)中 p-s 曲线的 ab 部分。当荷载增加到超过 a 点压力时,荷载与沉降之间呈曲线关系。此时土中局部范围内产生剪切破坏,即出现塑性变形区。

随着荷载增加,剪切破坏区逐渐扩大。

③破坏阶段:相应于图 1.45(a)中 p-s 曲线的 bc 阶段。在这个阶段塑性区已发展到形成一连续的滑动面,荷载略有增加或不增加,沉降均有急剧变化,地基丧失稳定。

对应于上述地基变形的 3 个阶段,在 p-s 曲线上有两个转折点 a 和 b,如图 1.45(a)所示。a 点对应的荷载为临塑荷载,以 p_{cr} 表示,即地基从压密变形阶段转为塑性变形阶段的临界荷载。当基底压力等于该荷载时,基础边缘的土体开始出现剪切破坏,但塑性破坏区尚未发展。b 点对应的荷载称为极限荷载,以 p_u 表示,是使地基发生整体剪切破坏的荷载。荷载从 p_{cr} 增加到 p_u 的过程是地基剪切破坏区逐渐发展的过程,如图 1.45(b)所示。

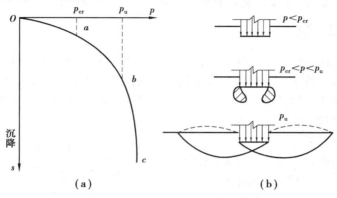

图 1.45　地基荷载试验的 p-s 曲线

项目小结

本项目内容包括基础施工图的识读、地基土的基本性质及分类和地质勘察。在基础施工图的识读中,简单介绍了建筑识图的基本知识,详细说明了基础平面图和基础详图的图示内容和识读方法,以及基础施工图的平面整体表示方法;在地基土的基本性质及分类中,涉及了土的组成、土的物理性质、土的工程分类和土的鉴别方法等问题;在地质勘察中,简单介绍了工程地质和地基承载力的基本概念,着重阐述了工程地质勘察的任务、要求、方法及如何阅读和使用工程地质勘察报告。

复习思考题

1.房屋施工图包含哪几个组成部分?

2.什么是基础平面布置图和基础详图? 其图示方法如何?

3.土是由哪几部分组成的? 土中水有哪几种存在形式?

4.土的物理性质指标有几个? 哪些是直接测定的?

5.土如何按其工程性质分类? 各类土划分的依据是什么?

6.工程地质勘察的任务有哪些? 分为哪几个阶段?

7.工程地质勘察报告有哪些内容?

8.什么是地基承载力特征值? 地基破坏的类型有哪几种?

项目 2
土方工程施工

项目导读

- **基本要求**　了解土方工程施工的特点；掌握土方量的计算、场地平整施工的竖向规划设计；熟悉常用土方机械的性能和使用范围；了解基槽检验工作的内容和常用检验方法；掌握填土压实的要求和方法。

- **重点**　土的可松性，土方量的计算，用表上作业法进行土方调配，填土压实的原理、方法及施工控制。

- **难点**　利用土的可松性系数进行土方量的计算，影响填土压实的因素。

子项 2.1　土方量的计算与调配

在土方工程施工之前，必须先计算土方的工程量。但各种土方工程的外形往往很复杂，不规则，很难进行精确计算。因此，一般情况下，将工程区域假设或划分为一定的几何形体，采用具有一定精度而又和实际情况近似的方法进行计算。

场地平整的一般施工工艺流程为：现场勘察→清除地面障碍物→标定平整范围→设置水准基点→设置方格网，测量标高→计算土方挖填工程量→编制土方调配方案→挖、填土方→场地碾压→验收。

场地平整前，施工人员应到工程施工现场进行勘察，了解地形、地貌和周围环境，根据建筑总平面图了解、确定场地平整的大致范围；拆除施工场地上的旧有房屋和坟墓，拆迁或改建通信、电力设备，上下水道以及地下建筑物，迁移树木，去除耕植土及河塘淤泥等。然后根据建筑总平面图要求的标高，从基准水准点引进基准标高作为场地平整的基点。

2.1.1　基坑、基槽土方量计算

1)基坑土方量计算

基坑土方量可按立体几何中的拟柱体(由两个平行的平面作底的一种多面体)体积公式计算(图2.1),即

$$V_{坑} = \frac{H}{6}(A_1 + 4A_0 + A_2) \qquad (2.1)$$

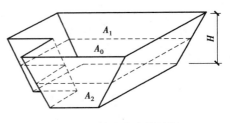

图 2.1　基坑土方量计算

式中　H——基坑深度,m;

A_1,A_2——基坑上、下两底面积,m^2;

A_0——基坑中截面面积,m^2。

2)基槽土方量计算

基槽和路堤、管沟的土方量可沿其长度方向分段后,再按基坑土方量计算方法分别计算各段土方量,汇总得到总土方量,即

$$V_{槽} = \sum V_i \qquad (2.2)$$

式中　V_i——基槽的第 i 段土方量,m^3。

一般在工程实际中,基槽土方量的计算多按照不同基槽断面,以基槽的长度乘以相应断面面积计算,即

$$V_{槽} = \sum L_i \times A \qquad (2.3)$$

式中　L_i——基槽所在断面的长度,m;

A——基槽所在断面的平均断面积,m^2。

2.1.2　场地平整土方量计算

场地平整就是将现场天然地面改造成施工要求的设计平面。首先要确定场地设计标高(通常由设计单位在总图规划和竖向设计中确定),计算挖、填土方工程量,确定土方调配方案;并根据工程现场施工条件、施工工期及现有机械设备条件,选择土方施工机械,拟订施工方案。

场地挖填土方量计算有横截面法和方格网法两种。

横截面法是将要计算的场地划分成若干横截面后,用横截面计算公式逐段计算,最后将逐段计算结果汇总。横截面法计算精度较低,可用于地形起伏变化较大的地区。

在地形起伏变化较大的地区,或挖填深度较大、断面又不规则的地区,采用横截面法比较方便。其方法为:沿场地取若干个相互平行的断面(可利用地形图定出或实地测量定出),将所取的每个断面(包括边坡断面)划分为若干个三角形和梯形,如图2.2所示。

断面面积求出后,即可计算土方体积,设各断面面积分别为 F_1,F_2,…,F_n,相邻两断面间的距离依次为 L_1,L_2,L_3,…,L_n,则所求土方体积为:

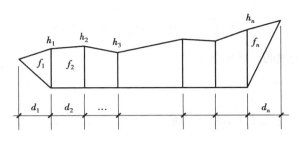

图 2.2　横截面法计算

$$V = \frac{1}{2}(F_1 + F_2)L_1 + \frac{1}{2}(F_2 + F_3)L_2 + \cdots + \frac{1}{2}(F_{n-1} + F_n)L_n \qquad (2.4)$$

对于地形较平坦地区,场地平整的土方量通常采用方格网法计算,即根据场地设计平面标高和方格网各方格角点的自然地面标高之差,得到相应角点的施工高度(填挖高度),由此计算每一方格的土方量,并计算出场地边坡的土方量,从而求得整个场地的填挖土方量。下面着重介绍方格网法的计算步骤。

1)确定场地设计标高

大型工程项目通常都要确定场地设计平面,进行场地平整。场地平整就是将自然地面改造成人们要求的平面。场地设计标高应满足规划、生产工艺及运输、排水及最高洪水位等要求,并力求使场地内土方挖填平衡且土方量最小。

对于较大面积的场地平整(如工业厂房和住宅区场地、车站、机场、运动场等),正确地选择设计标高是十分重要的。选择场地设计标高时,应尽可能满足:场地以内的挖方和填方应达到相互平衡,以降低土方运输费用;要有一定的排水坡度,满足排水要求;尽量利用地形(不考虑泄水坡度时),以减少挖方数量;符合生产工艺和运输的要求;考虑最高洪水位的影响。

确定场地设计标高的方法有挖填土方量平衡法和最佳设计平面法。前者是场地设计标高确定的一般方法,如场地比较平缓,对场地设计标高无特殊要求,可按照挖填土方量相等的原则确定场地设计标高。后者是采用最小二乘法原理,计算出最佳设计平面。所谓最佳设计平面,是指场地各方格角点的挖、填高度的平方和为最小,按照这样的设计平面,既能满足土方工程量最小,也能保证挖填土方量相等,但是此法的计算较为烦琐。

(1)挖填土方量平衡法

挖填土方量平衡法的概念直观,计算简便,精度能满足工程要求。采用挖填土方量平衡法确定场地设计标高,可按下述方法进行:

如图 2.3(a)所示,将地形图上场地的范围划分为若干方格。每个方格的角点标高可根据地形图上该角点相邻两等高线的标高,用插入法(图 2.4)求得。在无地形图的情况下,可在地面用木桩打好方格网,然后用仪器直接测出各角点标高。

从工程经济效益的角度来说,合理的设计标高应使场地内的土方,在场地平整前和平整后相等而达到挖方和填方的平衡[图 2.3(b)],即

$$na^2H_0 = \sum_{i=1}^{n}\left(a^2\frac{H_{i1} + H_{i2} + H_{i3} + H_{i4}}{4}\right) \qquad (2.5)$$

由式(2.5)可得到:

$$H_0 = \frac{1}{4n} \sum_{i=1}^{n} (H_{i1} + H_{i2} + H_{i3} + H_{i4}) \qquad (2.6)$$

式中　H_0——所计算场地的设计标高,m;

　　　　a——方格边长,m;

　　　　n——方格数;

　　　　$H_{i1}, H_{i2}, H_{i3}, H_{i4}$——第 i 个方格 4 个角点的原地形标高,m。

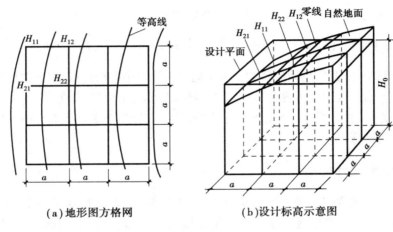

(a)地形图方格网　　　　　(b)设计标高示意图

图 2.3　场地设计标高计算示意图

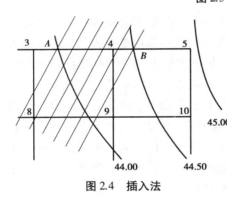

图 2.4　插入法

从图 2.3(b)可以看出,H_{11} 系 1 个方格的角点标高,H_{12} 及 H_{21} 系相邻 2 个方格的公共角点标高,H_{22} 系相邻的 4 个方格的公共角点标高。如果将所有方格的 4 个角点相加,则类似 H_{11} 这样的角点标高加 1 次,类似 H_{12}、H_{21} 的角点标高需加 2 次,类似 H_{22} 的角点标高要加 4 次,这种在计算过程中被应用次数 P_i 反映了各角点标高对计算结果的影响程度,测量上的术语称为"权"。考虑各角点标高的"权",式(2.6)可改写成便于计算的形式,见式(2.7)。

$$H_0 = \frac{\sum H_1 + 2\sum H_2 + 3\sum H_3 + 4\sum H_4}{4n} \qquad (2.7)$$

式中　H_1——1 个方格仅有的角点标高,m;

　　　　H_2——2 个方格共有的角点标高,m;

　　　　H_3——3 个方格共有的角点标高,m;

　　　　H_4——4 个方格共有的角点标高,m。

按调整后的同一设计标高进行场地平整时,整个场地表面均处于同一水平面,但实际上由于排水的要求,场地需有一定的泄水坡度。平整场地的表面坡度应符合设计要求,如无设计要求时,排水沟方向的坡度不应小于 2‰。因此,还需要根据场地的泄水坡度的要求(单向泄水或双向泄水),计算出场地内各方格角点实际施工所用的设计标高。

单向泄水时设计标高计算,是将已调整的设计标高(H_0)作为场地中心线的标高(图

2.5），场地内任意一点的设计标高则为：

$$H_{ij} = H_0 \pm L \times i \qquad (2.8)$$

式中 H_{ij}——考虑泄水坡度场地内任一点的设计标高，m；

L——该点至 H_0—H_0 中心线的距离，m；

i——场地单向泄水坡度（不小于 2‰）。

双向泄水时设计标高计算，是将已调整的设计标高（H_0）作为场地方向的中心点（图 2.6），场地内任一点的设计标高为：

$$H_{ij} = H_0 \pm L_x i_x \pm L_y i_y \qquad (2.9)$$

式中 L_x, L_y——该点沿 x—x，y—y 方向距场地中心线的距离，m；

i_x, i_y——该点沿 x—x，y—y 方向的泄水坡度。

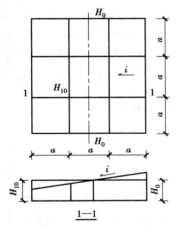

图 2.5 单向泄水坡度场地

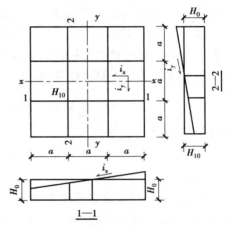

图 2.6 双向泄水坡度场地

（2）最小二乘法原理求最佳设计平面

按上述方法得到的设计平面，能使挖方量与填方量平衡，但不能保证总的土方量最小。应用最小二乘法原理，可求得满足上述两个条件的最佳设计平面，即设计标高满足规划、生产工艺及运输、排水及最高洪水水位等要求，并做到场地内土方挖填平衡，且挖填的总土方工程量最小。

当地形比较复杂时，一般需设计成多平面场地，此时可根据工艺要求和地形特点，预先把场地划分成几个平面，分别计算出最佳设计单平面的各个参数；然后适当修正各设计单平面交界处的标高，使场地各单平面之间的变化缓和且连续。因此，确定单平面的最佳设计平面是竖向规划设计的基础。

我们知道，任何一个平面在直角坐标体系中都可以用 3 个参数 c, i_x, i_y 来确定（图 2.7）。在这个平面上任何一点 i 的标高 H_i'，可以根据下式求出：

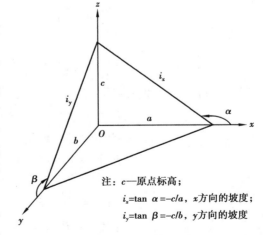

注：c—原点标高；

$i_x = \tan \alpha = -c/a$，x 方向的坡度；

$i_y = \tan \beta = -c/b$，y 方向的坡度。

图 2.7 一个平面的空间位置

$$H'_i = c + x_i i_x + y_i i_y \tag{2.10}$$

式中　i_x——i 点在 x 方向的坐标；

i_y——i 点在 y 方向的坐标。

与前述方法类似,将场地划分成方格网,并将原地形标高 H_i 标于图上,则该场地方格网角点的施工高度为:

$$h_i = H'_i - H_i = c + x_i i_x + y_i i_y - H_i \tag{2.11}$$

式中　h_i——方格网各角点的施工高度,m;

H'_i——方格网各角点的设计平面标高,m;

H_i——方格网各角点的原地形标高,m。

由土方量计算公式可知,施工高度之和与土方工程量成正比。由于施工高度有正有负,当施工高度之和为零时,则表明该场地土方的填挖平衡,但它不能反映出填方和挖方的绝对值之和为多少。为了不使施工高度正负相互抵消,若把施工高度平方之后再相加,则其总和能反映土方工程填挖方绝对值之和的大小。但要注意,在计算施工高度总和时,应考虑方格网各点施工高度在计算土方量时被应用的次数 P_i,令 σ 为土方施工高度的平方和,则

$$\sigma = \sum_{i=1}^{n} P_i h_i^2 = P_1 h_1^2 + P_2 h_2^2 + \cdots + P_n h_n^2 \tag{2.12}$$

将式(2.11)代入式(2.12),得:

$$\sigma = P_1(c + x_1 i_x + y_1 i_y - H_1)^2 + P_2(c + x_2 i_x + y_2 i_y - H_2)^2 + \cdots + P_n(c + x_n i_x + y_n i_y - H_n)^2 \tag{2.13}$$

当 σ 的值最小时,该设计平面既能使土方工程量最小,又能保证填挖方量相等(填挖方不平衡时,上式所得数值不可能最小)。这就是用最小二乘法求最佳设计平面的方法。

为了求得 σ 最小时的设计平面参数 c, i_x, i_y,可以对式(2.13)的 c, i_x, i_y 分别求偏导数,并令其为 0,于是得:

$$\left. \begin{aligned} \frac{\partial \sigma}{\partial c} &= \sum_{i=1}^{n} P_i(c + x_i i_x + y_i i_y - H_i) = 0 \\ \frac{\partial \sigma}{\partial i_x} &= \sum_{i=1}^{n} P_i x_i(c + x_i i_x + y_i i_y - H_i) = 0 \\ \frac{\partial \sigma}{\partial i_y} &= \sum_{i=1}^{n} P_i y_i(c + x_i i_x + y_i i_y - H_i) = 0 \end{aligned} \right\} \tag{2.14}$$

经过整理,可得下列准则方程:

$$\left. \begin{aligned} [P]c + [Px]i_x + [Py]i_y - [PH] &= 0 \\ [Px]c + [Pxx]i_x + [Pxy]i_y - [PxH] &= 0 \\ [Py]c + [Pxy]i_x + [Pyy]i_y - [PyH] &= 0 \end{aligned} \right\} \tag{2.15}$$

式中:

$$[P] = P_1 + P_2 + \cdots + P_n$$

$$[Px] = P_1 x_1 + P_2 x_2 + \cdots + P_n x_n$$

$$[Pxx] = P_1 x_1 x_1 + P_2 x_2 x_2 + \cdots + P_n x_n x_n$$

$$[Pxy] = P_1 x_1 y_1 + P_2 x_2 y_2 + \cdots + P_n x_n y_n$$

其他依次类推。

解联立方程组,可求得最佳设计平面(此时尚未考虑工艺、运输等要求)的 3 个参数 c, i_x, i_y,然后即可算出各角点的施工高度。

在实际计算时,可采用列表方法,见表 2.1。最后一列的和 $[Ph]$ 可用于检验计算结果,当 $[Ph]=0$,则表明计算无误。

表 2.1　最佳设计平面计算表

1	2	3	4	5	6	7	8	9	10	11	12	13	14	15
点号	x	y	H	P	Px	Py	PH	Pxx	Pxy	Pyy	PxH	PyH	h	Ph
0	…	…	…	…	…	…	…	…	…	…	…	…	…	…
1	…	…	…	…	…	…	…	…	…	…	…	…	…	…
2	…	…	…	…	…	…	…	…	…	…	…	…	…	…
3	…	…	…	…	…	…	…	…	…	…	…	…	…	…
⋮	⋮	⋮	⋮	⋮	⋮	⋮	⋮	⋮	⋮	⋮	⋮	⋮	⋮	⋮
				$[P]$	$[Px]$	$[Py]$	$[Pz]$	$[Pxx]$	$[Pxy]$	$[Pyy]$	$[Pxz]$	$[Pyz]$		$[Ph]$

应用上述准则方程时,若已知 c 或 i_x 或 i_y 时,只要把这些已知值作为常数代入,即可求得该条件下的最佳设计平面,但它与无任何限制条件下求得的最佳设计平面相比,其总土方量一般要比后者大。

(3)调整场地设计标高

初步确定场地设计标高仅为一理论值,实际上还需要考虑以下因素对初步场地设计标高值进行调整,这一工作在完成土方量计算后进行。

①土的可松性影响。由于土具有可松性,会造成填土的多余,需相应地提高设计标高,以达到土方量的实际平衡。

②场内挖方和填方的影响。由于场地内大型基坑挖出的土方、修筑路堤填高的土方,以及从经济角度比较,将部分挖方就近弃于场外(简称弃土)或将部分填方就近取土于场外(简称借土)等,均会引起挖填土方量的变化。必要时,需重新调整设计标高。

③考虑工程余土或工程用土,相应提高或降低设计标高。

场地设计平面的调整工作也是烦琐的,如修改设计标高,则必须重新计算土方工程量。

2)划分场地方格网

方格网图由设计单位(一般在 1∶500 的地形图上)将场地划分为边长 $a=10\sim40$ m 的若干方格,与测量的纵横坐标相对应,在各方格角点规定的位置上标注角点的自然地面标高和设计标高,如图 2.8 所示。

3)计算场地各个角点的施工高度

施工高度为角点设计地面标高与自然地面标高之差,是以角点设计标高为基准的挖方

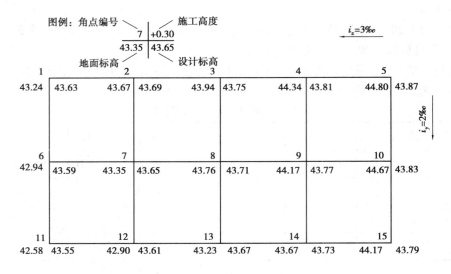

图 2.8　方格网法计算土方工程量图

或填方的施工高度,写在方格点的右上角。各方格角点的施工高度按式(2.16)计算。

$$h_n = H_n - H \qquad (2.16)$$

式中　h_n——角点施工高度,即填挖高度,m,以"+"为填,"-"为挖;

　　　H_n——角点设计标高,m;

　　　H——角点的自然地面标高,m。

4) 确定零线

如果一个方格中一部分角点的施工高度为"+",而另一部分为"-"时,则此方格中的土方一部分为填方,一部分为挖方。计算此类方格的土方量需先确定填方与挖方的分界线,即零线。

零线位置的确定方法:先求出有关方格边线(此边线一端为挖,一端为填)上的"零点"(即不挖不填的点),然后将相邻的两个"零点"相连即为零线。

如图 2.9 所示,设 h_1 为填方角点的填方高度,h_2 为挖方角点的挖方高度,o 为零点位置,则可求得:

$$x_1 = \frac{ah_1}{h_1 + h_2} \qquad x_2 = \frac{ah_2}{h_1 + h_2} \qquad (2.17)$$

式中　x_1, x_2——角点至零点的距离,m;

　　　h_1, h_2——相邻两角点的施工高度,m,均用绝对值;

　　　a——方格网的边长,m。

在实际工程中,确定零点也可以用图解法。如图 2.10 所示,用尺在各角点上标出挖填施工高度相应比例,并用尺相连,与方格相交点即为零点位置,将相邻的零点连接起来,即为零线。

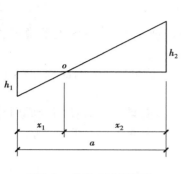

图 2.9 求零点的图解法

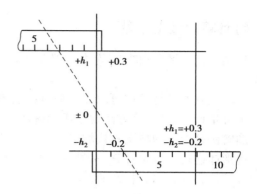

图 2.10 零点位置图解法

5)计算场地挖填土方量

零线确定后,便可进行土方量的计算。按方格网底面积图形和表 2.2 中的计算公式,计算每个方格内的挖方或填方量。

表 2.2 常用方格网点计算公式

项目	图式	计算公式
一点填方或挖方（三角形）		$V = \dfrac{1}{2}bc\dfrac{\sum h}{3} = \dfrac{bch_3}{6}$ 当 $b = a = c$ 时,$V = \dfrac{a^2 h_3}{6}$
两点填方或挖方（梯形）		$V_+ = \dfrac{b+c}{2}a\dfrac{\sum h}{4} = \dfrac{a}{8}(b+c)(h_1+h_3)$ $V_- = \dfrac{d+e}{2}a\dfrac{\sum h}{4} = \dfrac{a}{8}(d+e)(h_2+h_4)$
三点填方或挖方（五角形）		$V = \left(a^2 - \dfrac{bc}{2}\right)\dfrac{\sum h}{5}$ $= \left(a^2 - \dfrac{bc}{2}\right)\dfrac{h_1+h_2+h_4}{5}$
四点填方或挖方（正方形）		$V = \dfrac{a^2}{4}\sum h = \dfrac{a^2}{4}(h_1+h_2+h_3+h_4)$

注:①a——方格网的边长(m);b,c——零点到一角的边长(m);h_1,h_2,h_3,h_4——方格网四角点的施工高度(m),用绝对值代入;$\sum h$——填方或挖方施工高度的总和(m),用绝对值代入;V——填方或挖方体积(m^3)。

②本表公式是按照各计算图形底面积乘以平均施工高度而得出的。

6)计算边坡土方量

场地的挖方区和填方区的边沿都需要做成边坡,以保证挖方、填方区土壁稳定和施工安全。

边坡土方量计算不仅可以用于平整场地的土方量计算,还可用于修筑路堤、路堑的边坡挖填土方量计算,其计算方法常采用图解法。

图解法是根据地形图和边坡竖向布置图或现场测绘,将要计算的边坡划分成两种近似的几何形体进行土方量计算,一种为三角棱锥体,如图 2.11 中的①~③和⑤~⑩;另一种为三角棱柱体,如图 2.11 中的④。

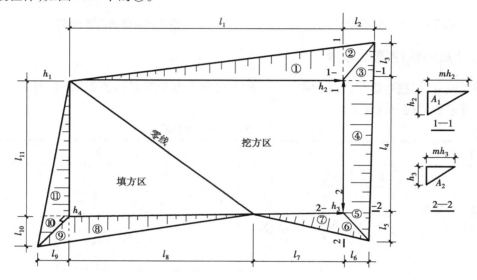

图 2.11　场地边坡平面图

(1)三角棱锥体边坡体积

如图 2.11 中的①,体积计算为:

$$V_1 = \frac{1}{3} A_1 l_1 \tag{2.18}$$

式中　l_1——边坡①的长度,m;

　　　A_1——边坡①的端面积,m^2,即

$$A_1 = \frac{h_2(mh_2)}{2} = \frac{mh_2^2}{2} \tag{2.19}$$

式中　h_2——角点的挖土高度,m;

　　　m——边坡的坡度系数,$m=$宽/高。

(2)三角棱柱体边坡体积

如图 2.11 中的④,当两端横断面面积相差不大时,体积计算为:

$$V_4 = \frac{A_1 + A_2}{2} l_4 \tag{2.20}$$

当两端横断面面积相差很大时,则

$$V_4 = \frac{l_4}{6}(A_1 + 4A_0 + A_2) \tag{2.21}$$

式中 l_4——边坡④的长度，m；

A_1,A_2,A_0——边坡④两端及中部横断面面积，m^2，算法同式(2.19)。

7)计算土方总量

将挖方区或填方区所有方格计算的土方量和边坡土方量汇总，即得该场地挖方或填方的总土方量。

8)应用案例

某建筑施工场地地形图和方格网布置，如图2.12所示。方格网的边长 $a = 20$ m，方格网各角点上的标高分别为地面的设计标高和自然标高，该场地为粉质黏土，为了保证填方区和挖方区边坡稳定性，设计填方区边坡坡度系数为1.0，挖方区边坡坡度系数为0.5，试用方格网法计算挖方和填方的总土方量。

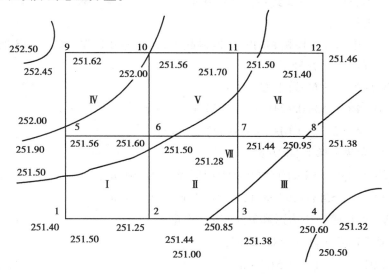

图2.12 某建筑场地方格网布置图

【解】 (1)计算各角点的施工高度

根据方格网各角点的地面设计标高和自然标高，按照式(2.16)计算得：

$h_1 = (251.50-251.40)m = 0.10$ m；$h_2 = (251.44-251.25)m = 0.19$ m；

$h_3 = (251.38-250.85)m = 0.53$ m；$h_4 = (251.32-250.60)m = 0.72$ m；

$h_5 = (251.56-251.90)m = -0.34$ m；$h_6 = (251.50-251.60)m = -0.10$ m；

$h_7 = (251.44-251.28)m = 0.16$ m；$h_8 = (251.38-250.95)m = 0.43$ m；

$h_9 = (251.62-252.45)m = -0.83$ m；$h_{10} = (251.56-252.00)m = -0.44$ m；

$h_{11} = (251.50-251.70)m = -0.20$ m；$h_{12} = (251.46-251.40)m = 0.06$ m。

各角点施工高度计算结果标注于图2.13中。

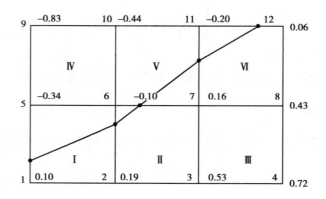

图 2.13　施工高度及零线位置

（2）计算零点位置

由图 2.13 可知，方格网边 1—5，2—6，6—7，7—11，11—12 两端的施工高度符号不同，这说明在这些方格网边上有零点存在，由式（2.17）求得：

1—5 线：$x_1 = 4.55$ m；2—6 线：$x_1 = 13.10$ m；6—7 线：$x_1 = 7.69$ m；7—11 线：$x_1 = 8.89$ m；11—12 线：$x_1 = 15.38$ m。

将各零点标于图上，并将相邻的零点连接起来，即得零线位置，如图 2.13 所示。

（3）计算各方格的土方量

方格Ⅲ，Ⅳ底面为正方形，土方量为：

$$V_{\text{Ⅲ}}(+) = 20^2/4 \times (0.53 + 0.72 + 0.16 + 0.43) \text{ m}^3 = 184 \text{ m}^3$$

$$V_{\text{Ⅳ}}(-) = 20^2/4 \times (0.34 + 0.10 + 0.83 + 0.44) \text{ m}^3 = 171 \text{ m}^3$$

方格Ⅰ底面为两个梯形，土方量为：

$$V_{\text{Ⅰ}}(+) = 20/8 \times (4.55 + 13.10) \times (0.10 + 0.19) \text{ m}^3 \approx 12.80 \text{ m}^3$$

$$V_{\text{Ⅰ}}(-) = 20/8 \times (15.45 + 6.90) \times (0.34 + 0.10) \text{ m}^3 \approx 24.59 \text{ m}^3$$

方格Ⅱ，Ⅴ，Ⅵ底面为三边形和五边形，土方量为：

$$V_{\text{Ⅱ}}(+) = 65.73 \text{ m}^3; V_{\text{Ⅱ}}(-) = 0.88 \text{ m}^3;$$

$$V_{\text{Ⅴ}}(+) = 2.92 \text{ m}^3; V_{\text{Ⅴ}}(-) = 51.10 \text{ m}^3;$$

$$V_{\text{Ⅵ}}(+) = 40.89 \text{ m}^3; V_{\text{Ⅵ}}(-) = 5.70 \text{ m}^3$$

方格网总填方量：$\sum V(+) = (184 + 12.80 + 65.73 + 2.92 + 40.89) \text{ m}^3 = 306.34 \text{ m}^3$

方格网总挖方量：$\sum V(-) = (171 + 24.59 + 0.88 + 51.10 + 5.70) \text{ m}^3 = 253.27 \text{ m}^3$

（4）边坡土方量计算

如图 2.14 所示，除④，⑦按三角棱柱体计算外，其余均按三角棱锥体计算，由式（2.18）、式（2.20）、式（2.21）计算可得：

$$V_{①}(+) = 0.003 \text{ m}^3; V_{②}(+) = V_{③}(+) = 0.000 \text{ 1 m}^3;$$

$$V_{④}(+) = 5.22 \text{ m}^3; V_{⑤}(+) = V_{⑥}(+) = 0.06 \text{ m}^3;$$

$$V_{⑦}(+) = 7.93 \text{ m}^3; V_{⑧}(+) = V_{⑨}(+) = 0.01 \text{ m}^3;$$

$$V_{⑩} = 0.01 \text{ m}^3; V_{11} = 2.03 \text{ m}^3; V_{12} = V_{13} = 0.02 \text{ m}^3; V_{14} = 3.18 \text{ m}^3$$

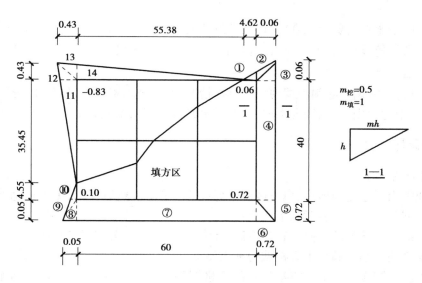

图 2.14 场地边坡平面图

边坡总填方量：$\sum V(+) = (0.003 + 0.000\ 1 + 5.22 + 2 \times 0.06 + 7.93 + 2 \times 0.01 + 0.01)\,\mathrm{m}^3 \approx 13.30\ \mathrm{m}^3$

边坡总挖方量：$\sum V(-) = (2.03 + 2 \times 0.02 + 3.18)\,\mathrm{m}^3 = 5.25\ \mathrm{m}^3$

2.1.3 土方平衡与调配

土方工程量计算完成后即可进行土方调配。所谓土方调配，就是对挖方的土需运至何处、填方的土应取自何方等进行统筹安排。其目的是在土方运输量最小或土方运输费最少的条件下，确定挖填方区土方的调配方向、数量及平均运距，从而缩短工期，降低成本。

土方调配工作主要包括以下内容：划分调配区、计算土方调配区之间的平均运距、选择最优的调配方案及绘制土方调配图表。

1) 土方平衡与调配的原则

①应力求达到挖、填平衡和运距最短。使挖、填方量与运距的乘积之和尽可能为最小，即使土方运输量或运费最小。应根据场地和其周围地形条件综合考虑，必要时可在填方区周围就近借土，或在挖方区周围就近弃土，而不是只局限于场地以内的挖、填平衡，这样才能做到经济合理。

②应考虑近期施工与后期利用相结合及分区与全场相结合，以避免重复挖运和场地混乱。当工程分期分批施工时，先期工程的土方余额应结合后期工程的需要而考虑其利用数量与堆放位置，以便就近调配。堆放位置的选择应为后期工程创造良好的工作面和施工条件，力求避免重复挖运。如先期工程有土方欠额时，可由后期工程地点挖取。

③土方调配还应尽可能与大型地下建筑物的施工相结合。当大型建筑物位于填土区而其基坑开挖的土方量又较大时，为了避免土方的重复挖、填和运输，该填土区暂时不予填土，待地下建筑物施工之后再行填土。为此，在填方保留区附近应有相应的挖方保留区，或将附

近挖方工程的余土按需要合理堆放,以便就近调配。

④合理布置挖、填方分区线,选择恰当的调配方向、运输线路,以充分发挥挖方机械和运输车辆的性能。

总之,进行土方调配必须根据现场的具体情况、有关技术资料、工期要求、土方机械与施工方法,结合上述原则,予以综合考虑,从而做出经济合理的调配方案。

2)步骤与方法

(1)划分调配区

在场地平面图上先划出挖、填方区的分界线(即零线),然后在挖、填方区适当划分出若干调配区。划分调配区应注意以下几点:

①划分应与建筑物的平面位置相协调,并考虑开工顺序、分期开工顺序。

②调配区的大小应满足土方机械的施工要求。

③调配区范围应与场地土方量计算的方格网相协调,一般可由若干个方格组成一个调配区。

④当土方运距较大或场地范围内土方调配不能达到平衡时,可考虑就近借土或弃土,一个借土区或一个弃土区可作为一个独立的调配区。

(2)计算土方量

计算各调配区的土方量,并标明在调配图上,如图 2.15 所示。

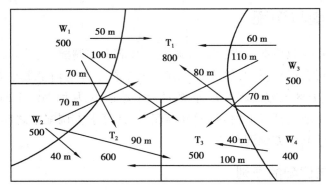

图 2.15 挖方区及土方量分布图(图中土方量单位为 100 m³)

(3)计算各挖、填方调配区之间的平均运距

平均运距是指挖方区与填方区之间的重心距离。取场地或方格网的纵横两边为坐标轴,计算各调配区的重心位置。

$$x_0 = \frac{\sum V_i x_i}{\sum V_i} \qquad y_0 = \frac{\sum V_i y_i}{\sum V_i} \qquad (2.22)$$

式中 V_i——第 i 个方格的土方量,m³;

x_i, y_i——第 i 个方格的重心坐标。

填、挖方区之间的平均运距 L 为:

$$L = \sqrt{(x_{OW} - x_{OT})^2 + (y_{OW} - y_{OT})^2} \qquad (2.23)$$

式中　x_{OW},y_{OW}——挖方区的重心坐标；

　　　x_{OT},y_{OT}——填方区的重心坐标。

当填、挖方调配区之间的距离较远，采用自行式铲运机或其他运土工具沿现场道路或规定路线运土时，其运距应按实际情况计算。为简化计算，也可假定每个方格上的土方都是均匀分布的，从而用图解法求出形心位置以代替重心位置。

（4）确定土方调配的初始方案

以挖方区与填方区土方调配保持平衡为原则，制订出土方调配的初始方案，通常采用"最小元素法"制订。

最小元素法即对运距（或单价）最小的一对挖填分区，优先并最大限度地供应土方量，满足该分区后，以此类推，直至所有的挖方分区土方量全部分完为止。

已知某场地的挖方区为 W_1,W_2,W_3，填方区为 T_1,T_2,T_3，其挖填方量如图 2.15 所示，求出各挖方区到各填方区的运距及各区的土方量后，绘制出土方平衡运距表，见表 2.3。试用"最小元素法"编制调配方案。

表 2.3　土方平衡运距表

挖方区	填方区			挖方量/100 m³
	T_1	T_2	T_3	
W_1	50　　X_{11}	70　　X_{12}	100　　X_{13}	500
W_2	70　　X_{21}	40　　X_{22}	90　　X_{23}	500
W_3	60　　X_{31}	110　　X_{32}	70　　X_{33}	500
W_4	80　　X_{41}	100　　X_{42}	40　　X_{43}	400
填方量/100 m³	800	600	500	$\sum$ = 1 900

注：表中小方格内的数字为平均运距，用 C_{ij} 表示，单位 m，表示 i 挖方区调入 j 填方区的土方量（100 m³）。

先在运距表小方格中找一个最小数值，然后确定此最小运距所对应的土方量，使其尽可能地大。由表 2.3 中可知 $C_{22}=C_{43}=40$ 最小，在这两个最小运距中任取一个，现取 $C_{43}=40$，所对应的需调配的土方量 X_{43} 的最大挖方量是 400，即把 W_4 挖方区的土方全部调到 T_3 填方区，而 W_4 的土方全部运往 T_3，就不能满足 X_{41},X_{42} 的需要了，所以 $X_{41}=X_{42}=0$。将 400 填入 X_{43} 格内，同时将 X_{41},X_{42} 格内画上一个"×"号，然后在没有填上数字和"×"号的方格内再选一个运距最小的方格，即 $C_{22}=40$，便可确定 $X_{22}=500$，同时使 $X_{21}=X_{23}=0$。此时，又将 500 填入 X_{22} 格内，并在 X_{21},X_{23} 格内画上"×"号。重复上述步骤，依次确定 X_{ij} 其余的数值，最后得出如表 2.4 所示的初始调配方案。

（5）用"表上作业法"确定最优方案

以初始调配方案为基础，采用"表上作业法"可以求出在保持挖、填平衡的条件下，使土方调配总运距最小的最优方案。该方案是土方调配中最经济的方案,即土方调配最优方案。

表 2.4　初始调配方案

挖方区	填方区			挖方量 /100 m³
	T_1	T_2	T_3	
W_1	50 　 500	70 　 ×	100 　 ×	500
W_2	70 　 ×	40 　 500	90 　 ×	500
W_3	60 　 300	110 　 100	70 　 100	500
W_4	80 　 ×	100 　 ×	40 　 400	400
填方量/100 m³	800	600	500	$\sum = 1\ 900$

将初始方案中有调配数方格的平均运距列出来,再根据这些数字的方格,按下式求解:

$$C_{ij} = u_i + v_j \tag{2.24}$$

式中　C_{ij}——本例中的平均运距;

　　　u_i, v_j——位势数。

各空格的检验数:

$$\lambda_{ij} = C_{ij} - u_i - v_j \tag{2.25}$$

最优方案的判别方法:所有检验数 $\lambda_{ij} \geqslant 0$,则初始方案即为最优解。

令 $u_1 = 0$,则:$v_1 = C_{11} - u_1 = 50 - 0 = 50$;$u_3 = C_{31} - v_1 = 60 - 50 = 10$;$v_2 = C_{32} - u_3 = 110 - 10 = 100$;$v_3 = C_{33} - u_3 = 70 - 10 = 60$;$u_2 = C_{22} - v_2 = 40 - 100 = -60$;$u_4 = C_{43} - v_3 = 40 - 60 = -20$,将依次求得的位势数填入表 2.5 中。

表 2.5　位势数表

挖方区		填方区		
		T_1 $v_1 = 50$	T_2 $v_2 = 100$	T_3 $v_3 = 60$
W_1	$u_1 = 0$	50 　 500	70 　 ×	100 　 ×
W_2	$u_2 = -60$	70 　 ×	40 　 500	90 　 ×
W_3	$u_3 = 10$	60 　 300	110 　 100	70 　 100
W_4	$u_4 = -20$	80 　 ×	100 　 ×	40 　 400

依次求出各空格的检验数。如：$\lambda_{21} = C_{21} - u_2 - v_1 = 70 - (-60) - 50 = 80 > 0$，但是 $\lambda_{12} = C_{12} - u_1 - v_2 = 70 - 0 - 100 = -30 < 0$，故初始方案还不是最优方案，需要进行进一步调整。我们将检验数依次计算出来，在表中只写出各检验数的正负号，因为我们只对检验数的符号感兴趣，而检验数的值对求解无关，因此可不必填入具体数值。

（6）方案的调整

①在所有负检验数中选一个（一般可选最小的一个），如上例中 λ_{12}，把它所对应的变量（X_{12}）作为调整对象。

②找出该变量的闭回路。对于上例，其做法是：从 X_{12} 方格出发，沿水平或竖直方向前进，遇到适当的有数字的方格做 90° 转弯；然后依次继续前进，如果线路恰当，有限步后便能回到出发点，形成一条有数字的方格为转角点的，用水平和竖直线连起来的闭回路，见表 2.6。

③从空格 X_{12} 出发，沿着闭回路（方向任意）一直前进，在各奇数次转角点（以 X_{12} 出发为 0）的数字中，选出一个最小的（本表即为 500，100 中选 100），将它由 X_{32} 调到 X_{12} 方格中（即为空格中），见表 2.6。

表 2.6　最优方案调整表

挖方区	填方区		
	T_1	T_2	T_3
W_1	500	←X_{12}	
W_2	↓	↑ 500 ↑	
W_3	300→	100	100
W_4		400	

挖方区	填方区		
	T_1	T_2	T_3
W_1	400	100	
W_2		500	
W_3	400	0	100
W_4			400

④将 100 填入 X_{12} 方格中，被选出的 X_{32} 为 0（变为空格）；同时将闭回路上其他奇数次转角上的数字都减去 100，偶数次转角上的数字都增加 100，使得填、挖方区的土方量仍然保持平衡，这样调整后便可得到新的调配方案，见表 2.7。

⑤对新调配方案，仍用"位势法"进行检验，看其是否是最优方案。若检验数中仍有负数出现，则仍需按上述步骤调整，直到求得最优方案为止。

对于上例，按照上述步骤，求出相应的位势数，填入表 2.8 中。通过计算，表中所有检验数均为正号，故该方案（见表 2.7）即为最优方案。

最优方案与初始方案总运输量比较如下：

初始方案的总运输量为：$Z_1 = (500 \times 50 + 500 \times 40 + 300 \times 60 + 100 \times 110 + 100 \times 70 + 400 \times 40)\,\mathrm{m^3 \cdot m} = 97\,000\ \mathrm{m^3 \cdot m}$；

表 2.7 新的调配方案

挖方区	填方区			挖方量 /100 m³
	T_1	T_2	T_3	
W_1	50 400	70 100	100 ×	500
W_2	70 ×	40 500	90 ×	500
W_3	60 400	110 ×	70 100	500
W_4	80 ×	100 ×	40 400	400
填方量/100 m³	800	600	500	$\sum$ = 1 900

表 2.8 新调配方案的位势数表

挖方区		填方区		
		T_1	T_2	T_3
		$v_1 = 50$	$v_2 = 70$	$v_3 = 60$
W_1	$u_1 = 0$	50 400	70 100	100 ×
W_2	$u_2 = -30$	70 ×	40 500	90 ×
W_3	$u_3 = 10$	60 400	110 ×	70 100
W_4	$u_4 = -20$	80 ×	100 ×	40 400

最优方案的总运输量为：$Z_2 = (400 \times 50 + 100 \times 70 + 500 \times 40 + 400 \times 60 + 100 \times 70 + 400 \times 40)$ m³·m = 94 000 m³·m；

$Z_2 - Z_1 = (94\,000 - 97\,000)$ m³·m = -3 000 m³·m，即调整后总运输量减少了 3 000 m³·m。

(7)绘出土方调配图

经土方调配最优化求出最佳土方调配后，即可绘制土方调配图以指导土方工程施工，如图 2.16 所示。

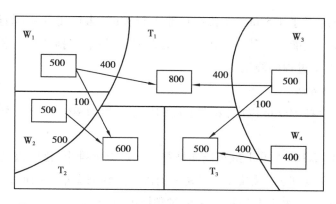

图 2.16 土方调配图(图中数据为土方量,单位为 100 m³)

子项 2.2 土方机械化施工

2.2.1 施工机械及其特点

1)推土机

推土机是土方工程施工的主要机械之一,是在履带式拖拉机上安装推土铲刀等工作装置而成的机械。按铲刀的操纵机构不同,推土机分为索式和液压式两种。索式推土机的铲刀借本身自重切入土中,在硬土中切土深度较小。液压式推土机(图 2.17)由于用液压操纵,能使铲刀强制切入土中,切入深度较大。同时,液压式推土机铲刀还可以调整角度,具有更大的灵活性,是目前常用的一种推土机。

图 2.17 液压式推土机外形图

推土机操纵灵活,运转方便,所需工作面较小,行驶速度快,易于转移,能爬 30°左右的缓坡,因此应用范围较广。推土机适用于开挖一至三类土,多用于挖土深度不大的场地平整,开挖深度不大于 1.5 m 的基坑,回填基坑和沟槽,堆筑高度在 1.5 m 以内的路基、堤坝,平整其他机械卸置的土堆;推送松散的硬土、岩石和冻土,配合铲运机进行助铲;配合挖土机施工,为挖土机清理余土和创造工作面。如两台以上推土机在同一地区作业时,前后距离应大于8.0 m,左右距离应大于1.5 m。在狭窄道路上行驶时,未征得前机同意,后机不得超越。此外,将铲刀卸下后,还能牵引其他无动力的土方施工机械,如拖式铲运机、松土机、羊足碾等,进行土方其他施工过程的施工。

(1)推土机作业方法

推土机的运距宜在100 m以内,效率最高的推运距离为40~60 m。为提高生产率,可采用下述方法:

①下坡推土(图2.18)。推土机顺地面坡势沿下坡方向推土,借助机械往下的重力作用,可增大铲刀的切土深度和运土数量,可提高推土机能力和缩短推土时间,一般可提高生产率30%~40%。但坡度不宜大于15°,以免后退时爬坡困难。

②槽形推土(图2.19)。当运距较远、挖土层较厚时,利用已推过的土槽再次推土,可以减少铲刀两侧土的散漏,这样作业可提高效率10%~30%。槽深1 m左右为宜,槽间土埂宽约0.5 m。在推出多条槽后,再将土埂推入槽内,然后运出。

图2.18　下坡推土法　　　　　　　　图2.19　槽形推土

此外,对于推运疏松土壤,且运距较大时,还应在铲刀两侧装置挡板,以增加铲刀前土的体积,减少土向两侧散失。在土层较硬的情况下,则可在铲刀前面装置活动松土齿,当推土机倒退回程时,即可将土翻松。这样可减少切土时阻力,从而提高切土运行速度。

③并列推土(图2.20)。对于大面积的施工区,可用2或3台推土机并列推土。推土时两铲刀相距15~30 cm,这样可以减少土的散失而增大推土量,能提高生产率15%~30%。但平均运距不宜超过50~75 m,亦不宜小于20 m,且推土机数量不宜超过3台,否则倒车不便,行驶不一致,反而影响生产率的提高。

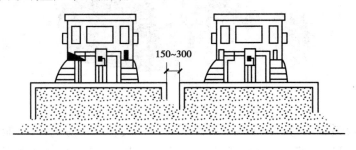

150~300

图2.20　并列推土

④分批集中,一次推送。若运距较远而土质又比较坚硬时,由于切土的深度不大,宜采用多次铲土、分批集中、再一次推送的方法,使铲刀前保持满载,以提高生产率。

（2）推土机的生产率计算

推土机的生产率为：

$$Q_d = 8Q_h K_B \tag{2.26}$$

$$Q_h = \frac{3\,600q}{T_V K_s} \tag{2.27}$$

式中　Q_d——台班生产率，m^3/台班；

　　　Q_h——推土机生产率，m^3/h；

　　　T_V——从推土开始到将土送到填土地点的延续时间，s；

　　　q——推土机每次推土量，m^3；

　　　K_s——土的最初可松性系数，见表1.8参数；

　　　K_B——时间利用系数，取 $K_B = 0.72 \sim 0.75$。

2）铲运机

铲运机是一种能够独立完成铲土、运土、卸土、填筑、整平的土方机械，按行走机构可分为拖式铲运机（图2.21）和自行式铲运机（图2.22）两种。拖式铲运机由拖拉机牵引，自行式铲运机的行驶和作业都靠本身的动力设备。

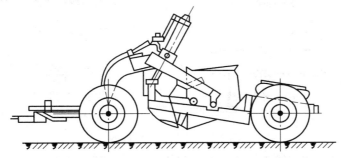

图2.21　拖式铲运机外形图

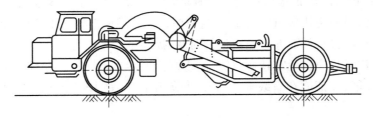

图2.22　自行式铲运机外形图

铲运机的工作装置是铲斗，铲斗前方有一个能开启的斗门，铲斗前设有切土刀片。切土时，铲斗门打开，铲斗下降，刀片切入土中。铲运机前进时，被切入的土挤入铲斗；铲斗装满土后，提起土斗，放下斗门，将土运至卸土地点。

铲运机对行驶的道路要求较低，操纵灵活，生产率较高。铲运机可在一至三类土中直接挖、运土，常用于坡度在20°以内的大面积土方挖、填、平整和压实，大型基坑、沟槽的开挖，路基和堤坝的填筑，不适于砾石层、冻土地带及沼泽地区使用。坚硬土开挖时要用推土机助铲或用松土机配合。

（1）铲运机作业方法

在土方工程中，常用铲运机的铲斗容量为 2.5~8 m³。自行式铲运机适用于运距为 800~3 500 m 的大型土方工程施工，以运距在 800~1 500 m 范围内的生产效率最高。拖式铲运机适用于运距为 80~800 m 的土方工程施工，而运距在 200~350 m 时效率最高。如果采用双联铲运或挂大斗铲运时，其运距可增加到 1 000 m。运距越长，生产率越低，因此，在规划铲运机的运行路线时，应力求符合经济运距的要求。为提高生产率，一般采用下述方法：

①合理选择铲运机的开行路线。在场地平整施工中，铲运机的开行路线应根据场地挖、填方区分布的具体情况合理选择，这对提高铲运机的生产率有很大关系。铲运机的开行路线，一般有以下几种：

a.环形路线。当地形起伏不大，施工地段较短时，多采用环形路线，如图 2.23（a），（b）所示。环形路线每一循环只完成一次铲土和卸土，挖土和填土交替；挖填之间距离较短时，则可采用大循环路线［图 2.23（c）］，一个循环能完成多次铲土和卸土，这样可减少铲运机的转弯次数，提高工作效率。

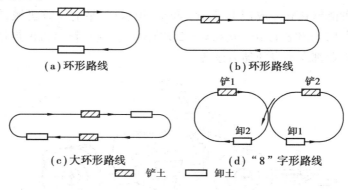

（a）环形路线　　　　　　　　（b）环形路线

（c）大环形路线　　　　　　　（d）"8"字形路线

▨ 铲土　　□ 卸土

图 2.23　铲运机开行路线

b."8"字形路线。施工地段较长或地形起伏较大时，多采用"8"字形开行路线，如图 2.23（d）所示。这种开行路线，铲运机在上下坡时是斜向行驶，受地形坡度限制小；一个循环中两次转弯方向不同，可避免机械行驶时的单侧磨损；一个循环完成两次铲土和卸土，减少了转弯次数及空车行驶距离，从而亦可缩短运行时间，提高生产率。

尚需指出，铲运机应避免在转弯时铲土，否则铲刀受力不均易引起翻车事故。为了充分发挥铲运机的效能，保证能在直线段上铲土并装满土斗，要求铲土区应有足够的最小铲土长度。

②作业方法。为提高铲运机的生产效率，除了合理选择开行路线外，还可根据不同的施工条件，采取不同的施工方法。

a.下坡铲土。铲运机利用地形进行下坡推土，借助铲运机的重力，加深铲斗切土深度，缩短铲土时间。但纵坡不得超过 25°，横坡不大于 5°，铲运机不能在陡坡上急转弯，以免翻车。

b.跨铲法（图 2.24）。铲运机间隔铲土，预留土埂可在间隔铲土时形成一个土槽，减少向外撒土量；铲土埂时，铲土阻力减小。一般土埂高不大于 300 mm，宽度不大于拖拉机两履带间的净距。

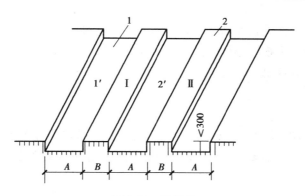

图2.24 跨铲法

1—沟槽;2—土埂;A—铲土宽;B—不大于拖拉机履带净距

c.推土机助铲(图2.25)。地势平坦、土质较坚硬时,可用推土机在铲运机后面顶推,以加大铲刀切土能力,缩短铲土时间,提高生产率。推土机在助铲的空隙可兼作松土或平整工作,为铲运机创造作业条件。

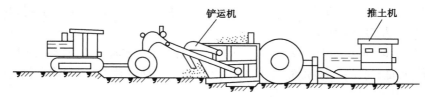

图2.25 推土机助铲

d.双联铲运法(图2.26)。当拖式铲运机的动力有富裕时,可在拖拉机后面串联两个铲斗进行双联铲运。对坚硬土层,可用双联单铲,即一个土斗铲满后,再铲另一斗土;对松软土层,则可用双联双铲,即两个土斗同时铲土。

图2.26 双联铲运法

e.挂大斗铲运。在土质松软地区,可改挂大型铲土斗,以充分利用拖拉机的牵引力来提高工效。

(2)铲运机的生产率计算

铲运机的生产率可按下式计算:

$$Q_d = 8Q_h K_B \tag{2.28}$$

$$Q_h = \frac{3\,600qK_c}{T_c K_s} \tag{2.29}$$

式中　Q_d——铲运机台班生产率,m^3/台班;

　　　Q_h——铲运机生产率,m^3/h;

　　　T_c——从挖土开始至卸土完毕的循环延续时间,s;

　　　q——铲斗容量,m^3;

K_c——铲斗装土的充盈系数,一般砂土为0.75,其他土为0.85~1.0;

K_s——土的最初可松性系数,见表1.8参数;

K_B——时间利用系数,取$K_B = 0.65 ~ 0.75$。

3)单斗挖土机

单斗挖土机是基坑(槽)土方开挖常用的一种机械。按其行走装置的不同,分为履带式和轮胎式两类。根据工作需要,其工作装置可以更换。依其工作装置的不同,分为正铲、反铲、拉铲和抓铲4种。

(1)正铲挖土机

正铲挖土机的挖土特点是:前进向上,强制切土。它适用于开挖停机面以上的一至三类土,且需与运土汽车配合完成整个挖运任务,其挖掘力大、生产率高。开挖大型基坑时需设坡道,挖土机在坑内作业,因此适宜在土质较好、无地下水的地区工作;当地下水位较高时,应采取降低地下水位的措施,把基坑土疏干。

①正铲挖土机的作业方式。根据挖土机的开挖路线与汽车相对位置不同,其卸土方式有侧向卸土和后方卸土两种。

a.正向挖土,侧向卸土[图2.27(a)]。即挖土机沿前进方向挖土,运输车辆停在侧面卸土(可停在停机面上或高于停机面)。此法挖土机卸土时动臂转角小,运输车辆行驶方便,故生产效率高,应用较广。

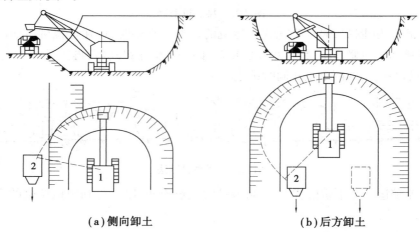

(a)侧向卸土 **(b)后方卸土**

图2.27 正铲挖土机开挖方式

1—正铲挖土机;2—自卸汽车

b.正向挖土,后方卸土[图2.27(b)]。即挖土机沿前进方向挖土,运输车辆停在挖土机后方装土。此法挖土机卸土时动臂转角大、生产率低,运输车辆要倒车进入,一般在基坑窄而深的情况下采用。

②正铲挖土机的工作面。挖土机的工作面是指挖土机在一个停机点进行挖土的工作范围。工作面的形状和尺寸取决于挖土机的性能和卸土方式。根据挖土机作业方式的不同,挖土机的工作面分为侧工作面与正工作面两种。

挖土机侧向卸土方式就构成了侧工作面,根据运输车辆与挖土机的停放标高是否相同又分为高卸侧工作面(车辆停放处高于挖土机停机面)及平卸侧工作面(车辆与挖土机在同一标高)。

挖土机后向卸土方式则形成正工作面,正工作面的形状和尺寸是左右对称的,其中右半部与平卸侧工作面的右半部相同。

③正铲挖土机的开行通道。正铲挖土机开挖大面积基坑时,必须对挖土机作业时的开行路线和工作面进行设计,确定出开行次序和次数,称为开行通道。当基坑开挖深度较小时,可布置一层开行通道(图2.28),基坑开挖时,挖土机开行三次。第一次开行采用正向挖土、后方卸土的作业方式,为正工作面;挖土机进入基坑要挖坡道,坡道的坡度为1∶8左右。第二、三次开行时采用侧方卸土的平侧工作面。

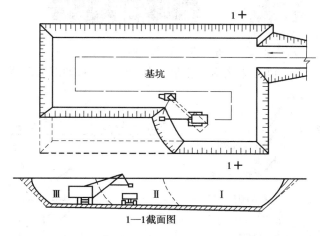

图2.28 正铲一层通道多次开挖基坑

Ⅰ,Ⅱ,Ⅲ—通道断面及开挖顺序

当基坑宽度稍大于正工作面的宽度时,为了减少挖土机的开行次数,可采用加宽工作面的办法,挖土机按"之"字形路线开行,如图2.29(a)所示。

当基坑的深度较大时,则开行通道可布置成多层,即为三层通道的布置,如图2.29(b)所示。

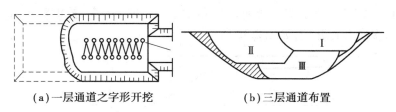

(a)一层通道之字形开挖　　　　(b)三层通道布置

图2.29 正铲开挖基坑

(2)反铲挖土机

反铲挖土机的挖土特点是:后退向下,强制切土。其挖掘力比正铲小,能开挖停机面以下的一至三类土(机械传动反铲只宜挖一至二类土),如图2.30所示。不需要设置进出口通道,适用于一次开挖深度在4 m左右的基坑、基槽、管沟,亦可用于地下水位较高的土方开挖。在深基坑开挖中,依靠止水挡土结构或井点降水,反铲挖土机通过下坡道,采用台阶式接力方式挖土也是常用方法。反铲挖土机可以与自卸汽车配合,装土运走,也可弃土于坑槽附近。

图 2.30 反铲挖土机

反铲挖土机的作业方式可分为沟端开挖和沟侧开挖两种,如图 2.31 所示。

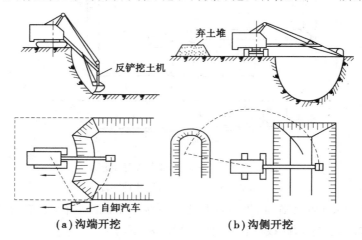

(a)沟端开挖   (b)沟侧开挖

图 2.31 反铲挖土机开挖方式

①沟端开挖。挖土机停在基坑(槽)的端部,向后倒退挖土,汽车停在基槽两侧装土。其优点是挖土机停放平稳,装土或甩土时回转角度小,挖土效率高,挖的深度和宽度也较大。基坑较宽时,可多次开行开挖,如图 2.32 所示。

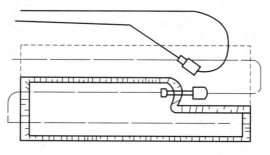

图 2.32 反铲挖土机多次开行挖土

②沟侧开挖。挖土机沿基槽的一侧移动挖土,将土弃于距基槽较远处。沟侧开挖时,开

挖方向与挖土机移动方向相垂直,因此稳定性较差,而且挖的深度和宽度均较小,一般只在无法采用沟端开挖或挖土不需运走时采用。

（3）拉铲挖土机

拉铲挖土机(图 2.33)的土斗用钢丝绳悬挂在挖土机长臂上,挖土时土斗在自重作用下落到地面切入土中。其挖土特点是:后退向下,自重切土。拉铲挖土机的挖土深度和挖土半径均较大,能开挖停机面以下的一至二类土,但不如反铲动作灵活准确。拉铲挖土机适用于开挖较深、较大的基坑(槽)、沟渠,挖取水中泥土以及填筑路基、修筑堤坝等。

履带式拉铲挖土机的挖斗容量有 0.35,0.5,1,1.5,2 m³ 等数种。其最大挖土深度由 7.6 m(W₃-30) 到 16.3 m(W₁-200)。

拉铲挖土机的开挖方式与反铲挖土机的开挖方式相似,可沟侧开挖,也可沟端开挖。

（4）抓铲挖土机

抓铲挖土机(图 2.34)是在挖土机臂端用钢丝绳吊装一个抓斗。其挖土特点是:直上直下,自重切土。其挖掘力较小,能开挖停机面以下的一至二类土,适用于开挖软土地基基坑,特别是其中窄而深的基坑、深槽、深井,采用抓铲效果理想。抓铲还可用于疏通旧有渠道以及挖取水中淤泥等,或用于装卸碎石、矿渣等松散材料。抓铲也有采用液压传动操纵抓斗作业,其挖掘力和精度优于机械传动抓铲挖土机。

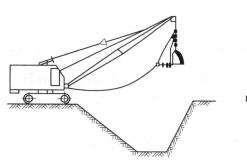

图 2.33　履带式拉铲挖土机　　　图 2.34　履带式抓铲挖土机

（5）挖土机生产率及机具数量计算

①挖土机生产率计算。单斗挖土机台班生产率可按下式计算:

$$Q_d = \frac{8 \times 3\ 600}{t} \cdot q \cdot \frac{K_c}{K_s} \cdot K_B \tag{2.30}$$

式中　Q_d——单斗挖土机台班生产率,m³/台班;

t——挖掘机每次循环作业延续时间,即每挖一斗的时间,s;

q——挖土机斗容量,m³;

K_s——土的最初可松性系数,见表 1.8 参数;

K_c——土斗的充盈系数,可取 0.8~1.1;

K_B——工作时间利用系数,一般取 0.6~0.8。

②挖土机需用数量计算。挖土机需用数量应根据土方量和工期要求按下式计算:

$$N_1 = \frac{Q}{Q_d} \cdot \frac{1}{TCK_B} \tag{2.31}$$

式中 N_1——挖土机需用的数量,台;

  Q——土方量,m^3;

  Q_d——挖土机生产率,m^3/台班;

  T——工期,工作日;

  C——每天工作班数;

  K_B——时间利用系数,可取 0.8~0.9。

③运土汽车配备数量计算。运土汽车数量应保证挖土机连续工作,需用自卸汽车台数按下式计算:

$$N_2 = \frac{Q}{Q_1} \tag{2.32}$$

式中 N_2——运土汽车需要的数量,台;

  Q——土方量,m^3;

  Q_1——自卸汽车生产率,m^3/台班。

土方工程除了实现综合机械化施工以外,还应组织流水施工,以充分发挥机械效能,加快施工进度。

4)装载机

装载机是用一个装在专用底盘或拖拉机底盘前端的铲斗,铲装、运输和倾卸物料的铲土运输机械。它利用牵引力和工作装置产生的掘起力进行工作,用于装卸松散物料,并可完成短距离运土。如更换工作装置,还可进行铲土、推土、起重和牵引等多种作业,具有较好的机动灵活性,在工程上得到了广泛使用。

装载机按行走方式分履带式(接地比压低,牵引力大,但行驶速度慢,转移不灵活)和轮胎式(行驶速度快,机动灵活,可在城市道路行驶,使用方便),如图 2.35 所示;按机身结构分为刚性结构(转弯半径大,但行驶速度快)和铰接结构(转弯半径小,可在狭窄地方工作);按回转方式分全回转(可在狭窄场地作业,卸料时对机械停放位置无严格要求)、90°回转(可在半圆范围内任意位置卸料,在狭窄场地也可发挥作用)和非回转式(要求作业场地比较宽);按传动方式分为机械传动(牵引力不能随外载荷变化而自动变化,使用不方便)、液力机械传动(牵引力和车速变化范围大,随着外阻力的增加,车速可自动下降。液力机械传动可减少冲击,减少动荷载,保护机器)和液压传动(可充分利用发动机功率,降低燃油消耗,提高生产率,但车速变化范围窄,车速偏低)。当前,液力机械传动、带铰接车架的大型轮胎式前卸装载机,由于构造不复杂、机动性大、使用可靠,是我国使用最广泛的形式。

单斗装载机的作业过程是:机械驶向料堆,放下动臂,铲斗插入料堆,操纵液压缸使铲斗装满,机械倒车退出,举升动臂到运输高度,机械驶向卸料地点,铲斗倾翻卸料,倒车退出并放下动臂,再驶回装料处进行下一循环。单斗装载机一般常与自卸汽车配合作业,可以有较高的工作效率。

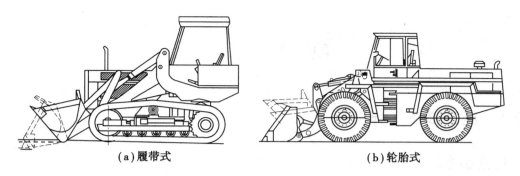

（a）履带式　　　　　　　　　　　（b）轮胎式

图 2.35　单斗装载机

2.2.2　施工机械选择和开挖注意事项

①机械开挖应根据工程地下水位高低、施工机械条件、进度要求等合理地选用施工机械，以充分发挥机械效率，节省机械费用，加快工程进度。一般深度 2 m 以内、基坑不太长时的土方开挖，宜采用推土机或装载机推土和装车；深度在 2 m 以内长度较大的基坑，可用铲运机铲运土或加助铲铲土；对面积大、深的基坑，且有地下水或土的湿度大，基坑深度不大于 5 m，可采用液压反铲挖掘机在停机面一次开挖；深 5 m 以上，通常采用反铲分层开挖并开坡道运土。如土质好且无地下水也可开沟道，用正铲挖土机下入基坑分层开挖，多采用0.5，1.0 m³ 斗容量的液压正铲挖土机挖掘。在地下水中挖土可用拉铲或抓铲，效率较高。

②自卸汽车选型。自卸汽车吨位的选择与运量、装载设备种类及道路条件有关。汽车吨位应与装载设备的斗容相匹配。装载设备斗容偏小时，装车时间长，影响汽车效率；斗容过大时，对汽车的冲击力大，装偏后不易调整，对汽车损坏大，一般以 3~5 斗装满汽车为宜。

③使用大型土方机械在坑下作业，如为软土地基或在雨期施工，进入基坑行走需铺垫钢板或铺路基箱垫道。因此，对大型软土基坑，为减少分层挖运土方的复杂性，还可采用"接力挖土法"。

④土方开挖应绘制土方开挖图，确定开挖路线、顺序、范围、基底标高、边坡坡度、排水沟、集水井位置以及挖出的土方堆放地点。绘制土方开挖图应尽可能使机械多挖。

⑤由于大面积基础群基坑底标高不一，机械开挖次序一般采取先整片挖至平均标高，然后再挖个别较深部位。当一次开挖深度超过挖土机最大挖掘高度（5 m 以上）时，宜分二至三层开挖，并修筑 10%~15% 坡道，以便挖土及运输车辆进出。

⑥基坑边角部位，即机械开挖不到之处，应用少量人工配合清坡，将松土清至机械作业半径范围内，再用机械掏取运走。人工清土所占比例一般为 1.5%~4%，修坡以厘米作限制误差。大基坑宜另配一台推土机清土、送土、运土。

⑦挖土机、运土汽车进出基坑的运输道路，应尽量利用基础一侧或两侧相邻的基础以后需开挖的部位，使它互相贯通作为车道，或利用提前挖除土方后的地下设施部位作为相邻的几个基坑开挖地下运输通道，以减少挖土量。

⑧由于机械挖土对土的扰动较大，且不能准确地将地基抄平，容易出现超挖现象，所以要求施工中机械挖土只能挖至基底以上 20~30 cm，其余 20~30 cm 的土方采用人工或其他方法挖除。

子项 2.3 土方开挖

2.3.1 施工准备工作

1)查勘施工现场

调查研究,摸清工程场地情况,搜集施工需要的各项资料,包括施工场地地形、地貌、地质水文、河流、气象、运输道路、邻近建筑物、地下基础、管线、电缆坑基、防空洞、地面上施工范围内的障碍物和堆积物状况,供水、供电、通信情况,防洪排水系统等,以便为施工规划和准备提供可靠的资料和数据。

2)学习和审查图纸

学习施工图纸,检查图纸和资料是否齐全,核对平面尺寸和坑底标高,图纸相互间有无错误和矛盾;掌握设计内容及各项技术要求,了解工程规模、结构形式、特点、工程量和质量要求;熟悉土层地质、水文勘察资料;审查地基处理和基础设计;会审图纸,搞清地下构筑物、基础平面与周围地下设施管线的关系,图纸相互间有无错误和冲突;研究好开挖程序,明确各专业工序间的配合关系、施工工期要求,并向参加施工人员层层进行技术交底。

图纸会审的主要内容有:

①是否无证设计或越级设计,图纸是否经设计单位正式签署。

②地质勘探资料是否齐全。

③设计图纸与说明是否齐全,有无分期供图的时间表。

④设计地震烈度是否符合当地要求。

⑤几个设计单位共同设计的图纸相互间有无矛盾;专业图纸之间、平立剖面图之间有无矛盾;标注有无遗漏。

⑥总平面图与施工图的几何尺寸、平面位置、标高等是否一致。

⑦防火、消防是否满足要求。

⑧建筑结构与各专业图纸本身是否有差错及矛盾;结构图与建筑图的平面尺寸及标高是否一致;建筑图与结构图的表示方法是否清楚;是否符合制图标准;预埋件是否表示清楚;有无钢筋明细表;钢筋的构造要求在图中是否表示清楚。

⑨施工图中所列各种标准图册,施工单位是否具备。

⑩材料来源有无保证,能否代换;图中所要求的条件能否满足;新材料、新技术的应用有无问题。

⑪地基处理方法是否合理,建筑与结构构造是否存在不能施工、不便于施工的技术问题,或容易导致质量、安全、工程费用增加等方面的问题。

⑫工艺管道、电气线路、设备装置、运输道路与建筑物之间或相互间有无矛盾,布置是否合理,是否满足设计功能要求。

⑬施工安全、环境卫生有无保证。

⑭图纸是否符合监理大纲所提出的要求。

3）编制施工方案

研究制订现场场地平整、基坑开挖施工方案；绘制施工总平面布置图和基坑土方开挖图，确定开挖路线、顺序、范围、底板标高、边坡坡度、排水沟和集水井位置，以及挖去的土方堆放地点；提出需用施工机具、劳动力、推广新技术计划；深基坑开挖还应提出支护、边坡保护和降水方案。

4）清除现场障碍物

将施工区域内所有障碍物，如高压电线、电杆、塔架、地上和地下管道、电缆、坟墓、树木、沟渠以及旧有房屋、基础等进行拆除或进行搬迁、改建、改线；对附近原有建筑物、电杆、塔架等采取有效防护加固措施；可利用的建筑物应充分利用。

5）平整施工场地

按设计或施工要求范围和标高平整场地，将土方弃到规定弃土区；凡在施工区域内，影响工程质量的软弱土层、淤泥、腐殖土、大卵石、孤石、垃圾、树根、草皮以及不宜作填土和回填土料的稻田湿土，应分情况采取全部挖除或设排水沟疏干，抛填块石、砂砾等方法妥善处理，以免影响地基承载力。

6）进行地下墓探

在黄土地区或有古墓地区，应在工程基础部位，按设计要求位置，用洛阳铲进行铲探，如果发现墓穴、土洞、地道（地窖）、废井等，应对地基进行局部处理。

7）做好排水设施

在施工区域内设置临时性或永久性排水沟，将地面水排走或排到低洼处，再设水泵排走；或疏通原有排水泄洪系统；排水沟纵向坡度一般不小于2%，使场地不积水；山坡地区，在离边坡上沿5~6 m处，设置截水沟、排洪沟，阻止坡顶雨水流入开挖基坑区域内，或在需要的地段修筑挡水土坝阻水。

8）设置测量控制

根据给定的国家永久性控制坐标和水准点，按建筑物总平面要求，引测到现场。在工程施工区域设置测量控制网，包括控制基线、轴线和水平基准点，做好轴线控制的测量和校核。控制网要避开建筑物、构筑物、土方机械操作及运输线路，并有保护标志；场地整平应设10 m×10 m或20 m×20 m方格网，在各方格点上做控制桩，并测出各标桩处的自然地形、标高作为计算挖填土方量和施工控制的依据。对建筑物应做定位轴线的控制测量和校核；进行土方工程的测量定位放线，设置龙门板，放出基坑（槽）挖土灰线、上部边线、底部边线和水准标志。龙门板桩一般应离开坑缘1.5~2.0 m，以利保存，灰线、标高、轴线应复核无误后才能进行场地平整和基坑开挖。

9) 修建临时设施

根据土方和基础工程规模、工期长短、施工力量安排等,修建简易临时性生产和生活设施(如工具、材料库、油库、机具库、修理棚、休息棚、茶炉棚等),同时敷设现场供水、供电、供压缩空气(爆破石方用)管线路,并进行试水、试电、试气。

10) 修筑临时道路

修筑施工场地内机械运行的道路,主要临时运输道路宜结合永久性道路的布置修筑。行车路面按双车道,宽度不应小于 7 m,最大纵向坡不应大于 6%,最小转弯半径不小于 15 m;路基底层铺砌 20~30 cm 厚的块石或卵(砾)石层作简易泥结石路面,尽量使一线多用,重车下坡行驶。道路的坡度、转弯半径应符合安全要求,两侧做排水沟。道路通过沟渠应设涵洞,道路与铁路、电信线路、电缆线路以及各种管线相交处,应按有关安全技术规定设置平交道和标志。

11) 准备机具、施工用料

准备好施工机具,作好设备调配,对进场挖土、运输车辆及各种辅助设备进行维修检查、试运转,并运至使用地点就位;准备好施工用料,按施工平面图要求堆放。

12) 进行施工组织

组织并配备土方工程施工所需各专业技术人员、管理人员和技术工人;组织安排好作业班次;制定较完善的技术岗位责任制和技术、质量、安全、管理网络;建立技术责任制和质量保证体系;对拟采用的土方工程施工新机具、新工艺、新技术组织力量进行研制和试验。

2.3.2　土方开挖施工工艺

1) 场地开挖

①对小面积多用人工或配合小型机具开挖。采取由上而下,分层分段,一端向另一端进行。土方运输采用手推车、皮带运输机、机动翻斗车、自卸汽车等机具。大面积宜用推土机、装卸机、铲运机或挖掘机等大型土方机械。

②土方开挖应具有一定的边坡坡度(图 2.36),以防塌方和保证施工安全。挖方边坡坡度应根据使用时间(临时或永久性)、土的种类、物理力学性质,以及水文情况等确定。

《土方与爆破工程施工及验收规范》(GB 50201—2012)规定,永久性挖方边坡坡度应符合设计要求,当工程地质与设计资料不符,需修改边坡坡度或采取加固措施时,应由设计单位确定;临时性挖方边坡坡度应根据工程地质和开挖边坡高度要求,结合当地同类土体的稳定坡度确定;在坡体整体稳定的情况下,如地质条件良好、土(岩)质较均匀、高度在 3 m 以内的临时性挖方边坡,其坡度宜符合表 2.9 的规定。

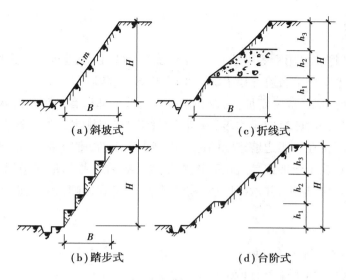

(a)斜坡式　　　(c)折线式

(b)踏步式　　　(d)台阶式

图 2.36　场地、基坑边坡形式

$1:m$—土方坡度($=H:B$)；m—坡度系数(B/H)；H—边坡高度；B—边坡宽度

表 2.9　临时性挖方边坡坡度值(不加支撑)

土的类别		边坡坡度(高:宽)
砂　土	不包括细砂、粉砂	$1:1.25\sim1:1.50$
一般黏性土	坚　硬	$1:0.75\sim1:1.00$
	硬　塑	$1:1.00\sim1:1.25$
碎石类土	密实、中密	$1:0.50\sim1:1.00$
	稍　密	$1:1.00\sim1:1.50$

《建筑地基基础设计规范》(GB 50007—2011)还规定,对于山区(包括丘陵地带)地基,在坡体整体稳定的条件下,土质边坡开挖时,边坡的坡度允许值应根据当地经验,参照同类土层的稳定坡度确定。当土质良好且均匀、无不良地质现象、地下水不丰富时,可按表 2.10 确定。

表 2.10　土质边坡坡度允许值(不加支撑)

土的类别	密实度或状态	坡度允许值(高:宽)	
		坡高在 5 m 以内	坡高为 5～10 m
碎石土	密　实	$1:0.35\sim1:0.50$	$1:0.50\sim1:0.75$
	中　密	$1:0.50\sim1:0.75$	$1:0.75\sim1:1.00$
	稍　密	$1:0.75\sim1:1.00$	$1:1.00\sim1:1.25$
黏性土	坚　硬	$1:0.75\sim1:1.00$	$1:1.00\sim1:1.25$
	硬　塑	$1:1.00\sim1:1.25$	$1:1.25\sim1:1.50$

注:①表中碎石土的充填物为坚硬或硬塑状态的黏性土;

　　②对于砂土或充填物为砂土的碎石土,其边坡坡度允许值均按自然休止角确定。

2）边坡开挖

①场地边坡开挖应采用沿等高线自上而下分层、分段依次进行。在边坡上采用多台阶同时进行开挖，上台阶比下台阶开挖进深不小于 30 m，以防塌方。

②边坡台阶开挖应做成一定坡势，以利泄水。边坡下部设有护脚及排水沟时，在边坡修完之后，应立即处理台阶的反向排水坡，并进行护脚矮墙和排水沟的砌筑及疏通，以保证坡面不被冲刷，以及不会在影响边坡稳定的范围内产生积水，否则应采取临时性排水措施。

③边坡开挖，对软土土坡或易风化的软质岩石边坡，在开挖后应对坡面、坡脚采取喷浆、抹面、嵌补、护砌等保护措施，并做好坡顶、坡脚排水，避免在影响边坡稳定的范围内积水。

3）边坡塌方

（1）造成边坡塌方的主要原因

①未按规定放坡，使土体本身稳定性不够而塌方。

②基坑边沿堆载，使土体中产生的剪应力超过土体的抗剪强度而塌方。

③地下水及地面水渗入边坡土体，使土体的自重增大，抗剪能力降低，从而产生塌方。

（2）防止边坡塌方的主要措施

①边坡的留置应符合规范要求，其坡度大小则应根据土的性质、水文地质条件、施工方法、开挖深度、工期的长短等因素确定。施工时应随时观察土壁的变化情况。

②边坡上有堆土或材料以及有施工机械行驶时，应保持与边坡边缘的距离。当土质良好时，堆土或材料应距挖方边缘不小于 0.8 m，高度不应超过 1.5 m。在软土地基开挖时，应随挖随运，以防由于地面加载引起边坡塌方。

③做好排水工作，防止地表水、施工用水和生活废水浸入边坡土体，雨期施工时更应注意检查边坡的稳定性，必要时加设支撑。

（3）边坡保护

基坑开挖完工后，可采用塑料薄膜覆盖、水泥砂浆抹面、挂网抹面或喷浆等方法进行边坡坡面防护，可有效防止边坡失稳。

（4）边坡失稳处理

在土方开挖过程中，应随时观察边坡土体。当边坡出现裂缝、滑动等失稳迹象时，应暂停施工，必要时将施工人员和机械撤至安全地点。同时，应设置观察点，对土体平面位移和沉降变化进行观测，并与设计单位联系，研究相应的处理措施。

4）基坑（槽）开挖

①基坑（槽）和管沟开挖上部应有排水措施，防止地面水流入坑内，以防冲刷边坡造成塌方和破坏基土。

②基坑开挖，应先进行测量定位，抄平放线，定出开挖宽度，按放线分块（段）分层挖土。根据土质和水文情况采取在四侧或两侧直立开挖或放坡，以保证施工操作安全。

③当开挖基坑（槽）的土壤含水量大而不稳定，或基坑较深，或受到周围场地限制而需用

较陡的边坡或直立开挖而土质较差时,应采用临时性支撑加固,坑、槽宽度应比基础宽每边加 10~15 cm,挖土时,土壁要求平直,挖好一层,支一层支撑,挡土板要紧贴土面,并用小木桩或横撑木顶住挡板。开挖宽度较大的基坑,当在局部地段无法放坡,或下部土方受到基坑尺寸限制不能放较大坡度时,则应在下部坡脚采取加固措施,如采用短桩与横隔板支撑,或砌砖、毛石或用编织袋、草袋装土堆砌临时矮挡土墙,保护坡脚;当开挖深基坑时,则需要采取半永久性、安全、可靠的支护措施。

④基坑开挖程序一般是:测量放线→切线分层开挖→排降水→修坡→整平→留足预留土层等。相邻基坑开挖时,应遵循先深后浅或同时进行的施工程序。挖土应自上而下水平分段分层进行,每层 0.3 m 左右,边挖边检查坑底宽度,不够时及时修整,每 3 m 左右修一次坡,至设计标高,再统一进行一次修坡清底,检查坑底宽和标高,要求坑底凹凸不超过 1.5 m。在已有建筑物侧挖基坑(槽)应间隔分段进行,每段不超过 2 m,相邻段开挖应待已挖好的槽段基础完成并回填夯实后进行。

⑤基坑开挖应遵循时空效应原理,根据地质条件采取相应的开挖方式,一般应"分层开挖,先撑后挖,分层开挖,严禁超挖",支撑与挖土配合,严禁超撑。在软土层及基坑变形要求较严格时,应采取"分层、分区、分块、分段、抽槽开挖,留上护壁,快挖、快撑、减少无支撑暴露时间"等方式开挖,以减少基坑变形,保持基坑稳定。

⑥采用土方机械挖掘基坑时,《建筑机械使用安全技术规程》(JGJ 33—2012)规定,当坑底无地下水,坑深在 5 m 以内,且边坡坡度符合表 2.11 规定时,可不加支撑。

表 2.11　挖方深度在 5 m 以内的基坑(槽)或管沟的边坡最陡坡度(不加支撑)

岩土类别	边坡坡度(高:宽)		
	坡顶无荷载	坡顶有静载	坡顶有动载
中密的砂土、杂素填土	1:1.00	1:1.25	1:1.50
中密的碎石类土(充填物为砂土)	1:0.75	1:1.00	1:1.25
可塑状的黏性土、密实的粉土	1:0.67	1:0.75	1:1.00
中密的碎石类土(充填物为黏性土)	1:0.50	1:0.67	1:0.75
硬塑状的黏性土	1:0.33	1:0.50	1:0.67
软土(经井点降水)	1:1.00		

⑦基坑开挖应尽量防止对地基土的扰动。当用人工挖土,基坑挖好后不能立即进行下道工序时,应预留 15~30 cm 一层土不挖,待下道工序开始再挖至设计标高。采用机械开挖基坑时,为避免破坏基底土壤,应在基底标高以上预留一层人工清理。使用铲运机、推土机或多斗挖土机挖土时,保留土层厚度为 20 cm;使用正铲、反铲或拉铲挖土机挖土时,保留土层厚度为 30 cm。

⑧在地下水位以下挖土,应在基坑(槽)四侧或两侧挖好临时排水沟和集水井,将水位降

至坑(槽)底以下 500 mm,以利挖方进行。降水工作应持续到基础(包括地下水位下回填土)施工完成。

⑨雨季施工时,基坑(槽)应分段开挖,挖好一段浇筑一段垫层,并在基坑(槽)两侧围以土堤或挖排水沟,以防地面雨水流入基坑(槽),同时应经常检查边坡和支护情况,以防止坑(槽)壁受水浸泡造成塌方。

⑩在基坑(槽)边缘上侧堆土或堆放材料以及移动施工机械时,应与基坑(槽)边缘保持 1 m 以上距离,以保证坑(槽)边直立壁或边坡的稳定。当土质良好时,堆土或材料应距挖方边缘0.8 m 以外,高度不宜超过 1.5 m,并应避免在已完基础一侧过高堆土,使基础、墙、柱歪斜而酿成事故。

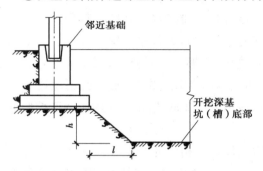

图 2.37 基坑(槽)与邻近基础应保持的距离

⑪如开挖的基坑(槽)深于邻近建筑基础时,开挖应保持一定的距离和坡度(图 2.37),以免影响邻近建筑基础的稳定,一般应满足下列要求:$h:l \leq 0.5 \sim 1.0$。如不能满足要求,应采取在坡脚设挡墙或支撑进行加固处理。

⑫基坑(槽)开挖至设计标高后,应对坑底进行保护,经验槽合格后,方可进行垫层施工。验槽要作好记录,如发现地基土质与地质勘探报告、设计要求不符时,应与有关人员研究并及时处理。

⑬基坑(槽)土方工程验收必须以确保支护结构安全和周围环境安全为前提。当设计有指标时,以设计要求为依据,如无设计指标时应按表 2.12 的规定执行。

表 2.12　基坑变形的监控值　　　　　单位:cm

基坑类别	围护结构墙顶位移监控值	围护结构墙体最大位移监控值	地面最大沉降监控值
一级基坑	3	5	3
二级基坑	6	8	6
三级基坑	8	10	10

注:1.符合下列情况之一,为一级基坑:①重要工程或支护结构作主体结构的一部分;②开挖深度大于 10 m;③与邻近建筑物、重要设施的距离在开挖深度以内的基坑;④基坑范围内有历史文物、近代优秀建筑、重要管线等需严加保护的基坑。

2.三级基坑为开挖深度小于 7 m,且周围环境无特别要求时的基坑。

3.除一级和三级外的基坑属二级基坑。

4.当周围已有的设施有特殊要求时,尚应符合这些要求。

5)深基坑开挖

深基坑挖土是基坑工程的重要部分,对于土方数量大的基坑,基坑工程工期的长短在很大程度上取决于挖土的速度。另外,支护结构的强度和变形控制是否满足要求,降水是否达到预期目的,都靠挖土阶段来进行检验,因此基坑工程成败与否也在一定程度上依赖于基坑挖土。

在基坑土方开挖之前,要详细了解施工区域的地形和周围环境,土层种类及其特性,地下设施情况,支护结构的施工质量,土方运输的出口,政府及有关部门关于土方外运的要求和规定(有的大城市规定只有夜间才允许土方外运);要优化选择挖土机械和运输设备;要确定堆土场地或弃土处;要确定挖土方案和施工组织;要对支护结构、地下水位及周围环境进行必要的监测和保护。

大型深基坑土方开挖方法主要有放坡挖土、分层分段挖土、盆式挖土、中心岛式挖土、基础群分片挖土、深基坑逐层挖土以及多层接力挖土等,可根据基坑面积大小、开挖深度、支护结构形式、周围环境条件等因素选用。

(1)放坡挖土

放坡开挖是最经济的挖土方案。当基坑开挖深度不大(软土地区挖深不超过 4 m,地下水位低、土质较好地区挖深亦可较大)、周围环境又允许时,经验算能确保土坡的稳定性时,均可采用放坡开挖。开挖深度较大的基坑,当采用放坡挖土时,宜设置多级平台分层开挖,每级平台的宽度不宜小于 1.5 m。

对土质较差且施工工期较长的基坑,对边坡宜采用钢丝网水泥喷浆或用高分子聚合材料覆盖等措施进行护坡。坑顶不宜堆土或堆载(材料或设备),遇有不可避免的附加荷载时,在进行边坡稳定性验算时,应计入附加荷载的影响。

在地下水位较高的软土地区,应在降水达到要求后再进行土方开挖,开挖时宜采用分层开挖的方式。分层挖土厚度不宜超过 2.5 m。挖土时要注意保护工程桩,防止碰撞或因挖土过快、高差过大使工程桩受侧压力而倾斜。如有地下水,放坡开挖应采取有效措施降低坑内水位和排除地表水,严防地表水或坑内排出的水倒流渗入基坑。

基坑采用机械挖土,坑底应保留 200~300 mm 厚基土,用人工清理整平,防止坑底土扰动。待挖至设计标高后,应清除浮土,经验槽合格后,及时进行垫层施工。

(2)分层分段挖土

分层挖土,是将基坑按深度分为多层进行逐层开挖。分层厚度,软土地基应控制在 2 m以内,硬质土可控制在 5 m 以内为宜。开挖顺序可从基坑的某一边向另一边平行开挖,或从基坑两头对称开挖,或从基坑中间向两边平行对称开挖,也可交替分层开挖,可根据工作面和土质情况决定。运土可采取设坡道或不设坡道两种方式。设坡道土的坡度视土质、挖土深度和运输设备情况而定,一般为 1:8~1:10,坡道两侧要采取挡土或加固措施;不设坡道,一般设钢平台或栈桥作为运输土方通道。

分段挖土,系将基坑分成几段或几块分别进行开挖。分段与分块的大小、位置和开挖顺序,根据开挖场地工作面条件、地下室平面与深浅和施工期要求而定。分块开挖,即开挖一块浇筑一块混凝土垫层或基础,必要时可在已封底的坑底与围护结构之间加设斜撑,以增强支护的稳定性。

(3)中心岛(墩)式挖土

中心岛(墩)式挖土适用于大型基坑,支护结构的支撑形式为角撑、环梁式或边桁架式,中间具有较大的空间的情况。它是先开挖基坑周边土方,在中间留土墩作为支点搭设栈桥,挖土机可利用栈桥下到基坑挖土,运土的汽车亦可利用栈桥进入基坑运土,可有效加快挖土和运土的速度(图 2.38)。

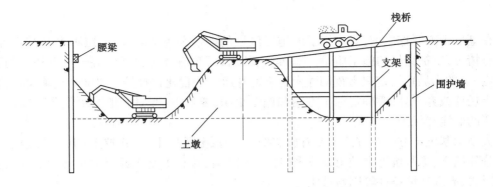

图 2.38　中心岛(墩)式挖土示意图

中心岛(墩)式挖土中间土墩的留土高度、边坡的坡度、挖土分层与高差应经仔细研究确定。在雨季土墩边坡容易滑坡,必要时需要对边坡进行加固。挖土亦分层开挖,一般先全面挖去一层,然后中间部分留置土墩,周围部分分层开挖。挖土多用反铲挖土机,如基坑深度很大,则采用向上逐级传递方式进行土方装车外运。整个土方开挖顺序应遵循"开槽支撑,先撑后挖,分层开挖,防止超挖"的原则进行。

(4)盆式挖土

盆式挖土是先开挖基坑中间部分的土,周围四边留土坡,使之形成对四周围护结构的被动土反压力区,以增强围护结构的稳定性。待中间部分的混凝土垫层、基础或地下室结构施工完成之后,再用水平支撑或斜撑对四周围护结构进行支撑,并突击开挖周边支护结构内部分被动土反压力区的土,每挖一层支一层水平横顶撑,直至坑底,最后浇筑该部分结构(图 2.39)。

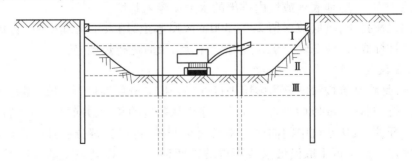

图 2.39　盆式挖土

Ⅰ,Ⅱ,Ⅲ—开挖次序

这种挖土方式的优点是周边土坡对围护墙有支撑作用,时间效应小,有利于减少围护墙的变形;缺点是大量的土方不能直接外运,需集中提升后装车外运。

盆式挖土周边留置的土坡,其宽度、高度和坡度大小均应通过稳定验算确定。如留得过小,对围护墙支撑作用不明显,失去盆式挖土的意义;如坡度太陡,边坡不稳定,在挖土过程中可能失稳滑动,不但失去对围护墙的支撑作用,影响施工,而且有损于工程桩的质量。盆式挖土需设法提高土方上运的速度,这对加速基坑开挖有很大影响。

(5)深基坑逐层挖土法

开挖深度超过挖土机最大挖掘高度(5 m 以上)时,宜分 2~3 层开挖,并修筑 10% ~15% 的坡道,以便挖土机及运输车辆进出。有些边角部位,机械挖掘不到,应用少量人工配合清理,将松土清至机械作业半径范围以内,再用机械掏取运走,人工清土所占比例一般为 1.5%～4%,控制好可达到 1.5%～2%,修坡以厘米作限制误差。大基坑宜另配备一台推土机清土、送土、运土。挖土机、汽车进出基坑的运输道路,应尽量利用基础一侧或两侧相邻的基础以后需开挖的部位,使它互相贯通作为车道,或利用提前挖除土方的地下设施部位作为相邻的几个基坑开挖地下运输通道,以减少开挖土方量。

对某些面积不大而深度较大的基坑,一般也宜尽量利用挖土机开挖,不开或少开坡道,采用机械接力挖土、运土和人工与机械合理的配合挖土,最后再采用搭设枕木垛的办法,使挖土机开出基坑。

(6)多层接力挖土法

对面积、深度均较大的基坑,通常采用分层挖土的施工方法,使用大型土方机械,在坑下作业(图 2.40)。如为软土地基,土方机械进入基坑行走有困难,需要铺垫钢板或铺路基箱垫道,将使费用增大,工效较低。遇此情况可采用"反铲接力挖土法",它是利用两台或三台反铲挖土机分别在基坑的不同标高处同时挖土,一台在地表,两台在基坑不同标高的台阶上,边挖土边向上传递,到上层由地表挖土机掏土装车,用自卸汽车运至弃土地点。基坑上部可用大型挖土机,中、下层可用液压中、小型挖土机,以便挖土、装车均衡作业;机械开挖不到之处,再配以人工开挖修坡、找平。在基坑纵向两端设有道路出入口,上部汽车开行单向行驶。对小基坑,标高深浅不一,需边清理坑底、边放坡挖土,挖土按设计的开行路线,边挖边往后退,直到全部基坑挖好为止再退出。用本法开挖基坑,可一次挖到设计标高,一次成型,一般两层挖土可到 -10 m,三层挖土可到 -15 m 左右,可避免载重自卸汽车开进基坑装土、运土作业,工作条件好,运输效率高,并可降低费用。最后用搭枕木垛的方法,使挖土机开出基坑或牵引拉出;如坡度过陡,也可用吊车吊运出坑。

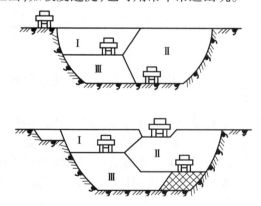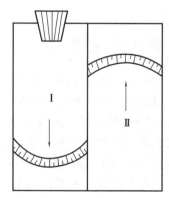

图 2.40 分层挖土施工法

Ⅰ,Ⅱ,Ⅲ—开挖次序

无论用何种机械开挖土方,都需要配备少量人工以挖除机械难以开挖到的边角部位土方和修整边坡,并及时清理予以运出。

机械开挖土方的运输,当挖土高度在 3 m 以上,运距超过 0.5 km,场地空地较少的,一般宜采用自卸汽车装土运到弃土场堆放,或部分就近空地堆放,留作以后回填之用。为了使土堆高及整平场地,另配 1 或 2 台推土机和 1 台压路机。雨天挖土应用路基箱作机械操作和车辆行驶区域加固地基之用,路基箱用 1 台 12 t 汽车吊吊运铺设。

每一段基坑挖土机械的配备是根据工作场地的大小、深度、土方量等因素，按工期要求，配备相应的机械及作业班次，采用两班或三班作业。

6)土方开挖质量标准

《建筑地基基础工程施工质量验收标准》(GB 50202—2018)规定，土方开挖工程的质量检验标准应符合表 2.13 的规定。

表 2.13　土方开挖工程质量检验标准　　　　　　单位:mm

项目	序号	检查项目	允许偏差或允许值					检查方法
			柱基基坑基槽	挖方场地平整		管 沟	地(路)面基层	
				人工	机械			
主控项目	1	标 高	0 −50	±30	±50	0 −50	0 −50	水准测量
	2	长度、宽度 (由设计中心线 向两边量)	+200 −50	+300 −100	+500 −150	+100 0	设计值	全站仪或用钢尺量
	3	坡 率	设计值					目测法或用坡度尺检查
一般项目	1	表面平整度	±20	±20	±50	±20	±20	用 2 m 靠尺
	2	基底土性	设计要求					目测法或土样分析

注:地(路)面基层的偏差只适用于直接在挖、填方上做地(路)面的基层。

2.3.3　钎探与验槽

基坑(槽)开挖后进行基坑(槽)检验，是建筑物施工第一阶段基坑(槽)开挖后的重要工序，也是一般岩土工程勘察工作的最后一个环节。

基坑(槽)检验可用触探或其他有效方法。进行基坑(槽)检验的主要目的有两个:一是检验勘察成果是否符合实际。通常勘探孔的数量有限，基槽全面开挖后，地基持力层完全暴露出来，可以检验勘察成果与实际情况是否一致、勘察成果报告的结论与建议是否正确和切实可行。二是解决遗留和新发现的问题。当发现与勘察报告和设计文件不一致，或遇到异常情况时，应结合地质条件提出处理意见。

1)基坑(槽)检验工作的内容

①验槽应首先核对基槽的施工位置。平面尺寸和槽底标高的容许误差，可视具体的工程情况和基础类型确定。一般情况下，槽底标高的偏差应控制在 0 ~ −50 mm 范围内;平面尺寸由设计中心线向两边量测，长、宽尺寸不应偏小;边坡不应偏陡。

验槽方法以使用袖珍贯入仪等简便易行的方法为主，必要时可在槽底普遍进行轻便钎探，当持力层下埋藏有下卧砂层而承压水头高于基底时，则不宜进行钎探，以免造成涌砂。当施工揭露的岩土条件与勘察报告有较大差别或者验槽人员认为必要时，可有针对性地进行补充勘察测试工作。

②熟悉勘察报告、拟建建筑物的类型和特点、基础设计图纸及环境监测资料。当遇有下列情况时,应作为验槽的重点:

a.持力土层的顶板标高有较大的起伏变化;

b.基础范围内存在两种以上不同成因类型的地层;

c.基础范围内存在局部异常土质或洞穴、古井、老地基或古迹遗址;

d.基础范围内遇有断层破碎带、软弱岩脉或废河、湖、沟、坑等不良地质条件;

e.在雨期或冬期等不良气候条件下施工,基底土质可能受到影响。

③基槽检验报告是岩土工程的重要技术档案,应做到资料齐全,及时归档。

2)基坑(槽)常用检验方法

(1)表面检查验槽法

①验槽前须核对建筑物的位置、平面形状、槽宽和槽深是否与勘察报告及结构设计图纸相符。

②根据槽帮土层分布情况和走向以及槽底土质情况,初步判明全部基底是否已挖至设计要求的土层。持力层土质是否与勘察报告建议相符。

③检查槽底的土质,应是刚开挖且结构未受到破坏的原状土(如不是刚开挖的槽,应铲去表面已风干、水浸或受冻的土),观察土的结构、孔隙、湿度、含有物时,确定是否为原设计的持力层土质。必要时应局部下挖,以确定基底设计标高距持力层土质的深度。验槽的重点应选择在柱基、墙角、承重墙下或其他荷载较大的部位。除在重点部位取土鉴定外,还应对槽底进行全面观察,查看槽底土的颜色是否均匀一致,土的坚硬程度是否相近,有无局部含水量异常过干或过湿的现象,局部土质是否有过软及受载后颤动的感觉等。

④验槽时,在现场可通过观察土的颜色、构造、含有物,手捻及搓条时的感觉,刀切面状况等判断土质是否与勘察报告及设计要求相符,这就要求提高认土的能力。

(2)钎探检查验槽法

基坑挖好后,用锤把钢钎打入槽底的基土内,根据每打入一定深度的锤击次数来判断地基土质情况。

①钢钎的规格和质量。钢钎用直径 22~25 mm 的钢筋制成,钎尖呈 60° 尖锥状,长度 1.8~2.0 mm(图 2.41)。打锤用 3.6~4.5 kg 的铁锤。打锤时,举高离钎顶 50~70 cm,将钢钎垂直打入土中,并记录每打入土层 30 cm 的锤击数。

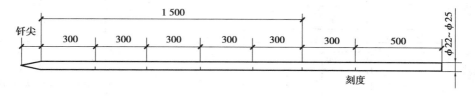

图 2.41 钢钎示意图

②钎孔布置和钎探深度。钎孔布置应根据地基土质的复杂情况和基槽宽度、形状而定,一般可参考表 2.14。

表 2.14 钎探孔的布置

槽宽/cm	排列方式示意图	间距/m	钎探深度/m
<80	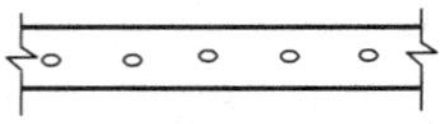	1~2	1.2
80~200	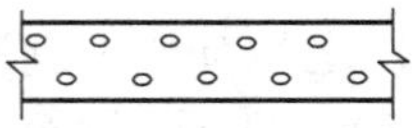	1~2	1.5
>200	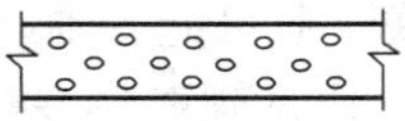	1~2	2.0
柱基		1~2	≥1.5 并不浅于短边宽度

注:对于较弱的新近沉积黏性土和人工杂填土的地基,钎孔间距应不大于1.5 m。

③钎探记录和结果分析。先绘制基槽平面图,在图上根据要求确定钎探点的平面位置,并依次编号制成钎探平面图。钎探时按钎探平面图标定的钎探点顺序进行,最后整理成钎探记录表。

全部钎探完后,逐层分析研究钎探记录,然后逐点进行比较,将锤击数显著过多或过少的钎孔在钎探平面图上做出记号,然后再在该部位进行重点检查,如有异常情况,要认真进行处理。

(3)洛阳铲探验槽法

在黄土地区,基坑挖好后或大面积基坑挖土前,根据建筑物所在地区的具体情况或设计要求,对基坑底以下的土质、古墓、洞穴用专用洛阳铲进行钎探检查。

①探孔的布置。探孔布置见表2.15。

表 2.15 探孔布置

槽宽/cm	排列方式示意图	间距/m	探孔深度/m
<200	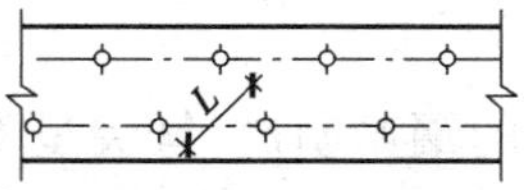	1.5~2.0	3.0
>200	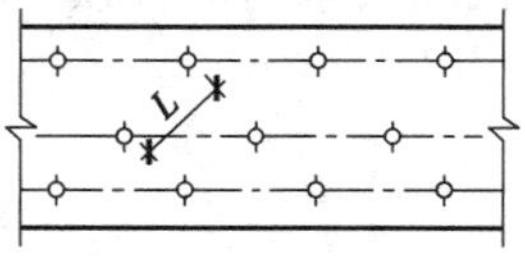	1.5~2.0	3.0
柱基	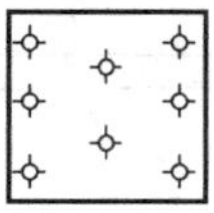	1.5~2.0	3.0 (荷重较大时为4.0~5.0)
加孔	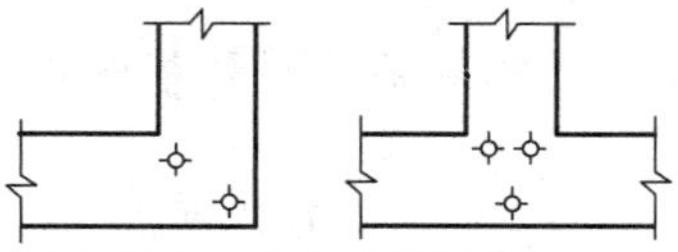	<2.0 (如基础过宽时中间再加孔)	

②探查记录和成果分析。先绘制基础平面图,在图上根据要求确定探孔的平面位置,并依次编号,再按编号顺序进行探孔。在探查过程中,一般每 3~5 铲看一下土,查看土质变化和含有物的情况。遇有土质变化或含有杂物情况,应测量深度并用文字记录清楚。遇有墓穴、地道、地窖、废井等时,应在此部位缩小探孔距离(一般为 1 m 左右),沿其周围仔细探查其大小、深浅、平面形状,并在探孔平面图中标注出来。全部探查完后,绘制探孔平面图和各探孔不同深度的土质情况表,为地基处理提供完整的资料。探完以后,尽快用素土或灰土将探孔回填。

2.3.4 基坑异常情况的处理

在土方工程施工中,由于施工操作不当和违反操作规程而引起质量事故,其危害程度很大,如造成建筑物(或构筑物)的沉陷、开裂、位移、倾斜,甚至倒塌。因此,必须特别重视土方工程施工,按设计和施工质量验收规范要求认真施工,以确保土方工程质量。

1)场地积水

在建筑场地平整过程中或平整完成后,场地范围内高低不平,局部或大面积出现积水。

(1)原因

①场地平整填土面积较大或较深时,未分层回填压(夯)实,土的密实度不均匀或不够,遇水产生不均匀下沉而造成积水。

②场地周围未做排水沟,或场地未做成一定排水坡度,或存在反向排水坡。

③测量错误,使场地高低不平。

(2)防治

①平整前,应对整个场地的排水坡、排水沟、截水沟和下水道进行有组织排水系统设计。施工时,应遵循先地下后地上的原则做好排水设施,使整个场地排水通畅。排水坡度的设置应按设计要求进行;当设计无要求时,对地形平坦的场地,纵横方向应做成不小于 0.2%坡度,以利泄水。在场地周围或场地内设置排水沟(截水沟),其截面、流速和坡度等应符合有关规定。

②场地内的填土应认真分层回填碾压(夯)实,使其密实度不低于设计要求。当设计无要求时,一般也应分层回填、分层压(夯)实,使相对密实度不低于85%,以免松填。填土压(夯)实的方法应根据土的类别和工程条件合理选用。

③做好测量的复核工作,防止出现标高误差。

(3)处理

已积水的场地应立即疏通排水和采用截水设施,将水排除。场地未做排水坡度或坡度过小,应重新修坡;对局部低洼处,应填土找平、碾压(夯)实至符合要求,避免再次积水。

2)填方出现沉陷现象

基坑(槽)回填时,填土局部或大片出现沉陷,从而造成室外散水坡空鼓下陷、积水,甚至引起建筑物不均匀下沉,出现开裂。

（1）原因

①填方基底上的草皮、淤泥、杂物和积水未清除就填方，含有机物过多，腐朽后造成下沉。

②基础两侧用松土回填，未经分层压（夯）实。

③槽边松土落入基坑（槽），夯填前未进行认真处理，回填后土受到水的浸泡产生沉陷。

④基槽宽度较窄，采用人工回填压（夯）实，未达到要求的密实度。

⑤回填土料中夹有大量干土块，受水浸泡产生沉陷。

⑥采用含水量大的黏性土、淤泥质土、碎块草皮作土料，回填质量不符合要求。

⑦冬期施工时基底土体受冻胀，未经处理就直接在其上填方。

（2）防治

①基坑（槽）回填前，应将坑（槽）中积水排净，淤泥、松土、杂物清理干净，如有地下水或地表积水，应有排水措施。

②回填土采取严格分层回填、夯实。每层虚铺土厚度不得大于 300 mm。土料和含水量应符合规定。回填土密实度要按规定抽样检查，使其符合要求。

③填土土料中不得含有直径大于 50 mm 的土块，不应有较多的干土块，急需进行下道工序时，宜用二八或三七灰土回填夯实。

（3）治理

基坑（槽）回填土沉陷造成墙脚散水空鼓，如混凝土面层尚未破坏，可填入碎石，侧向挤压捣实；若面层已经裂缝破坏，则应视面积大小或损坏情况，采取局部或全部返工。局部处理可用锤、凿将空鼓部位打去，填灰土或黏土、碎石混合物夯实后再作面层。因回填土沉陷引起结构物下沉时，应会同设计部门针对情况采取加固措施。

3）边坡塌方

在挖方过程中或挖方后，基坑（槽）边坡土方局部或大面积坍塌或滑坡。

（1）原因

①基坑（槽）开挖较深，放坡不够，或挖方尺寸不够，将坡脚挖去。

②通过不同土层时，没有根据土的特性分别放成不同坡度，致使边坡失稳而造成塌方。

③在有地表水、地下水作用的土层开挖基坑（槽）时，未采取有效的降、排水措施，使土层湿化，黏聚力降低，在重力作用下失稳而引起塌方。

④边坡顶部堆载过大，或受施工设备、车辆等外力振动影响。

⑤土质松软，开挖次序、方法不当而造成塌方。

（2）防治

①根据土的种类、物理力学性质（土的内摩擦角、黏聚力、湿度、密度、休止角等）确定适当的边坡坡度。经过不同土层时，其边坡应做成折线形。

②做好地面排水工作，避免在影响边坡的范围内积水，造成边坡塌方。当基坑（槽）开挖范围内有地下水时，应采取降、排水措施，将水位降至离基底 0.5 m 以下方可开挖，并持续到基坑（槽）回填完毕。

③土方开挖应自上而下分段分层依次进行，防止先挖坡脚，造成坡体失稳。相邻基坑

（槽）和管沟开挖时，应遵循先深后浅或同时进行的施工顺序，并及时做好基础或铺管，尽量防止对地基的扰动。

④施工中应避免在坡体上堆放弃土和材料。

⑤基坑（槽）或管沟开挖时，在建筑物密集的地区施工，有时不允许按规定的坡度进行放坡，可以采用设置支撑或支护的施工方法来保证土方的稳定。

（3）处理

对沟坑（槽）塌方，可将坡脚塌方清除作临时性支护措施，如堆装土编织袋或草袋，设支撑，砌砖石护坡墙等；对永久性边坡局部塌方，可将塌方清除，用块石填砌或回填二八灰土或三七灰土嵌补，与土接触部位做成台阶搭接，防止滑动；将坡顶线后移；将坡度改缓。

在土方工程施工中，一旦出现边坡失稳塌方现象，后果非常严重，不但会造成安全事故，还会增加大量费用，拖延工期等，因此应引起高度重视。

4）填方出现橡皮土

（1）原因

在含水量很大的黏土或粉质黏土、淤泥质土、腐殖土等原状土地基上进行回填，或采用上述土作土料进行回填时，由于原状土被扰动，颗粒之间的毛细孔被破坏，水分不易渗透和散发。当施工气温较高时，对其进行夯击或碾压，表面易形成一层硬壳，更阻止了水分的渗透和散发，使土形成软塑状态的橡皮土。这种土埋藏越深，水分散发越慢，长时间内不易消失。

（2）防治

①夯（压）实填土时，应适当控制填土的含水量。

②避免在含水量过大的黏土、粉质黏土、淤泥质土和腐殖土等原状土上进行回填。

③填方区如有地表水，应设排水沟排水；如有地下水，地下水水位应降低至基底 0.5 m 以下。

④暂停一段时间回填，使橡皮土含水量逐渐降低。

⑤用干土、石灰粉和碎砖等吸水材料均匀掺入橡皮土中，吸收土中的水分，降低土的含水量。

⑥将橡皮土翻松、晾晒、风干至最优含水量范围，再夯（压）实。

⑦将橡皮土挖除，然后换土回填夯（压）实，回填灰土和级配砂石夯（压）实。

子项 2.4　土方填筑与压实

2.4.1　回填土料选择与填筑要求

为了保证填土工程的质量，必须正确选择土料和填筑方法。

对填方土料应按设计要求验收后方可填入。如设计无要求，一般按下述原则进行：

①碎石类土、砂土（使用细、粉砂时应取得设计单位同意）和爆破石碴可用作表层以下的填料；含水量符合压实要求的黏性土，可用作各层填料；碎块草皮和有机质含量大于 8% 的

土,仅用于无压实要求的填方。含有大量有机物的土,容易降解变形而降低承载能力;含水溶性硫酸盐大于 5% 的土,在地下水的作用下,硫酸盐会逐渐溶解消失,形成孔洞影响密实性。因此,前述两种土以及淤泥和淤泥质土、冻土、膨胀土等均不应作为填土。

②填土应分层进行,并尽量采用同类土填筑。如采用不同土填筑时,应将透水性较大的土层置于透水性较小的土层之下,不能将各种土混杂在一起使用,以免填方内形成水囊。

③碎石类土或爆破石碴作填料时,其最大粒径不得超过每层铺土厚度的 2/3。使用振动碾时,不得超过每层铺土厚度的 3/4。铺填时,大块料不应集中,且不得填在分段接头或填方与山坡连接处。

④当填方位于倾斜的山坡上时,应将斜坡挖成阶梯状,以防填土横向移动。

⑤回填基坑和管沟时,应从四周或两侧均匀地分层进行,以防基础和管道在土压力作用下产生偏移或变形。

⑥回填以前,应清除填方区的积水和杂物,如遇软土、淤泥,必须进行换土回填。在回填时,应防止地面水流入,并预留一定的下沉高度(一般不得超过填方高度的 3%)。

2.4.2 填土压实方法

填土的压实方法一般有:碾压、夯实、振动压实以及利用运土工具压实;对于大面积填土工程,多采用碾压和利用运土工具压实;对较小面积的填土工程,则宜用夯实机具压实。

1)碾压法

碾压法是利用机械滚轮的压力压实土壤,使之达到所需的密实度。碾压机械有平碾、羊足碾和气胎碾。

平碾又称光碾压路机[图 2.42(a)],是一种以内燃机为动力的自行式压路机。按重量等级分为轻型(30~50 kN)、中型(60~90 kN)和重型(100~140 kN)3 种,适于压实砂类土和黏性土,适用土类范围较广。轻型平碾压实土层的厚度不大,但土层上部变得较密实,当用轻型平碾初碾后,再用重型平碾碾压松土,就会取得较好的效果。如直接用重型平碾碾压松土,则由于强烈的起伏现象,其碾压效果较差。

(a)平碾　　　　　　　(b)羊足碾　　　　　　　(c)气胎碾

图 2.42　碾压机械

羊足碾如图 2.42(b)所示,一般无动力而靠拖拉机牵引,有单筒、双筒两种。根据碾压要求,又可分为空筒、装砂、注水 3 种。羊足碾虽然与土接触面积小,但对单位面积土的压力比较大,土的压实效果好。羊足碾只能用来压实黏性土。

气胎碾又称轮胎压路机[图 2.42(c)],它的前后轮分别密排着 4 个和 5 个轮胎,既是行驶轮,也是碾压轮。由于轮胎弹性大,在压实过程中,土与轮胎都会发生变形,而随着几遍碾压后,铺土密实度提高,沉陷量逐渐减少,因而轮胎与土的接触面积逐渐缩小,但接触应力则逐渐增大,最后使土料得到压实。由于其在工作时是弹性体,故其压力均匀、填土质量较好。

碾压法主要用于大面积的填土,如场地平整、路基、堤坝等工程。用碾压法压实填土时,铺土应均匀一致,碾压遍数要一样,碾压方向应从填土区的两边逐渐压向中心,每次碾压应有 15~20 cm 的重叠;碾压机械开行速度不宜过快,一般平碾不应超过 2 km/h,羊足碾控制在 3 km/h 之内,否则会影响压实效果。

2)夯实法

夯实法是利用夯锤自由下落的冲击力来夯实土壤,主要用于小面积的回填土或作业面受到限制的环境下。夯实法分人工夯实和机械夯实两种。人工夯实所用的工具有木夯、石夯等;常用的夯实机械有夯锤、内燃夯土机、蛙式打夯机和利用挖土机或起重机装上夯板后的夯土机等,其中蛙式打夯机(图 2.43)轻巧灵活、构造简单,在小型土方工程中应用最广。

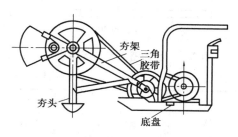

图 2.43 蛙式打夯机

3)振动压实法

振动压实法是将振动压实机放在土层表面,借助振动机构使压实机振动土颗粒,土的颗粒发生相对位移而达到紧密状态。用这种方法振实非黏性土的效果较好。

近年来,又将碾压和振动法结合起来设计和制造了振动平碾、振动凸块碾等新型压实机械。振动平碾适用于填料为爆破碎石碴、碎石类土、杂填土或轻亚黏土的大型填方;振动凸块碾则适用于亚黏土或黏土的大型填方。当压实爆破石碴或碎石类土时,可选用重 8~15 t 的振动平碾,铺土厚度为 0.6~1.5 m,先静压,后振动碾压,碾压遍数由现场试验确定,一般为6~8 遍。

2.4.3 填土压实的影响因素

影响填土压实的主要因素是压实功、土的含水量以及每层铺土厚度。

1)压实功的影响

填土压实后的密度与压实机械在其上所施加的功有一定关系。土的密度与所耗的功的关系如图 2.44 所示。当土的含水量一定,在开始压实时,土的密度急剧增加,待接近土的最大密度时,压实功虽然增加许多,而土的密度则变化甚小。实际施工中,对于砂土,只需碾压或夯实 2 或 3 遍;对于亚砂土,只需 3 或 4 遍;对于亚黏土或黏土,只需 5 或 6 遍。

2)含水量的影响

在同一压实功的作用下,填土的含水量对压实质量有直接影响。较为干燥的土,由于土颗粒之间的摩阻力较大,因而不易压实。当土具有适当含水量时,水起润滑作用,土颗粒之间的摩阻力减小,从而易压实。土在最佳含水量的条件下,使用同样的压实功进行压实,所得到的密度最大(图2.45)。各种土的最佳含水量和最大干密度可参考表2.16。

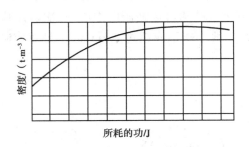

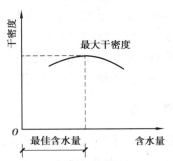

图2.44　土的密实度与压实功的关系　　　　图2.45　土的密实度与含水量的关系

表2.16　土的最佳含水量和最大干密度

项　次	土的种类	变动范围		项　次	土的种类	变动范围	
		最佳含水量/%（质量比）	最大干密度/(g·m⁻³)			最佳含水量/%（质量比）	最大干密度/(g·m⁻³)
1	砂　土	8~12	1.80~1.88	3	粉质黏土	12~15	1.85~1.95
2	黏　土	19~22	1.58~1.70	4	粉　土	16~22	1.61~1.80

注:①表中土的最大干密度以现场实际达到的数字为准;
　　②一般性的回填土可不作此测定。

3) 铺土厚度的影响

土在压实功的作用下,其应力随深度增加而逐渐减小,超过一定深度后,则土的压实密度与未压实前相差极小。其影响深度与压实机械、土的性质和含水量等有关。铺土厚度应小于压实机械压土时的影响深度。因此,填土压实时每层铺土厚度的确定应根据所选压实机械和土的性质,在保证压实质量的前提下,使土方压实机械的功耗费最小。根据《建筑地基基础工程施工质量验收标准》(GB 50202—2018)的相关规定,可按照表2.17选用。

表2.17　填土施工时的分层厚度及压实遍数

压实机具	分层厚度/mm	每层压实遍数
平　碾	250~300	6~8
振动压实机	250~350	3~4
柴油打夯	200~250	3~4
人工打夯	<200	3~4

2.4.4　填土压实的质量检查

①填土施工过程中应检查排水措施,每层填筑厚度、含水量控制和压实程序。

②对有密实度要求的填方,在夯实或压实之后,要对每层回填土的质量进行检验,一般采用环刀法(或灌砂法)取样测定土的干密度,求出土的密实度,或用小轻便触探仪直接通过锤击数来检验干密度和密实度,符合设计要求后才能填筑上层。

③基坑和室内填土,每层按100~500 m² 取样1组;场地平整填方,每层按400~900 m²

取样 1 组;基坑和管沟回填每加 20~50 m 取样 1 组,但每层均不少于 1 组,取样部位在每层压实后的下半部。用灌砂法取样应为每层压实后的全部深度。

④填土压实后的干密度应有 90% 以上符合设计要求,其余 10% 的最低值与设计值之差不得大于 0.08 g/cm³,且不应集中。

⑤填方施工结束后应检查标高、压实程度等,检验标准可根据《建筑地基基础工程施工质量验收标准》(GB 50202—2018)的规定,按照表 2.18 检验。

表 2.18 填方工程质量检验标准

项目	序号	检查项目	允许偏差或允许值					检查方法
			柱基基坑基槽	场地平整		管沟	地(路)面基础层	
				人工	机械			
主控项目	1	标 高	0 −50	±30	±50	0 −50	0 −50	水准测量
	2	分层压实系数	不小于设计值					环刀法、灌水法、灌砂法
一般项目	1	回填土料	设计要求					取样检查或直接鉴别
	2	分层厚度	设计值					水准测量及抽样检查
	3	含水量	最优含水量±2%	最优含水量±4%		最优含水量±2%		烘干法
	4	表面平整度	±20	±20	±30	±20	±20	用 2 m 靠尺
	5	有机质含量	≤5%					灼烧减量法
	6	辗迹重叠长度	500~1 000					用钢尺量

项目小结

本项目内容包括土方量的计算与调配、土方机械化施工、土方开挖和土方填筑与压实。在土方量的计算与调配中,涉及了基坑基槽土方量计算、场地平整土方量计算和土方平衡与调配等问题;在土方机械化施工中,重点阐述了施工机械的作业特点和相关参数计算,也介绍了施工机械的选择和开挖注意事项;在土方开挖中,介绍了土方开挖前的施工准备工作,着重阐述场地开挖、边坡开挖、基坑(槽)开挖以及深基坑开挖的工艺流程及注意事项,简要提到土方开挖的质量标准;在土方填筑与压实中,简单介绍了回填土料的选择与填筑要求,详细说明了几种填土法,并简要介绍了填土压实的影响因素以及质量检验检查。

复习思考题

1.试述场地平整土方量计算的步骤和方法。

2.试分析土壁塌方的原因和预防措施。

3.建筑的定位放线指的是什么?

4.人工开挖基坑时,应注意哪些事项?

5.填土压实有哪些方法?影响填土压实的主要因素有哪些?

6.某基础的底面尺寸为 36.9 m×13.6 m,深度为 $H=4.8$ m,基坑坡度系数 $m=0.5$,最初可松性系数 $K_s=1.26$,最后可松性系数 $K'_s=1.05$。基础附近有一个废弃的大坑(体积为 885 m³)。如果用基坑挖出的土填入大坑并进行夯实,问基坑挖出的土能否填满大坑? 若有余土,则外运土量是多少?

7.某施工场地方格网及角点自然标高如图 2.46 所示,方格网边长 $a=30$ m,设计要求泄水坡度沿长度方向为 2‰,沿宽度方向为 1‰。试确定场地设计标高(不考虑土的可松性影响),并计算挖填土方量。

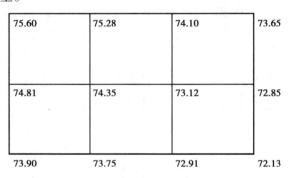

图 2.46 某施工场地方格网及角点自然标高

项目 3
基坑支护结构施工及降水排水

项目导读

- **基本要求**　了解各种基坑支护工程结构施工知识;掌握基坑降水、排水的施工工艺要点;掌握井点降水法中井点涌水量的计算方法及其施工工艺要点。
- **重点**　土壁支护的类型及适用条件,深基坑支护结构的施工工艺,降水方法。
- **难点**　地下连续墙施工工艺,井点降水施工设备、施工工艺流程。

子项 3.1　土壁支护

　　在开挖基坑或沟槽时,如果地质水文条件良好,场地周围条件允许,可以采用放坡开挖,这种方式比较经济,但是随着高层建筑的发展,以及建筑物密集地区施工基坑的增多,常因场地的限制而不能采取放坡,或放坡导致土方量增大,或地下水渗入基坑导致土坡失稳。此时,为保证施工安全和施工顺利进行,可以采用土壁支护,以减少对邻近已有建筑物的不利影响。

　　基坑支护设计与施工应综合考虑工程地质与水文地质条件、基础类型、基坑开挖深度、降排水条件、周边环境对基坑侧壁位移的要求、基坑周边荷载、施工季节、支护结构使用期限等因素;同时,根据《建筑基坑支护技术规程》(JGJ 120—2012)的规定,在基坑支护设计时,应综合考虑基坑周边环境和地质条件的复杂程度、基坑深度等因素,按表 3.1 采用支护结构的安全等级,对同一基坑的不同部位可采用不同的安全等级。

表 3.1　支护结构的安全等级

安全等级	破坏后果
一级	支护结构失效、土体过大变形对基坑周边环境或主体结构施工安全的影响很严重
二级	支护结构失效、土体过大变形对基坑周边环境或主体结构施工安全的影响严重
三级	支护结构失效、土体过大变形对基坑周边环境或主体结构施工安全的影响不严重

3.1.1　沟槽的支撑

开挖较窄的沟槽多采用横撑式支撑。横撑式支撑由挡土板、楞木和工具式横撑组成。根据挡土板的不同,分为水平挡土板和垂直挡土板两类,见表 3.2。

表 3.2　基槽、管沟的支撑方法

支撑方式	简　图	支撑方法及适用条件
断续式水平支撑	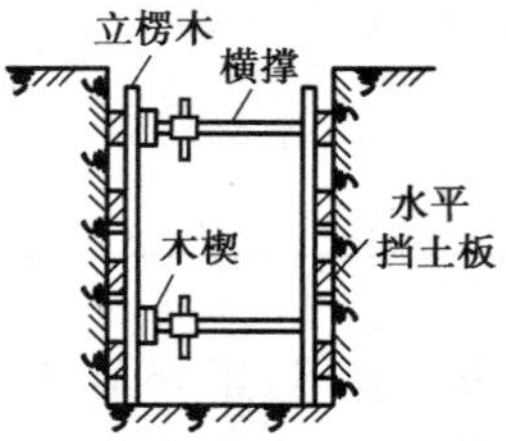	挡土板水平放置,中间留出间隔,并在两侧同时对称立竖枋木,然后用工具式或木横撑上、下顶紧。 适用于能保持直立壁的干土或天然湿度的黏土、深度在 3 m 以内的沟槽
连续式水平支撑	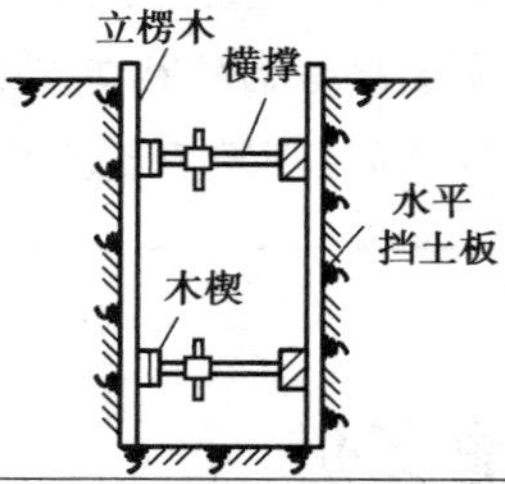	挡土板水平连续放置,不留间隙,在两侧同时对称立竖枋木,上、下各顶一根撑木,端头加木楔顶紧。 适用于较松散的干土或天然湿度的黏土、深度为 3~5 m 的沟槽
垂直支撑	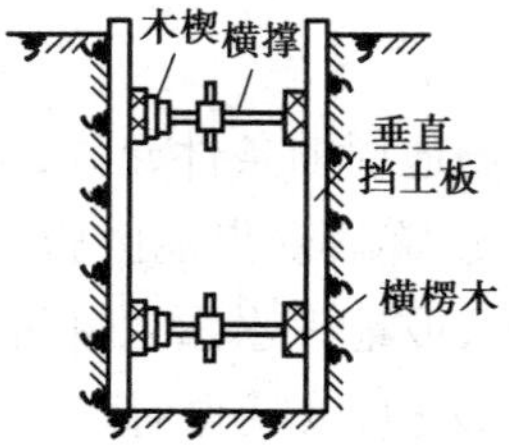	挡土板垂直放置,可连续或留适当间隙,然后每侧上、下各水平顶一根枋木,再用横撑顶紧。 适用于土质较松散或湿度很高的土,深度不限

采用横撑式支撑时,应随挖随撑,支撑牢固。施工中应经常检查,如有松动、变形等现象时,应及时加固或更换。支撑的拆除应按回填顺序依次进行,多层支撑应自下而上逐层拆除,随拆随填。

3.1.2　一般浅基坑的支撑方法

一般浅基坑的支撑方法可根据基坑的宽度、深度及大小采用不同的形式,见表 3.3。

表 3.3   一般浅基坑的支撑方法

支撑方式	简　图	支撑方法及适用条件
临时挡土墙支撑	扁丝编织袋或草袋装土、砂或干砌、浆砌毛石	沿坡脚用砖、石叠砌或用装水泥的聚丙烯扁丝编织袋、草袋装土、砂堆砌，使坡脚保持稳定。 适于开挖宽度大的基坑，当部分地段下部放坡不够时使用
斜柱支撑	柱桩　斜撑　回填土　短桩　挡板	水平挡土板钉在柱桩内侧，柱桩外侧用斜撑支顶，斜撑底端支在木桩上，在挡土板内侧回填土。 适于开挖较大型、深度不大的基坑或使用机械挖土时
锚拉支撑	柱桩　拉杆　回填土　挡板　H	水平挡土板放在柱桩的内侧，柱桩一端打入土中，另一端用拉杆与锚桩拉紧，在挡土板内侧回填土。 适于开挖较大型、深度不大的基坑或使用机械挖土，不能安设横撑时

3.1.3　深基坑支护

深基坑支护形式主要有钢板桩支护、排桩支护、土层锚杆支撑、土钉墙支护、深层搅拌法水泥土桩墙、地下连续墙等。这些支护形式将在子项 3.2 中详细介绍。

子项 3.2　深基坑支护结构施工

深基坑一般是指开挖深度超过 5 m(含 5 m)或地下室 3 层以上(含 3 层)，或深度虽未超过 5 m,但地质条件和周围环境及地下管线特别复杂的工程。深基坑支护是指为保证地下结构施工及基坑周边环境的安全,对深基坑侧壁及周边环境采用的支挡、加固与保护措施。随着高层建筑及地下空间的出现,深基坑工程的规模不断扩大。

深基坑支护的设置原则是:

①要求技术先进、结构简单、因地制宜、就地取材、经济合理。

②尽可能与工程永久性挡土结构相结合,作为结构的组成部分,或材料能够部分回收、重复使用。

③受力可靠,能确保基坑边坡稳定,不给邻近已有建(构)筑物、道路及地下设施带来

危害。

④保护环境,保证施工期间的安全。

基坑支护虽是一种施工临时性措施结构物,但对保证工程顺利进行及邻近地基和已有建(构)筑物的安全影响极大。因此,基坑支护方案的选择应根据基坑周边环境、土层结构、工程地质、水文情况、基坑形状、开挖深度,施工拟采用的挖方、排水方法,施工作业设备条件、安全等级和工期要求以及技术经济效果等因素加以综合全面地考虑而定。支护结构并不是越大、越厚、埋置越深,就越牢靠越好,施工前应进行多方案技术、经济比较,选择一个最优支护方案。根据技术上先进可行,经济上适用、合理,使用上安全可靠的原则,可以选择应用其中一种,也可将2或3种支护结合使用;同时,尚应做到因地、因工程制宜,就地取材,保护环境,节约资源,施工简便快速,保证质量。

3.2.1 钢板桩支护结构

钢板桩作为一种支护结构,既可挡土又可挡水。当开挖的基坑较深,地下水位较高且有出现流砂的危险时,如未采用降低地下水位的方法,则可用板桩打入土中,使地下水在土中渗流的路线延长,降低水力坡度,从而防止流砂现象。靠近原有建筑物开挖基坑时,为了防止和减少原建筑物下沉,也可打钢板桩支护。板桩有钢板桩、木板桩与钢筋混凝土板桩数种。钢板桩除用钢量多之外,其他性能比别的板桩都优越,可在临时工程中多次重复使用。板式支护结构如图3.1所示。

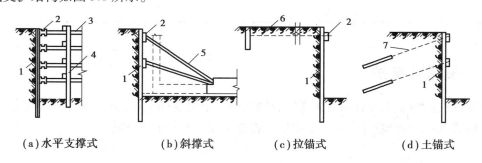

(a)水平支撑式　　(b)斜撑式　　(c)拉锚式　　(d)土锚式

图3.1　板式支护结构

1—板桩墙;2—围檩;3—钢支撑;4—竖撑;5—斜撑;6—拉锚;7—土锚杆

1)钢板桩分类

钢板桩的种类很多,常见的有U形板桩、Z形板桩、H形板桩,如图3.2所示。其中以U形板桩应用最多,可用于5~10 m深的基坑。

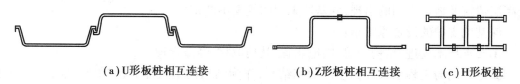

(a)U形板桩相互连接　　　(b)Z形板桩相互连接　　　(c)H形板桩

图3.2　常用钢板桩截面形式

钢板桩根据有无锚桩结构,分为无锚板桩(也称悬臂式板桩)和有锚板桩两类。无锚板桩(也称悬臂式板桩)用于较浅的基坑,依靠入土部分的土压力来维持板桩的稳定;有锚板桩是在板桩墙后设柔性系杆(如钢索、土锚杆等)或在板桩墙前设刚性支撑杆(如大型钢、钢管)加以固定,可用于开挖较深的基坑,该种板桩用得较多。

2)钢板桩施工

目前在基坑支护中,多采用钢板桩,下面以钢板桩为例介绍板桩施工的主要程序。

(1)钢板桩的施工机具

钢板桩的施工机具有冲击式打桩机,包括自由落锤、柴油锤、蒸汽锤等;振动打桩机,可用于打桩及拔桩。此外,还有静力压桩机等。

(2)钢板桩的布置

钢板桩的设置位置应在基础最突出的边缘外,留有支模、拆模的余地,便于基础施工。在场地紧凑的情况下,也可利用钢板作底板或承台侧模,但必须配以纤维板(或油毛毡)等隔离材料,以利钢板桩拔出。

(3)钢板桩的打入方法

钢板桩的打入方法主要有单根桩打入法、屏风式打入法、围檩打桩法。

①单根桩打入法:将板桩一根根地打入至设计标高。这种施工法速度快,桩架高度相对可低一些,但容易倾斜,当板桩打设要求精度较高、板桩长度较长(大于 10 m)时,不宜采用。

②屏风式打入法:将 10~20 根板桩成排插入导架内,使之成屏风状,然后桩机来回施打,并使两端先打到要求深度,再将中间部分的板桩顺次打入。这种施工法可防止板桩的倾斜与转动,对要求闭合的围护结构常用此法;缺点是施工速度比单根桩施工法慢,且桩架较高。

③围檩打桩法:分单层、双层围檩(图 3.3),是在地面上一定高度处离轴线一定距离,先筑起单层或双层围檩架,而后将钢板桩依次在围檩中全部插好,待四角封闭合拢后,再逐渐按阶梯状将钢板桩逐块打至设计标高。这种方法能保证钢板桩墙的平面尺寸、垂直度和平整度,适用于精度要求高、数量不大的场合;缺点是施工复杂、施工速度慢、封闭合拢时需异

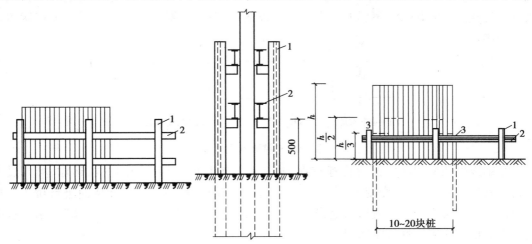

图 3.3 单层、双层围檩示意图

1—围檩桩;2—围檩;3—两端先打入的定位钢板桩;h—钢板桩的高度

形桩。

（4）钢板桩的施工顺序

虽然在基坑开挖前已完成钢板桩的打设，但整个板桩支护结构需要等地下结构施工完成后，在许可的条件下将板桩拔除才算完全结束。因此，对于钢板桩的施工应考虑打设、挖土、支撑（如果有）、地下结构施工、支撑拆除及钢板桩的拔除。一般多层支撑钢板桩的施工顺序如图3.4所示。

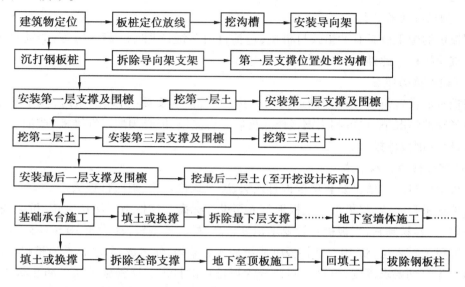

图3.4 钢板桩施工顺序图

（5）钢板桩的打设要点

①打桩流水段的划分。打桩流水段的划分与桩的封闭合拢有关。流水段长度大，合拢点就少，相对积累误差大，轴线位移相应也大，如图3.5（a），（b）所示；流水段长度小，合拢点就多，相对积累误差小，但封闭合拢点增加，如图3.5（c）所示。另外，采取先边后角打设方法，可保证端面相对距离，不影响墙内围檩支撑的安装精度，对于打桩积累误差可在转角外做轴线修正。

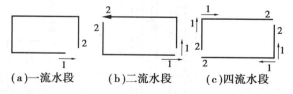

（a）一流水段   （b）二流水段   （c）四流水段

图3.5 打桩流水段划分

②钢板桩在使用前应进行检查整理，尤其对多次利用的板桩，在打拔、运输、堆放过程中，容易受外界因素影响而变形，在使用前均应进行检查，对表面缺陷和挠曲进行矫正。打入前还应将桩尖处的凹槽底口封闭，避免泥土挤入，锁口应涂以黄油或其他油脂，用于永久性工程的桩表面应涂红丹防锈漆。

③为保持钢板桩垂直打入和打入后钢板桩墙面平直，钢板桩打入前宜安装围檩支架。围檩支架由围檩和围檩桩组成，其形式在平面上有单面和双面之分，高度上有单层、双层和

多层。第一层围檩的安装高度约在地面上 50 cm。双面围檩之间的净距以比两块板桩的组合宽度大 8~10 mm 为宜。围檩支架有钢质(H 型钢、工字钢、槽钢等)和木质,但都需十分牢固。围檩支架每次安装的长度视具体情况而定,应考虑周转使用,以提高利用率。

④由于板桩墙构造的需要,常要配备改变打桩轴线方向的特殊形状的钢板桩,如在矩形墙中为 90°的转角桩。一般是将工程所使用的钢板桩从背面中线处切断,再根据所选择的截面进行焊接或铆接组合而成,或采用转角桩。转角桩的组合形状有如图 3.6 所示几种。

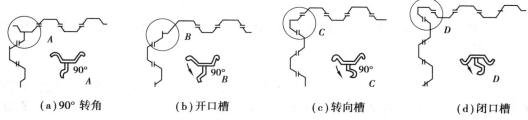

| (a)90°转角 | (b)开口槽 | (c)转向槽 | (d)闭口槽 |

图 3.6 转角桩组合形状

⑤钢板桩打设时,先用吊车将板桩吊至插桩点进行插桩,插桩时锁口对准,每插入一块即套上桩帽,上端加硬木垫,轻轻锤击。为保证桩的垂直度,应用两台经纬仪加以控制。为防止锁口中心线平面位移,可在打桩行进方向的钢板桩锁口处设卡板,不让板桩位移,同时在围檩上预先算出每块板桩的位置,以便随时检查纠正,待板桩打至预定深度后,立即用钢筋或钢板与围檩支架焊接固定。

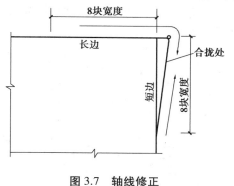

图 3.7 轴线修正

⑥偏差纠正。钢板桩打入时如出现倾斜和锁口结合部有空隙,到最后封闭合拢时有偏差,一般用异形桩(上宽下窄或宽度大于或小于标准宽度的板桩)来纠正。当加工困难,亦可用轴线修正法进行修正而不用异形桩,如图 3.7 所示。

(6)钢板桩的拔除

钢板桩拔出时的拔桩阻力由土对桩的吸附力与桩表面的摩擦阻力组成。拔桩方法有静力拔桩、振动拔桩和冲击拔桩 3 种,不论何种方法都是从克服拔桩阻力着眼。

①拔桩起点和顺序:可根据沉桩时的情况确定拔桩起点,必要时也可以用间隔拔的方法。拔桩的顺序最好与打桩时相反。

②拔桩过程中必须保持机械设备处于良好的工作状态,加强受力钢索的检查,避免突然断裂。

③当钢板桩拔不出时,可用振动锤或柴油锤再复打一次,可克服土的黏着力或将板桩上的铁锈等消除,以便顺利拔出。

拔桩会带出土粒形成孔隙,并使土层受到扰动,特别在软土地层中,会使基坑内已施工的结构或管道发生沉降,并引起地面沉降而严重影响附近建筑和设施的安全。对此必须采取有效措施,对拔桩造成的土的孔隙要及时用中粗砂填实,或用膨润土浆液填充,当控制土层位移有较高要求时,必须采取在拔桩时跟踪注浆等填充法。

3.2.2　排桩支护结构

对开挖较大、较深(大于 6 m)基坑,邻近有建筑物不能放坡时,可采用排桩支护。排桩支护可采用钻孔灌注桩、人工挖孔桩、预制钢筋混凝土板桩或钢板桩等。

1)排桩支护的布置形式

(1)柱列式排桩支护

当边坡土质较好、地下水位较低时,可利用土拱作用,以稀疏钻孔灌注桩或挖孔桩支挡土坡,如图 3.8(a)所示。

(2)连续排桩支护

连续排桩支护如图 3.8(b)所示。在软土中一般不能形成土拱,支挡桩应该连续密排。密排的钻孔桩可以互相搭接,或在桩身混凝土强度尚未形成时,在相邻桩之间做一根素混凝土树根桩,把钻孔桩连起来,如图 3.8(c)所示。也可以采用钢板桩、钢筋混凝土板桩,如图3.8(d),(e)所示。

(3)组合式排桩支护

在地下水位较高的软土地区,可采用钻孔灌注桩排桩与水泥土桩防渗墙组合的形式,如图 3.8(f)所示。

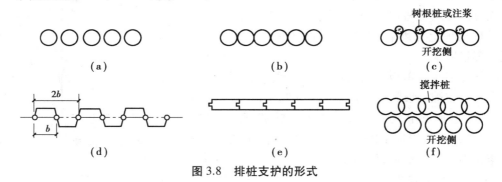

图 3.8　排桩支护的形式

2)排桩支护的基本构造及施工工艺

①钢筋混凝土挡土桩间距一般为 1.0~2.0 m,桩直径为 0.5~1.1 m,埋深为基坑深的 0.5~1.0 倍。桩配筋由计算确定,一般主筋为 Φ 14~32 mm。当为构造配筋时,每根桩不少于 8 根,箍筋采用 ϕ 8@ 100~200。

②对于开挖深度不大于 6 m 的基坑,在场地条件允许的情况下,采用重力式深层搅拌桩挡墙较为理想。当场地受限制时,也可先用 ϕ600 密排悬臂钻孔桩,桩与桩之间可用树根桩密封,也可在灌注桩后注浆或打水泥搅拌桩作防水帷幕。

③对于开挖深度为 6~10 m 的基坑,常采用 ϕ800~1 000 的钻孔桩,后面加深层搅拌桩或注浆防水,并设 2~3 道支撑,支撑道数视土质情况、周围环境及围护结构变形要求而定。

④对于开挖深度大于 10 m 的基坑,可采用地下连续墙,设多层支撑,虽然安全可靠,但价格昂贵;也可采用 800~1 000 mm 大直径钻孔桩加深层搅拌桩防水,设置多道支撑。

⑤排桩顶部应设钢筋混凝土冠梁连接,冠梁宽度(水平方向)不宜小于桩径,冠梁高度

（竖直方向）不宜小于 400 mm，排桩与桩顶冠梁的混凝土强度等级宜大于 C20。当冠梁作为连系梁时可按构造配筋。

⑥基坑开挖后，排桩的桩间土防护可采用钢丝网混凝土护面、砌砖等处理方法，当桩间渗水时，应在护面设泄水孔。当基坑面在实际地下水位以上且土质较好、暴露时间较短时，可不对桩间土进行防护处理。

3）排桩支护质量检验标准

排桩支护结构包括混凝土灌注桩、混凝土预制桩、钢板桩等构成的支护结构。

混凝土灌注桩、混凝土预制桩的质量检验标准详见项目 6。根据《建筑地基基础工程施工质量验收标准》（GB 50202—2018）规定，钢板桩均为工厂成品，新桩可按出厂标准检验，重复使用的钢板桩应符合表 3.4 的规定，混凝土板桩制作标准应符合表 3.5 的规定。

表 3.4　重复使用的钢板桩质量检验标准

项目	序号	检查项目	允许值或允许偏差		检查方法
			单位	数值	
主控项目	1	桩长	不小于设计值		用钢尺量
	2	桩身弯曲度	mm	≤2%l	用钢尺量
	3	桩顶标高	mm	±100	水准测量
一般项目	1	齿槽平直度及光滑度	无电焊渣或毛刺		用 1 m 长的桩段做通过试验
	2	沉桩垂直度	≤1/100		经纬仪测量
	3	轴线位置	mm	±100	经纬仪或用钢尺量
	4	齿槽咬合程度	紧密		目测法

注：l 为钢板桩设计桩长，mm。

表 3.5　混凝土板桩制作标准

项目	序号	检查项目	允许值或允许偏差		检查方法
			单位	数值	
主控项目	1	桩长	不小于设计值		用钢尺量
	2	桩身弯曲度	mm	≤0.1%	用钢尺量
	3	桩身厚度	mm	+10 0	用钢尺量
	4	凹凸槽尺寸	mm	±3	用钢尺量
	5	桩顶标高	mm	±100	水准测量
一般项目	1	保护层厚度	mm	±5	用钢尺量
	2	横截面相对两面之差	mm	≤5	用钢尺量
	3	桩尖对桩轴线的位移	mm	≤10	用钢尺量
	4	沉桩垂直度	≤1/100		经纬仪测量
	5	轴线位置	mm	≤100	用钢尺量
	6	板缝间隙	mm	≤20	用钢尺量

注：l 为混凝土板桩设计桩长，mm。

3.2.3 水泥土桩墙支护结构

水泥土桩墙支护是加固软土地基的一种新方法,它是利用水泥、石灰等材料作为固化剂,通过深层搅拌机械,将软土和固化剂(浆液或粉体)强制搅拌,利用固化剂和软土之间所产生的一系列物理化学反应,使软土硬结成具有整体性、水稳定性和一定强度的围护结构。

1)特点

①具有挡土、截水双重功能,施工机具设备相对较简单,成墙速度快,材料单一,造价较低。

②加固深度从数米到 $50 \sim 60$ m。一般认为含有高岭石、多水高岭石与蒙脱石等黏土矿物的软土的加固效果较好;含有伊利石、氯化物等黏性土以及有机质含量高、酸碱度(pH 值)较低的黏性土的加固效果较差。

2)适用条件

①基坑侧壁安全等级宜为二、三级。
②水泥土桩墙施工范围内地基承载力不宜大于 150 kPa。
③基坑深度不宜大于 6 m。
④基坑周围具备水泥土桩墙的施工宽度。
⑤深层搅拌法最适宜于各种成因的饱和软黏土,包括淤泥、淤泥质土、黏土和粉质黏土等。

3)基本构造

深层搅拌桩支护结构是将搅拌桩相互搭接而成,平面布置可采用壁状体,如图 3.9 所示。若壁状的挡墙宽度不够时,可加大宽度,做成格栅状支护结构(图 3.10),即在支护结构宽度内,不需整个土体都进行搅拌加固,可按一定间距将土体加固成相互平行的纵向壁,再沿纵向按一定间距加固肋体,用肋体将纵向壁连接起来。这种挡土结构目前常采用双轴搅拌机进行施工,一个搅拌轴的桩体直径为 700 mm,两个搅拌轴的距离为 500 mm,搅拌桩之间的搭接距离为 200 mm。

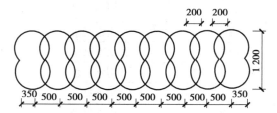

图 3.9 深层搅拌水泥土桩墙平面
布置形式——壁状支护结构

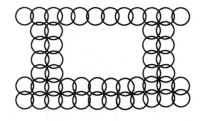

图 3.10 深层搅拌水泥土桩墙平面
布置形式——格栅状支护结构

墙体宽度 B 和插入深度 D 应根据基坑深度、土质情况及其物理力学性能,周围环境,地面荷载等计算确定。在软土地区,当基坑开挖深度 $h \leqslant 5$ m 时,可按经验取 $B = (0.6 \sim 0.8)h$,尺寸以 500 mm 进位，$D=(0.8\sim1.2)h$。基坑深度一般控制在 7 m 以内，过深则不经济。根据使用要求和受力特性，搅拌桩挡土支护结构的竖向断面形式如图 3.11 所示。

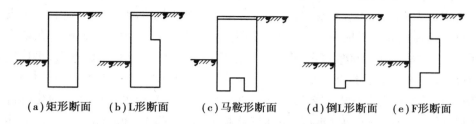

（a）矩形断面　（b）L形断面　（c）马鞍形断面　（d）倒L形断面　（e）F形断面

图 3.11　搅拌桩挡土支护结构的竖向断面形式

4）水泥土桩墙工程施工

水泥土桩墙工程主要施工机械采用深层搅拌机。目前，我国生产的深层搅拌机主要分为单轴搅拌机和双轴搅拌机。水泥土桩墙工程施工工艺流程（图 3.12）如下：

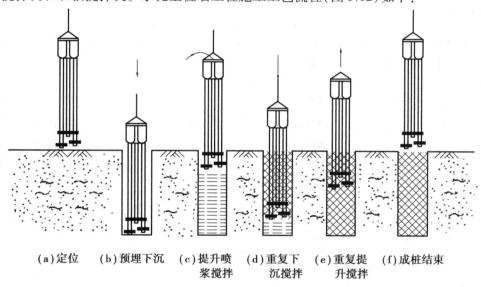

（a）定位　（b）预埋下沉　（c）提升喷　（d）重复下　（e）重复提　（f）成桩结束
　　　　　　　　　　　　浆搅拌　　　沉搅拌　　　升搅拌

图 3.12　施工工艺流程

①深层搅拌桩施工可采用湿法（喷浆）及干法（喷粉）施工，施工时应优先选用喷浆型双轴深层搅拌机。

②桩架定位及保证垂直度：深层搅拌机桩架到达指定桩位、对中，当场地标高不符合设计要求或起伏不平时，应先进行开挖、整平。施工时桩位偏差应小于 5 cm，桩的垂直度误差不超过 1%。

③预搅下沉：待深层搅拌机的冷却水循环正常后，启动搅拌机的电动机，放松起重机的钢线绳，使搅拌机沿导向架搅拌切土下沉，下沉速度可由电动机的电流表控制。工作电流不应大于 70 A。如果下沉速度太慢，可从输浆系统补给清水以利钻进。

④制备水泥浆：按设计要求的配合比拌制水泥浆，压浆前将水泥浆倒入集料斗中。

⑤提升、喷浆并搅拌：深层搅拌机下沉到设计深度后，开启灰浆泵将水泥浆压入地基土

中,边喷浆、边旋转,同时严格按照设计确定的提升速度提升搅拌机。

⑥重复搅拌或重复喷浆:搅拌机提升至设计加固深度的顶面标高时,集料斗中的水泥浆应正好排空。为使软土和水泥浆搅拌均匀,可再次将搅拌机边旋转边沉入土中,至设计加固深度后再将搅拌机提升出地面。有时可采用复搅、复喷(即二次喷浆)方法。在第一次喷浆至顶面标高,喷完总量的60%浆量,将搅拌机边搅边沉入土中,至设计深度后,再将搅拌机边提升边搅拌,并喷完余下的40%浆量。喷浆搅拌时搅拌机的提升速度不应超过0.5 m/min。

⑦移位:桩架移至下一桩位施工。下一桩位施工应在前桩水泥土尚未固化时进行。相邻桩的搭接宽度不宜小于200 mm。相邻桩喷浆工艺的施工时间间隔不宜大于10 h。施工开始和结束的头尾搭接处,应采取加强措施,防止出现沟缝。

5)水泥土桩墙质量检验标准

根据《建筑地基基础工程施工质量验收标准》(GB 50202—2018)的规定,型钢水泥土搅拌墙施工前,应对进场的H型钢进行检验,内插型钢的质量检验标准应符合表3.6的规定。

表3.6　内插型钢的质量检验标准

项目	序号	检查项目		允许偏差		检查方法
				单位	数值	
主控项目	1	型钢截面高度		mm	±5	用钢尺量
	2	型钢截面宽度		mm	±3	用钢尺量
	3	型钢长度		mm	±10	用钢尺量
一般项目	1	型钢挠度		mm	$\leq l/500$	用钢尺量
	2	型钢腹板厚度		mm	≥−1	用游标卡尺量
	3	型钢翼缘板厚度		mm	≥−1	用游标卡尺量
	4	型钢顶标高		mm	±50	水准测量
	5	型钢平面位置	平行于基坑边线	mm	≤50	用钢尺量
			垂直于基坑边线	mm	≤10	用钢尺量
	6	型钢形心转角		(°)	≤3	用量角器量

注:l 为型钢设计长度,mm。

6)减小水泥土桩墙位移的措施

水泥土桩墙属于重力式挡墙。在实际工程中,水泥土桩墙的水平位移往往偏大,影响施工顺利进行及周围已有建筑物及地下管线的安全。水泥土桩墙的水平位移的大小与基坑开挖深度、坑底土性质、基坑底部状况(有无桩基或加固等)、基坑边堆载及基坑边长等因素有关。它的稳定有赖于被动土压力的发挥,而被动土压力只有在墙体位移足够大时才能发挥。因此,在水泥土桩墙支护结构设计中,根据工程特点,采取一定措施,减小水泥土桩墙的位移是十分必要的。

①墙顶插筋。水泥土墙体插筋对减小墙体位移有一定作用,特别是采用钢管插筋,其作用更明显。插筋时,每根搅拌桩顶部插入一根长 2 m 左右 ⊈12 的钢筋,以后将其与墙顶压顶面板钢筋绑扎连接,如图 3.13 所示。

②基坑降水。在基坑开挖前进行坑内降水,可为地下结构施工提供干燥的作业环境,对坑内土的固结也很有利,该方法施工简便、造价低、效果也较好。对于含水并适宜降水的土层,宜选用此法。

坑内降水井管的布置既要保证坑内地下水降至坑底以下一定深度,又要防止坑内降水影响坑外地下水位过大变动,造成坑边土体的沉陷。

③坑底加固。当坑底土较软弱,采用上述措施还不能控制水泥土桩墙的水平位移时,则可采用基坑底部加固法。坑底加固的布置可用满堂布置法,也可采用坑底四周布置法。当基坑面积较小时,可采用满堂布置;当基坑面积较大时,为经济起见,可采用墙前坑底加固方法。墙前坑底加固宽度可取 $(0.4~0.8)D$(D 为挡墙入土深度),加固深度可取 $(0.5~1.0)D$,加固区段可以是局部区段,也可以是基坑四周全部加固,如图 3.14 所示,具体可视坑底土质、周围环境及经济性等决定。

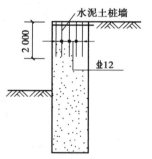

图 3.13　水泥土墙体插筋

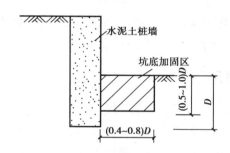

图 3.14　坑底加固剖面图

④水泥土桩墙加设支撑。水泥土桩墙一般均无支撑,但有时为减小墙体位移或在某些特殊情况下(如坑边有集中荷载)也可局部加设支撑。

3.2.4　土层锚杆

土层锚杆简称土锚杆,是在地面或深开挖的地下室墙面或基坑立壁未开挖的土层钻孔,达到设计深度后,或在扩大孔端部形成球状或其他形状,在孔内放入钢筋或其他抗拉材料,灌入水泥浆与土层结合成为抗拉力强的锚杆。为了均匀分配传到连续墙或柱列式灌注桩上的土压力,减少墙、柱的水平位移和配筋,一端采用锚杆与墙、柱连接,另一端锚固在土层中,用于维持坑壁的稳定。

锚杆由锚头、拉杆和锚固体组成,如图 3.15 所示。锚头由锚具、承压板、横梁和台座组成;拉杆采用钢筋、钢绞线制成;锚固体是由水泥浆或水泥砂浆将拉杆与土体连接成一体的抗拔构件。

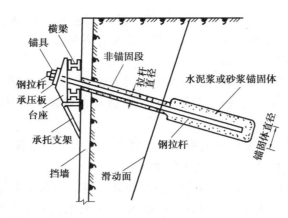

图 3.15　土层锚杆的构造

1)特点

①锚杆代替内支撑,它设置在挡墙背后,因此在基坑内有较大的空间,有利于挖土施工。

②锚杆施工机械及设备的作业空间不大,因此可适用于各种地形及场地。

③锚杆可采用预加拉力,以控制结构的变形量。

④施工时的噪声和振动均很小。

2)适用条件

①适于基坑侧壁安全等级一、二、三级。

②一般黏土、砂土地基皆可应用,软土、淤泥质土地基要进行试验确认后应用。

③适用于难以采用支撑的大面积深基坑。

④不宜用于地下水大、含有化学腐蚀物的土层和松散软弱土层。

3)土层锚杆的类型

土层锚杆主要有以下类型:

①一般灌浆锚杆。钻孔后放入受拉杆件,然后用砂浆泵将水泥浆或水泥砂浆注入孔内,经养护后即可承受拉力。

②高压灌浆锚杆(又称预压锚杆)。它与一般灌浆锚杆的不同点是:在灌浆阶段对水泥砂浆施加一定的压力,使水泥砂浆在压力下压入孔壁四周的裂缝并在压力下固结,从而使锚杆具有较大的抗拔力。

③预应力锚杆。先对锚固段进行一次压力灌浆,然后对锚杆施加预应力后锚固,并在非锚固段进行不加压二次灌浆,也可一次灌浆(加压或不加压)后施加预应力。这种锚杆可穿过松软地层而锚固在稳定土层中,并使结构物减小变形。我国目前大都采用预应力锚杆。

④扩孔锚杆。用特制的扩孔钻头扩大锚固段的钻孔直径,或用爆扩法扩大钻孔端头,从而形成扩大的锚固段或端头,可有效提高锚杆的抗拔力。扩孔锚杆主要用在松软地层中。

对于灌浆材料,可使用水泥浆、水泥砂浆、树脂材料、化学浆液等作为锚固材料。

4)土层锚杆施工

土层锚杆的施工程序为:钻机就位→钻孔→清孔→放置钢筋(或钢绞线)及灌浆管→压力灌浆→养护→放置横梁、台座,张拉锚固。

①钻孔。土层锚杆钻孔用的钻孔机械,按工作原理分,有旋转式钻孔机、冲击式钻孔机和旋转冲击式钻孔机 3 类,主要根据土质、钻孔深度和地下水情况进行选择。冲击式钻机适用于砂石层地层,旋转式钻机可用于各种地层。旋转式钻机靠钻具旋转切削钻进成孔,也可加套管成孔。

锚杆孔壁要求平直,以便安放钢拉杆和灌注水泥浆。孔壁不得坍陷和松动,否则影响钢拉杆安放和土层锚杆的承载能力。钻孔时不得使用膨润土循环泥浆护壁,以免在孔壁上形成泥皮,降低锚固体与土壁间的摩阻力。

②安放拉杆。土层锚杆用的拉杆,常用的有钢管、粗钢筋、钢丝束和钢绞线,主要根据土层锚杆的承载能力和现有材料的情况来选择。

③灌浆。灌浆的作用是形成锚固段,将锚杆锚固在土层中;防止钢拉杆腐蚀;充填土层中的孔隙和裂缝。灌浆是土层锚杆施工中的一个重要工序,施工时应做好记录。灌浆有一次灌浆法和二次灌浆法。一次灌浆法宜选用灰砂比为 1:1~1:2、水灰比为 0.38~0.45 的水泥砂浆,或水灰比为 0.40~0.50 的水泥浆;二次灌浆法中的二次高压灌浆,宜用水灰比为 0.45~0.55 的水泥浆。

④张拉和锚固。锚杆压力灌浆后,待锚固段的强度大于 15 MPa 并达到设计强度等级的 75%后方可进行张拉。

锚杆宜张拉至设计荷载的 0.9~1.0 倍后,再按设计要求锁定。锚杆张拉控制应力,不应超过拉杆强度标准值的 75%。张拉用设备与预应力结构张拉所用设备相同。

5)土层锚杆质量检验标准

土层锚杆质量检验标准见表 3.7。

表 3.7　土层锚杆质量检验标准

项目	序号	检查项目	允许值或允许偏差		检查方法
			单位	数值	
主控项目	1	抗拔承载力	不小于设计值		锚杆抗拔试验
	2	锚固体强度	不小于设计值		试块强度
	3	预加力	不小于设计值		检查压力表读数
	4	锚杆长度	不小于设计值		用钢尺量

续表

项目	序号	检查项目	允许值或允许偏差		检查方法
			单位	数值	
一般项目	1	钻孔孔位	mm	≤100	用钢尺量
	2	锚杆直径	不小于设计值		用钢尺量
	3	钻孔倾斜度	≤3°		测倾角
	4	水胶比(或水泥砂浆配比)	设计值		实际用水量与水泥等胶凝材料的重量比(实际用水、水泥、砂的重量比)
	5	注浆量	不小于设计值		查看流量表
	6	注浆压力	设计值		检查压力表读数
	7	自由段套管长度	mm	±50	用钢尺量

3.2.5 土钉墙支护结构

土钉墙支护是在基坑开挖过程中将较密排列的土钉(细长杆件)置于原位土体中,并在坡面上喷射钢筋网混凝土面层,通过土钉、土体和喷射混凝土面层的共同工作,形成复合土体。土钉墙支护充分利用土层介质的自承力,形成自稳结构,承担较小的变形压力;土钉承受主要拉力;喷射混凝土面层调节表面应力分布,体现整体作用;同时,由于土钉排列较密,通过高压注浆扩散后使土体性能提高。土钉墙支护如图3.16所示。

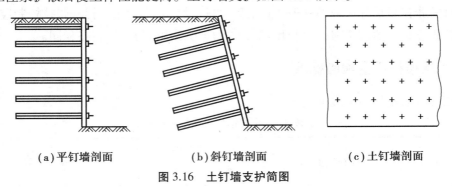

(a)平钉墙剖面　　　　(b)斜钉墙剖面　　　　(c)土钉墙剖面

图3.16　土钉墙支护简图

1)特点

①土钉墙支护是边开挖边支护,流水作业,不占独立工期,施工快捷。

②设备简单,操作方便,施工所需场地小;材料用量和工程量小,经济效果好。

③土体位移小,采用信息化施工,发现墙体变形过大或土质变化,可及时修改、加固或补救,确保施工安全。

2) 适用条件

①基坑侧壁安全等级为二、三级非软土场地。

②地下水位较低的黏土、砂土、粉土地基,土钉墙基坑深度不宜大于 12 m。

③当地下水位高于基坑底面时,应采取降水或截水措施。

3) 土钉墙的基本构造

(1) 土钉长度

一般对非饱和土,土钉长度 L 与开挖深度 H 之比为 $L/H=0.6\sim1.2$,密实砂土及干硬性黏土取小值。为减少变形,顶部土钉长度宜适当增加。非饱和土底部土钉长度可适当减少,但不宜小于 $0.5H$。对于饱和软土,由于土体抗剪能力很低,土钉内力因水压作用而增加,设计时取 $L/H>1$ 为宜。

(2) 土钉间距

土钉间距的大小影响土体的整体作用效果。土钉的水平间距和垂直间距一般宜为 $1.2\sim2.0$ m。垂直间距依土层及计算确定,且与开挖深度相对应。上下插筋交错排列,遇局部软弱土层间距可小于 1.0 m。

(3) 土钉直径

最常用的土钉材料是钢筋、圆钢、钢管及角钢等。当采用钢筋时,一般为直径 $18\sim32$ mm,HRB400 级以上螺纹钢筋;当采用角钢时,一般为 L 50×50×5 角钢;当采用钢管时,一般为 $\phi50$ 钢管。

(4) 土钉倾角

土钉倾角取决于注浆钻孔工艺与土体分层特点等多种因素,土钉垂直方向向下倾角一般为 $5°\sim20°$。研究表明,倾角越小,支护的变形越小,但注浆质量较难控制;倾角越大,支护的变形越大,但倾角大,有利于土钉插入下层较好的土层内。

(5) 注浆材料

注浆用水泥砂浆或水泥素浆。水泥采用不低于 32.5 级的普通硅酸盐水泥,其强度等级不宜低于 M10;水灰比为 $1:0.40\sim0.50$,水泥砂浆配合比宜为 $1:1\sim1:2$(质量比)。

(6) 支护面层

土钉支护中的喷射混凝土面层不属于主要挡土部件,在土体自重作用下主要是稳定开挖面上的局部土体,防止其崩落和受到侵蚀。临时性土钉支护的面层通常用 $50\sim150$ mm 厚的钢筋网喷射混凝土,混凝土强度等级不低于 C20。钢筋网常用 $\phi6\sim8$,HPB300 级钢筋焊成 $15\sim30$ cm 方格网片。永久性土钉墙支护面层厚度为 $150\sim250$ mm,设两层钢筋网,分两次喷成。

4) 土钉墙支护施工

土钉墙支护的成功与否不仅与结构设计有关,而且在很大程度上取决于施工方法、施工工序和施工速度。

土钉墙支护施工设备主要有钻孔设备、混凝土喷射机及注浆泵。钻孔设备一般采用 KHYD75A 型矿用电动岩石钻。注浆泵采用 2UB5 型压浆泵及 DLB50/40 漏斗泵。混凝土喷射机采用 ZP5-A 型及 HPZ-5 型。

土钉墙支护施工应按设计要求自上而下、分层分段进行。土钉墙施工工艺流程及技术要点如下：

①开挖、修坡。土方开挖用挖掘机作业,挖掘机开挖应离预定边坡线 0.4 m 以上,以保证土方开挖少扰动边坡壁的原状土,一次开挖深度由设计确定,一般为 1.0~2.0 m,土质较差时应小于 0.75 m。正面宽度不宜过长,开挖后用人工及时修整。边坡坡度不宜大于 1∶0.1。

②在开挖面上设置一排土钉。

a.成孔。按设计规定的孔径、孔距及倾角成孔,孔径宜为 70~120 mm。成孔方法有洛阳铲成孔和机械成孔。成孔后及时将土钉(连同注浆管)送入孔中,沿土钉长度每隔 2.0 m 设置一对中支架。

b.设置土钉。土钉的置入可分为钻孔置入、打入或射入方式。最常用的是钻孔注浆型土钉。钻孔注浆土钉是先在土中成孔,置入变形钢筋或钢管,然后沿全长注浆填孔。打入土钉是用机械(如振动冲击钻、液压锤等)将角钢、钢筋或钢管打入土体。打入土钉不注浆,与土体接触面积小,钉长受限制,因此布置较密,其优点是不需预先钻孔,施工较为快速。射入土钉是用高压气体作动力,将土钉射入土体。射入钉的土钉直径和钉长受一定限制,但施工速度更快。注浆打入钉是将周围带孔、端部密闭的钢管打入土体后,从管内注浆,并透过壁孔将浆体渗到周围土体。

c.注浆。注浆时先高速低压从孔底注浆,当水泥浆从孔口溢出后,再低速高压从孔口注浆。水泥浆、水泥砂浆应拌和均匀,随拌随用,一次拌和的浆液应在初凝前用完。注浆前应将孔内的杂土清除干净;注浆开始或中途停止超过 30 min 时,应用水或稀水泥浆润滑注浆泵及其管路;注浆时,注浆管应插至距孔底 250~500 mm 处,孔口宜设置止浆塞及排气管。

d.绑钢筋网,焊接土钉头。层与层之间的竖筋用对钩连接,竖筋与横筋之间用扎丝固定,土钉与加强钢筋或垫板施焊。

e.喷射混凝土面层。

f.继续向下开挖有限深度,并重复上述步骤。这里需要注意第一层土钉施工完毕后,等注浆材料达到设计强度的 70% 以上方可进行下层土方开挖,按此循环直至坑底标高,最后设置坡顶及坡底排水装置。

当土质较好时,也可采取如下顺序:确定基坑开挖边线→按线开挖工作面→修整边坡→埋设喷射混凝土厚度控制标志→放土钉孔位线并做标志→成孔→安设土钉、注浆→绑扎钢筋网,土钉与加强钢筋或承压板连接,设置钢筋网垫块→喷射混凝土→下一层施工。

5)土钉墙支护结构质量检测

土钉应采用抗拉试验检测其承载力,为土钉墙设计提供依据或用以证明设计中所使用的黏结力是否合适。土钉的抗拉试验可采用循环加荷的方式。第一级荷载取土钉钢筋屈服强度的 10% 为基本荷载,其后以土钉钢筋屈服强度的 15% 为增量来增加荷载,同时用退荷循环来测量残余变形,每一级荷载必须持续到变形稳定为止。土钉的破坏标准为:在同级荷载下的变形不可能趋于稳定,即认为土钉已达到极限荷载。

在土钉钢筋上贴电阻应变片,可用来量测土钉应力分布及其变化规律。在同一条件下,试验数量应为土钉总数的 1%,且不少于 3 根。土钉检验的合格标准为:土钉抗拔力平均值应大于设计极限抗拔力;抗拔力最小值应大于设计极限抗拔力的 0.9 倍。土钉墙面喷射混凝土厚度可采用钻孔检测,钻孔数宜每 100 m² 墙面积一组,每组不应少于 3 点。

同时,根据《建筑地基基础工程施工质量验收标准》(GB 50202—2018)的规定,锚杆及土钉墙支护工程施工前应熟悉地质资料、设计图纸及周围环境,降水系统应确保正常工作,必需的施工设备如挖掘机、钻机、压浆泵、搅拌机等应能正常运转;一般情况下,应遵循分段开挖、分段支护的原则,不宜按一次挖就再行支护的方式施工;施工中应对锚杆或土钉位置、钻孔直径、深度及角度,锚杆或土钉插入长度,注浆配比、压力及注浆量,喷锚墙面厚度及强度,锚杆或土钉应力等进行检查;每段支护体施工完后,应检查坡顶或坡面位移、坡顶沉降及周围环境变化,如有异常情况应采取措施,恢复正常后方可继续施工。土钉墙支护工程质量检验标准应符合表 3.8 的规定。

表 3.8 土钉墙支护工程质量检验标准

项目	序号	检查项目	允许值或允许偏差		检查方法
			单位	数值	
主控项目	1	抗拔承载力	不小于设计值		土钉抗拔试验
	2	土钉长度	不小于设计值		用钢尺量
	3	分层开挖厚度	mm	±200	水准测量或用钢尺量
一般项目	1	土钉位置	mm	±100	用钢尺量
	2	土钉直径	不小于设计值		用钢尺量
	3	土钉孔倾斜度	(°)	≤3	测倾角
	4	水胶比	设计值		实际用水量与水泥等胶凝材料的重量比
	5	注浆量	不小于设计值		查看流量表
	6	注浆压力	设计值		检查压力表读数
	7	浆体强度	不小于设计值		试块强度
	8	钢筋网间距	mm	±30	用钢尺量
	9	土钉面层厚度	mm	±10	用钢尺量
	10	面层混凝土强度	不小于设计值		28 d 试块强度
	11	预留土墩尺寸及间距	mm	±500	用钢尺量
	12	微型桩桩位	mm	≤50	全站仪或用钢尺量
	13	微型桩垂直度	≤1/200		经纬仪测量

3.2.6 地下连续墙

地下连续墙是利用特制的成槽机械在泥浆(又称为稳定液,如膨润土泥浆)护壁的情况下进行开挖,形成一定槽段长度的沟槽,再将在地面上制作好的钢筋笼放入槽段内,采用导管法进行水下混凝土浇筑,完成一个单元的墙段,各墙段之间的特定的接头方式(如用接头管或接头箱做成的接头)相互联结,形成一道连续的地下钢筋混凝土墙。地下连续墙按成槽方式可分为壁板式和组合式;按施工方法可分为现浇式、预制板式及二者组合成墙等。

地下连续墙具有防渗、止水、承重、挡土、抗滑等各种功能,适用于深基坑开挖和地下建筑的临时性和永久性的挡土围护结构;用于地下水位以下的截水和防渗;可承受上部建筑的永久性荷载,兼有挡土墙和承重基础的作用;由于对邻近地基和建筑物的影响小,所以适合在城市建筑密集、人流多和管线多的地方施工。

1)特点

地下连续墙施工具有以下优点:

①墙体刚度大、整体性好,因此结构和地基变形都较小,既可用于超深围护结构,也可用于主体结构。

②对砂卵石地层或要求进入风化岩层时,钢板桩就难以施工,但可以采用合适的成槽机械施工的地下连续墙结构。

③可减少工程施工时对环境的影响。施工时振动少、噪声低,对周围相邻的工程结构和地下管线的影响较小,对沉降及变位较易控制。

④可进行逆筑法施工,有利于加快施工进度,降低造价。

但是,地下连续墙施工也有不足之处,主要表现在:

①对废泥浆处理,不但会增加工程费用,如泥水分离技术不完善或处理不当,还会造成新的环境污染。

②槽壁坍塌问题。如地下水位急剧上升、护壁泥浆液面急剧下降、土层中有软弱疏松的砂性夹层、泥浆的性质不当或已变质、施工管理不善等均可能引起槽壁坍塌,引起邻近地面沉降,危害邻近工程结构和地下管线的安全。同时,也可能使墙体混凝土体积超方、墙面粗糙和结构尺寸超出允许界限。

③地下连续墙如用作施工期间的临时挡土结构,则造价可能较高,不够经济。

2)适用条件

①适用于基坑侧壁安全等级一、二、三级。

②适用于各种地质条件,但悬臂式结构在软土场地中不宜大于5 m。

③可用于逆作法施工。

3)地下连续墙的施工机械

(1)挖槽机械

挖槽是地下连续墙施工中的关键工序,常用的机械设备如下:

①多钻头成槽机:主要由多头钻机(挖槽用)、机架(吊多头钻机用)、卷扬机(提升钻机头和吊胶皮管、拆装钻机用)、电动机(钻机架行走动力用)和液压千斤顶(机架就位、转向顶升用)组成。

②液压抓斗成槽机:主要由挖掘装置(挖槽用)、导架(导杆抓斗支撑、导向用)和起重机(吊导架和挖掘装置用)组成。

③钻挖成槽机:主要由潜水电钻(钻导孔用)、导板抓斗(挖槽及清除障碍物用)和钻抓机架(吊钻机导板抓斗用)组成。

④冲击成槽机:主要由冲击式钻机(冲击成槽用)和卷扬机(升降冲击锤用)组成。

(2)泥浆制备及处理设备

主要设备有旋流器机架、泥浆搅拌机(制备泥浆用)、软轴搅拌机(搅拌泥浆用)、振动筛(泥渣处理分类用)、灰渣泵(与旋流器配套和吸泥用)、砂泵(供浆用)、泥浆泵(输送泥浆用)、真空泵(吸泥引水用)、孔压机(多头钻吸泥用)。

(3)混凝土浇筑设备

主要设备有混凝土浇筑架、卷扬机(提升混凝土漏斗及导管用)、混凝土料斗(装运混凝土用)、混凝土导管(带受料斗,浇筑水下混凝土用)。

4)地下连续墙施工

地下连续墙的施工是多个单元槽段的重复作业,每个槽段的施工过程(图 3.17)大致可分为 5 步:首先在始终充满泥浆的沟槽中,利用专用挖槽机械进行挖槽;随后在沟槽两端放入接头管,将已制备的钢筋笼下沉到设计高度;然后插入水下灌注混凝土导管,进行混凝土灌注;待混凝土初凝后,拔去接头管。

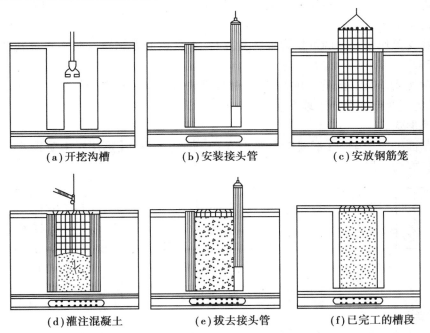

(a)开挖沟槽 (b)安装接头管 (c)安放钢筋笼

(d)灌注混凝土 (e)拔去接头管 (f)已完工的槽段

图 3.17 地下连续墙施工程序

地下连续墙的施工工艺流程如图 3.18 所示。其中修筑导墙、配制泥浆、开挖槽段、钢筋笼制作与吊装以及混凝土浇筑是地下连续墙施工中的主要工序。

(1)修筑导墙

• 导墙的作用

①测量基准作用。由于导墙与地下墙的中心是一致的,所以导墙可作为挖槽机的导向,导墙顶面又作为机架式挖土机械导向钢轨的架设定位。

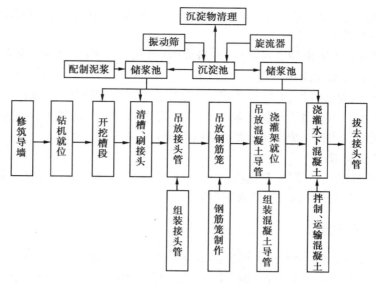

图 3.18　地下连续墙施工工艺流程

②挡土作用。地表土层受地面超载影响容易塌陷,导墙可起到挡土作用,保证连续墙孔口的稳定性。为防止导墙在侧向土压力作用下产生位移,一般应在导墙内侧每隔 1~2 m 加设上下两道木支撑。

③重物支撑作用。导墙可作为重物支撑台,承受钢筋笼、导管、接头管及其他施工机械的静、动荷载。

④储存泥浆以及防止泥浆漏失,阻止雨水等地面水流入槽内的作用。为保证槽壁的稳定,一般认为泥浆液面要高于地下水位 1.0 m。

●导墙形式

导墙断面一般为⌞形、〔形或⌐形,如图 3.19 所示。⌞形和〔形用于土质较差的土层,⌐形用于土质较好的土层。

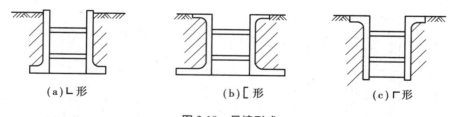

(a)⌞形　　　　　　(b)〔形　　　　　　(c)⌐形

图 3.19　导墙形式

●导墙施工

导墙一般用钢筋混凝土浇筑而成,采用 C20 混凝土,配筋较少,多为 φ12@200,水平钢筋按规定搭接。导墙厚度一般为 150~250 mm,深度为 1.5~2.0 m,底部应坐落在原土层上,其顶面高出施工地面 50~100 mm,并应高出地下水位 1.5 m 以上。两侧墙净距中心线与地下连续墙中心线重合。每个槽段内的导墙应设一个以上的溢浆孔。

现浇钢筋混凝土导墙拆模后,应立即在两片导墙间加支撑,其水平间距为 2.0~2.5 m,养护期间严禁重型机械在附近行走、停放或作业。

导墙的施工允许偏差为:两片导墙的中心线应与地下墙纵向轴线相重合,允许偏差应为

±10 mm;导墙内壁面垂直度允许偏差为 0.5%;两导墙间间距应比地下墙设计厚度加宽30~50 mm,其允许偏差为±10 mm;导墙顶面应平整。

（2）配制泥浆

● 泥浆的作用

①护壁作用。泥浆具有一定的密度,槽内泥浆液面高出地下水位一定高度,泥浆在槽内就对槽壁产生一定的侧压力,相当于一种液体支撑,可以防止槽壁倒坍和剥落,并防止地下水渗入。

②携渣作用。泥浆具有一定的黏度,它能将挖槽时挖下来的土渣悬浮起来,使土渣随泥浆一同排出槽外。

③冷却和润滑作用。泥浆可降低钻具连续冲击或回转而引起的升温,同时起到切土润滑的作用,从而减少机具磨损,提高挖槽效率。

● 泥浆制作

①泥浆材料。配制泥浆的主要材料有黏土（一般采用酸性陶土粉）、纯碱（Na_2CO_3）、羧甲基纤维素（CMC）、水（一般采用 pH 值接近中性的自来水）。此外,可根据需要掺入少量硝基腐殖酸碱剂（简称硝腐碱）或铁铬木质素硫酸盐（FCLS,简称铁铬盐）。

②泥浆需要量。泥浆的需要量取决于一次同时开挖槽段的大小、泥浆的各种损失、制备和回收处理泥浆的机械能力,一般可参考类似工程的经验决定。

③泥浆配比。纯碱液配制浓度为1:5或1:10。

CMC 液对高黏度泥浆的配制浓度为 1.5%,搅拌时先将水加至 1/3,再把 CMC 粉缓慢撒入,然后用软轴搅拌器将大块 CMC 搅拌成小颗粒,继续加水搅拌。CMC 配制后需静置 6 h 后使用。

硝腐碱液配合比为:硝基腐殖酸:烧碱:水 = 15:1:300,配制时先将烧碱或烧碱液和一半左右水在贮液筒里搅拌,待烧碱全部溶解后,放进硝基腐殖酸,继续搅拌 15 min。

泥浆搅拌前先将水加至搅拌筒 1/3 后开动搅拌机,在定量水箱不断加水的同时加入陶土粉、纯碱液,搅拌 3 min 后,加入 CMC 液及硝腐碱液继续搅拌。

一般情况下,新拌制的泥浆应存放 24 h 或加分散剂,使之充分水化后方可使用。对一般软土地基,新拌泥浆及使用过的循环泥浆性能可按表 3.9 所示的指标进行控制。

表 3.9 软土地基泥浆质量控制指标

测定项目	新拌泥浆	使用过的循环泥浆	试验方法
黏 度	19~21 s	19~25 s	用 500 mL/700 mL 野外黏度计
相对密度	<1.05	<1.20	用泥浆比重计
失水量	<10 mL/30 min	<20 mL/30 min	用失水量仪
泥 皮	<1 mm	<2.5 mm	用失水量仪
稳定性	100%	—	用比重计
pH 值	7~9	<11	pH 试纸

● 泥浆处理

当泥浆受水泥污染时,黏度会急剧升高,可用 Na_2CO_3 和 FCLS（铁铬盐）进行稀释。当泥浆过分凝胶化或泥浆 pH 值大于 10.5 时,则应予以废弃。废弃的泥浆不能任意倾倒或排入河流、下水道,必须用密封箱、真空车将其运至专用填埋场进行填埋或进行泥水分离处理。

(3) 开挖槽段

成槽时间约占工期的一半,挖槽精度又决定了墙体制作精度,因此槽段开挖是决定施工进度和质量的关键工序。

挖槽前,先将地下墙体划分成许多段,每一段称为地下连续墙的一个槽段(又称为一个单元),一个槽段是一次混凝土灌注单位。

槽段的长度理论上应取得长一些,这样可以减少墙段的接头数量,不仅可以提高地下连续墙的防水性和整体性,还可以减少循环作业的次数,提高施工效率。但实际上槽段的长度应根据设计要求、土层性质、地下水情况、钢筋笼的轻重、设备起吊能力、混凝土供应能力等条件确定,一般槽段长度为 3~7 m。

划分单元槽段时应注意合理设置槽段间的接头位置,一般情况下应避免将接头设在转角处、地下连续墙与内部结构的连接处,以保证地下连续墙有较好的整体性。

作为深基坑的支护结构或地下构筑物外墙的地下连续墙,其平面形状一般多为纵向连续一字形。但为了增加地下连续墙的抗挠曲刚度,也可采用工字形、L 形、T 形、Z 形及 U 形。墙厚根据结构受力计算确定,现浇式一般为 600~1 000 mm,最大为 1 200 mm;预制式受施工条件限制,厚度一般不大于 500 mm。

挖槽过程中应保持槽内始终充满泥浆,根据挖槽方式的不同确定不同的泥浆使用方式。使用抓斗挖槽时,应采用泥浆静止方式,随着挖槽深度的增大,不断向槽内补充新鲜泥浆,使槽壁保持稳定。使用钻头或切削刀具挖槽时,应采用泥浆循环方式,用泵把泥浆通过管道压送到槽底,土渣随泥浆上浮至槽顶面排出称为正循环;泥浆自然流入槽内,土渣被泵管抽吸到地面上称为反循环。反循环的排渣效率高,宜用于容积大的槽段开挖。

非承重墙的终槽深度必须保证设计深度,同一槽段内,槽底深度必须一致且保持平整。承重墙的槽段深度应根据设计入岩深度要求,参照地质剖面图及槽底岩屑样品等综合确定,同一槽段开挖深度宜一致。

槽段开挖完毕,应检查槽位、槽深、槽宽及槽壁垂直度,合格后应尽快清底换浆、安装钢筋笼。

(4) 钢筋笼的制作和吊放

● 钢筋笼的制作

钢筋笼按设计配筋图和单元槽段的划分来制作,一般每一单元槽段做成一个整体。受力钢筋一般采用 HRB400 级钢筋,直径不宜小于 16 mm;构造筋可采用 HPB300 级钢筋,直径不宜小于 12 mm。

钢筋笼宽度应比槽段宽度小 300~400 mm,钢筋笼端部与接头管或混凝土接头面间应留有 150~200 mm 的空隙。主筋净保护层厚度为 70~80 mm,为了确保保护层厚度,可用钢筋或钢板定位垫块或预制混凝土垫块焊于钢筋笼上,保护层垫块厚 50 mm。

制作钢筋笼时要预留插放浇筑混凝土用导管的位置,在导管周围增设箍筋和连接筋进行加固;纵向主筋放在内侧,且其底端距槽底面 100~200 mm,横向钢筋放在外侧。

为防止钢筋笼在起吊时产生过大变形,要根据钢筋笼的质量、尺寸以及起吊方式和吊点布置,在钢筋笼内布置一定数量(一般 2~4 榀)的纵向桁架及横向架立桁架。对宽度较大的钢筋笼,在主筋面上应增设Φ25水平筋和斜拉条。

钢筋绑扎一般用铁丝先临时固定,然后用点焊焊牢,再拆除铁丝。为保证钢筋笼的整体刚度,点焊数不得少于交叉点总数的50%。

- 钢筋笼的吊放

起吊时,用钢丝绳吊住钢筋笼的4个角,为避免在空中晃动,钢筋笼下端可系绳索用人力控制。起吊时不能使钢筋笼下端在地面上拖引,以防造成下端钢筋弯曲变形。

插入钢筋笼时,一定要使钢筋笼和吊点中心都对准槽段中心,徐徐下降,垂直而又准确地插入槽内。此时需要注意不要因起重臂摆动或其他影响而使钢筋笼产生横向摆动,造成槽壁坍塌。

钢筋笼插入槽内后,检查其顶端高度是否符合设计要求,然后将其搁置在导墙上。

(5)槽段接头

地下连续墙需承受侧向水压力和土压力,而它又是由若干个槽段连成的,那么各槽段之间的接头就成为连续墙的薄弱部位。此外,地下连续墙与内部主体结构之间的连接接头,要承受弯、剪、扭等各种内力,因此接头连接问题就成为地下连续墙施工的重点。

地下连续墙的接头形式大致可分为施工接头和结构接头两类。施工接头是浇筑地下连续墙时纵向连接两相邻单元墙段的接头;结构接头是已竣工的地下连续墙在水平方向与其他构件(地下连续墙内部结构的梁、柱、墙、板等)相连接的接头。

- 施工接头

施工接头应满足受力和防渗的要求,并要求施工简便、质量可靠。

①直接连接构成接头。单元槽段挖成后,随即吊放钢筋笼,浇灌混凝土。混凝土与未开挖土体直接接触。在开挖下一单元槽段时,用冲击锤等将与土体相接触的混凝土改造成凹凸不平的连接面,再浇灌混凝土形成所谓"直接接头"(图3.20)。而黏附在连接面上的沉渣与土是用抓斗的斗齿或射水等方法清除的,但难以清除干净,受力与防渗性能均较差。因此,目前此种接头用得很少。

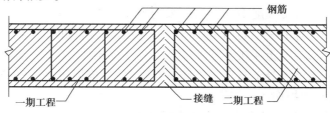

图 3.20 直接接头

②接头管接头。接头管接头使用接头管(也称锁口管)形成槽段间的接头,其施工时的情况如图3.21所示。

为了使施工时每一个槽段纵向两端受到的水压力、土压力大致相等,一般可沿地下连续墙纵向将槽段分为一期和二期两类槽段。先开挖一期槽段,待槽段内土方开挖完成后,在该槽段的两端用起重设备放入接头管,然后吊放钢筋笼和浇筑混凝土。这时两端的接头管相当于模板的作用,将刚浇筑的混凝土与还未开挖的二期槽段的土体隔开。待新浇混凝土开始初凝时,用机械将接头管拔起。这时,已施工完成的一期槽段的两端和还未开挖土方的二期槽段之间分别留有一个圆形孔。继续二期槽段施工时,与其两端相邻的一期槽段混凝土已经结硬,只需开挖二期槽段内的土方。当二期槽段完成土方开挖后,应对一期槽段已浇筑

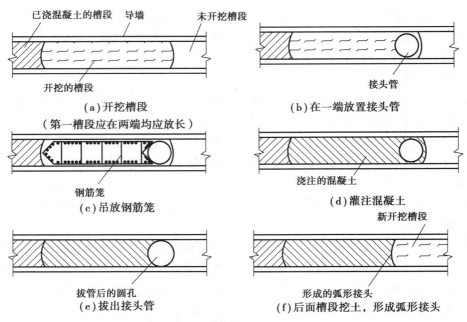

图 3.21　接头管接头的施工过程

的混凝土半圆形端头表面进行处理,将附着的水泥浆与稳定液混合而成的胶凝物除去,否则接头处止水性就很差。胶凝物的铲除必须采用专门设备,例如电动刷、刮刀等工具。

在接头处理后,即可进行二期槽段钢筋笼的吊放和混凝土的浇筑。这样,二期槽段外凸的半圆形端头和一期槽段内凹的半圆形端头相互嵌套,形成整体。

除了上述将槽段分为一期和二期跳格施工外,也可按序逐段进行各槽段的施工。这样每个槽段的一端与已完成的槽段相邻,只需在另一端设置接头管,但地下连续墙槽段两端会受到不对称水压力、土压力的作用,因此两种处理方法各有利弊。

接头管接头法是目前最常用的,其优点是用钢量少、造价较低,能满足一般抗渗要求。

接头管多用钢管,每节长度 15 m 左右,采用内销连接,既便于运输,又可使外壁平整光滑,易于拔管。值得注意的一个问题是如何掌握起拔接头管的时间,如果起拔时间过早,新浇混凝土还处于流态,混凝土从接头管下端流入到相邻槽段,为下一槽段的施工造成困难;如果提拔时间太晚,新浇混凝土与接头管胶黏在一起,造成提拔接头管的困难,强行起拔有可能造成新浇混凝土的损伤。

接头管用起重机吊放入槽孔内。为了今后便于起拔,管身外壁必须光滑,还应在管身上涂抹黄油。开始灌注混凝土 1 h 后,旋转半圆周或提起 10 cm。一般在混凝土达到 0.05～0.20 MPa(浇筑后 3～5 h)开始起拔,并应在混凝土浇筑后 8 h 内将接头管全部拔出。起拔时一般用 3 000 kN 起重机,但也可另备 10 000 kN 或 20 000 kN 千斤顶提升架作应急用。

③接头箱接头。接头箱接头可以使地下连续墙形成整体接头,接头的刚度较好。

接头箱接头的施工方法与接头管接头相似,只是以接头箱代替接头管。一个单元槽段挖土结束后,吊放接头箱,再吊放钢筋笼。由于接头箱在浇筑混凝土的一面是开口的,所以钢筋笼端部的水平钢筋可插入接头箱内。浇筑混凝土时,由于接头箱的开口面被焊在钢筋笼端部的钢板封住,所以浇筑的混凝土不能进入接头箱。混凝土初凝后,与接头管一样逐步吊出接头箱,待后一个单元槽段再浇筑混凝土时,由于两相邻单元槽段的水平钢筋交错搭接而形成刚性接头,其施工过程如图3.22所示。

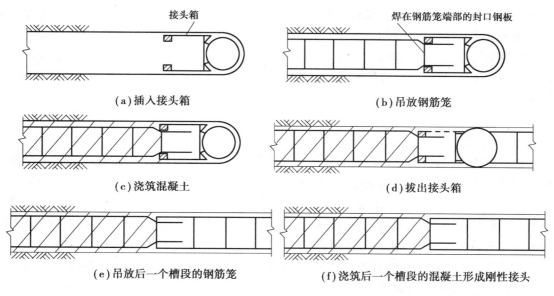

（a）插入接头箱   （b）吊放钢筋笼

（c）浇筑混凝土   （d）拔出接头箱

（e）吊放后一个槽段的钢筋笼   （f）浇筑后一个槽段的混凝土形成刚性接头

图 3.22   接头箱接头的施工过程

④隔板式接头。隔板式接头按隔板的形状分为平隔板、榫形隔板和 V 形隔板式接头。由于隔板与槽壁之间难免有缝隙,为防止新浇筑的混凝土渗入,要在钢筋笼的两边铺贴维尼龙等化纤布。吊入钢筋笼时要注意不要损坏化纤布。这种接头适用于不易拔出接头管(箱)的深槽。

带有接头钢筋的榫形隔板式接头,能使各单元墙段连成一个整体,是一种较好的接头方式。但插入钢筋笼较困难,且接头处混凝土不易密实,施工时须特别加以注意。

⑤预制构件的接头。用预制构件作为接头的连接件,按材料可分为钢筋混凝土和钢材。在完成槽段挖土后,将其吊放槽段的一端,浇筑混凝土后这些预制构件不再拔出,利用预制构件的一面作为下一槽段的连接点。这种接头施工造价高,宜在成槽深度较大、起拔接头管有困难的场合应用。

● 结构接头

地下连续墙与内部结构的楼板、柱、梁连接的结构接头常用的有以下几种:

①直接连接接头。在浇筑地下连续墙体以前,在连接部位预先埋覆连接钢筋,即将该连接筋一端直接与槽段主筋连接(焊接式搭接),另一端弯折后与地下连续墙墙面平行且紧贴墙面。待开挖地下连续墙内侧土体,露出此墙面时,凿去该处的墙面混凝土面层,露出预埋钢筋,然后再弯成所需的形状与后浇主体结构受力筋连接,预埋连接钢筋一般选用 HPB300级钢筋,且直径不宜大于 22 mm。为方便弯折此预埋钢筋,可采用加热方法。如果能避免急剧加热并认真施工,钢筋强度几乎可以不受影响。但考虑到连接处往往是结构薄弱环节,故钢筋数量可比计算增加 20%的余量。

采用预埋钢筋的直接接头,施工容易、受力可靠,是目前使用最广泛的结构接头。

②间接接头。间接接头是通过钢板或钢构件作媒介,连接地下连续墙和地下工程内部构件的接头,一般有预埋连接钢板和预埋剪力块两种方法。

预埋连接钢板法是将钢板事先固定于地下连续墙钢筋笼的相应部位,待浇筑混凝土以及内墙面土方开挖后,将面层混凝土凿去露出钢板,然后用焊接方法将后浇的内部构件中的受力钢筋焊接在该预埋钢板上。

预埋剪力块法与预埋钢板法类似。剪力块连接件也事先预埋在地下连续墙内,剪力钢筋弯折放置于紧贴墙面处,待凿去混凝土外露后,再与后浇构件相连。剪力块连接件一般主要承受剪力。

(6)水下混凝土浇筑

• 清底工作

槽段开挖到设计标高后,在插放接头管和钢筋笼之前,应及时清除槽底淤泥和沉渣,否则钢筋笼插不到设计位置,地下连续墙的承载力降低。我们将清除沉渣的工作称为清底。

清底可采用沉淀法或置换法。沉淀法是在土渣基本都沉淀到槽底之后再进行清底;置换法是在挖槽结束之后,对槽底进行认真清理,然后在土渣还没有沉淀之前就用新泥浆把槽内的泥浆置换出来。工程上一般常用置换法。

清除沉渣的方法常用的有砂石吸力泵排泥法、压缩空气升液排泥法、带搅动翼的潜水泥浆泵排泥法、抓斗直接排泥法。

• 混凝土浇筑

地下连续墙的混凝土是在护壁泥浆下浇筑,需按水下混凝土的方法配制和浇筑。混凝土强度等级一般不应低于 C20。用导管法浇筑的水下混凝土应具有良好的和易性和流动性,坍落度宜为 180~220 mm,扩散度宜为 340~380 mm。

混凝土的配合比应通过试验确定,并应满足设计要求和抗压强度等级、抗渗性能及弹性模量等指标。水泥一般选用普通硅酸盐水泥或矿渣硅酸盐水泥,混凝土配比中水泥用量一般大于 370 kg/m³,并可根据需要掺入外加剂;粗骨料最大粒径不应大于 25 mm,宜选用中砂或粗砂,且拌合物中的含砂率不小于 45%;水灰比不应大于 0.6。

地下连续墙混凝土是用导管在泥浆中浇筑的。导管内混凝土密度大于导管外的泥浆密度,利用两者的压力差使混凝土从导管内流出,在管口附近一定范围内上升替换掉原来泥浆的空间。

导管的数量与槽段长度有关,槽段长度小于 4 m 时,可使用 1 根导管;大于 4 m 时,应使用 2 根或 2 根以上导管。导管内径约为粗骨料粒径的 8 倍左右,不得小于粗骨料粒径的 4 倍。导管间距根据导管直径决定,使用 150 mm 导管时,间距为 2 m;使用 200 mm 导管时,间距为 3 m,一般可取(8~10)d(d 为导管的直径)。导管距槽段两端不宜大于 1.5 m。

在浇筑过程中,混凝土的上升速度不得小于 2 m/h,且随着混凝土的上升,要适时提升和拆卸导管。导管下口插入混凝土深度应控制在 2~4 m,不宜过深或过浅,插入深度大,混凝土挤推的影响范围大,深部的混凝土密实、强度高,但容易使下部沉积过多的粗骨料,而面层聚积较多的砂浆;导管插入太浅,则混凝土是摊铺式推移,泥浆容易混入混凝土,影响混凝土的强度。因此,导管插入混凝土深度不宜大于 6 m,并不得小于 1 m,严禁把导管底端提出混凝土面。浇筑过程中,应有专人每 30 min 测量一次导管埋深及管外混凝土面高度,每 2 h 测量一次导管内混凝土面高度。导管不能作横向运动,否则会使沉渣或泥浆混入混凝土内。混凝土要连续灌筑,不能长时间中断,一般可允许中断 5~10 min,最长只允许中断 20~

30 min。为保持混凝土的均匀性,混凝土搅拌好之后,应在 1.5 h 内灌筑完毕。

在一个槽段内同时使用两根导管浇筑时,其间距不应大于 3 m,导管距槽段端头不宜大于 1.5 m,混凝土面应均匀上升,各导管处的混凝土表面的高差不宜大于 0.3 m。在浇筑完成后的地下连续墙墙顶存在一层浮浆层,因此混凝土顶面应比设计标高超浇 0.5 m,凿去该层浮浆层后,地下连续墙墙顶才能与主体结构或支撑相连成整体。

5)地下连续墙的质量控制

(1)防坍塌控制

槽段开挖是地下连续墙施工的中心环节,也是保证工程质量的关键工序。为使槽段施工中不坍塌,保持槽壁稳定,控制措施如下:

①根据地质情况确定槽段长短,槽段过长易引起塌方。

②合理设计槽段形式:U 形槽段比 T 形槽段塌方可能性大,T 形槽段比工字形槽段塌方可能性大;锐角形槽段比钝角形槽段塌方可能性大。

③槽段开挖结束到浇筑混凝土不超过 8 h,且越短越好。

④采取合理的成槽工艺,如"二钻一抓";先清除浅层(<10 m)的障碍,再用多头钻钻进。

⑤控制泥浆的物理力学指标,不仅应检查槽底标高以上 200 mm 处的泥浆指标,还应抽查开挖范围内的泥浆指标。

⑥控制地下水,可采用井点降水或管井降水措施,减小地下水对槽壁的渗入压力;也可采用固结土体,增强土壁稳定的措施;还可采用注浆或水泥土搅拌桩等加固土体。

⑦减小槽边荷载,特别是大型机械应尽可能移出槽段影响区外,也可采用路基和厚钢板等来扩散压力,以减少对槽壁引起的侧压力。

⑧吊放钢筋笼前应调整好吊钩位置,确保钢筋笼垂直吊入槽内。

⑨确保连续施工。严重的槽段塌方常因不能连续施工所致。

(2)地下连续墙垂直度控制

为保证开挖槽段的垂直精度,应根据不同的地质情况和槽段形状,采用相应的机械设备。国外多采用超声波垂直精度测定装置或接触性测定器等方法,国内常采用自行研制的槽段宽度测定仪。

(3)地下连续墙漏水控制

地下连续墙出现漏水的主要原因是单元槽段接头不良或存在冷缝,一旦出现漏水,不仅影响周围地基的稳定性,而且给开挖后的内砌施工带来困难,给主体结构带来渗水隐患。通常可采取以下措施:

①选择防渗性能好的接头连接形式,如采用接头箱等连接形式,其防渗效果好。

②保证槽段接头质量。在槽段成槽施工中,端部应保持垂直,并对已完成的槽段混凝土接头处清洗干净。一般用接头刷连续清洗 15~20 min,至接头刷无泥渣为止。

③防止混凝土冷缝出现。建议灌注混凝土的导管直径采用 200 mm,并合理布置导管位置,导管离槽段两端接头处一般不超过 1.5 m,两导管间距不大于 3 m。

选择合适的混凝土配合比,保证混凝土连续浇筑,并控制导管插入深度,浇灌时严防两导管之间出现失缺段,还应注意各导管所控制范围的混凝土标高。

（4）接头管（箱）拔出控制

对于槽段采用圆形接头管形式的地下连续墙，为防止接头管拔断或拔不出的事故，可采取如下措施：

①槽段端部要垂直，接头管吊放时要放至槽底（或比槽底略深些），防止混凝土由管下绕至对侧，或由管下涌进管内。

②可在管底部焊一钢板，防止混凝土涌入。

③接头管事先要清洗及检查好，拼接后要垂直。

④采用普通硅酸盐水泥拌制的混凝土，浇筑 3.5～4 h 后，用顶升架启动顶升锁口管，以后每 20～30 min 使锁口管顶升一次，这样一直使接头管处于常动的状态。

⑤到混凝土浇完后 8 h，锁口管全部拔除。

6）地下连续墙质量检验标准

①导墙修筑的允许偏差：导墙轴线和顶面标高的允许偏差均为 ±10 mm，导墙净距和局部高差的允许偏差均为 ±5 mm。

②槽段开挖的允许偏差见表 3.10。

表 3.10　槽段开挖的允许偏差

项　目	允许偏差	备　注
倾斜度	≤1/150	
槽段长度（沿轴线方向）/mm	±50	
槽段厚度/mm	±10	
相邻槽段中心线偏差	≤1/3 墙厚	任一相同深度
槽底（设计标高）上 200 mm 处泥浆密度	≤1.2	
沉渣厚度/mm	≤200	

③护壁泥浆的性能指标参见表 3.9。制成的泥浆应存放 24 h 以上或加分散剂，使膨润土或黏土充分水化后方可使用。

④地下连续墙成槽及墙体允许偏差见表 3.11。

表 3.11　地下连续墙成槽及墙体允许偏差

项目	序号	检查项目		允许值		检查方法
				单位	数值	
主控项目	1	墙体强度		不小于设计值		28 d 试块强度或钻芯法
	2	槽壁垂直度	临时结构	≤1/200		20% 超声波 2 点/幅
			永久结构	≤1/300		100% 超声波 2 点/幅
	3	槽段深度		不小于设计值		测绳 2 点/幅

续表

项目	序号	检查项目		允许值		检查方法
				单位	数值	
一般项目	1	导墙尺寸	宽度(设计墙厚+40 mm)	mm	±10	用钢尺量
			垂直度		≤1/500	用线锤测
			导墙顶面平整度	mm	±5	用钢尺量
			导墙平面定位	mm	≤10	用钢尺量
			导墙顶标高	mm	±20	水准测量
	2	槽段宽度	临时结构	不小于设计值		20%超声波2点/幅
			永久结构	不小于设计值		100%超声波2点/幅
	3	槽段位	临时结构	mm	≤50	钢尺1点/幅
			永久结构	mm	≤30	
	4	沉渣厚度	临时结构	mm	≤150	100%超声波2点/幅
			永久结构	mm	≤100	
	5	混凝土坍落度		mm	180~220	坍落度仪
	6	地下连续墙表面平整度	临时结构	mm	±150	用钢尺量
			永久结构	mm	±100	
			预制地下连续墙	mm	±20	
	7	预制墙顶标高		mm	±10	水准测量
	8	预制墙中心位移		mm	≤10	用钢尺量
	9	永久结构的渗漏水		无渗漏、线流,且 ≤0.1 L/(m² · d)		现场检验

3.2.7 逆作法支护

逆作法施工是以地面为起点,先建地下室的外墙和中间支撑桩,然后由上而下逐层建造梁、板或框架,利用它们作水平支承系统,进行下部地下工程的结构施工,这种地下室施工不同于传统方法的先开挖土方到底,浇筑底板,然后自下而上逐层施工的方法,故称为逆作法,如图 3.23 所示。与传统的施工方法相比,用逆作法施工多层地下室可节省支护结构的支撑,可以缩短工程施工的总工期,基坑变形减小,相邻建筑物等沉降少。

逆作法施工可分为封闭式逆作法施工(亦称全逆作法施工)和开敞式逆作法施工(亦称半逆作法施工),具体选用哪种施工方法,需要根据结构体系、基础类型、建筑物周围环境以及施工机具与施工经验等因素确定。

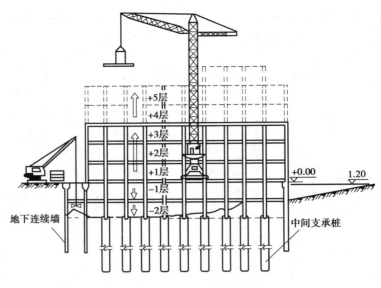

图 3.23　逆作法施工示意图

1）封闭式逆作法施工程序

在土方开挖之前,先浇筑地下连续墙,作为该建筑的基础墙或基坑支护结构的围护墙,同时在建筑物内部浇筑或打下中间支承柱(亦称中支桩)。然后开挖土方至地下一层顶面底的标高处,浇筑该层的楼盖结构(留有部分工作面),这样已完成的地下一层顶面楼盖结构即作为周围地下连续墙的水平支撑。然后由上向下逐层开挖土方和浇筑各层地下结构,直至底板封底。同时,由于地面一层的楼面结构已完成,为上部结构施工创造了条件,这样可以同时向上逐层进行地上结构的施工。

2）开敞式逆作法施工程序

开敞式逆作法又称为半逆作法施工,即在地面以下,从地面开始向地下室底面施工。地下部分施工方法与封闭式逆作法相同,只是不同时施工地上部分。

子项 3.3　基坑降水排水

在基坑开挖过程中,当基坑底面低于地下水位时,由于土壤的含水层被切断,地下水将不断渗入基坑。这时如不采取有效措施排水,降低地下水位,不但会使施工条件恶化,而且基坑经水浸泡后会导致地基承载力的下降和边坡塌方,亦会影响地基承载力。因此,为了保证工程质量和施工安全,在基坑开挖前或开挖过程中,必须采取措施降低地下水位,使基坑在开挖中坑底始终保持干燥。对于地面水(雨水、生活污水),一般采取在基坑四周或流水的上游设排水沟、截水沟或挡水土堤等办法解决;对于地下水,则常采用人工降低地下水位的方法,使地下水位降至所需开挖的深度以下。无论采用何种方法,降水工作都应持续到基础工程施工完毕并回填土后才可停止。

3.3.1 降水方法、类别及适用条件

基坑的排水降水方法有很多,一般常用的有明排水法和井点降水法两类。

1)明排水法

明排水法是在基坑开挖过程中,在坑底设置集水井,并沿坑底的周围或中央开挖排水沟,使水流入集水井内,然后用水泵抽出坑外。明排水法包括普通明沟排水法和分层明沟排水法。

2)井点降水法

井点降水法是在基坑的周围埋下深于基坑底的井点或管井,以总管连接抽水,使地下水位下降形成一个降落漏斗,并降低到坑底以下 0.5~1.0 m,从而保证可在干燥无水的状态下挖土,不但可防止流沙、基坑边坡失稳等问题,而且便于施工。井点降水方法的种类有单层轻型井点、多层轻型井点、喷射井点、电渗井点、管井井点、深井井点等。

井点降水法可根据土的种类、透水层位置、厚度、土的渗透系数、水的补给源、井点布置形式、要求降水深度、邻近建筑、管线情况、工程特点、场地及设备条件以及施工技术水平等情况,作出技术经济和节能比较后确定,选用一种或两种,或井点与明沟排水综合使用。各类井点可参照表 3.12 选用。

表 3.12 各类井点的适用范围

井点类型	土层渗透系数 /(m·d⁻¹)	降低水位深度/m	适用土层种类
单层轻型井点	0.1~80	3~6	粉砂、砂质粉土、黏质粉土、含薄层粉砂层的粉质黏土
多层轻型井点	0.1~80	6~12(由井点级数决定)	粉砂、砂质粉土、黏质粉土、含薄层粉砂层的粉质黏土
喷射井点	0.1~50	8~20	粉砂、砂质粉土、黏质粉土、粉质黏土、含薄层粉砂层的淤泥质粉质黏土
电渗井点	≤0.1	根据阴极井点确定(宜配合其他形式降水使用)	淤泥质粉质黏土、淤泥质黏土
管井井点	20~200	3~5	各种砂土、砂质粉土
深井井点	10~80	≥10 或降低深部地层承压水头	各种砂土、砂质粉土

一般来讲,当土质情况良好,土的降水深度不大,可采用单层轻型井点;当降水深度超过6 m,且土层垂直渗透系数较小时,宜用二级轻型井点或多层轻型井点,或在坑中另布置井点,以分别降低上层土及下层土的水位。当土的渗透系数小于 0.1 m/d 时,可在一侧增加电极,改用电渗井点降水;如土质较差,降水深度较大,采用多层轻型井点设备增多,土方量增大,经济上不合算时,可采用喷射井点降水较为适宜;如果降水深度不大,土的渗透系数大,涌水量大,降水时间长,可选用管井井点;如果降水很深,涌水量大,土层复杂多变,降水时间

很长,此时宜选用深井井点降水,最为有效且经济。当各种井点降水方法影响邻近建筑物产生不均匀沉降和使用安全,应采用回灌井点或在基坑有建筑物一侧采用旋喷桩加固土壤和防渗,对侧壁和坑底进行加固处理。

3.3.2 基坑明排水法

1) 普通明沟排水法

普通明沟排水法是采用截、疏、抽的方法进行排水,即在开挖基坑时,沿坑底周围或中央开挖排水沟,再在沟底设置集水井,使基坑内的水经排水沟流入集水井内,然后用水泵抽出坑外,如图 3.24、图 3.25 所示。

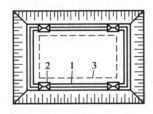

图 3.24　坑内明沟排水

1—排水沟;2—集水井;3—基础外边线

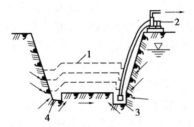

图 3.25　集水井降水

1—基坑;2—水泵;3—集水井;4—排水坑

（1）基本构造

根据地下水量、基坑平面形状及水泵的抽水能力,每隔 30~40 m 设置一个集水井。集水井的截面一般为 0.6 m×0.6 m~0.8 m×0.8 m,其深度随着挖土的加深而加深,并保持低于挖土面 0.8~1.0 m,井壁可用竹笼、砖圈、木枋或钢筋笼等做简易加固。当基坑挖至设计标高后,井底应低于坑底 1~2 m,并铺设 0.3 m 碎石滤水层,以免由于抽水时间较长而将泥砂抽出,并防止井底的土被搅动。一般基坑排水沟深 0.3~0.6 m,底宽应不小于 0.3 m,排水沟的边坡为 1.1~1.5 m,沟底设有 0.2%~0.5% 的纵坡,其深度随着挖土的加深而加深,并保持水流的畅通。基坑四周的排水沟及集水井必须设置在基础范围以外,以及地下水流的上游。

（2）排水机具的选用

集水坑排水所用机具主要是离心泵、潜水泵和软轴泵。选用水泵类型时,一般取水泵的排水量为基坑涌水量的 1.5~2.0 倍。

2) 分层明沟排水法

如果基坑较深,开挖土层由多种土壤组成,中部夹有透水性强的砂类土壤时,为避免上层地下水冲刷下部边坡,造成塌方,可在基坑边坡上设置2~3层明沟及相应的

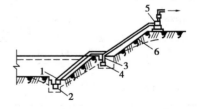

图 3.26　分层明沟排水

1—底层排水沟;2—底层集水井;
3—二层排水沟;4—二层集水井;
5—水泵;6—水位降低线

集水井,分层阻截土层中的地下水,如图 3.26 所示。这样一层一层地加深排水沟和集水井,逐步达到设计要求的基坑断面和坑底标高,其排水沟与集水井的设置及基本构造与普通明沟排水法基本相同。

3.3.3 人工降水

1)轻型井点

轻型井点降低地下水位是沿基坑周围以一定的间距埋入井点管(下端为滤管),在地面上用水平铺设的集水总管将各井点管连接起来,在一定位置设置离心泵和水力喷射器,离心泵驱动工作水,当水流通过喷嘴时形成局部真空,地下水在真空吸力的作用下经滤管进入井管,然后经集水总管排出,从而降低了水位。

(1)设备

轻型井点系统由井点管、连接管、集水总管及抽水设备等组成,如图 3.27 所示。

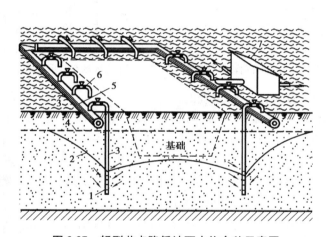

图 3.27　轻型井点降低地下水位全貌示意图

1—滤管;2—降低各地下水位线;3—井点管;
4—原有地下水位线;5—总管;
6—弯联管;7—水泵房

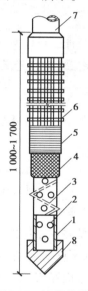

图 3.28　滤管构造

1—钢管;2—管壁上的小孔;
3—缠绕的塑料管;4—细滤网;
5—粗滤网;6—粗铁丝保护网;
7—井点管;8—铸铁头

①井点管。井点管多用无缝钢管,长度一般为 5~7 m,用直径为 38~55 mm 的钢管。井点管的下端装有滤管和管尖,其构造如图 3.28 所示。滤管直径常与井点管直径相同,长度为 1.0~1.7 m,管壁上钻有直径为 12~18 mm 的星棋状排列滤孔。管壁外包两层滤网,内层为细滤网,采用 30~50 孔/cm 的黄铜丝布或生丝布;外层为粗滤网,采用 8~10 孔/cm 的铁丝布或尼龙丝布。常用的滤网类型有方织网、斜织网和平织网。一般在细砂中适宜采用平织网,中砂中宜采用斜织网,粗砂、砾石中则用方织网。为避免滤孔淤塞,在管壁与滤网间用铁丝绕成螺旋形隔开,滤网外面再围一层 8 号粗铁丝保护网。滤管下端放一个锥形铸铁头以利井管插埋。井点管的上端用弯管接头与总管相连。

②连接管与集水总管。连接管用胶皮管、塑料透明管或钢管弯头制成,直径为 38~55 mm。每个连接管均宜装设阀门,以便检修井点。集水总管一般用直径为 100~127 mm 的

钢管分布连接,每节长约 4 m,其上装有与井点管相连接的短接头,间距 0.8 m 或 1.2 m 或 1.6 m。

③抽水设备。现在多使用射流泵井点,射流泵井点系统的工作原理如图 3.29 所示。它采用离心泵驱动工作水运转,当水流通过喷嘴时,由于截面收缩,流速突然增大而在周围产生真空,把地下水吸出,而水箱内的水呈一个大气压的天然状态。射流泵能产生较高真空度,但排气量小,稍有漏气则真空度易下降,因此它带动的井点管根数较少。但它耗电少、质量轻、体积小、机动灵活。

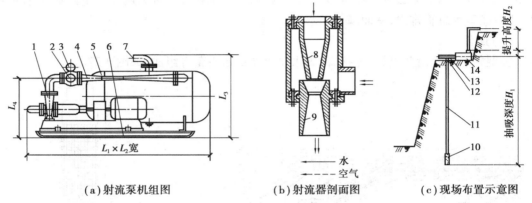

图 3.29　射流泵井点系统工作简图
1—离心泵;2—进水口;3—真空表;4—射流器;5—水箱;6—底座;7—出水口;
8—喷嘴;9—喉管;10—滤水管;11—井点管;12—软管;13—总管;14—机组

（2）布置

轻型井点系统的布置,应根据基坑平面形状及尺寸、基坑的深度、土质、地下水位及流向、降水深度等因素确定。设计时主要考虑平面和高程两个方面。

①平面布置。当基坑或沟槽宽度小于 6 m,降水深度不超过 5 m 时,可采用单排井点,将井点管布置在地下水流的上游一侧,两端延伸长度不小于坑槽宽度,如图 3.30 所示;反之,则应采用双排井点,位于地下水流上游一排井点管的间距应小些,下游一排井点管的间距可大些。当基坑面积较大时,则应采用环形井点,如图 3.31 所示。井点管距离基坑壁不应小于 1~1.5 m,间距一般为 0.8~1.6 m。

②高程布置。轻型井点的降水深度从理论上讲可达 10 m 左右,但由于抽水设备的水头损失,实际降水深度一般不大于 6 m。井点管的埋设深度 H(不包括滤管)可按下式计算:

$$H \geqslant H_1 + h + iL \tag{3.1}$$

式中　H_1——井点管埋设面到基坑底面的距离,m;

　　　　h——基坑底面至降低后的地下水位线的距离,一般取 0.5~1.0 m(人工开挖取下限,机械开挖取上限);

　　　　i——降水曲线坡度,可取实测值,或按经验单排井点取 1/4、环形井点取 1/15~1/10;

　　　　L——井点管中心至基坑中心的水平距离,m。

如 H 值小于降水深度 6 m 时,可用一级井点;H 值稍大于 6 m 时,若降低井点管的埋设面后,可满足降水深度要求时,仍可采用一级井点;当一级井点达不到降水深度要求时,可采

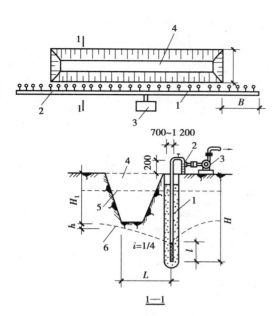

图 3.30　单排井点布置图

1—井点管;2—集水总管;

3—抽水设备;4—基坑;5—原地下水位线;

6—降低后地下水位

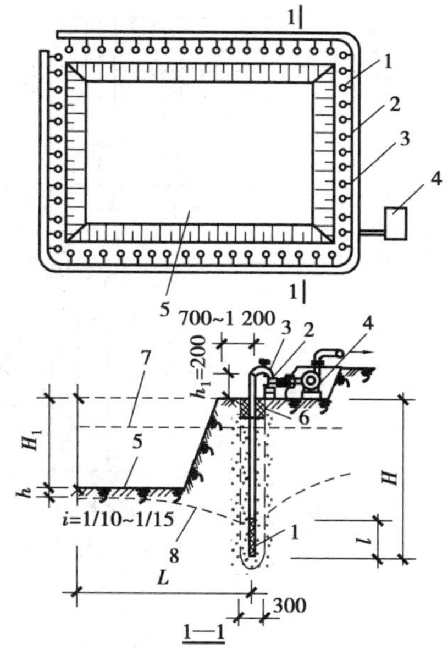

图 3.31　环形井点布置图

1—井点;2—集水总管;3—弯联管;

4—抽水设备;5—基坑;6—填黏土;

7—原地下水位线;8—降低后地下水位线

用二级井点或多级井点,即先挖去第一级井点所疏干的土,然后在其底部埋设第二级井点,如图 3.32 所示。

此外,在确定井点管埋置深度时,还需要考虑井点管露出地面 0.2~0.3 m,滤管必须埋在透水层内等。

(3)轻型井点的计算

轻型井点的计算主要包括涌水量计算,以及井点管数量与间距的确定。

①涌水量计算。井点系统涌水量受诸多不易确定的因素影响,计算比较复杂,难以得出精确值,目前一般是按水井理论进行近似计算。

水井根据地下水有无压力,分为无压井和承压井,如图 3.33 所示。

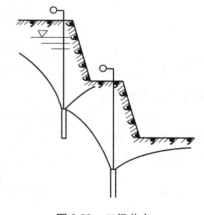

图 3.32　二级井点

无压完整井的环形井点系统[图 3.33(a)],群井涌水量计算公式为:

$$Q = 1.366K \frac{(2H - s)s}{\lg R - \lg x_0} \tag{3.2}$$

式中　Q——井点系统的涌水量,m^3/d;

　　　K——土的渗透系数,m/d;

　　　H——含水层厚度,m;

　　　s——水位降低值,m;

　　　R——抽水影响半径,m;

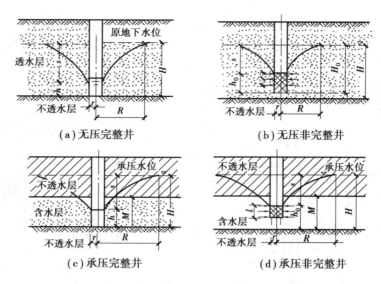

图 3.33　水井的分类

x_0——环状井点系统的假想半径，m。

按式（3.2）计算涌水量时，需先确定 R，x_0，K 值。对于矩形基坑，其长度与宽度之比不大于 5 时，R，x_0 值可分别按下式计算：

$$R = 1.95s\sqrt{HK} \tag{3.3}$$

$$x_0 = \sqrt{\frac{F}{\pi}} \tag{3.4}$$

式中　F——环状井点系统包围的面积，m^2。

渗透系数 K 值确定正确与否将直接影响降水效果，一般可根据地质勘探报告提供的数据或通过现场抽水试验确定。

在实际工程中往往会遇到无压非完整井的环形井点系统［图 3.32（b）］，这时地下水不仅从井的侧面流入，还从井底渗入。为了简化计算仍用式（3.2），此时式中 H 换成有效深度 H_0。H_0 可查表 3.13，当算得 H_0 大于实际含水层厚度时，仍取 H 值。

表 3.13　抽水影响深度 H_0　　　　单位：m

$S'/(S'+l)$	0.2	0.3	0.5	0.8
H_0	$1.3(S'+l)$	$1.5(S'+l)$	$1.7(S'+l)$	$1.85(S'+l)$

注：S' 为井点管中水位降落值；l 为滤管长度。

承压完整井的环状井点系统的涌水量计算公式为：

$$Q = 2.73K\frac{Ms}{\lg R - \lg x_0} \tag{3.5}$$

承压非完整井的环状井点系统的涌水量计算公式为：

$$Q = 2.73K\frac{Ms}{\lg R - \lg x_0}\sqrt{\frac{M}{l + 0.5r}}\sqrt{\frac{2M - l}{M}} \tag{3.6}$$

式中　M——承压含水层的厚度，m；

K, s, R, r_0——与式(3.2)相同;

　　　　r——井点管半径, m;

　　　　l——滤管长度, m。

②确定井点管数量及井距。确定井点管数量需要先确定单根井点管的出水量, 其最大出水量按下式计算:

$$q = 65\pi dl \sqrt[3]{K} \tag{3.7}$$

式中　d——滤管直径, m;

　　　　l——滤管长度, m;

　　　　K——渗透系数, m/d。

井点管数量按下式确定:

$$n = 1.1\frac{Q}{q} \tag{3.8}$$

式中　1.1——井点管备用系数。

井点管最大间距为:

$$D = \frac{L}{n} \tag{3.9}$$

式中　L——总管长度, m。

实际采用的井点管间距应大于 15d, 不能过小, 以免彼此干扰, 影响出水量, 并且还应与总管接头的间距(0.8, 1.2, 1.6 m)相吻合。最后根据实际采用的井点管间距, 确定井点管根数。

(4)轻型井点的计算案例

某厂房设备基础施工, 基坑底宽 8 m、长 12 m, 基坑深 4.5 m, 挖土边坡 1∶0.5, 基坑平、剖面如图 3.34 所示。经地质勘探, 天然地面以下 1 m 为亚黏土, 其下有 8 m 厚细砂层, 渗透系数 $K=8$ m/d, 细砂层以下为不透水的黏土层。地下水位标高为 −1.5 m。采用轻型井点法降低地下水位, 试进行轻型井点系统设计。

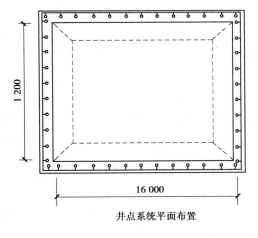

井点系统平面布置

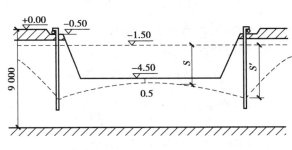

图 3.34　某厂房设备基坑示意图

【解】 (1)井点系统的布置

根据工程地质情况和平面形状,轻型井点选用环形布置。为使总管接近地下水位,表层土挖去 0.5 m,则基坑上口平面尺寸为 12 m×16 m,布置环形井点。总管距基坑边缘 1 m,总管长度 L 为:

$$L = \left[(12+2) + (16+2) \right]\text{m} \times 2 = 64 \text{ m}$$

水位降低值: $s = (4.5-1.5+0.5)\text{m} = 3.5 \text{ m}$

采用一级轻型井点,井点管的埋设深度(总管平台面至井点管下口,不包括滤管):

$$H_A \geq H_1 + h + iL = 4.0 \text{ m} + 0.5 \text{ m} + (1/10) \times (14/2)\text{m} = 5.2 \text{ m}$$

采用 6 m 长的井点管,直径 50 mm,滤管长 1.0 m。井点管外露地面 0.2 m,埋入土中 5.8 m(不包括滤管),大于 5.2 m,符合埋深要求。

井点管及滤管长(6+1)m = 7 m,滤管底部距不透水层的距离为(1+8)m-(1.5+4.8+1)m = 1.7 m,基坑长宽比小于 5,可按无压非完整井环形井点系统计算。

(2)基坑涌水量计算

按无压非完整井环形井点系统涌水量计算公式进行计算。

$$Q = 1.366K \frac{(2H-s)s}{\lg R - \lg x_0}$$

先求出 H_0,K,R,x_0 值。

H_0:按表 3.13 求出。$S' = (6-0.2-1.0)\text{m} = 4.8 \text{ m}$。根据 $S'/(S'+1) = 4.8/5.8 \approx 0.828$,查表 3.13 得 H_0:

$$H_0 = 1.85(S'+1) = 1.85 \times (4.8+1.0)\text{m} = 10.73 \text{ m}$$

由于 $H_0 > H$[含水层厚度 $H = (1+8-1.5)\text{m} = 7.5 \text{ m}$],取 $H_0 = H = 7.5 \text{ m}$。

K:经实测 $K = 8 \text{ m/d}$。

R:$R = 1.95s\sqrt{HK} = 1.95 \times 3.5 \times \sqrt{7.5 \times 8} \text{ m} \approx 52.87 \text{ m}$

x_0:$x_0 = \sqrt{\dfrac{F}{\pi}} = \sqrt{\dfrac{14 \times 18}{\pi}} \text{ m} \approx 8.96 \text{ m}$

将以上数值代入式(3.2),得基坑涌水量 Q:

$$Q = 1.366K \frac{(2H-s)s}{\lg R - \lg x_0} = 1.366 \times 8 \times \frac{(2 \times 7.5 - 3.5) \times 3.5}{\lg 52.87 - \lg 8.96} \text{ m}^3/\text{d} \approx 570.6 \text{ m}^3/\text{d}$$

(3)计算井点管数量及间距

单根井点管出水量:

$$q = 65\pi dl \sqrt[3]{K} = 65 \times 3.14 \times 0.05 \times 1.0 \times \sqrt[3]{3} \text{ m}^3/\text{d} \approx 20.41 \text{ m}^3/\text{d}$$

井点管数量:$n = 1.1 \dfrac{Q}{q} = 1.1 \times \dfrac{570.6}{20.41}$ 根 ≈ 31 根

井点管距:$D = D = \dfrac{L}{n} = \dfrac{64}{31}$ m ≈ 2.1 m

取井点管距为 1.6 m,实际总根数 40 根(64÷1.6 = 40)。

(4)抽水设备选用

干式真空泵的型号常用的有 W_5,W_6 型泵,采用 W_5 型泵时,总管长度一般不大于

100 m;采用 W_6 型泵时,总管长度一般不大于 120 m。因抽水设备所带动的总管长度为 64 m,故选用 W_5 型干式真空泵。真空泵所需的最低真空度按下式求出:$h_k = 10(h + \Delta h)$,Δh 为水头损失,可近似取 1.0~1.5。

$$h_k = 10 \times (6 + 1.0) \text{kPa} = 70 \text{ kPa}$$

所需水泵流量:$Q_1 = 1.1Q = 1.1 \times 570.6 \text{ m}^3/\text{d} \approx 628 \text{ m}^3/\text{d} = 26 \text{ m}^3/\text{h}$

所需水泵的吸水扬程:$H_s \geq (6+1.0) \text{m} = 7 \text{ m}$

根据 Q_1,H_s 查表 3.14 得知可选用 2B31 型离心泵。

表 3.14 常用离心泵技术性能

型号	流量 /$(\text{m}^3 \cdot \text{h}^{-1})$	总扬程/m	最大吸水扬程/m	电动机功率/kW
$1\frac{1}{2}$B17	6~14	20.3~14	6.6~6.0	1.7
2B19	11~15	21~16	8.0~6.0	2.8
2B31	10~30	34.5~24	8.7~5.7	4.5
3B19	32.4~52.2	21.5~15.6	6.5~5.0	4.5
3B33	30~55	35.5~28.8	7.0~3.0	7.0
4B20	65~110	22.6~17.1	5	10.0

注:①2B19 表示进水口直径为 2 in(50.8 mm),总扬程为 19 m(最佳工作时)的单级离心泵;
②B 为改进型。

(5)轻型井点的施工工艺

轻型井点的施工工艺为:定位放线→铺设总管→冲孔→安装井点管→填砂砾滤料,黏土封口→用弯联管接通井点管与总管→安装抽水设备并与总管接通→安装集水箱和排水管→真空泵排气→离心水泵抽水→测量观测井中地下水位变化。

(6)轻型井点的施工要点

①准备工作。根据工程情况与地质条件,确定降水方案,进行轻型井点的设计计算。根据设计准备所需的井点设备、动力装置、井点管、滤管、集水总管及必要的材料。施工现场准备工作包括排水沟的开挖、泵站处的处理等。对于在抽水影响半径范围内的建筑物及地下管线应设置监测标点,准备好防止沉降的措施。

②井点管的埋设。井点管的埋设一般用水冲法,并分为冲孔与埋管填料两个过程。冲孔时先用起重设备将直径为 50~70 mm 的冲管吊起,并插在井点埋设位置上,然后开动高压水泵(一般压力为 0.6~1.2 MPa)将土冲松,如图 3.35 所示。冲孔时冲管应垂直插入土中,并作上下左右摆动,以加速土体松动,边冲边沉。冲孔直径一般为 250~300 mm,以保证井点管周围有一定厚度的砂滤层。冲孔深度宜比滤管底深 0.5~1.0 m,以防冲管拔出时,部分土颗粒沉淀于孔底而触及滤管底部。

在埋设井点时,冲孔是重要的一环,冲水压力不宜过大或过小。当冲孔达到设计深度时,须尽快降低水压。

井孔冲成后,应立即拔出冲管,插入井点管,并在井点管与孔壁之间迅速填灌砂滤层,以

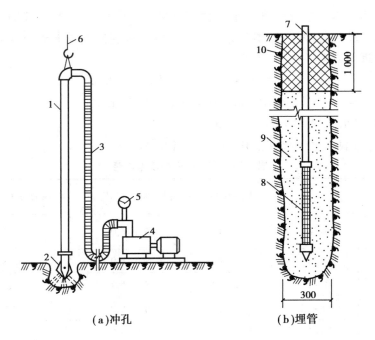

图 3.35 水冲法井点管

1—冲管;2—冲嘴;3—胶管;4—高压水泵;5—压力表;6—起重机吊钩;
7—井点管;8—滤管;9—填砂;10—黏土封口

防孔壁塌土[图 3.35(b)]。砂滤层一般选用干净粗砂,填灌均匀,并填至滤管顶上部 1.0~1.5 m,以保证水流通畅。井点填好砂滤料后,须用黏土封好井点管与孔壁间的上部空间,以防漏气。

③连接与试抽。将井点管、集水总管与水泵连接起来,形成完整的井点系统。安装完毕,需进行试抽,以检查是否有漏气现象。开始正式抽水后,一般不宜停抽,时抽时止,滤网易堵塞,也易抽出土颗粒,使水混浊,并引起附近建筑物由于土颗粒流失而沉降开裂。正常的降水是细水长流,出水澄清。

④井点运转与监测。

a.井点运转管理。井点运行后要连续工作,应准备双电源以保证连续抽水。真空度是判断井点系统是否良好的尺度,一般应不低于 55.3~66.7 kPa。如果真空度不够,通常是由于管路漏气,应及时修复;如果通过检查发现淤塞的井点管太多,严重影响降水效果时,应逐个用高压水反冲洗或拔出重新埋设。

b.井点监测。井点监测包括流量观测、地下水位观测、沉降观测 3 个方面。

流量观测可用流量表或堰箱。若发现流量过大而水位降低缓慢甚至降不下去时,可考虑改用流量较大的水泵;若流量较小而水位降低却较快,则可改用小型水泵,以免离心泵无水发热,并可节约电力。

地下水位观测。地下水位观测井的位置和间距可按设计需要布置,可用井点管作为观测井。在开始抽水时,每隔 4~8 h 测一次,以观测整个系统的降水效果。3 d 后或降水达到预定标高前,每日观测 1 或 2 次。地下水位降到预定标高后,可数日或一周测 1 次,但若遇下雨时,须加密观测。

沉降观测。在抽水影响范围内的建筑物和地下管线,应进行沉降观测。观测次数一般每天 1 次,在异常情况下须加密观测,每天不少于 2 次。

2) 喷射井点

当基坑开挖所需降水深度超过 8 m 时,一层轻型井点就难以收到预期的降水效果,这时如果场地许可,可以采用二层甚至多层轻型井点增加降水深度,达到设计要求。但是这样会增加基坑土方施工工程量,增加降水设备用量并延长工期,也扩大了井点降水的影响范围而对环境保护不利。因此,当降水深度超过 8 m 时,宜采用喷射井点。

(1) 喷射井点设备

根据工作流体的不同,喷射井点可分为喷水井点和喷气井点两种。两者的工作原理是相同的。喷射井点系统主要由喷射井点管、高压水泵(或空气压缩机)和管路系统组成,如图 3.36 所示。

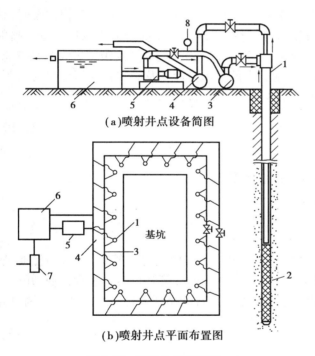

图 3.36 喷射井点布置图

1—喷射井管;2—滤管;3—供水总管;4—排水总管;
5—高压离心水泵;6—水箱;7—排水泵;8—压力表

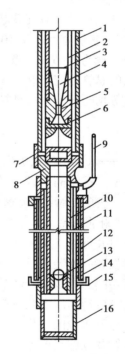

图 3.37 喷射井点管构造

1—外管;2—内管;3—喷射器;4—扩散管;
5—混合管;6—喷嘴;7—缩节;8—连接座;
9—真空测定管;10—滤管芯管;11—滤管有
孔套管;12—滤管外缠滤网及保护网;13—逆止
球阀;14—逆止阀座;15—护套;16—沉泥管

①喷射井点管。喷射井点管由内管和外管组成,在内管的下端装有喷射扬水器与滤管相连,如图 3.37 所示。当喷射井点工作时,由地面高压离心水泵供应的高压工作水经过内外管之间的环形空间直达底端,在此处工作流体由特制内管的两侧进水孔至喷嘴喷出,在喷

嘴处由于断面突然收缩变小,使工作流体具有极高的流速,在喷口附近造成负压,将地下水经过滤管吸入,吸入的地下水在混合室与工作水混合,然后进入扩散室,水流在强大压力的作用下把地下水与工作水一同扬升出地面,经排水管道系统排至集水池或水箱,一部分用低压泵排走,另一部分供高压水泵压入井管外管内作为工作水流。如此循环作业,将地下水不断从井点管中抽走,使地下水逐渐下降,达到设计要求的降水深度。

②高压水泵。高压水泵一般可采用流量为 $50\sim80\ m^3/h$、压力为 $0.7\sim0.8\ MPa$ 的多级高压水泵,每套能带动 $20\sim30$ 根井管。

③管路系统。管路系统包括进水、排水总管(直径 $150\ mm$,每套长度 $60\ m$),接头,阀门,水表,溢流管,调压管等管件、零件及仪表。

喷射井点用作深层降水,应用在渗透系数为 $0.1\sim20\ m/s$ 的粉土、极细砂和粉砂中较为适用。在较粗的砂粒中,由于出水量较大,循环水流就显得不经济,这时宜采用深井泵。一般一级喷射井点可降低地下水位 $8\sim20\ m$,甚至 $20\ m$ 以上。

(2)喷射井点的设计与计算

喷射井点在设计时其管路布置和剖面布置与轻型井点基本相同。基坑面积较大时,采用环形布置;基坑宽度小于 $10\ m$ 时,采用单排线形布置;大于 $10\ m$ 时采用双排布置。喷射井管间距一般为 $3\sim6\ m$。当采用环形布置时,进出口(道路)处的井点间距可扩大为 $5\sim7\ m$。每套井点的总管数应控制在 30 根左右。喷射井点的涌水量计算及确定井点管数量与间距、抽水设备等均与轻型井点计算相同。水泵工作水需用压力按下式计算:

$$P = \frac{P_0}{\alpha} \tag{3.10}$$

式中　P——水泵工作水头压力,m;

　　　P_0——扬水高度,即水箱至井管底部的总高度,m;

　　　α——扬水高度与喷嘴前面工作水头之比。

(3)喷射井点施工工艺及要点

●喷射井点施工工艺

泵房设置→安装进、排水总管→水冲或钻孔成井→安装喷射井点管,填滤管→接通进、排水总管,并与高压水泵或空气压缩机接通→将各井点管的外管管口与排水管接通,并通过循环水箱→启动高压水泵或空气压缩机抽水→离心水泵排除循环水箱中多余的水→测量并观测井中地下水位的变化。

●喷射井点施工要点

①喷射井点的井点管埋设方法与轻型井点相同,其成孔直径为 $400\sim600\ mm$。为保证埋设质量,宜用套管法冲孔加水及压缩空气排泥,当套管内含泥量经测定小于 5% 时,下井管及灌砂,然后再拔套管。对于 $10\ m$ 以上喷射井点管,宜用吊车下管。下井管时,水泵应先开始运转,以便每下好一根井点管,立即与总管接通,然后及时进行单根试抽排泥,让井管内出来的泥浆从水沟排出。

②全部井点管埋设完毕后,再接通回水总管全面试抽,然后使工作水循环,进行正式工作。各套进水总管均应用阀门隔开,各套回水管应分开。

③为防止喷射器损坏,安装前应对喷射井管逐根冲洗,开泵压力要小些($\leq0.3\ MPa$),以后再将其逐步开足。如果发现井点管周围有翻砂、冒水现象,应立即关闭井管并检修。

④工作水应保持清洁,试抽 2 d 后,应更换清水,此后视水质污浊程度定期更换清水,以减轻对喷嘴及水泵叶轮的磨损。

• 喷射井点的运转和保养

喷射井点比较复杂,在井点安装完成后,必须及时试抽,及时发现和消除漏气和"死井"。在其运转期间,需进行监测以了解装置性能,及时观测地下水位变化;测定井点抽水量,通过地下水量的变化,分析降水效果及降水过程中出现的问题;测定井点管真空度,检查井点工作是否正常。此外,还可通过听、摸、看等方法来检查。

听——有上水声是好井点,无声则可能井点已被堵塞。

摸——手摸管壁感到振动。另外,冬天热而夏天凉为好井点,反之则为坏井点。

看——夏天湿、冬天干的井点为好井点。

3)电渗井点

在渗透系数小于 0.1 m/d 的黏土或淤泥中降低地下水位时,比较有效的方法是电渗井点排水。

电渗井点排水的原理如图 3.38 所示,以井点管作负极,以打入的钢筋或钢管作正极,当通以直流电后,土颗粒即自负极向正极移动,水则自正极向负极移动而被集中排出。土颗粒的移动称电泳现象,水的移动称电渗现象,故名电渗井点。

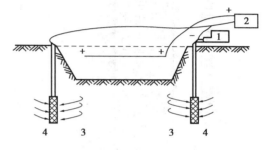

图 3.38 电渗井点排水示意图
1—水泵;2—直流发电机;3—钢管;4—井点

电渗井点的施工要点如下:

①电渗井点埋设程序,一般是先埋设轻型井点或喷射井点管,预留出布置电渗井点阳极的位置,待轻型井点或喷射井点降水不能满足降水要求时,再埋设电渗阳极,以改善降水效果。阳极埋设可用 75 mm 旋叶式电钻钻孔埋设,钻进时加水和高压空气循环排泥,阳极就位后,利用下一钻孔排出泥浆倒灌填孔,使阳极与土接触良好,减少电阻,以利电渗。如深度不大,亦可用锤击法打入。阳极埋设必须垂直,严禁与相邻阴极相碰,以免造成短路,损坏设备。

②通电时,工作电压不宜大于 60 V,电压梯度可采用 50 V/m,土中通电的电流密度宜为 $0.5 \sim 1.0 \ A/m^2$。为避免大部分电流从土表面通过,降低电渗效果,通电前应清除井点管与阳极间地面上的导电物质,使地面保持干燥,如涂一层沥青绝缘效果更好。

③通电时,为消除由于电解作用产生的气体积聚于电极附近,使土体电阻增大而增加电能的消耗,宜采用间隔通电法,每通电 22 h,停电 2 h,再通电,依次类推。

④在降水过程中,应对电压、电流密度、耗电量及观测孔水位等进行量测记录。

4)深井井点

深井井点降水的工作原理是利用深井进行重力集水,在井内用长轴深井泵或井内用潜水泵进行排水,以达到降水或降低承压水压力的目的。它适用于渗透系数较大($K \geqslant 200 \ m/d$)、涌水量大、降水较深(可达 50 m)的砂土、砂质粉土,及用其他井点降水不易解决的深层降水。深井井点的降水深度不受吸程限制,由水泵扬程决定,在要求水位降低 5 m 以上,或要求降低承压水压力时,排水效果好;井距大,对施工平面布置干扰小。

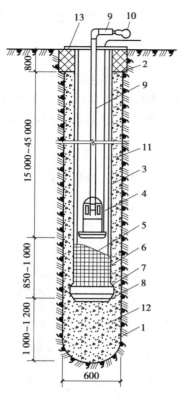

图 3.39　深井井点构造示意图
1—井孔；2—井口（黏土封口）；3—$\phi300$ 井管；
4—潜水泵；5—过滤段（内填碎石）；6—滤网；
7—导向段；8—开孔底板（下铺滤网）；
9—$\phi50$ 出水管；10—$\phi50\sim\phi75$ 出水总管；
11—小砾石或中粗砂；12—中粗砂；
13—钢板井盖

（1）深井井点设备

深井井点系统由深井、井管和深井泵（或潜水泵）组成，如图 3.39 所示。

（2）深井井点布置

对于采用坑外降水的方法，深井井点的布置根据基坑的平面形状及所需降水深度，沿基坑四周呈环形或直线形布置，井点一般沿工程基坑周围离开边坡上缘 0.5~1.5 m，井距一般为 30 m 左右。当采用坑内降水时，同样可按图 3.40 所示呈棋盘状点状方式布置，并根据单井涌水量、降水深度及影响半径等确定井距，在坑内呈棋盘形点状布置。一般井距为 10~30 m。井点宜深入透水层 6~9 m，通常还应该比所应降水深度深 6~8 m。

（3）深井井点施工程序及要点

①井位放样、定位。

②做井口，安放护筒。井管直径应大于深井泵最大外径 50 mm 以上，钻孔孔径应大于井管直径 300 mm 以上。安放护筒以防孔口塌方，并为钻孔起到导向作用。做好泥浆沟与泥浆坑。

③钻机就位、钻孔。深井的成孔方法可采用冲击钻、回转钻、潜水电钻等，用泥浆护壁或清水护壁法成孔，清孔后回填井底砂垫层。

④吊放深井管与填滤料。井管应安放垂直，过滤部分应放在含水层范围内。井管与土壁间填充粒径大于滤网孔径的砂滤料。填滤料要一次连续完成，从底填到井口下 1 m 左右，上部采用黏土封口。

⑤洗井。若水较混浊，含有泥砂、杂物会增加泵的磨损，减少寿命或使泵堵塞，可用空压机或旧的深井泵来洗井，使抽出的井水清洁后，再安装新泵。

⑥安装抽水设备及控制电路。安装前应先检查井管内径、垂直度是否符合要求。安放深井泵时，用麻绳吊入滤水层部位，并安放平稳，然后接电动机电缆及控制电路。

⑦试抽水。深井泵在运转前，应用清水预润（清水通入泵座润滑水孔，以保证轴与轴承的预

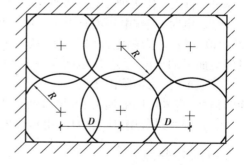

图 3.40　坑内降水井点布置示意图
R—抽水影响半径；D—井点间距

润）。检查电气装置及各种机械装置，测量深井的静、动水位。达到要求后，即可试抽，一切满足要求后，再转入正常抽水。

⑧降水完毕拆除水泵、拔井管、封井。降水完毕，即可拆除水泵，用起重设备拔除井管，

拔出井管所留的孔洞用砂砾填实。

3.3.4 降水对环境的影响及防治措施

井点降水时,井点管周围含水层的水不断流向滤管。在无承压水等环境条件下,经过一段时间之后,在井点周围形成漏斗状的弯曲水面,即所谓"降水漏斗"曲线。经过几天或几周后,降水漏斗渐趋稳定。降水漏斗范围内的地下水位下降后,就必然会造成地基固结沉降。由于降水漏斗不是平面,因而产生的沉降也是不均匀的。在实际工程中,由于井点管滤网和砂滤层结构不良,把土层中的细颗粒同地下水一同抽出,就会使地基不均匀沉降加剧,造成附近建筑物及地下管线的不同程度的损坏。

在基坑降水开挖中,为了防止邻近建筑物受影响,可采用以下措施:

①井点降水时应减缓降水速度,均匀出水,勿使土粒带出。降水时要随时注意抽出的地下水是否有混浊现象。抽出的水中带走细颗粒,不但会增加周围地面的沉降,而且还会使井管堵塞、井点失效。为此,应选用合适的滤网与回填的砂滤料。

②井点应连续运转,尽量避免间歇和反复抽水,以减小在降水期间引起的地面沉降量。

③降水场地外侧设置一圈挡水帷幕,切断降水漏斗曲线的外侧延伸部分,减小降水影响范围。一般挡水帷幕底面应在降落后的水位线 2 m 以下。常用的挡水帷幕可采用地下连续墙、深层水泥土搅拌桩等。

④设置回灌水系统,保护邻近建筑物与地下管线。回灌水系统包括回灌井、回灌沟。

3.3.5 基坑外地面排水

基坑(槽)形成以后,地下水渗透流量相应增大,基坑边坡和底部的动水压力加大,容易引起管涌或流土,造成塌坡和基坑底隆起的严重后果。因此在整个基础工程施工期间,应进行周密的排水系统的布置、渗透流量的计算和排水设备的选择,并注意观察基坑边坡和基坑底面的变化,保证基坑工作顺利进行。基坑排水主要包括基坑外地面排水和坑内排水。

地面水的排除一般采用排水沟、截水沟、挡水土坝等措施。应尽量利用自然地形来设置排水沟,使水直接排至场外,或流向低洼处再用水泵抽走。主排水沟最好设置在施工区域的边缘或道路的两旁,其横断面和纵向坡度应根据最大流量确定。一般排水沟的横断面不小于 0.5 m×0.5 m,纵向坡度一般不小于 3‰。平坦地区,如排水困难,其纵向坡度不应小于2‰,沼泽地区可减至 1‰。场地平整过程中,要注意排水沟保持畅通。

山区的场地平整施工,应在较高一面的山坡上开挖截水沟。在低洼地区施工时,除开挖排水沟外,必要时应修筑挡水土坝,以阻挡雨水的流入。

项目小结

本章内容包括基坑工程的支护结构施工及降排水工程施工。经过本项目的学习,应能够掌握基坑工程的施工工艺及技术要点。而要编制基坑工程的施工方案,首先应掌握好基坑工程的施工技术要点。

基坑工程的成功与否,不仅与设计计算有关,而且与施工方案正确与否、是否严格按设计计算所采用的施工工况进行施工及施工质量的好坏等密不可分。为此,基坑工程要严格按照设计要求和有关的施工规范、规程进行施工。

复习思考题

1. 基坑支护的结构形式有哪些? 如何选型?
2. 土钉支护是怎样进行支护的?
3. 什么是喷锚支护? 它与土钉支护有何不同?
4. 钢板桩支护的使用条件是什么? 如何施工?
5. 地下连续墙的主要施工程序包含哪几个步骤?
6. 地下连续墙施工中导墙的作用是什么?
7. 泥浆的作用是什么? 性能怎么控制? 施工中泥浆有哪些工作状态?
8. 简述水下混凝土浇筑的导管法步骤。
9. 为何要进行基坑降排水?
10. 基坑降水方法有哪些? 请指出其适用范围。
11. 试述轻型井点降水设备的组成和布置。
12. 基坑降水会给环境带来什么样的影响? 如何治理?
13. 某建筑物地下室平面尺寸为 51 m×11.5 m,基底标高为 -5 m,自然地面标高为 -0.45 m,地下水位为 -2.8 m,不透水层在地面下 12 m,地下水为无压水,实测透水系数 $K=$ 5 m/d。基坑边坡为 1:0.5,现采用轻型井点降低地下水位,试进行轻型井点系统平面和高程布置,并计算井点管的数量和间距。

项目 4

地基处理

项目导读

- **基本要求**　掌握换填垫层法、排水固结预压法、压实法和夯实法、振冲法、水泥粉煤灰碎石桩法(CFG 桩)、砂石桩法、高压喷射注浆法等常用地基处理施工方法及质量检测方法。
- **重点**　换填垫层法、排水固结预压法、水泥粉煤灰碎石桩法(CFG 桩)等地基处理方法。
- **难点**　排水固结预压法、水泥粉煤灰碎石桩法(CFG 桩)的施工方法和质量检测。

子项 4.1　地基处理基本知识

地基处理一般是指提高地基的承载能力,以改善其变形性能或渗透性能而采取的工程技术措施。它主要分为基础工程措施和岩土加固措施。有的工程,不改变地基的工程性质,而只采取基础工程措施;有的工程还同时对地基的土和岩石加固,以改善其工程性质。选定适当的基础形式,不需要改变地基的工程性质就可满足要求的地基称为天然地基;反之,已进行加固的地基称为人工地基。地基处理工程的设计和施工质量直接关系到建筑物的安全,如处理不当,往往会发生工程事故,且事后补救大多比较困难。因此,应对地基处理实行严格的质量控制和验收制度,以确保工程质量。常用的地基处理方法有换填垫层法、排水固结预压法、压实法与夯实法、砂石桩法、挤密法和振冲法、水泥粉煤灰碎石桩法(CFG 桩)、高压喷射注浆法与深层搅拌法等。《建筑地基处理技术规范》(JGJ 79—2012)对此作了详细规定。

4.1.1　前期工作

在选择地基处理方案之前,应完成下列工作:

①搜集详细的岩土工程勘察资料、上部结构及基础设计资料等;

②根据工程要求和采用天然地基存在的主要问题,确定地基处理的目的、处理范围和处理后要求达到的各项技术经济指标等;

③结合工程情况,了解当地地基处理经验和施工条件,对有特殊要求的工程,尚应了解其他地区相似场地上同类工程的地基处理经验和使用情况等;

④调查邻近建筑、地下工程和有关管线等情况;

⑤了解建筑场地的环境情况。

在选择地基处理方案时,应考虑上部结构、基础和地基的共同作用,并经过技术经济比较,选用处理地基或加强上部结构和处理地基相结合的方案。

4.1.2　地基处理方法的确定步骤

地基处理方法的确定宜按下列步骤进行:

①根据结构类型、荷载大小及使用要求,结合地形地貌、地层结构、土质条件、地下水特征、环境情况和对邻近建筑的影响等因素进行综合分析,初步选出几种可供考虑的地基处理方案,包括选择两种或多种地基处理措施组成的综合处理方案。

②对初步选出的各种地基处理方案,分别从加固原理、适用范围、预期处理效果、耗用材料、施工机械、工期要求和对环境的影响等方面进行技术经济分析和对比,选择最佳的地基处理方法。

③对已选定的地基处理方法,应按建筑物地基基础设计等级和场地复杂程度以及该种地基处理方法在本地区使用的成熟程度,在场地有代表性的区域进行相应的现场试验或试验性施工,并进行必要的测试,以检验设计参数和处理效果。如达不到设计要求时,应查明原因,修改设计参数或调整地基处理方案。

4.1.3　处理后的地基

处理后的地基,当按地基承载力确定基础底面积及埋深而需要对《建筑地基处理技术规范》(JGJ 79—2012)确定的地基承载力特征值进行修正时,应符合下列规定:

①大面积压实填土地基,基础宽度的地基承载力修正系数应取零。基础埋深的地基承载力修正系数,对于压实系数大于 0.95、黏粒含量 $\rho_c \geqslant 10\%$ 的粉土,可取 1.5;对于干密度大于 2.1 t/m³ 的级配砂石,可取 2.0。

②其他处理地基,基础宽度的地基承载力修正系数应取零,基础埋深的地基承载力修正系数应取 1.0。

处理后的地基应满足建筑物地基承载力、变形和稳定性要求,地基处理的设计尚应符合下列规定:

①处理后的地基,当在受力层范围内仍存在软弱下卧层时,应进行软弱下卧层地基承载力验算;

②按地基变形设计或应做变形验算且需进行地基处理的建筑物或构筑物,应对处理后的地基进行变形验算;

③对建造在处理后的地基上且受较大水平荷载或位于斜坡上的建筑物及构筑物,应进行地基稳定性验算。

处理后地基的承载力验算,应同时满足轴心荷载作用和偏心荷载作用的要求。

处理后地基的整体稳定分析可采用圆弧滑动法,其稳定安全系数不应小于1.30。散体加固材料的抗剪强度指标,可按加固体材料的密实度通过试验确定;胶结材料的抗剪强度指标,可按桩体断裂后滑动面材料的摩擦性能确定。

刚度差异较大的整体大面积基础的地基处理,宜考虑上部结构、基础和地基共同作用,进行地基承载力和变形验算。

处理后的地基应进行地基承载力和变形评价、处理范围和有效加固深度内地基均匀性评价,以及复合地基增强体的成桩质量和承载力评价。

采用多种地基处理方法综合使用的建筑地基处理工程验收检验时,应采用大尺寸承压板进行载荷试验,其安全系数不应小于2.0。

地基处理所采用的材料,应根据场地类别符合有关标准对耐久性设计与使用的要求。

地基处理施工中,应有专人负责质量控制和监测,并做好施工记录;当出现异常情况时,必须及时会同有关部门妥善解决。施工结束后,应按国家有关规定进行工程质量检验和验收。

子项 4.2　换填垫层法

换填垫层法是指挖去地表浅层软弱土层或不均匀土层,回填坚硬、较粗粒径的材料,并夯压密实形成垫层的地基处理方法。换填垫层施工如图4.1所示。

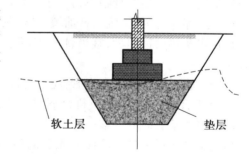

软土层　　　垫层

图 4.1　换填垫层施工图

4.2.1　一般规定

①换填垫层法适用于浅层软弱土层或不均匀土层的地基处理。

②应根据建筑体型、结构特点、荷载性质、场地土质条件、施工机械设备及填料性质和来源等综合分析后,进行换填垫层的设计,并选择施工方法。

③对于工程量较大的换填垫层,应按所选用的施工机械、换填材料及场地的土质条件进行现场试验,确定换填垫层压实效果和施工质量控制标准。

④换填垫层的厚度应根据置换软弱土的深度以及下卧土层的承载力确定,厚度宜为0.5~3.0 m。

4.2.2 施工要点

①垫层施工应根据不同的换填材料选择施工机械。粉质黏土、灰土垫层宜采用平碾、振动碾或羊足碾,以及蛙式夯、柴油夯。砂石垫层等宜用振动碾。粉煤灰垫层宜采用平碾、振动碾、平板振动器、蛙式夯。矿渣垫层宜采用平板振动器或平碾,也可采用振动碾。

②垫层的施工方法、分层铺填厚度、每层压实遍数宜通过现场试验确定。除接触下卧软土层的垫层底部应根据施工机械设备及下卧层土质条件确定厚度外,其他垫层的分层铺填厚度宜为 200~300 mm。为保证分层压实质量,应控制机械碾压速度。

③粉质黏土和灰土垫层土料的施工含水量宜控制在 $\omega_{op}\pm2\%$ 的范围内,粉煤灰垫层的施工含水量宜控制在 $\omega_{op}\pm4\%$ 的范围内。最优含水量 ω_{op} 可通过击实试验确定,也可按当地经验选取。

④当垫层底部存在古井、古墓、洞穴、旧基础、暗塘时,应根据建筑物对不均匀沉降的控制要求予以处理,并经检验合格后方可铺填垫层。

⑤基坑开挖时应避免坑底土层受扰动,可保留 180~220 mm 厚的土层暂不挖去,待铺填垫层前再由人工挖至设计标高。严禁扰动垫层下的软弱土层,应防止软弱垫层被践踏、受冻或受水浸泡。在碎石或卵石垫层底部宜设置厚度为 150~300 mm 的砂垫层或铺一层土工织物,并应防止基坑边坡塌土混入垫层中。

⑥换填垫层施工时,应采取基坑排水措施。除砂垫层宜采用水撼法施工外,其余垫层施工均不得在浸水条件下进行。工程需要时应采取降低地下水位的措施。

⑦垫层底面宜设在同一标高上,如深度不同,坑底土层应挖成阶梯或斜坡搭接,并按先深后浅的顺序进行垫层施工,搭接处应夯压密实。

⑧粉质黏土、灰土垫层及粉煤灰垫层施工,应符合下列规定:

a.粉质黏土及灰土垫层分段施工时,不得在柱基、墙角及承重窗间墙下接缝。

b.垫层上下两层的缝距不得小于 500 mm,且接缝处应夯压密实。

c.灰土拌和均匀后,应当日铺填夯压;灰土夯压密实后,3 d 内不得受水浸泡。

d.粉煤灰垫层铺填后,宜当日压实,每层验收后应及时铺填上层或封层,并应禁止车辆碾压通行。

e.垫层施工竣工验收合格后,应及时进行基础施工与基坑回填。

⑨土工合成材料施工,应符合下列要求:

a.下铺地基层面应平整;

b.土工合成材料铺设顺序应先纵向后横向,且应把土工合成材料张拉平整、绷紧,严禁有皱褶;

c.土工合成材料的连接宜采用搭接法、缝接法或胶接法,接缝强度不应低于原材料抗拉强度,端部应采用有效方法固定,防止筋材拉出;

d.应避免土工合成材料暴晒或裸露,阳光暴晒时间不应大于 8 h。

4.2.3 质量检验

①对粉质黏土、灰土、砂石、粉煤灰垫层的施工质量可选用环刀取样、静力触探、轻型动力触探或标准贯入试验等方法进行检验;对碎石、矿渣垫层的施工质量可采用重型动力触探

试验等进行检验。压实系数可采用灌砂法、灌水法或其他方法进行检验。

②换填垫层的施工质量检验应分层进行,并应在每层的压实系数符合设计要求后铺填上层。

③采用环刀法检验垫层的施工质量时,取样点应选择位于每层垫层厚度的 2/3 深度处。检验点数量:条形基础下垫层每 10~20 m 不应少于 1 个点;独立柱基、单个基础下垫层不应少于 1 个点;其他基础下垫层每 50~100 m² 不应少于 1 个点。采用标准贯入试验或动力触探法检验垫层的施工质量时,每分层平面上检验点的间距不应大于 4 m。

④竣工验收应采用静载荷试验检验垫层承载力,且每个单体工程不宜少于 3 个点;对于大型工程,应按单体工程的数量或工程划分的面积确定检验点数。

⑤加筋垫层中土工合成材料的检验应符合下列要求:

a.土工合成材料质量应符合设计要求,外观无破损、无老化、无污染;

b.土工合成材料应可张拉、无皱褶、紧贴下承层,锚固端应锚固牢靠;

c.上下层土工合成材料搭接缝应交替错开,搭接强度应满足设计要求。

子项 4.3　排水固结预压法

排水固结预压法是对天然地基,或先在地基中设置砂井(袋装砂井或塑料排水带)等竖向排水体,然后利用建筑物本身重量分级逐渐加载;或在建筑物建造前在场地上先行加载预压,使土体中的孔隙水排出,逐渐固结,地基发生沉降,同时强度逐步提高的方法。排水固结的原理是地基在荷载作用下,通过布置竖向排水井(砂井或塑料排水袋等),使土中的孔隙水被慢慢排出,孔隙比减小,地基发生固结变形,地基土的强度逐渐增长。排水固结预压法如图 4.2 所示。

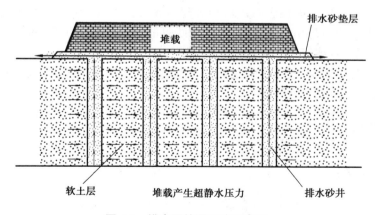

图 4.2　排水固结预压法示意图

排水固结预压法主要用于解决地基的沉降和稳定问题。为了加速固结,最有效的办法是在天然土层中增加排水途径,缩短排水距离,设置竖向排水井(砂井或塑料排水袋),以加速地基的固结,缩短预压工程的预压期,使其在短时期内达到较好的固结效果,使沉降提前完成;并加速地基土抗剪强度的增长,使地基承载力提高的速率始终大于施工荷载增长的速率,以保证地基的稳定性。

4.3.1 一般规定

①预压地基适用于处理淤泥质土、淤泥、冲填土等饱和黏性土地基。预压地基按处理工艺可分为堆载预压、真空预压、真空和堆载联合预压。

②真空预压适用于处理以黏性土为主的软弱地基。当存在粉土、砂土等透水、透气层时,加固区周边应采取确保膜下真空压力满足设计要求的密封措施。对塑性指数大于25且含水量大于85%的淤泥,应通过现场试验确定其适用性。加固土层上覆盖有厚度大于5 m以上的回填土或承载力较高的黏性土层时,不宜采用真空预压处理。

③预压地基应预先通过勘察查明土层在水平和竖直方向的分布、层理变化,查明透水层的位置、地下水类型及水源补给情况等,并应通过土工试验确定土层的先期固结压力、孔隙比与固结压力的关系、渗透系数、固结系数、三轴试验抗剪强度指标,通过原位十字板试验确定土的抗剪强度。

④对重要工程,应在现场选择试验区进行预压试验,在预压过程中应进行地基竖向变形、侧向位移、孔隙水压力、地下水位等项目的监测,并进行原位十字板剪切试验和室内土工试验。根据试验区获得的监测资料确定加载速率控制指标,推算土的固结系数、固结度及最终竖向变形等,分析地基处理效果,对原设计进行修正,以指导整个场区的设计与施工。

⑤对堆载预压工程,预压荷载应分级施加,并确保每级荷载下地基的稳定性;对真空预压工程,可采用一次连续抽真空至最大压力的加载方式。

⑥对主要以变形控制设计的建筑物,当地基土经预压完成的变形量和平均固结度满足设计要求时,方可卸载。对以地基承载力或抗滑稳定性控制设计的建筑物,当地基土经预压后其强度满足建筑物地基承载力或稳定性要求时,方可卸载。

⑦当建筑物的荷载超过真空预压的压力,或建筑物对地基变形有严格要求时,可采用真空和堆载联合预压,其总压力宜超过建筑物的竖向荷载。

⑧预压地基加固应考虑预压施工对相邻建筑物、地下管线等产生附加沉降的影响。真空预压地基加固区边线与相邻建筑物、地下管线等的距离不宜小于20 m,当距离较近时,应对相邻建筑物、地下管线等采取保护措施。

⑨当受预压时间限制,残余沉降或工程投入使用后的沉降不满足工程要求时,在保证整体稳定的条件下可采用超载预压。

4.3.2 施工要点

1)堆载预压法

①塑料排水带的性能指标应符合设计要求,并应在现场妥善保护,防止阳光照射、破损或污染。破损或污染的塑料排水带不得在工程中使用。

②砂井的灌砂量,应按井孔的体积和砂在中密状态时的干密度计算,实际灌砂量不得小于计算值的95%。

③灌入砂袋中的砂宜用干砂,并应灌制密实。

④塑料排水带和袋装砂井施工时,宜配置深度检测设备。

⑤塑料排水带需接长时,应采用滤膜内芯带平搭接的连接方法,搭接长度宜大于

200 mm。

⑥塑料排水带施工所用套管应保证插入地基中的带子不扭曲。袋装砂井施工所用套管内径应大于砂井直径。

⑦塑料排水带和袋装砂井施工时,平面井距偏差不应大于井径,垂直度允许偏差应为±1.5%,深度应满足设计要求。

⑧塑料排水带和袋装砂井砂袋埋入砂垫层中的长度不应小于 500 mm。

⑨堆载预压加载过程中,应满足地基承载力和稳定控制要求,并应进行竖向变形、水平位移及孔隙水压力的监测,堆载预压加载速率应满足下列要求:

a.竖井地基最大竖向变形量不应超过 15 mm/d;

b.天然地基最大竖向变形量不应超过 10 mm/d;

c.堆载预压边缘处水平位移不应超过 5 mm/d。

根据上述观测资料综合分析、判断地基的稳定性。

2)真空预压法

①真空预压的抽气设备宜采用射流真空泵,真空泵空抽吸力不应低于 95 kPa。真空泵的设置应根据地基预压面积、形状、真空泵效率和工程经验确定,每块预压区设置的真空泵不应少于两台。

②真空管路设置应符合下列规定:

a.真空管路的连接应密封,真空管路中应设置止回阀和截门;

b.水平向分布滤水管可采用条状、梳齿状及羽毛状等形式,滤水管布置宜形成回路;

c.滤水管应设在砂垫层中,上覆砂层厚度宜为 100~200 mm;

d.滤水管可采用钢管或塑料管,应外包尼龙纱或土工织物等滤水材料。

③密封膜应符合下列规定:

a.密封膜应采用抗老化性能好、韧性好、抗穿刺性能强的不透气材料;

b.密封膜热合时,宜采用双热合缝的平搭接,搭接宽度应大于 15 mm;

c.密封膜宜铺设 3 层,膜周边可采用挖沟埋膜、平铺并用黏土覆盖压边、围堰沟内及膜上覆水等方法进行密封。

④地基土渗透性强时,应设置黏土密封墙。黏土密封墙宜采用双排搅拌桩,搅拌桩直径不宜小于 700 mm。当搅拌桩深度小于 15 m 时,搭接宽度不宜小于 200 mm;当搅拌桩深度大于 15 m 时,搭接宽度不宜小于 300 mm。搅拌桩成桩搅拌应均匀,黏土密封墙的渗透系数应满足设计要求。

3)真空和堆载联合预压

①采用真空和堆载联合预压时,应先抽真空,当真空压力达到设计要求并稳定后,再进行堆载,并继续抽真空。

②堆载前,应在膜上铺设编织布或无纺布等土工编织布保护层。保护层上铺设 100~300 mm 厚砂垫层。

③堆载施工时可采用轻型运输工具,不得损坏密封膜。

④上部堆载施工时,应监测膜下真空度的变化,发现漏气应及时处理。

⑤堆载加载过程中,应满足地基稳定性设计要求,对竖向变形、边缘水平位移及孔隙水压力的监测应满足下列要求:

a.地基向加固区外的侧移速率不应大于 5 mm/d;

b.地基竖向变形速率不应大于 10 mm/d。

根据上述观察资料综合分析、判断地基的稳定性。

⑥真空和堆载联合预压除满足上述规定外,尚应符合本节"堆载预压"和"真空预压"的规定。

4.3.3　质量检验

①施工过程中,质量检验和监测应包括下列内容:

a.对塑料排水带应进行纵向通水量、复合体抗拉强度、滤膜抗拉强度、滤膜渗透系数和等效孔径等性能指标现场随机抽样测试。

b.对不同来源的砂井和砂垫层砂料,应取样进行颗粒分析和渗透性试验。

c.对以地基抗滑稳定性控制的工程,应在预压区内预留孔位,在加载不同阶段进行原位十字板剪切试验和取土进行室内土工试验;加固前的地基土检测,应在打设塑料排水带之前进行。

d.对预压工程,应进行地基竖向变形、侧向位移和孔隙水压力等监测。

e.真空预压、真空和堆载联合预压工程,除应进行地基变形、孔隙水压力监测外,尚应进行膜下真空度和地下水位监测。

②预压地基竣工验收检验应符合下列规定:

a.排水竖井处理深度范围内和竖井底面以下受压土层,经预压所完成的竖向变形和平均固结度应满足设计要求;

b.应对预压的地基土进行原位试验和室内土工试验。

③原位试验可采用十字板剪切试验或静力触探,检验深度不应小于设计处理深度。原位试验和室内土工试验,应在卸载 3~5 d 后进行。检验数量按每个处理分区不少于 6 点进行检测,对于堆载斜坡处应增加检验数量。

④预压处理后的地基承载力应按《建筑地基处理技术规范》(JGJ 79—2012)附录 A 确定。检验数量按每个处理分区不应少于 3 点进行检测。

子项 4.4　压实法和夯实法

压实法是利用平碾、振动碾、冲击碾或其他碾压设备将填土分层密实处理的地基处理方法。夯实法是反复将夯锤提到高处使其自由落下,给地基以冲击和振动能量,将地基土密实处理或置换形成密实墩体的地基处理方法。夯实法施工如图 4.3 所示。

4.4.1　一般规定

①压实地基适用于处理大面积填土地基。浅层软弱地基以及局部不均匀地基的换填处理应符合《建筑地基处理技术规范》(JGJ 79—2012)的有关规定。

图 4.3 夯实法施工图

②夯实地基可分为强夯和强夯置换处理地基。强夯处理地基适用于碎石土、砂土、低饱和度的粉土与黏性土、湿陷性黄土、素填土和杂填土等地基;强夯置换适用于高饱和度的粉土与软塑~流塑的黏性土地基上对变形要求不严格的工程。

③压实和夯实处理后的地基承载力应按《建筑地基处理技术规范》(JGJ 79—2012)相关规定确定。

4.4.2　压实法施工要点和质量检验

①压实地基处理应符合下列规定:

a.地下水位以上填土可采用碾压法和振动压实法,非黏性土或黏粒含量少、透水性较好的松散填土地基宜采用振动压实法。

b.压实地基的设计和施工方法的选择,应根据建筑物体型、结构与荷载特点、场地土层条件、变形要求及填料等因素确定。对大型、重要或场地地层条件复杂的工程,在正式施工前,应通过现场试验确定地基处理效果。

c.以压实填土作为建筑地基持力层时,应根据建筑结构类型、填料性能和现场条件等,对拟压实的填土提出质量要求。未经检验,且不符合质量要求的压实填土,不得作为建筑地基持力层。

d.对大面积填土的设计和施工,应验算并采取有效措施确保大面积填土自身稳定性、填土下原地基的稳定性、承载力和变形满足设计要求;应评估对邻近建筑物及重要市政设施、地下管线等的变形和稳定的影响;施工过程中,应对大面积填土和邻近建筑物、重要市政设施、地下管线等进行变形监测。

②压实填土地基的施工应符合下列规定:

a.应根据使用要求、邻近结构类型和地质条件确定允许加载量和范围,并按设计要求均衡分步施加,避免大量快速集中填土。

b.填料前,应清除填土层底面以下的耕土、植被或软弱土层等。

c.压实填土施工过程中,应采取防雨、防冻措施,防止填料(粉质黏土、粉土)受雨水淋湿或冻结。

d.基槽内压实时,应先压实基槽两边,再压实中间。

e.冲击碾压法施工的冲击碾压宽度不宜小于 6 m,工作面较窄时,需设置转弯车道,冲压最短直线距离不宜少于 100 m,冲压边角及转弯区域应采用其他措施压实;施工时,地下水位应降低到碾压面以下 1.5 m。

f.性质不同的填料,应采取水平分层、分段填筑,并分层压实。同一水平层,应采用同一填料,不得混合填筑。填方分段施工时,接头部位如不能交替填筑,应按 1∶1 坡度分层留台阶;如能交替填筑,则应分层相互交替搭接,搭接长度不小于 2 m。压实填土的施工缝,各层应错开搭接,在施工缝的搭接处应适当增加压实遍数。边角及转弯区域应采取其他措施压实,以达到设计标准。

g.压实地基施工场地附近有对振动和噪声环境控制要求时,应合理安排施工工序和时间,减少噪声与振动对环境的影响,或采取挖减振沟等减振和隔振措施,并进行振动和噪声监测。

h.施工过程中,应避免扰动填土下卧的淤泥或淤泥质土层。压实填土施工结束检验合格后,应及时进行基础施工。

③压实填土地基的质量检验应符合下列规定:

a.在施工过程中,应分层取样检验土的干密度和含水量;每 50～100 m² 面积内应设不少于 1 个检测点,每一个独立基础下,检测点不少于 1 个点,条形基础每 20 延米设检测点不少于 1 个点,压实系数不得低于《建筑地基处理技术规范》(JGJ 79—2012)的规定;采用灌水法或灌砂法检测的碎石土干密度不得低于 2.0 t/m³。

b.有地区经验时,可采用动力触探、静力触探、标准贯入等原位试验,并结合干密度试验的对比结果进行质量检验。

c.冲击碾压法施工宜分层进行变形量、压实系数等土的物理力学指标监测和检测。

d.地基承载力验收检验,可通过静载荷试验并结合动力触探、静力触探、标准贯入等试验结果综合判定。每个单体工程静载荷试验不应少于 3 点,大型工程可按单体工程的数量或面积确定检验点数。

④压实地基的施工质量检验应分层进行。每完成一道工序,应按设计要求进行验收,未经验收或验收不合格时,不得进行下一道工序施工。

4.4.3 夯实法施工要点和质量检验

①夯实地基处理应符合下列规定:

A.强夯和强夯置换施工前,应在施工现场有代表性的场地选取一个或几个试验区,进行试夯或试验性施工。每个试验区面积不宜小于 20 m×20 m,试验区数量应根据建筑场地复杂程度、建筑规模及建筑类型确定。

B.场地地下水位高,影响施工或夯实效果时,应采取降水或其他技术措施进行处理。

②强夯置换处理地基,必须通过现场试验确定其适用性和处理效果。

③强夯处理地基的施工,应符合下列规定:

A.强夯夯锤质量宜为 10～60 t,其底面形式宜采用圆形,锤底面积宜按土的性质确定,锤底静接地压力值宜为 25～80 kPa,单击夯击能高时取高值,单击夯击能低时取低值,对于细颗粒土宜取低值。锤的底面宜对称设置若干个上下贯通的排气孔,孔径宜为 300～400 mm。

B.强夯法施工,应按下列步骤进行:

a.清理并平整施工场地。

b.标出第一遍夯点位置,并测量场地高程。

c.起重机就位,夯锤置于夯点位置。

d.测量夯前锤顶高程。

e.将夯锤起吊到预定高度。开启脱钩装置,夯锤脱钩自由下落,放下吊钩,测量锤顶高程;若发现因坑底倾斜而造成夯锤歪斜时,应及时将坑底整平。

f.重复步骤 e,按设计规定的夯击次数及控制标准,完成一个夯点的夯击;当夯坑过深,出现提锤困难,但无明显隆起,而尚未达到控制标准时,宜将夯坑回填至与坑顶齐平后继续夯击。

g.换夯点,重复步骤 c~f,完成第一遍全部夯点的夯击。

h.用推土机将夯坑填平,并测量场地高程。

i.在规定的间隔时间后,按上述步骤逐次完成全部夯击遍数。

j.最后采用低能量满夯,将场地表层松土夯实,并测量夯后场地高程。

④强夯置换处理地基的施工应符合下列规定:

A.强夯置换夯锤底面宜采用圆形,夯锤底静接地压力值宜大于 80 kPa。

B.强夯置换施工应按下列步骤进行:

a.清理并平整施工场地,当表层土松软时,可铺设 1.0～2.0 m 厚的砂石垫层。

b.标出夯点位置,并测量场地高程。

c.起重机就位,夯锤置于夯点位置。

d.测量夯前锤顶高程。

e.夯击并逐击记录夯坑深度。当夯坑过深,起锤困难时,应停夯,向夯坑内填料直至与坑顶齐平,记录填料数量;工序重复,直至满足设计的夯击次数及质量控制标准,完成一个墩体的夯击;当夯点周围软土挤出,影响施工时,应随时清理,并宜在夯点周围铺垫碎石后继续施工。

f.按照"由内而外,隔行跳打"的原则,完成全部夯点的施工。

g.推平场地,采用低能量满夯,将场地表层松土夯实,并测量夯后场地高程。

h.铺设垫层,分层碾压密实。

⑤夯实地基宜采用带有自动脱钩装置的履带式起重机,夯锤的质量不应超过起重机械额定起重量。履带式起重机应在臂杆端部设置辅助门架或采取其他安全措施,防止起落锤时机架倾覆。

⑥当场地表层土软弱或地下水位较高,宜采用人工降低地下水位或铺填一定厚度的砂石材料的施工措施。施工前,宜将地下水位降低至坑底面以下 2 m。施工时,坑内或场地积水应及时排除。对细颗粒土,尚应采取晾晒等措施降低含水量。当地基土的含水量低,影响处理效果时,宜采取增湿措施。

⑦施工前,应查明施工影响范围内地下构筑物和地下管线的位置,并采取必要的保护措施。

⑧当强夯施工引起的振动和侧向挤压对邻近建构筑物产生不利影响时,应设置监测点,并采取挖隔振沟等隔振或防振措施。

⑨施工过程中的监测应符合下列规定:

a.开夯前,应检查夯锤质量和落距,以确保单击夯击能量符合设计要求。

b.在每一遍夯击前,应对夯点放线进行复核,夯完后检查夯坑位置,发现偏差或漏夯应及时纠正。

c.按设计要求,检查每个夯点的夯击次数、每击的夯沉量、最后两击的平均夯沉量和总夯沉量、夯点施工起止时间。对强夯置换施工,尚应检查置换深度。

d.施工过程中,应对各项施工参数及施工情况进行详细记录。

⑩夯实地基施工结束后,应根据地基土的性质及所采用的施工工艺,待土层休止期结束后,方可进行基础施工。

⑪强夯处理后的地基竣工验收,承载力检验应根据静载荷试验、其他原位测试和室内土工试验等方法综合确定。强夯置换后的地基竣工验收,除应采用单墩静载荷试验进行承载力检验外,尚应采用动力触探等查明置换墩着底情况及密度随深度的变化情况。

⑫夯实地基的质量检验应符合下列规定:

a.检查施工过程中的各项测试数据和施工记录,不符合设计要求时应补夯或采取其他有效措施。

b.强夯处理后的地基承载力检验应在施工结束后间隔一定时间进行,对于碎石土和砂土地基,间隔时间宜为 7~14 d;粉土和黏性土地基,间隔时间宜为 14~28 d;强夯置换地基,间隔时间宜为 28 d。

c.强夯地基均匀性检验可采用动力触探试验或标准贯入试验、静力触探试验等原位测试,以及室内土工试验。检验点的数量可根据场地复杂程度和建筑物的重要性确定,对于简单场地上的一般建筑物,按每 400 m² 不少于 1 个检验点,且不少于 3 点;对于复杂场地或重要建筑地基,按每 300 m² 不少于 1 个检验点,且不少于 3 点。强夯置换地基,可采用超重型或重型动力触探试验等方法,检查置换墩着底情况及承载力与密度随深度的变化,检验数量不应少于墩点数的 3%,且不少于 3 点。

d.强夯地基承载力检验的数量应根据场地复杂程度和建筑物的重要性确定,对于简单场地上的一般建筑,每个建筑地基载荷试验检验点不应少于 3 点;对于复杂场地或重要建筑地基应增加检验点数。检测结果的评价应考虑夯点和夯间位置的差异。强夯置换地基单墩载荷试验数量不应少于墩点数的 1%,且不少于 3 点;对饱和粉土地基,当处理后墩间土能形成 2.0 m 以上厚度的硬层时,其地基承载力可通过现场单墩复合地基静载荷试验确定,检验数量不应少于墩点数的 1%,且每个建筑载荷试验检验点应不少于 3 点。

子项 4.5　振冲法和砂石桩法

振冲法又称为振动水冲法,是用起重机吊起振冲器,启动潜水电机带动偏心块,使振动器产生高频振动,同时启动水泵,通过喷嘴喷射高压水流,在边振边冲的共同作用下,将振动器沉到土中的预定深度,经清孔后,从地面向孔内逐段填入碎石,使其在振动作用下被挤密实,达到要求的密实度后即可提升振动器,如此反复直至地面,在地基中形成一个大直径的密实桩体与原地基构成复合地基,提高地基承载力,减少沉降,是一种快速、经济有效的加固方法。振冲法施工如图 4.4 所示。

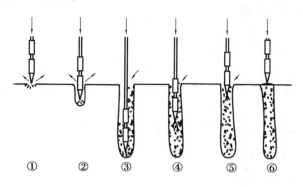

图 4.4 振冲法施工图

①—定位;②—成孔;③—到底后开始填料;④—振制桩柱;⑤—振制桩柱;⑥—完成

砂石桩法是采用振动、冲击或水冲等方式在地基中成孔后,再将碎石、砂或砂石挤压入已成的孔中,形成砂石所构成的密实桩体,并和原桩间土组成复合地基的地基处理方法。砂石桩法施工如图 4.5 所示。

图 4.5 砂石桩法施工图

4.5.1 一般规定

振冲碎石桩、沉管砂石桩复合地基处理应符合下列规定:

①适用于挤密处理松散砂土、粉土、粉质黏土、素填土、杂填土等地基,以及用于处理可液化地基。饱和黏性土地基,如对变形控制不严格,可采用砂石桩置换处理。

②对大型的、重要的或场地地层复杂的工程,以及对于处理不排水抗剪强度不小于 20 kPa 的饱和黏性土和饱和黄土地基,应在施工前通过现场试验确定其适用性。

③不加填料振冲挤密法适用于处理黏粒含量不大于 10% 的中砂、粗砂地基,在初步设计

阶段宜进行现场工艺试验,确定不加填料振密的可行性,确定孔距、振密电流值、振冲水压力、振后砂层的物理力学指标等施工参数。30 kW 振冲器振密深度不宜超过 7 m,75 kW 振冲器振密深度不宜超过 15 m。

4.5.2　振冲法施工要点

振冲碎石桩施工应符合下列规定:

①振冲施工可根据设计荷载的大小、原土强度的高低、设计桩长等条件选用不同功率的振冲器。施工前应在现场进行试验,以确定水压、振密电流和留振时间等各种施工参数。

②升降振冲器的机械可用起重机、自行井架式施工平车或其他合适的设备。施工设备应配有电流、电压和留振时间自动信号仪表。

③振冲施工可按下列步骤进行:

a.清理平整施工场地,布置桩位。

b.施工机具就位,使振冲器对准桩位。

c.启动供水泵和振冲器,水压宜为 200~600 kPa,水量宜为 200~400 L/min,将振冲器徐徐沉入土中,造孔速度宜为 0.5~2.0 m/min,直至达到设计深度;记录振冲器经各深度的水压、电流和留振时间。

d.造孔后边提升振冲器,边冲水直至孔口,再放至孔底,重复 2~3 次以扩大孔径并使孔内泥浆变稀,然后开始填料制桩。

e.大功率振冲器投料可不提出孔口,小功率振冲器下料困难时,可将振冲器提出孔口填料,每次填料厚度不宜大于 500 mm;将振冲器沉入填料中进行振密制桩,当电流达到规定的密实电流值和规定的留振时间后,将振冲器提升 300~500 mm。

f.重复以上步骤,自下而上逐段制作桩体直至孔口,记录各段深度的填料量、最终电流值和留振时间。

g.关闭振冲器和水泵。

④施工现场应事先开设泥水排放系统,或组织好运浆车辆将泥浆运至预先安排的存放地点,应设置沉淀池,重复使用上部清水。

⑤桩体施工完毕后,应将顶部预留的松散桩体挖除,铺设垫层并压实。

⑥不加填料振冲加密宜采用大功率振冲器,造孔速度宜为 8~10 m/min,到达设计深度后宜将射水量减至最小,留振至密实电流达到规定时上提 0.5 m,逐段振密直至孔口,每米振密时间约 1 min。在粗砂中施工,如遇下沉困难,可在振冲器两侧增焊辅助水管,加大造孔水量,降低造孔水压。

⑦振密孔施工顺序,宜沿直线逐点、逐行进行。

4.5.3　砂石桩法施工要点

沉管砂石桩施工应符合下列规定:

①砂石桩施工可采用振动沉管、锤击沉管或冲击成孔等成桩法。当用于消除粉细砂及

粉土液化时,宜用振动沉管成桩法。

②施工前应进行成桩工艺和成桩挤密试验。当成桩质量不能满足设计要求时,应调整施工参数后,重新进行试验或设计。

③振动沉管成桩法施工,应根据沉管和挤密情况,控制填砂石量、提升高度和速度、挤压次数和时间、电机的工作电流等。

④施工中应选用能顺利出料和有效挤压桩孔内砂石料的桩尖结构。当采用活瓣桩靴时,对砂土和粉土地基宜选用尖锥形;一次性桩尖可采用混凝土锥形桩尖。

⑤锤击沉管成桩法施工可采用单管法或双管法。锤击法挤密应根据锤击能量,控制分段的填砂石量和成桩的长度。

⑥砂石桩桩孔内材料填料量应通过现场试验确定,估算时,可按设计桩孔体积乘以充盈系数确定,充盈系数可取 1.2~1.4。

⑦砂石桩的施工顺序:对砂土地基宜从外围或两侧向中间进行。

⑧施工时桩位偏差不应大于套管外径的 30%,套管垂直度允许偏差应为 ±1%。

⑨砂石桩施工后,应将表层的松散层挖除或夯压密实,随后铺设并压实砂石垫层。

4.5.4　质量检验

①振冲碎石桩、沉管砂石桩复合地基的质量检验应符合下列规定:

a.检查各项施工记录,如有遗漏或不符合要求的桩,应补桩或采取其他有效的补救措施。

b.施工后,应间隔一定时间方可进行质量检验。对粉质黏土地基不宜少于 21 d,对粉土地基不宜少于 14 d,对砂土和杂填土地基不宜少于 7 d。

c.施工质量的检验,对桩体可采用重型动力触探试验;对桩间土可采用标准贯入、静力触探、动力触探或其他原位测试等方法;对消除液化的地基检验,应采用标准贯入试验。桩间土质量的检测位置应在等边三角形或正方形的中心。检验深度不应小于处理地基深度,检测数量不应少于桩孔总数的 2%。

②竣工验收时,地基承载力检验应采用复合地基静载荷试验,试验数量不应少于总桩数的 1%,且每个单体建筑不应少于 3 点。

子项 4.6　水泥土搅拌桩法

水泥土搅拌桩法是用于加固饱和软黏土地基的一种方法,它利用水泥作为固化剂,通过特制的搅拌机械,在地基深处将软土和固化剂强制搅拌,利用固化剂和软土之间产生的一系列物理化学反应,使软土硬结成具有整体性、水稳定性和一定强度的优质地基。水泥土搅拌桩施工如图 4.6 所示。

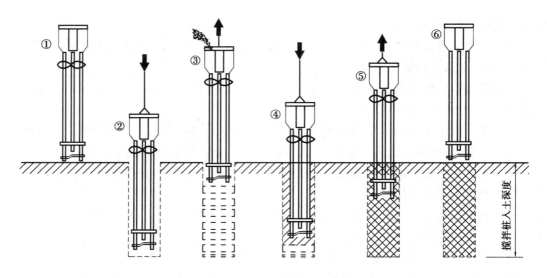

图 4.6　水泥土搅拌桩施工图

①—定位;②—预搅下沉;③—喷浆搅拌上升;④—重复搅拌下沉;⑤—重复搅拌上升;⑥—完毕

4.6.1　一般规定

水泥土搅拌桩复合地基处理应符合下列规定:

①适用于处理正常固结的淤泥、淤泥质土、素填土、黏性土(软塑、可塑)、粉土(稍密、中密)、粉细砂(松散、中密)、中粗砂(松散、稍密)、饱和黄土等土层。不适用于含大孤石或障碍物较多且不易清除的杂填土、欠固结的淤泥和淤泥质土、硬塑及坚硬的黏性土、密实的砂类土,以及地下水渗流影响成桩质量的土层。当地基土的天然含水量小于 30%(黄土含水量小于 25%)时不宜采用粉体搅拌法。冬期施工时,应考虑负温对处理地基效果的影响。

②水泥土搅拌桩的施工工艺分为浆液搅拌法(以下简称"湿法")和粉体搅拌法(以下简称"干法")。可采用单轴、双轴、多轴搅拌或连续成槽搅拌形成柱状、壁状、格栅状或块状水泥土加固体。

③对采用水泥土搅拌桩处理地基,除应按现行《岩土工程勘察规范》(GB 50021—2001,2009 年版)要求进行岩土工程详细勘察外,尚应查明拟处理地基土层的 pH 值、塑性指数、有机质含量、地下障碍物及软土分布情况、地下水位及其运动规律等。

④设计前,应进行处理地基土的室内配比试验。针对现场拟处理地基土层的性质,选择合适的固化剂、外掺剂及其掺量,为设计提供不同龄期、不同配比的强度参数。对竖向承载的水泥土强度宜取 90 d 龄期试块的立方体抗压强度平均值。

⑤增强体的水泥掺量不应小于 12%,块状加固时水泥掺量不应小于加固天然土质量的 7%。湿法的水泥浆水灰比可取 0.5~0.6。

⑥水泥土搅拌桩复合地基宜在基础和桩之间设置褥垫层,厚度可取 200~300 mm。褥垫层材料可选用中砂、粗砂、级配砂石等,最大粒径不宜大于 20 mm。褥垫层的夯填度不应大于 0.9。

水泥土搅拌桩用于处理泥炭土、有机质土、pH 值小于 4 的酸性土、塑性指数大于 25 的黏土,或在腐蚀性环境中以及无工程经验的地区使用时,必须通过现场和室内试验确定其适用性。

4.6.2 施工要点

水泥土搅拌桩施工应符合下列规定:

①水泥土搅拌桩现场施工前应予以平整,清除地上和地下的障碍物。

②水泥土搅拌桩施工前,应根据设计进行工艺性试桩,数量不得少于 3 根,多轴搅拌施工不得少于 3 组。应对工艺试桩的质量进行检验,确定其施工参数。

③搅拌头翼片的枚数、宽度、与搅拌轴的垂直夹角、搅拌头的回转数、提升速度应相互匹配,干法搅拌时钻头每转一圈的提升(或下沉)量宜为 10~15 mm,确保加固深度范围内土体的任何一点均能经过 20 次以上的搅拌。

④搅拌桩施工时,停浆(灰)面应高于桩顶设计标高 500 mm。在开挖基坑时,应将桩顶以上土层及桩顶施工质量较差的桩段采用人工挖除。

⑤施工中,应保持搅拌桩机底盘的水平和导向架的竖直,搅拌桩的垂直度允许偏差和桩位偏差应满足《建筑地基处理技术规范》(JGJ 79—2012)的规定;成桩直径和桩长不得小于设计值。

⑥水泥土搅拌桩施工应包括下列主要步骤:

a.搅拌机械就位、调平;

b.预搅下沉至设计加固深度;

c.边喷浆(或粉),边搅拌提升直至预定的停浆(或灰)面;

d.重复搅拌下沉至设计加固深度;

e.根据设计要求,喷浆(或粉)或仅搅拌提升直至预定的停浆(或灰)面;

f.关闭搅拌机械。

在预(复)搅下沉时,也可采用喷浆(粉)的施工工艺,确保全桩长上下至少再重复搅拌一次。

对地基土进行干法咬合加固时,如复搅困难,可采用慢速搅拌,保证搅拌的均匀性。

⑦水泥土搅拌湿法施工应符合下列规定:

a.施工前,应确定灰浆泵输浆量、灰浆经输浆管到达搅拌机喷浆口的时间和起吊设备提升速度等施工参数,并应根据设计要求,通过工艺性成桩试验确定施工工艺。

b.施工中使用的水泥应过筛,制备好的浆液不得离析,泵送浆应连续进行。拌制水泥浆液的罐数、水泥和外掺剂用量以及泵送浆液的时间应记录;喷浆量及搅拌深度应采用经国家计量部门认证的监测仪器进行自动记录。

c.搅拌机喷浆提升的速度和次数应符合施工工艺要求,并设专人进行记录。

d.当水泥浆液到达出浆口后,应喷浆搅拌 30 s,在水泥浆与桩端土充分搅拌后,再开始提升搅拌头。

e.搅拌机预搅下沉时,不宜冲水,当遇到硬土层下沉太慢时,可适量冲水。

f.施工过程中,如因故停浆,应将搅拌头下沉至停浆点以下 0.5 m 处,待恢复供浆时,再喷浆搅拌提升;若停机超过 3 h,宜先拆卸输浆管路,并妥加清洗。

g.壁状加固时,相邻桩的施工时间间隔不宜超过 12 h。

⑧水泥土搅拌干法施工应符合下列规定:

a.喷粉施工前,应检查搅拌机械、供粉泵、送气(粉)管路、接头和阀门的密封性、可靠性,送气(粉)管路的长度不宜大于 60 m;

b.搅拌头每旋转一周,提升高度不得超过 15 mm;

c.搅拌头的直径应定期复核检查,其磨耗量不得大于 10 mm;

d.当搅拌头到达设计桩底以上 1.5 m 时,应开启喷粉机提前进行喷粉作业;当搅拌头提升至地面下 500 mm 时,喷粉机应停止喷粉。

e.成桩过程中,因故停止喷粉,应将搅拌头下沉至停灰面以下 1 m 处,待恢复喷粉时,再喷粉搅拌提升。

4.6.3 质量检验

①水泥土搅拌桩复合地基质量检验应符合下列规定:

a.施工过程中应随时检查施工记录和计量记录。

b.水泥土搅拌桩的施工质量检验可采用下列方法:成桩 3 d 内,采用轻型动力触探(N_{10})检查上部桩身的均匀性,检验数量为施工总桩数的 1%,且不少于 3 根;成桩 7 d 后,采用浅部开挖桩头进行检查,开挖深度宜超过停浆(灰)面下 0.5 m,检查搅拌的均匀性,量测成桩直径,检查数量不少于总桩数的 5%。

c.静载荷试验宜在成桩 28 d 后进行。水泥土搅拌桩复合地基承载力检验应采用复合地基静载荷试验和单桩静载荷试验,检验数量不少于总桩数的 1%,复合地基静载荷试验数量不少于 3 台(多轴搅拌为 3 组)。

d.对变形有严格要求的工程,应在成桩 28 d 后,采用双管单动取样器钻取芯样做水泥土抗压强度检验,检验数量为施工总桩数的 0.5%,且不少于 6 点。

②基槽开挖后,应检验桩位、桩数与桩顶、桩身质量,如不符合设计要求,应采取有效补强措施。

子项 4.7 旋喷桩法

喷射注浆法又称为旋喷法注浆,简称旋喷桩,兴起于 20 世纪 70 年代的高压喷射注浆法,八九十年代在全国得到全面发展和应用。实践证明,此法对处理淤泥、淤泥质土、黏性土、粉土、砂土、人工填土和碎石土等有良好的效果,我国已将其列入现行的《建筑地基处理技术规范》(JGJ 79—2012)和《建筑地基基础工程施工规范》(GB 5104—2015)。

旋喷桩是利用钻机将旋喷注浆管及喷头钻置于桩底设计高程,将预先配制好的浆液通过高压发生装置使液流获得巨大能量后,从注浆管边的喷嘴中高速喷射出来,形成一股能量高度集中的液流,直接破坏土体,喷射过程中,钻杆边旋转边提升,使浆液与土体充分搅拌混合,在土中形成一定直径的柱状固结体,从而使地基得到加固。施工中一般分为两个工作流程,即先钻后喷,再下钻喷射,然后提升搅拌,保证每米桩浆土比例和质量。旋喷桩施工如图 4.7 所示。

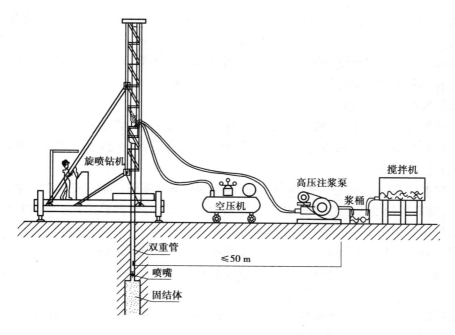

图 4.7 旋喷桩施工示意图

4.7.1 一般规定

①旋喷桩复合地基处理应符合下列规定：

a.适用于处理淤泥、淤泥质土、黏性土（流塑、软塑和可塑）、粉土、砂土、黄土、素填土和碎石土等地基。对土中含有较多的大直径块石、大量植物根茎和高含量的有机质，以及地下水流速较大的工程，应根据现场试验结果确定其适应性。

b.旋喷桩施工应根据工程需要和土质条件选用单管法、双管法和三管法；旋喷桩加固体形状可分为柱状、壁状、条状或块状。

c.在制订旋喷桩方案时，应搜集邻近建筑物和周边地下埋设物等资料。

d.旋喷桩方案确定后，应结合工程情况进行现场试验，确定施工参数及工艺。

②旋喷桩加固体强度和直径应通过现场试验确定。

③旋喷桩复合地基宜在基础和桩顶之间设置褥垫层。褥垫层厚度宜为 150～300 mm，褥垫层材料可选用中砂、粗砂和级配砂石等，褥垫层最大粒径不宜大于 20 mm，褥垫层的夯填度不应大于 0.9。

④旋喷桩的平面布置可根据上部结构和基础特点确定，独立基础下的桩数不应少于4 根。

4.7.2 施工要点

旋喷桩施工应符合下列规定：

①施工前，应根据现场环境和地下埋设物的位置等情况，复核旋喷桩的设计孔位。

②旋喷桩的施工工艺及参数应根据土质条件、加固要求，通过试验或根据工程经验确

定。单管法、双管法高压水泥浆和三管法高压水的压力应大于 20 MPa，流量应大于 30 L/min，气流压力宜大于 0.7 MPa，提升速度宜为 0.1~0.2 m/min。

③旋喷注浆宜采用强度等级为 42.5 级的普通硅酸盐水泥，可根据需要加入适量的外加剂及掺合料。外加剂和掺合料的用量应通过试验确定。

④水泥浆液的水灰比宜为 0.8~1.2。

⑤旋喷桩的施工工序为：机具就位、贯入喷射管、喷射注浆、拔管和冲洗等。

⑥喷射孔与高压注浆泵的距离不宜大于 50 m。钻孔位置的允许偏差应为 ±50 mm，垂直度允许偏差应为 ±1%。

⑦当喷射注浆管贯入土中，喷嘴达到设计标高时，即可喷射注浆。在喷射注浆参数达到规定值后，随即按旋喷的工艺要求，提升喷射管，由下而上旋转喷射注浆。喷射管分段提升的搭接长度不得小于 100 mm。

⑧对需要局部扩大加固范围或提高强度的部位，可采用复喷措施。

⑨在旋喷注浆过程中出现压力骤然下降、上升或冒浆异常时，应查明原因并及时采取措施。

⑩旋喷注浆完毕，应迅速拔出喷射管。为防止浆液凝固收缩影响桩顶高程，可在原孔位采用冒浆回灌或第二次注浆等措施。

⑪施工中应做好废泥浆处理，及时将废泥浆运出或在现场短期堆放后作土方运出。

⑫施工中应严格按照施工参数和材料用量施工，用浆量和提升速度应采用自动记录装置，并做好各项施工记录。

4.7.3 质量检验

①旋喷桩质量检验应符合下列规定：

a.旋喷桩可根据工程要求和当地经验采用开挖检查、钻孔取芯、标准贯入试验、动力触探和静载荷试验等方法进行检验。

b.检验点布置应符合下列规定：有代表性的桩位；施工中出现异常情况的部位；地基情况复杂，可能对旋喷桩质量产生影响的部位。

c.成桩质量检验点的数量不少于施工孔数的 2%，并不应少于 6 点。

d.承载力检验宜在成桩 28 d 后进行。

②竣工验收时，旋喷桩复合地基承载力检验应采用复合地基静载荷试验和单桩静载荷试验。检验数量不得少于总桩数的 1%，且每个单体工程复合地基静载荷试验的数量不得少于 3 台。

子项 4.8 灰土挤密桩法和土挤密桩法

灰土挤密桩法和土挤密桩法都是利用成孔过程中的横向挤压作用，桩孔内土被挤向周围，使桩间土挤密，然后将灰土或素土（黏性土）分层填入桩孔内，并分层夯填密实至设计标高。前者称为灰土挤密桩法，后者称为土挤密桩法。

土挤密桩法是苏联阿别列夫教授于 1934 年首创,20 世纪 50 年代中期我国西北黄土地区开始进行土挤密桩法的研究和应用。

灰土挤密桩如图 4.8 所示。

图 4.8 灰土挤密桩

4.8.1 一般规定

灰土挤密桩、土挤密桩复合地基处理应符合下列规定:

①适用于处理地下水位以上的粉土、黏性土、素填土、杂填土和湿陷性黄土等地基,可处理地基的厚度宜为 3~15 m。

②当以消除地基土的湿陷性为主要目的时,可选用土挤密桩;当以提高地基土的承载力或增强其水稳性为主要目的时,宜选用灰土挤密桩。

③当地基土的含水量大于 24%、饱和度大于 65% 时,应通过试验确定其适用性。

④对重要工程或在缺乏经验的地区,施工前应按设计要求,在有代表性的地段进行现场试验。

4.8.2 施工要点

灰土挤密桩、土挤密桩施工应符合下列规定:

①成孔应按设计要求、成孔设备、现场土质和周围环境等情况,选用振动沉管、锤击沉管、冲击或钻孔等方法。

②桩顶设计标高以上的预留覆盖土层厚度,宜符合:沉管成孔不宜小于 0.5 m;冲击成孔或钻孔夯扩法成孔不宜小于 1.2 m。

③成孔时,地基土宜接近最优(或塑限)含水量。当土的含水量低于 12% 时,宜对拟处理范围内的土层进行增湿,应在地基处理前 4~6 d 将需增湿的水通过一定数量和一定深度的渗水孔均匀地浸入拟处理范围内的土层中。增湿土的加水量可按式(4.1)进行估算。

$$Q = v \bar{\rho}_d (\omega_{op} - \overline{\omega}) k \qquad (4.1)$$

式中 Q——计算加水量,t;

v——拟加固土的总体积,m^3;

$\bar{\rho}_d$——地基处理前土的平均干密度,t/m^3;

ω_{op}——土的最优含水量(%),通过室内击实试验求得;

$\bar{\omega}$——地基处理前土的平均含水量,%;

k——损耗系数,可取 $1.05 \sim 1.10$。

④土料有机质含量不应大于5%,且不得含有冻土和膨胀土,使用时应过 $10 \sim 20$ mm 的筛。混合料含水量应满足最优含水量要求,允许偏差应为±2%,土料和水泥应拌和均匀。

⑤成孔和孔内回填夯实应符合下列规定:

a.成孔和孔内回填夯实的施工顺序,当整片处理地基时,宜从里(或中间)向外间隔 $1 \sim 2$ 孔依次进行,对大型工程可采取分段施工;当局部处理地基时,宜从外向里间隔 $1 \sim 2$ 孔依次进行。

b.向孔内填料前,孔底应夯实,并应检查桩孔的直径、深度和垂直度。

c.桩孔的垂直度允许偏差应为±1%。

d.孔中心距允许偏差应为桩距的±5%。

e.经检验合格后,应按设计要求,向孔内分层填入筛好的素土、灰土或其他填料,并应分层夯实至设计标高。

⑥铺设灰土垫层前,应按设计要求将桩顶标高以上的预留松动土层挖除或夯(压)密实。

⑦施工过程中,应有专人监督成孔及回填夯实的质量,并应做好施工记录;如发现地基土质与勘察资料不符,应立即停止施工,待查明情况或采取有效措施处理后,方可继续施工。

⑧雨期或冬期施工,应采取防雨或防冻措施,防止填料受雨水淋湿或冻结。

4.8.3 质量检验

①灰土挤密桩、土挤密桩复合地基质量检验应符合下列规定:

a.桩孔质量检验应在成孔后及时进行,所有桩孔均需检验并作出记录,检验合格或经处理后方可进行夯填施工。

b.应随机抽样检测夯后桩长范围内灰土或土填料的平均压实系数,抽检的数量不应少于桩总数的1%,且不得少于9根。对灰土桩桩身强度有怀疑时,尚应检验消石灰与土的体积配合比。

c.应抽样检验处理深度内桩间土的平均挤密系数,检测探井数不应少于总桩数的0.3%,且每项单体工程不得少于3个。

d.对消除湿陷性的工程,除应检测上述内容外,尚应进行现场浸水静载荷试验,试验方法应符合现行国家标准《湿陷性黄土地区建筑规范》(GB 50025—2004)的规定。

e.承载力检验应在成桩后 $14 \sim 28$ d 后进行,检验数量不应少于总桩数的1%,且每项单体工程复合地基静载荷试验不应少于3点。

②竣工验收时,灰土挤密桩、土挤密桩复合地基的承载力检验应采用复合地基静载荷试验。

子项 4.9　水泥粉煤灰碎石桩法

　　水泥粉煤灰碎石桩简称 CFG 桩(C 指 Cement,F 指 Fly-ash,G 指 Gravel),是由碎石、石屑、粉煤灰组成混合料,掺适量水进行拌和,采用各种成桩机械形成的桩体。通过调整水泥的用量及配比,可使桩体强度等级在 C5 ~ C20 变化,最高可达 C25,相当于刚性桩。由于桩体刚度很大,区别于一般柔性桩和水泥土类桩,因此,常在桩顶与基础之间铺设一层 150 ~ 300 mm 厚的中砂、粗砂、级配砂石或碎石(称其为褥垫层),以利于桩间土发挥承载力,与桩组成复合地基。CFG 桩施工如图 4.9 所示。

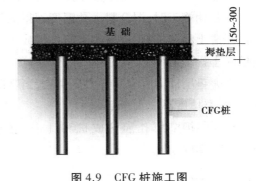

图 4.9　CFG 桩施工图

4.9.1　一般规定

　　①水泥粉煤灰碎石桩复合地基(CFG 桩)适用于处理黏性土、粉土、砂土和自重固结已完成的素填土地基。

　　②对淤泥质土应按地区经验或通过现场试验确定其适用性。

4.9.2　施工要点

　　水泥粉煤灰碎石桩施工应符合下列规定:

　　①可选用下列施工工艺:

　　a.长螺旋钻孔灌注成桩:适用于地下水位以上的黏性土、粉土、素填土、中等密实以上的砂土地基。

　　b.长螺旋钻中心压灌成桩:适用于黏性土、粉土、砂土和素填土地基,对噪声或泥浆污染要求严格的场地可优先选用;穿越卵石夹层时,应通过试验确定其适用性。

　　c.振动沉管灌注成桩:适用于粉土、黏性土及素填土地基;挤土造成地面隆起量大时,应采用较大桩距施工。

　　d.泥浆护壁成孔灌注成桩:适用于地下水位以下的黏性土、粉土、砂土、填土、碎石土及风化岩层等地基;桩长范围和桩端有承压水的土层,应通过试验确定其适应性。

　　②长螺旋钻中心压灌成桩施工和振动沉管灌注成桩施工应符合下列规定:

　　a.施工前,应按设计要求在实验室进行配合比试验;施工时,按配合比配制混合料;长螺旋钻中心压灌成桩施工的坍落度宜为 160 ~ 200 mm,振动沉管灌注成桩施工的坍落度宜为 30 ~ 50 mm;振动沉管灌注成桩后桩顶浮浆厚度不宜超过 200 mm。

　　b.长螺旋钻中心压灌成桩施工钻至设计深度后,应控制提拔钻杆时间,混合料泵送量应与拔管速度相配合,不得在饱和砂土或饱和粉土层内停泵待料;沉管灌注成桩施工拔管速度宜为 1.2~1.5 m/min,如遇淤泥质土,拔管速度应适当减慢;当遇有松散饱和粉土、粉细砂或淤泥质土,且桩距较小时,宜采取隔桩跳打措施。

c.施工桩顶标高宜高出设计桩顶标高不少于 0.5 m;当施工作业面高出桩顶设计标高较大时,宜增加混凝土灌注量。

d.成桩过程中,应抽样做混合料试块,每台机械每台班不应少于一组。

③冬期施工时,混合料入孔温度不得低于 5 ℃,对桩头和桩间土应采取保温措施。

④清土和截桩时,应采用小型机械或人工剔除等措施,不得造成桩顶标高以下桩身断裂或桩间土扰动。

⑤褥垫层铺设宜采用静力压实法,当基础底面下桩间土的含水量较低时,也可采用动力夯实法,夯填度不应大于 0.9。

⑥泥浆护壁成孔灌注成桩和锤击、静压预制桩施工,应符合《建筑桩基技术规范》(JGJ 94—2008)的规定。

4.9.3 质量检验

水泥粉煤灰碎石桩复合地基质量检验应符合下列规定:

①施工质量检验应检查施工记录、混合料坍落度、桩数、桩位偏差、褥垫层厚度、夯填度和桩体试块抗压强度等。

②竣工验收时,水泥粉煤灰碎石桩复合地基承载力检验应采用复合地基静载荷试验和单桩静载荷试验。

③承载力检验宜在施工结束 28 d 后进行,其桩身强度应满足试验荷载条件;复合地基静载荷试验和单桩静载荷试验的数量不应少于总桩数的 1%,且每个单体工程的复合地基静载荷试验的试验数量不应少于 3 点。

④采用低应变动力试验检测桩身完整性,检查数量不低于总桩数的 10%。

子项 4.10 夯实水泥土桩法

夯实水泥土桩法是指将水泥和土按设计的比例拌和均匀,在孔内夯实至设计要求的密实度而形成的加固体,并与桩间土组成复合地基的地基处理方法。夯实水泥土桩施工如图 4.10 所示。

4.10.1 一般规定

夯实水泥土桩复合地基处理应符合下列规定:

①适用于处理地下水位以上的粉土、黏性土、素填土和杂填土等地基,处理地基的深度不宜大于 15 m。

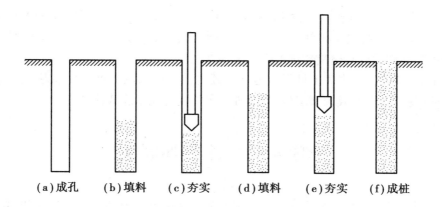

(a)成孔　(b)填料　(c)夯实　(d)填料　(e)夯实　(f)成桩

图 4.10　夯实水泥土桩施工图

②岩土工程勘察应查明土层厚度、含水量、有机质含量等。

③对重要工程或在缺乏经验的地区,施工前应按设计要求,选择地质条件有代表性的地段进行试验性施工。

4.10.2　施工要点

①成孔应根据设计要求、成孔设备、现场土质和周围环境等,选用钻孔、洛阳铲成孔等方法。当采用人工洛阳铲成孔工艺时,处理深度不宜大于 6.0 m。

②桩顶设计标高以上的预留覆盖土层厚度不宜小于 0.3 m。

③成孔和孔内回填夯实应符合下列规定:

a.宜选用机械成孔和夯实。

b.向孔内填料前,孔底应夯实;分层夯填时,夯锤落距和填料厚度应满足夯填密实度的要求。

c.土料有机质含量不应大于 5%,且不得含有冻土和膨胀土。混合料含水量应满足最优含水量要求,允许偏差应为 ±2%,土料和水泥应拌和均匀。

d.成孔经检验合格后,按设计要求,向孔内分层填入拌和好的水泥土,并应分层夯实至设计标高。

④铺设垫层前,应按设计要求将桩顶标高以上的预留土层挖除。垫层施工应避免扰动基底土层。

⑤施工过程中应有专人监理成孔及回填夯实的质量,并应做好施工记录。如发现地基土质与勘察资料不符,应立即停止施工,待查明情况或采取有效措施处理后,方可继续施工。

⑥雨期或冬期施工,应采取防雨或防冻措施,防止填料受雨水淋湿或冻结。

4.10.3　质量检验

①夯实水泥土桩复合地基质量检验应符合下列规定:

a.成桩后,应及时抽样检验水泥土桩的质量。

b.夯填桩体的干密度质量检验应随机抽样检测,抽检的数量不应少于总桩数的2%。

c.复合地基静载荷试验和单桩静载荷试验检验数量不应少于总桩数的1%,且每项单体工程复合地基静载荷试验检验数量不应少于3点。

②竣工验收时,夯实水泥土桩复合地基承载力检验应采用单桩复合地基静载荷试验和单桩静载荷试验;对重要或大型工程,尚应进行多桩复合地基静载荷试验。

子项 4.11 注浆加固法

注浆加固法是指将水泥浆或其他化学浆液注入地基土层中,增强土颗粒间的联结,使土体强度提高、变形减少、渗透性降低的地基处理方法。注浆加固法施工如图4.11所示。

图 4.11 注浆加固法施工图

4.11.1 一般规定

①注浆加固适用于建筑地基的局部加固处理,适用于砂土、粉土、黏性土和人工填土等地基加固。加固材料可选用水泥浆液、硅化浆液和碱液等固化剂。

②注浆加固设计前,应进行室内浆液配比试验和现场注浆试验,确定设计参数,检验施工方法和设备。

③注浆加固应保证加固地基在平面和深度连成一体,满足土体渗透性、地基土的强度和变形的设计要求。

④注浆加固后的地基变形计算应按现行《建筑地基基础设计规范》(GB 50007—2011)的有关规定进行。

⑤对地基承载力和变形有特殊要求的建筑地基,注浆加固宜与其他地基处理方法联合使用。

4.11.2 施工要点

1)水泥为主剂的注浆施工

水泥为主剂的注浆施工应符合下列规定:

①施工场地应预先平整,并沿钻孔位置开挖沟槽和集水坑。

②注浆施工时,宜采用自动流量和压力记录仪,并应及时进行数据整理分析。

③注浆孔的孔径宜为 70~110 mm,垂直度允许偏差应为 ±1%。

④花管注浆法施工可按下列步骤进行:

a.钻机与注浆设备就位;

b.钻孔或采用振动法将花管置入土层;

c.当采用钻孔法时,应从钻杆内注入封闭泥浆,然后插入孔径为 50 mm 的金属花管;

d.待封闭泥浆凝固后,移动花管自下而上或自上而下进行注浆。

⑤压密注浆施工可按下列步骤进行:

a.钻机与注浆设备就位;

b.钻孔或采用振动法将金属注浆管压入土层;

c.当采用钻孔法时,应从钻杆内注入封闭泥浆,然后插入孔径为 50 mm 的金属注浆管;

d.待封闭泥浆凝固后,捅去注浆管的活络堵头,提升注浆管自下而上或自上而下进行注浆。

⑥浆液黏度应为 80~90 s,封闭泥浆 7 d 后 70.7 mm×70.7 mm×70.7 mm 立方体试块的抗压强度应为 0.3~0.5 MPa。

⑦浆液宜用普通硅酸盐水泥。注浆时可部分掺用粉煤灰,掺入量可为水泥质量的 20%~50%。根据工程需要,可在浆液拌制时加入速凝剂、减水剂和防析水剂。

⑧注浆用水 pH 值不得小于 4。

⑨水泥浆的水灰比可取 0.6~2.0,常用的水灰比为 1.0。

⑩注浆的流量可取 7~10 L/min。对充填型注浆,流量不宜大于 20 L/min。

⑪当用花管注浆和带有活堵头的金属管注浆时,每次上拔或下钻高度宜为 0.5 m。

⑫浆体应经过搅拌机充分搅拌均匀后方可压注。注浆过程中应不停缓慢搅拌,搅拌时间应小于浆液初凝时间。浆液在泵送前应经过筛网过滤。

⑬水温不得超过 30~35 ℃,盛浆桶和注浆管路在注浆体静止状态不得暴露于阳光下,防止浆液凝固;当日平均温度低于 5 ℃ 或最低温度低于 -3 ℃ 的条件下注浆时,应采取措施防止浆液冻结。

⑭应采用跳孔间隔注浆,且先外围后中间的注浆顺序。当地下水流速较大时,应从水头高的一端开始注浆。

⑮对渗透系数相同的土层,应先注浆封顶,后由下而上进行注浆,防止浆液上冒。如土层的渗透系数随深度而增大,则应自下而上注浆。对互层地层,应先对渗透性或孔隙率大的地层进行注浆。

⑯当既有建筑地基进行注浆加固时,应对既有建筑及其邻近建筑、地下管线和地面的沉降、倾斜、位移和裂缝进行监测,并应采用多孔间隔注浆和缩短浆液凝固时间等措施,减少既有建筑基础因注浆而产生的附加沉降。

2) 硅化浆液注浆施工

硅化浆液注浆施工应符合下列规定:

①压力灌浆溶液的施工步骤应符合下列规定:

a.向土中打入灌注管和灌注溶液,应自基础底面标高起向下分层进行,达到设计深度后应将管拔出,清洗干净方可继续使用;

b.加固既有建筑物地基时,应采用沿基础侧向先外排,后内排的施工顺序;

c.灌注溶液的压力值由小逐渐增大,最大压力不宜超过 200 kPa。

②溶液自渗的施工步骤应符合下列规定:

a.在基础侧向,将设计布置的灌注孔分批或全部打入或钻至设计深度;

b.将配好的硅酸钠溶液满注灌注孔,溶液面宜高出基础底面标高 0.50 m,使溶液自行渗入土中;

c.在溶液自渗过程中,每隔 2~3 h 向孔内添加一次溶液,防止孔内溶液渗干。

③待溶液量全部注入土中后,注浆孔宜用体积比为 2:8 的灰土分层回填夯实。

3)碱液注浆施工

碱液注浆施工应符合下列规定:

①灌注孔可用洛阳铲、螺旋钻成孔或用带有尖端的钢管打入土中成孔,孔径宜为 60~100 mm,孔中应填入粒径为 20~40 mm 的石子到注液管下端标高处,再将内径 20 mm 的注液管插入孔中,管底以上 300 mm 高度内应填入粒径为 2~5 mm 的石子,上部宜用体积比为 2:8 的灰土填入夯实。

②碱液可用固体烧碱或液体烧碱配制,每加固 1 m³ 黄土宜用氢氧化钠溶液 35~45 kg。碱液浓度不应低于 90 g/L;双液加固时,氯化钙溶液的浓度为 50~80 g/L。

③配溶液时,应先放水,而后徐徐放入碱块或浓碱液。溶液加碱量可按下列公式计算:

a.采用固体烧碱配制每 1 m³ 浓度为 M 的碱液时,每 1 m³ 水中的加碱量应符合式(4.2)的规定:

$$G_s = \frac{1\ 000M}{P} \tag{4.2}$$

式中　G_s——每 1 m³ 碱液中投入的固体烧碱量,g;

　　　M——配制碱液的浓度,g/L;

　　　P——固体烧碱中 NaOH 的质量百分数,%。

b.采用液体烧碱配制每 1 m³ 浓度为 M 的碱液时,投入的液体烧碱体积 V_1 和加水量 V_2 应符合式(4.3)和式(4.4)的规定:

$$V_1 = 1\ 000\ \frac{M}{d_N N} \tag{4.3}$$

$$V_2 = 1\ 000\left(1 - \frac{M}{d_N N}\right) \tag{4.4}$$

式中　V_1——液体烧碱体积,L;

　　　V_2——加水的体积,L;

　　　d_N——液体烧碱的相对密度;

　　　N——液体烧碱的质量分数。

④应将桶内碱液加热到 90 ℃ 以上方能进行灌注,灌注过程中,桶内溶液温度不应低于

80 ℃。

⑤灌注碱液的速度宜为 2~5 L/min。

⑥碱液加固施工时应合理安排灌注顺序和控制灌注速率,宜采用隔 1~2 孔灌注,分段施工,相邻两孔灌注的间隔时间不宜少于 3 d,同时灌注的两孔间距不应小于 3 m。

⑦当采用双液加固时,应先灌注氢氧化钠溶液,待间隔 8~12 h 后再灌注氯化钙溶液,氯化钙溶液用量宜为氢氧化钠溶液用量的 1/4~1/2。

4.11.3 质量检验

①水泥为主剂的注浆加固质量检验应符合下列规定:

a.注浆检验应在注浆结束 28 d 后进行,可选用标准贯入、轻型动力触探、静力触探或面波等方法进行加固地层均匀性检测;

b.按加固土体深度范围每间隔 1 m 取样进行室内试验,测定土体压缩性、强度或渗透性;

c.注浆检验点不应少于注浆孔数的 2%~5%。检验点合格率小于 80% 时,应对不合格的注浆区实施重复注浆。

②硅化注浆加固质量检验应符合下列规定:

a.硅酸钠溶液灌注完毕,应在 7~10 d 后对加固的地基土进行检验;

b.应采用动力触探或其他原位测试检验加固地基的均匀性;

c.工程设计对土的压缩性和湿陷性有要求时,尚应在加固土的全部深度内,每隔 1 m 取土样进行室内试验,测定其压缩性和湿陷性;

d.检验数量不应少于注浆孔数的 2%~5%。

③碱液加固质量检验应符合下列规定:

a.碱液加固施工应做好施工记录,检查碱液浓度及每孔注入量是否符合设计要求。

b.开挖或钻孔取样,对加固土体进行无侧限抗压强度试验和水稳性试验。取样部位应在加固土体中部,试块数不少于 3 个,28 d 龄期的无侧限抗压强度平均值不得低于设计值的 90%。将试块浸泡在自来水中,无崩解。当需要查明加固土体的外形和整体性时,可对有代表性加固土体进行开挖,量测其有效加固半径和加固深度。

c.检验数量不应少于注浆孔数的 2%~5%。

④注浆加固处理后地基的承载力应进行静载荷试验检验。

⑤静载荷试验应按《建筑地基处理技术规范》(JGJ 79—2012)的规定进行,每个单体建筑的检验数量不应少于 3 点。

子项 4.12   地基处理施工方案的编制

地基处理施工方案编制一般包括以下内容:

第 1 章编制说明及依据:简述施工方案编制所依据的相关法律、法规、规范性文件、标准、规范及图纸(国标图集)、施工组织设计等。

第2章工程概况:简要描述工程概况、岩土地质情况、施工图的技术要求、施工平面布置、施工要求和技术保证条件。

第3章施工计划:阐述施工目标、施工准备、主要材料与设备计划、施工进度计划。

第4章施工工艺技术:描述地基处理施工顺序、施工测量、变形观测、地基周边的建筑物(地下管网)的监测和保护措施等。

方案中应绘制相应的地基平面图、立面图、剖面图及大样施工图;应有相应的水平、竖向和相邻建筑(构)物沉降变形的监测技术措施,以及地基地下管网的监测和保护措施。

第5章施工质量、安全保证措施:描述组织保障机构、保证施工质量的技术措施、施工安全技术措施、施工用电安全措施、施工应急救援预案等。

第6章文明施工措施:描述现场安全文明施工、环境保护措施。

第7章劳动力计划:描述专职安全生产管理人员、特种作业人员等。

第8章雨季、台风和夏季高温季节的施工措施。

附表、附图:

附表1:主要施工机械设备表;

附表2:施工进度计划表;

附图1:施工布置平面图;

附图2:地基处理设计图。

CFG 桩复合地基施工方案

一、编制说明及依据

1.编制目的

本施工方案是根据××教学园区体育中心 CFG 桩地基处理工程设计文件并结合现场踏勘后作出的总体部署,以确保能合理调配机械设备、人力、物资,保质保量完成桩基施工任务。

2.编制范围

××教学园区体育中心项目 CFG 桩基工程。

3.编制依据

(1)××教学园区体育中心项目施工图;

(2)××公司制订的有关施工质量及安全文明施工的相关制度、程序;

(3)相关规范规程:

《建筑桩基技术规范》(JGJ 94—2008);

《建筑地基处理技术规范》(JGJ 79—2012);

《建筑地基基础工程施工质量验收标准》(GB 50202—2018);

《混凝土结构工程施工质量验收规范》(GB 50204—2015);

《建筑机械使用安全技术规程》(JGJ 33—2012);

《工程测量规范》(GB 50026—2007);

《建筑基桩检测技术规范》(JGJ 106—2014);

《建设工程文件归档规范》(GB/T 50328—2014);

《施工现场临时用电安全技术规范》(JGJ 46—2005)。

二、工程概况

拟建的××教学园区体育中心项目位于××县城南新区,××公路以南,××大道以西,××西路以北,××北路以东。

根据勘察资料,本次勘探深度范围(30.00 m)内未见地下水,勘察取样发现场地土对混凝土结构以及结构中的钢筋具弱腐蚀性。勘探钻孔深度为从自然地面下 30 m,地层自上而下依次为①杂填土(0.60~1.30 m)、②黄土状粉土(埋深 0.6~1.30 m,$f_{ak}=110$ kPa)、③粉砂(3.6~5.1 m,$f_{ak}=140$ kPa)、④细砂(9.1~11.4 m,$f_{ak}=160$ kPa)、⑤圆砾(22.00~23.60 m,$f_{ak}=250$ kPa,以第⑤层为持力层。

场地内未发现断裂、地下采空区、大型冲沟等不良地质作用,周围不受泥石流、滑坡、崩塌等地质灾害影响。场地地形平坦,地层结构简单,地基土主要为第四纪冲洪积地层,坡度小,场地土无液化,适宜本工程建设。

本工程±0.000 对应的绝对标高值为 1 240.3 m(1985 国家高程标准),要求成孔直径不小于 400 mm,桩长 21.80 m,总桩数约 1 518 根,采用 C25 商品素混凝土,褥垫层材料用 300 mm 厚6~15 mm 的碎石或石屑,夯填度不大于 0.9。

三、施工部署

1.技术准备

图纸自审、会审及设计交底。在项目总工程师的组织下熟悉图纸,进行自审工作,做好审图记录以及对设计图纸的疑问和建议,在此基础上会同业主和设计院进行图纸会审,深入理解设计思路、意图以及设计要求,从而指导施工。

2.资料准备

积极准备有关的技术资料,按具体施工要求配备各类管理资料、技术资料、施工规范、验评标准,并在项目总工程师的组织下进行各有关施工技术交底工作;做好施工组织设计的补充调整工作,通过对施工图纸的会审以及对施工技术要求的掌握、理解、核定,在项目总工程师的组织下进行施工组织设计的补充、调整工作,使施工组织设计更切合实际地发挥指导作用。

3.材料准备

依据工程桩施工进度调整材料进购计划,以不影响施工为宜。主要材料用量见表4.1。

表 4.1　主要材料用量表

名称	品种规格	单位	数量	备注
混凝土	普通硅酸盐 C25	m³	大于 4 945 m³	随叫随到
碎石	≤15 mm	m³	4 500 m³	褥垫层

4.机械设备准备

机械设备表见表4.2。

表4.2　机械设备表

序号	设备名称	型号规格	数量	额定功率/kW	用于施工部位	备注
1	长螺旋钻机	SZKL600B	2	110	桩基	
2	混凝土输送泵	HBT60	2	55	桩基	商品混凝土公司提供
3	全站仪	GTS-332	1		测量	
4	电焊机	BX1-400	2		维修	
5	水准仪	S3	2		测量	
6	小挖机	PC60	2		开挖	
7	电锯		2		破桩	
8	专用切割机		4		凿桩	

5.施工现场平面布置

应文明施工要求,项目部拟在现场合适位置放置集装箱,用于堆放施工用工具。项目部拟在场地附近搭建临时彩钢板房或帐篷供办公及施工人员住宿。

6.劳动力计划安排

根据施工计划要求,依据施工工艺和工序对施工人员划分相应的班组。劳动力安排计划见表4.3。

表4.3　劳动力安排计划表

工种	按工程施工阶段投入劳动力情况			备注
	施工准备阶段	施工阶段	施工收尾阶段	
钻工	8	12	8	
后台混凝土灌注工	2	8	2	
电工及修理工	2	2	2	
勤杂工	2	4	2	
输送泵操作工	2	4	2	
破桩头	2	6	2	
褥垫层施工	2	6	2	
合计	20	42	20	

四、主要施工方法及技术措施

1.施工方法

1)成孔工艺

(1)采用长螺旋成孔压灌混凝土的施工工艺。

（2）该施工工艺具有成孔效率高、成孔时间短、作业人员少的特点。

（3）长螺旋施工噪声小，可进行夜间施工。

2）桩位测放

（1）根据桩基工程桩位平面图及甲方提供的红线资料、高程点，利用全站仪配合钢尺进行桩位测放。桩位测放误差应控制在±16 mm 以内，高程采用直接水准测量。

（2）认真做好桩位测放记录、高程测量记录，及时提交测量资料，为下道工序做好准备。

3）施工工艺

施工工艺流程图如图 4.12 所示。主要施工工艺为：

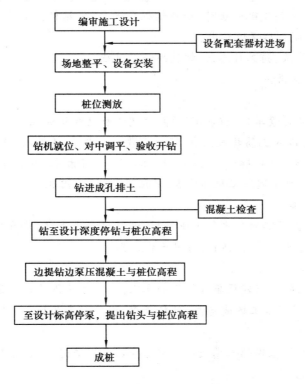

图 4.12　CFG 桩基施工工艺流程图

（1）利用红线点或控制桩测放桩位并移机至桩位，对中并将钻机调平。

（2）施工第一根桩时，应先开动混凝土输送泵，泵送水及砂浆流通管道；然后泵送混凝土，将混凝土管道中的砂浆压出管道，从而润滑管道并使整个管道充满混凝土；关闭钻头上的契形活门，开始钻进。

（3）钻至设计孔深后，先泵送混凝土再拔杆，边提升边灌注混凝土，控制提拔钻杆速度为 1.2~1.5 m/min，保证施工桩顶标高高出设计桩顶标高 0.5 m。

（4）提出钻头，移开钻机露出桩位，清除桩周浮土。

（5）移机至下一根桩。

2.技术措施

（1）试桩前应进行试成孔，以校对地质资料，检验设备及技术要求是否适宜。

（2）桩机就位必须铺垫平衡，立柱应垂直、稳定、牢固，钻头对准桩位。

（3）开钻前必须检查钻头上的锲形出料活门是否闭合，严禁开口钻进。

（4）钻孔过程中，未达到设计标高不得反转或提升钻杆，如因特殊情况要反转提升钻杆，应将钻杆提至地面，对钻头活门重新疏通、闭合。

（5）桩体混凝土：采用普通硅酸盐 C25 商品混凝土，混凝土坍落度为（180±20）mm。

（6）当施工作业面高出桩顶设计标高较大时，宜增加混凝土灌注量。

（7）成桩过程中应抽样做混合料试块，每台机械每台班不应少于一组。

（8）桩基施工过程中应密切关注周边已成桩的桩顶标高变化情况，若出现穿孔现象，需采取跳打的方式进行施工，确保 CFG 桩施工质量。

（9）钻进坚硬黏土层或砾砂层时，如遇钻机憋车，需将钻杆提离地面，清除钻杆上黏土，重新疏通钻头活门，闭合后慢速钻进。

（10）做好施工记录、施工日志，详细反映施工过程。

五、工程质量控制措施

1.桩位控制

（1）开工前，会同建设单位、监理工程师，共同测放轴线和桩位。

（2）桩位定位用 ϕ18 钢筋扎入土中，拔出后灌入双飞粉，并插入 40 cm 长的竹签。

（3）为防止漏打桩，实行桩位检验制。桩机对位后，由机长、质检员复核桩位、桩号是否正确，并签字确认，及时请监理工程师检查，保证桩位、桩号相符。

2.桩身垂直度控制

桩机就位时，根据钻塔两个方向线锤控制，调整桩身垂直度，垂直度偏差不得超过 1%，若出现钻塔倾斜等情况，应停止钻孔，待纠正后成孔。

3.桩顶桩底标高控制

（1）桩底标高控制：根据建设单位提供的水准点，会同建设单位将设计±0.000引至施工现场作好保护，然后根据施工场地标高、钻杆长度，假设护套为地面，计算出钻入地面深度，然后在钻塔上做好标高。

（2）桩顶标高控制：根据钻具总长在机架上分别做好标记，桩底标高允许偏差<100 mm，桩径允许偏差-20 mm。

4.混凝土质量控制

（1）到场的商品混凝土坍落度必须控制在（180±20）mm，且每班做一次坍落度试验，请监理工程师检查。

（2）和易性差、有离析现象的混凝土不准进管。

（3）混凝土灌注充盈系数保证≥1.2。

（4）施工过程中，每台机械每天做一组试块并编号。试块制作时，请监理工程师见证取样，试块为边长 150 mm 立方体，标准养护 28 d，测定其抗压强度。

5.成品养护措施

CFG 桩严禁用大挖机进行开挖，严禁重车在已施工桩上行走。

6.施工记录

（1）施工班组记录员应及时、详细、认真逐项填写"长螺旋钻孔压灌混凝土桩施工记录表"，如实反映施工过程中的各种情况。

(2)机长、施工员、质检员每施工完一根桩应及时记录,并在施工图上做好标记,下班时三方核对桩位、桩数,防止漏桩。

(3)现场技术人员必须写好每天的施工日志,按图、按桩号上墙,并对当天的工作进行总结。

7.桩间土清理及桩头别凿技术

(1)桩间土清理:采用小型挖机配合人工清理,开挖范围为铺设褥垫层大范围;清土应先清钻出土,后清施工保护层土;清土时尽量保证槽底平整,避免扰动基底老土。

(2)桩头别凿:先用电锯在桩顶设计标高沿桩四周锯开,然后使用铁钎对称凿断桩头,避免桩体产生深部劈裂,最后对桩顶进行凿平,严禁强烈振动桩头导致断桩。

8.褥垫层施工

(1)褥垫层厚度:300 mm。

(2)褥垫层施工时,桩间虚土必须清除干净。

(3)褥垫层材料采用碎石,粒径6~15 mm,级配良好,不宜采用天然砂卵石。

(4)桩间土为中、高灵敏度土和饱和土时,褥垫层采用静压密实,不得采用振动夯实,应使用打夯机进行夯实。

(5)保证褥垫层的夯填度在0.9左右。

六、安全生产保证措施

(1)落实安全生产责任制,实施责任管理。接受当地政府、业主和工程师对安全工作的管理与指导。

(2)建立、完善以项目经理为首的安全生产领导组织,有组织地开展管理活动,项目经理是施工项目安全的第一责任人。

(3)建立各级人员安全生产责任制度,明确各级人员的安全责任,抓制度落实,抓责任落实,定期检查安全责任落实情况,严格奖惩制度。

(4)各职能部门、人员在各自业务范围内对实施安全生产的要求负责。

(5)实施全员承担安全生产责任,建立安全生产责任制,做到一环不漏,各职能部门、人员的安全责任做到横向到边、人人负责。

(6)一切从事生产管理与操作人员,依照其从事的生产内容分别通过企业及施工项目经理部的安全检查,取得安全操作认可证,持证上岗。

(7)特种作业人员,除经企业安全审查,还需按规定参加安全操作考核,取得监察部门核发的《安全操作合格证》,持证上岗。

(8)一切管理、操作人员均需与施工项目部签订安全协议,向施工项目做出安全保证。

(9)安全生产责任落实情况的检查,应认真、详细记录。开展安全教育与培训,增强人的安全生产意识,提高安全知识,有效防止人的安全行为,减少人为失误。

(10)适时开展普遍安全检查、专业安全检查和季节性安全检查。安全检查以自检形式为主,上级监督检查为辅的原则。检查的重点以劳动条件、生产设备、现场管理、安全卫生设施及生产人员的行为为主,发现危及人的安全因素时,必须果断消除。

(11)安全生产管理要坚持"五同时",做到工程技术与安全技术结合为统一体,作业按标准化实施,安全控制要有力,控制要到位,存在差距时要及时消除。

(12)施工现场的用电线路、用电设施的安装和使用要符合安装规范和安全操作规程,并按照施工布置进行架设,禁止任意拉线接电。施工现场设置有保证施工安全要求的夜间照明、危险潮湿场所照明以及手持照明灯具,采用符合安全要求的电压。高低压架空线路采用绝缘导线时,其架空高度不得低于 3 m,跨越主要道路、线路与路面中心垂直高度不得小于6 m。

(13)严禁酒后作业,严禁非司机人员开车。

(14)每天施工前要对机械设备进行安全检查,交接班要填写安全记录,如出现安全事故,应及时履行报告手续。

(15)选用的机械设备要有足够的安全保障,起重机械要有足够的安全系数。

七、文明施工管理措施

1.场容场貌

进场主路旁立"五牌一图",即:①工程概况及监督电话牌;②安全生产牌;③文明施工牌;④消防保卫牌;⑤工程管理人员牌;⑥施工平面布置图。

2.场内规划

(1)办公室外面设置××市"文明公约和十不准"规定牌等。

(2)施工现场道路平整,不得用模板、木板垫路。

(3)施工现场人员在施工现场必须佩证上岗。

(4)施工现场按平面布置,办公室墙壁上应悬挂安全责任牌、安全保证体系图、劳资纠纷处理程序图、安全消防文明施工领导小组成员牌、项目组织机构图、质量保证体系图、企业质量方针及目标牌、企业精神牌。办公室内保持清洁整齐,办公用品整齐堆放。

(5)生活区统一设置在施工区域南侧,具体布置详见工程平面布置图,在宿舍区应挂设"工地临时住宿管理规定""施工现场安全奖罚暂行规定"牌。门口应挂设标识牌,牌上应注明班组名称、班组成员名单、治安消防卫生责任人。

(6)施工现场悬挂警示牌、大幅宣传标语及宣传画。

(7)施工作业区内必须做到工完场清,物尽其用,应有防尘防漏措施,建筑垃圾集中堆放,及时清运。

3.场具、料具管理

(1)各种材料、成品、半成品、机械设备的堆放位置应与施工平面图相符。

(2)各种材料应分类堆放,并挂设标识牌。

(3)现场辅材、设备配件库应分类摆好,挂设标签,库内整洁,行走道畅通。

(4)施工机械进场安装好及小型机具项目验收后,桩机由公司安全、设备科组织有关部门验收,并留记录,验收合格后方可使用。

(5)闲置设备立即保养退回公司仓库。

4.环境卫生

(1)遵守国家、省市有关环境保护法律、条例、细则规定。在施工过程中必须采取减少噪声的有效措施。按《关于防止环境污染的措施》中的有关条款,控制施工现场的各种粉尘、废气、废水、固体废弃物以及噪声、振动对环境的污染和危害。

(2)各施工区的建筑垃圾必须及时清运到指定地点,严禁将有毒、有害废弃物作土方回填。

5.综合治理

(1)施工现场、生活区各设置1个值班室,值班室面积3 m×2.6 m,四周开窗的尺寸自定。值班室内挂设门卫制度牌,工地按公司《治安保卫工作管理办法》管理,设立专职保安人员。项目中每年年初应与公司安全科签订《安全文明施工劳务管理综合治理目标管理责任书》。

(2)项目经理部由项目经理、安全员、施工员组织安全文明施工教育,并在安全技术交底的同时进行文明施工内容的教育,且有记录资料可查。

(3)项目经理部应组织全体人员认真学习有关法律、法规,有关公司的规章制度,增强法制观念,不得寻衅闹事,打架斗殴,严禁采取任何形式的赌博活动,杜绝刑事犯罪和违法乱纪行为。

(4)严格执行政府文件精神内容及公司的有关规定内容,搞好劳务管理工作。

(5)项目经理部要主动与施工现场周围有关社区单位及居民搞好合作,积极开展共建文明活动,发挥文明窗口作用,树力良好的企业形象。

(6)项目经理部要结合本项目的实际情况,制订具有针对性的规章制度。

6.消防

(1)项目经理部制订了具有针对性的消防规章制度,由项目部经理、安全员专人消防管理工作,开展消防安全活动和消防安全知识教育,指导和培训义务消防队员,现场按照规定配置干粉灭火器和泡沫灭火器及消防水源,成立安全防火领导小组,建立消防档案。

(2)施工现场布置醒目的消防安全标语牌,明确划分用火作业区。用火作业区与在建工程和其他区域之间的距离不小于25 m;距生活区不小于15 m。材料堆场和仓库区与在建工程和其他区域之间的距离不小于20 m。临时宿舍距易燃易爆物品仓库不小于30 m,距离高压线架空线的水平距离不小于6 m。乙炔瓶、氧气瓶和焊接均应分开,不得放在一个室内。

7.其他

(1)项目经理部设医疗保健箱,配备普通医疗、急救器具及药品:氧气袋、担架、2%红汞液、2%碘酊、70%~75%酒精、3%双氧水、创可贴、纱布、药棉、云南白药、绿药膏、胶布。

(2)病情严重时,应及时送往医院治疗。

八、应急措施

(1)备用长螺旋钻机及配套设施,以便随时增调,保证工程顺利完工。

(2)加强管理,使各工序之间衔接紧密,赶时间,抢工期。

(3)充分准备,从人力、财力、物力多方面入手,保证工程连续作业,工程所用三材指派专人负责,保证及时到位。

(4)加强机械设备的维修、保养,出现问题及时进行抢修,不让钻机停待。

项目小结

本项目主要讲述地基处理的施工,涉及了换填垫层法、排水固结预压法、压实法、夯实法、振冲法、砂石桩法、水泥土搅拌桩法、旋喷桩法等常用的地基处理施工方法及质量检测方法。

通过本项目的学习,应掌握换填垫层法、排水固结预压法、水泥土搅拌桩法等常见基础处理施工方法;了解地基处理中机械的性能及适用范围;能够根据土方工程具体情况合理选择施工机械;了解地基处理检验工作的内容和常用检验方法;了解常用的地基处理方法;能分析影响地基处理质量的因素。

复习思考题

1.什么是换填垫层法?

2.排水固结预压法的概念和适用范围是什么?

3.排水固结预压法地基对材料的主要要求有哪些?

4.施工时当地下水位较高或在饱和的软弱地基上施工时应采取什么措施?

5.灰土挤密桩、土挤密桩复合地基处理时,对土的含水量有什么要求?

6.水泥粉煤灰碎石桩施工有什么规定?

7.强夯地基有哪几种方法?什么是强夯法和强夯置换法?有什么特点?说明其适用范围。

8.采用预压法进行地基处理时需要进行哪些质量检测?标准有哪些?

9.振冲法加固地基有哪些特点?

10.简述注浆加固法的施工步骤。

项目 5

浅基础施工

项目导读

- **基本要求** 了解浅基础施工的工艺顺序；掌握无筋扩展基础的常见类型；掌握砖基础、石砌体基础、灰土和三合土基础、混凝土基础的构造特点及施工要点；掌握钢筋混凝土基础的形式；掌握柱下钢筋混凝土独立基础、墙下钢筋混凝土条形基础的构造特点及施工要点；了解柱下条形基础、筏板基础的构造特点及施工要点。

- **重点** 基础分类，无筋扩展基础构造和施工，钢筋混凝土基础的构造和施工，施工技术交底的编制。

- **难点** 钢筋混凝土基础的构造和施工。

子项 5.1 基础工程的基本知识

任何建筑物都建造在地层上，建筑物的全部荷载均由它下面的地层来承担。受建筑物荷载影响的那一部分地层称为地基；建筑物在地面以下并将上部荷载传递至地基的结构就是基础；基础上建造的是上部结构，如图 5.1 所示。基础底面至地面的距离称为基础的埋置深度。直接支撑基础的地层称为持力层，在持力层下方的地层称为下卧层。地基基础是保证建筑物安全和满足使用要求的关键之一。

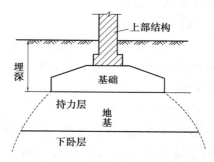

图 5.1 地基及基础示意图

基础的作用是将建筑物的全部荷载传递给地基。和上部结构一样,基础应具有足够的强度、刚度和耐久性。地基和基础是建筑物的根基,又属于地下隐蔽工程,它的勘察、设计和施工质量直接关系着建筑物的安危。在建筑工程事故中,地基基础方面的事故最多,而且地基基础事故一旦发生,补救异常困难。从造价或施工工期上看,基础工程在建筑物中所占比例很大,有的工程可达 30% 以上。因此,地基及基础在建筑工程中的重要性是显而易见的。

5.1.1 基础分类

1)按基础材料分类

基础应具有承受荷载、抵抗变形和适应环境的能力,即要求基础具有足够的强度、刚度和耐久性。选择基础材料,首先要满足这些技术要求,并与上部结构相适应。

常用的基础材料有砖、毛石、灰土、三合土、混凝土和钢筋混凝土等。下面简单介绍这些基础的性能和适应性。

(1)砖基础

砖砌体具有一定的抗压强度,但抗拉强度和抗剪强度低。砖基础所用的砖,强度等级不低于 MU7.5,砂浆不低于 M5。在地下水位以下或当地基土潮湿时,应采用水泥砂浆砌筑。在砖基础底面以下,一般应先做 100 mm 厚的 C10 混凝土垫层。砖基础取材容易,应用广泛,一般可用于 6 层及 6 层以下的民用建筑和砖墙承重的厂房。

(2)毛石基础

毛石是指未加工的石材。毛石基础采用未风化的硬质岩石,禁用风化毛石。由于毛石之间间隙较大,如果砂浆黏结的性能较差,则不能用于多层建筑,且不宜用于地下水位以下。但毛石基础的抗冻性能较好,北方也用来作为 7 层以下的建筑物的基础。

(3)灰土基础

灰土是用石灰和土料配制而成的。石灰以块状为宜,经熟化 1~2 d 后过 5 mm 筛立即使用。土料应用塑性指数较低的粉土和黏性土为宜,土料团粒应过筛,粒径不得大于 15 mm。石灰和土料按体积配合比为 3:7 或 2:8 拌和均匀后,在基槽内分层夯实。灰土基础宜在比较干燥的土层中使用,其本身具有一定的抗冻性。在我国华北和西北地区,广泛用于 5 层及 5 层以下的民用建筑。

(4)三合土基础

三合土是由石灰、砂和骨料(矿渣、碎砖或碎石)加水混合而成。施工时石灰、砂、骨料按体积配合比为 1:2:4 或 1:3:6 拌和均匀后再分层夯实。三合土的强度较低,一般只用于 4 层及 4 层以下的民用建筑。

(5)混凝土基础

混凝土基础的抗压强度、耐久性和抗冻性比较好,其混凝土强度等级一般为 C10 以上。这种基础常用在荷载较大的墙柱处。如在混凝土基础中埋入体积占 25%~30% 的毛石(石块尺寸不宜超过 300 mm),即做成毛石混凝土基础,则可以节省水泥用量。

（6）钢筋混凝土基础

钢筋混凝土是基础的良好材料，其强度、耐久性和抗冻性都较理想。由于它承受弯矩和剪力的能力较好，故在相同的基底面积下可减少基础高度。因此，常在荷载较大或地基较差的情况下使用。

除钢筋混凝土基础外，上述其他各种基础属无筋基础。无筋基础的抗拉、抗剪强度都不高，为了使基础内产生的拉应力和剪应力不致过大，需要限制基础沿柱、墙边挑出的宽度，因此使基础的高度相对增加。因此，这种基础几乎不会发生挠曲变形，习惯上把无筋基础称为刚性基础。钢筋混凝土基础称为柔性基础。

2）按结构形式分类

（1）钢筋混凝土独立基础

主要是柱下基础，通常有现浇台阶形基础、现浇锥形基础和预制柱的杯口形基础，如图5.2所示。杯口形基础又可分为单肢和双肢杯口形基础、低杯口形基础和高杯口形基础。轴心受压柱下基础的底面形状为正方形，而偏心受压柱下基础的底面形状为矩形。

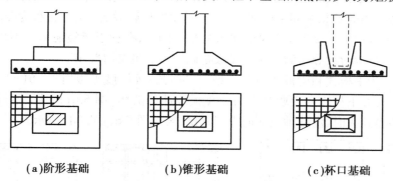

(a)阶形基础　　　　　(b)锥形基础　　　　　(c)杯口基础

图5.2　柱下钢筋混凝土扩展基础

（2）钢筋混凝土条形基础

钢筋混凝土条形基础可分为墙下钢筋混凝土条形基础（图5.3）、柱下钢筋混凝土条形基础（图5.4）和十字交叉钢筋混凝土条形基础（图5.5）。墙下钢筋混凝土条形基础根据受力条件可分为不带肋和带肋两种（图5.3）。通常只考虑在基础横向受力发生破坏，设计时，可沿长度方向按平面应变问题进行分析计算。

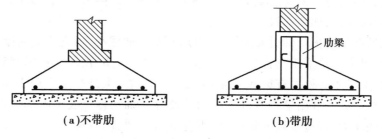

肋梁

(a)不带肋　　　　　　　　　(b)带肋

图5.3　墙下钢筋混凝土条形基础

上部荷载较大，地基承载力较低时，独立基础底面积不能满足设计要求，这时可把若干柱子的基础连成一条构成柱下条形基础，以扩大基底面积，减小地基反力，并可以通过形成整体刚度来调整可能产生的不均匀沉降。把一个方向的单列柱基连在一起形成单向条形基础,如图 5.4 所示。

上部荷载较大,采用单向条形基础仍不能满足承载力要求时,可以把纵横柱基础均连在一起,形成十字交叉条形基础,如图 5.5 所示。

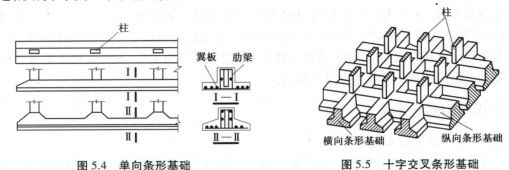

图 5.4　单向条形基础　　　　　　　　图 5.5　十字交叉条形基础

（3）筏板基础(片筏基础)

当地基承载力低,而上部结构的荷载又较大,以致十字交叉条形基础仍不能提供足够的底面积来满足地基承载力的要求时,可采用钢筋混凝土满堂板基础,这种平板基础称为筏板基础。

筏板基础具有比十字交叉条形基础更大的整体刚度,有利于调整地基的不均匀沉降,能较好地适应上部结构荷载分布的变化。筏板基础还可满足抗渗要求。

筏板基础分为平板式和梁板式两种类型。平板式:等厚度平板[图 5.6(a)];柱荷载较大时,可局部加大柱下板厚或设墩基以防止筏板被冲剪破坏[图 5.6(b)]。梁板式:柱距较大,柱荷载相差也较大时,沿柱轴纵横向设置基础梁,如图 5.6(c),(d)所示。

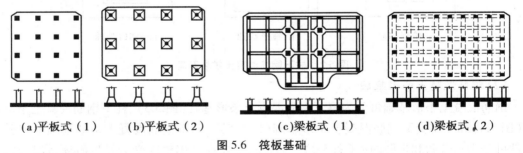

(a)平板式（1）　　(b)平板式（2）　　(c)梁板式（1）　　(d)梁板式（2）

图 5.6　筏板基础

（4）箱形基础

箱形基础是由现浇的钢筋混凝土底板、顶板和纵横内外隔墙组成,形成一个刚度极大的箱子,故称为箱形基础,如图 5.7(a)所示。

箱形基础具有比筏板基础更大的抗弯刚度,相对弯曲很小,可视作绝对刚性基础。为了加大底板刚度,可进一步采用"套箱式"箱形基础,如图 5.7(b)所示。箱形基础埋深较深,基础空腹,从而卸除了基底处原有地基的自重应力,因此就大大减少了作用于基础底面的附加应力,减少了建筑物的沉降,这种基础又称为补偿性基础。与一般实体基础相比,箱形基础能显著减小基底压力,降低基础沉降量;此外,它的抗震性能较好。

箱形基础的钢筋、水泥用量很大,工期长,造价高,施工技术比较复杂,在进行深基坑开挖时,还需要考虑降低地下水位、坑壁支护及对周边环境的影响等问题。因此,箱形基础的采用与否,应在与其他可能的地基基础方案做技术经济比较之后再决定。

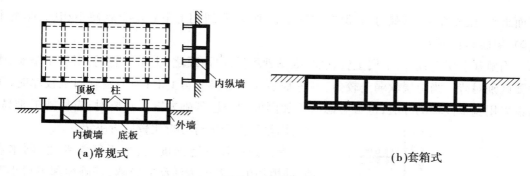

图 5.7　箱形基础

（5）壳体基础

为改善基础的受力性能，基础的形状可以不做成台阶状，而做成各种形式的壳体，称为壳体基础（图 5.8）。壳体基础以承受轴向压力为主，可以充分发挥钢筋和混凝土材料抗压强度高的特点（梁板基础：弯矩为主），节省材料、造价低，但施工工期长、工作量大且技术要求高，适用于筒形构筑物基础。根据形状不同，有 M 形组合壳、正圆锥壳、内球外锥组合壳 3 种形式，如图 5.8 所示。

图 5.8　壳体基础

3）按埋置深度分类

通常将埋深不大（一般小于 5 m），只需经过挖槽、排水等普通施工工序就可以建造起来的基础统称为浅基础，如柱下单独基础、墙下或柱下条形基础、交叉梁基础、筏板基础、箱形基础等。对于浅层土质不良，需要利用深处良好地层的承载能力，而采用专门的施工方法和机具建造的基础，称为深基础，如桩基础、墩基础、地下连续墙等。

5.1.2　基础埋置深度的选择

基础埋置深度一般是指室外设计地面到基础底面的距离。基础埋置深，基底两侧的荷载大，地基承载力高，稳定性好；相反，基础埋置浅，工程造价低，施工工期短。确定基础埋深，就是选择较理想的土层作为持力层，需要认真分析各方面的情况，处理好安全与经济这一矛盾。

影响基础埋置深度的因素较多，一般可以从以下几方面考虑：

1）工程地质条件及地下水的情况

工程地质条件是影响基础埋深的最基本条件之一，设计者希望地基各土层的厚度均匀、层面水平、压缩性小、承载力高，但在实际工程中，却常遇到上下各层土软硬不相同、厚度不均匀、层面倾斜等情况。

当地基上层土较好，下层土较软弱，则基础尽量浅埋；反之，上层土软弱，下层土坚实，则需要区别对待。当上层软弱土较薄，可将基础置于下层坚实土上；当上层软弱土较厚时，可考虑采用宽基浅埋的办法，也可考虑人工加固处理或桩基础方案。必要时，应从施工难易、材料用量等方面进行分析比较后再决定。

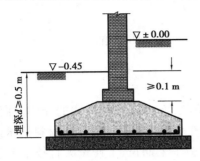

图 5.9　基础的最小埋置深度

考虑到地表一定深度内，由于气温变化、雨水侵蚀、动植物生长及人为活动的影响，基础埋深不得小于 0.5 m；为保护基础不外露，基础大放脚顶面应低于室外地面至少 0.1 m。另外，基础也应埋置于持力层面下不少于 0.1 m，如图 5.9 所示。

选择基础埋深时，应考虑水文地质条件的影响。当基础置于潜水面以上时，无须基坑排水，可避免涌土、流砂现象，方便施工，设计上一般不必考虑地下水的腐蚀作用和地下室的防渗漏问题等。因此，在地基稳定许可的条件下，基础应尽量置于地下水位之上。当承压含水层埋藏较浅时，为防止基底因挖土减压而隆起开裂，破坏地基，必须控制基底设计标高。

2) 建筑物的有关条件

（1）建筑功能

当建筑物设有地下室时，基础埋深要受地下室地面标高的影响，在平面上仅局部有地下室时，基础可按台阶形式变化埋深或整体加深。当设计的工程是冷藏库或高温炉窑，其基础埋深应考虑热传导引起地基土因低温而冻胀或因高温而干缩的不利影响。

（2）荷载效应

对于竖向荷载大，地震力和风力等水平荷载作用也大的高层建筑，基础埋深应适当增大，以满足稳定性要求，如在抗震设防区，高层建筑的箱形和筏形基础埋深宜大于建筑高度的 1/15；对于受上拔力较大的基础，应有较大的埋深，以提供所需的抗拔力；对于室内地面荷载较大或有设备基础的厂房、仓库，应考虑对基础内侧的不利作用。

（3）设备条件

在确定基础埋深时，需考虑给排水、供热等管道的标高。原则上不允许管道从基础底下通过，一般可以在基础上设洞口，且洞口顶面与管道之间要留有足够的净空高度，以防止基础沉降压裂管道，造成事故。

3) 相邻建筑物基础的埋深

在城市房屋密集的地方，往往新旧建筑物紧靠在一起，为保证原有建筑物的安全和正常使用，新建建筑物的基础埋深不宜大于原有建筑物的基础埋深，并应考虑新加荷载对原有建筑物的不利影响。当新建建筑物荷重大、楼层高、基础埋深要求大于原有建筑物基础埋深时,新旧两基础之间应有一定的净距(图5.10),可根据荷载大小、土质情况和基础形式确定,一般可取相邻基础底面高差的1~2倍,即$L \geqslant (1\sim2)h$。当不能满足净距方面的要求时,应采取分段施工,或设临时支撑、打板桩、地下连续墙等措施,或加固原有建筑物地基。

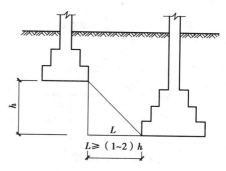

图5.10 相邻基础的埋深

4)地基冻融条件的影响

如果基础埋于冻胀土内,当冻胀力和冻切力足够大时,就会导致建筑物发生不均匀的上抬,门窗不能开启,严重时墙体开裂;当温度升高解冻时,冰晶体融化,含水量增大,土的强度降低,使建筑物产生不均匀的沉陷。在气温低、冻结深度大的地区,由于冻害使墙体开裂的情况较多,应引起足够的重视。

子项 5.2 无筋扩展基础

无筋扩展基础是指由砖、毛石、混凝土或毛石混凝土、灰土和三合土等材料组成的无须配置钢筋的墙下条形基础或柱下独立基础。无筋基础的材料都具有较好的抗压性能,但抗拉、抗剪强度都不高,为了使基础内产生的拉应力和剪应力不超过相应的材料强度设计值,设计时需要加大基础的高度。因此,这种基础几乎不发生挠曲变形,故习惯上把无筋基础称为刚性基础。无筋扩展基础适用于多层民用建筑和轻型厂房。

无筋扩展基础的截面形式有矩形、阶梯形、锥形等。无筋扩展基础的抗拉强度和抗剪强度较低,因此必须控制基础内的拉应力和剪应力。为保证在基础内的拉应力、剪应力不超过基础的容许抗拉、抗剪强度,一般在构造上加以限制。结构设计时可以通过控制材料强度等级和台阶宽高比(台阶的宽度与其高度之比)来确定基础的截面尺寸,而无须进行内力分析和截面强度计算。

无筋扩展基础(图5.11)高度应满足下式要求:

$$H_0 \geqslant \frac{b - b_0}{2 \tan \alpha} \tag{5.1}$$

式中 b——基础底面宽度,m;

b_0——基础顶面的墙体宽度或柱脚宽度,m;

H_0——基础高度,m;

$\tan \alpha$——基础台阶宽高比 $b_2 : H_0$,其允许值可按表5.1选用;

b_2——基础台阶宽度,m。

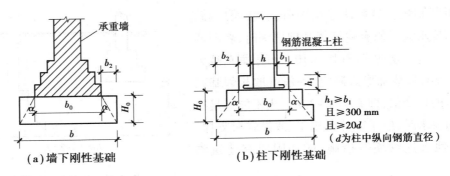

图 5.11 无筋扩展基础构造示意图

表 5.1 无筋扩展基础台阶宽高比的允许值

基础材料	材料要求	台阶高宽比的允许值		
		$p_k \leqslant 100$	$100 < p_k \leqslant 200$	$200 < p_k \leqslant 300$
混凝土基础	C15 混凝土	1:1.00	1:1.00	1:1.25
毛石混凝土基础	C15 混凝土	1:1.00	1:1.25	1:1.50
砖基础	砖不低于 MU10、砂浆不低于 M5	1:1.50	1:1.50	1:1.5
毛石基础	砂浆不低于 M5	1:1.25	1:1.50	—
灰土基础	体积比为 3:7 或 2:8 的灰土,其最小干密度: 粉土 1 500 kg/m³ 粉质黏土 1 500 kg/m³ 黏土 1 450 kg/m³	1:1.25	1:1.50	—
三合土基础	体积比 1:2:4~1:3:6(石灰:砂:骨料),每层约虚铺 220 mm,夯至 150 mm	1:1.50	1:2.00	—

注:①p_k 为作用的标准组合时基础底面处的平均压力值,kPa。

②阶梯形毛石基础的每阶伸出宽度,不宜大于 200 mm。

③当基础由不同材料叠合组成时,应对接触部分进行抗压验算。

④混凝土基础单侧扩展范围内基础底面处的平均压力值超过 300 kPa 时,尚应进行抗剪验算;对基底反力集中于立柱附近的岩石地基,应进行局部受压承载力验算。

5.2.1 无筋扩展基础构造

1)砖基础构造

砖基础有条形基础和独立基础。基础下部扩大部分称为大放脚,上部为基础墙。砖基础的大放脚通常采用等高式和间隔式两种,如图 5.12 所示。

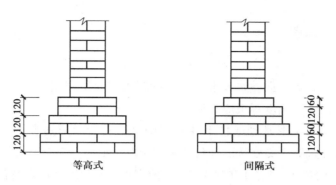

图 5.12　砖基础大放脚形式

等高式大放脚是两皮一收,两边各收进 1/4 砖长,即高为 120 mm、宽为 60 mm;不等高式大放脚是两皮一收和一皮一收相间隔,两边各收进 1/4 砖长,即高为 120 mm 与 60 mm,宽为 60 mm。

大放脚一般采用一顺一丁砌法,上下皮垂直灰缝相互错开 60 mm。

砖基础的转角处、交接处,为错缝需要应加砌配砖(3/4 砖、半砖或 1/4 砖)。在这些交接处,纵横墙要隔皮砌通;大放脚的最下一皮及每层的最上一皮应以丁砌为主。

底宽为 2 砖半等高式砖基础大放脚转角处分皮砌法,如图 5.13 所示。

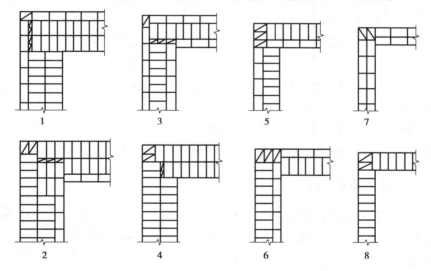

图 5.13　大放脚转角处分皮砌法

砖基础底标高不同时,应从低处砌起,并应由高处向低处搭砌,当设计无要求时,搭砌长度不应小于砖基础大放脚的高度,如图 5.14 所示。

砖基础的转角处和交接处应同时砌筑,当不能同时砌筑时,应留置斜槎。

基础墙的防潮层,当设计无具体要求,宜用 1∶2 水泥砂浆加适量防水剂铺设,其厚度宜为 20 mm。防潮层位置宜在室内地面标高以下一皮砖处。

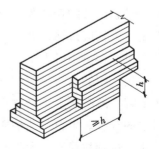

图 5.14　基底标高不同时砖基础的搭砌

2)石砌体基础构造

(1)毛石基础

毛石基础是用毛石与水泥砂浆或水泥混合砂浆砌成。所用毛石强度等级一般为 MU20 以上,砂浆宜用水泥砂浆,强度等级应不低于 M5。

毛石基础可作墙下条形基础或柱下独立基础。按其断面形式有矩形、阶梯形和梯形。基础的顶面宽度应比墙厚大 200 mm,即每边宽出 100 mm,每阶高度一般为 300～400 mm,并至少砌二皮毛石。上级阶梯的石块应至少压砌下级阶梯的 1/2,相邻阶梯的毛石应相互错缝搭砌,如图 5.15 所示。

毛石基础必须设置拉结石,同皮内每隔 2 m 左右设置一块。

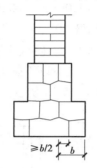

图 5.15 阶梯形毛石基础

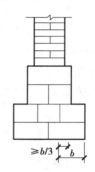

图 5.16 阶梯形料石基础

(2)料石基础

砌筑料石基础的第一皮石块应用丁砌坐浆砌筑,以上各层料石可按一顺一丁进行砌筑。阶梯形料石基础,上级阶梯的料石至少压砌下级阶梯料石的 1/3,如图 5.16 所示。

3)灰土与三合土基础构造

灰土与三合土基础构造详图如图5.17所示。两者构造相似,只是填料不同。灰土基础材料应按体积配合比拌料,宜为 3:7 或 2:8。土料宜采用不含松软杂质的粉质黏性土及塑性指数大于 4 的粉土。土料应过筛,其粒径不得大于 15 mm,土中的有机质含量不得大于 5%。

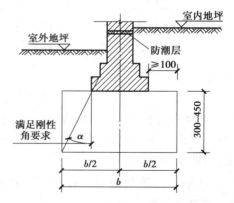

图 5.17 灰土与三合土基础构造详图

灰土用的熟石灰应在使用前一天将生石灰浇水消解。熟石灰中不得含有未熟化的生石灰块和过多的水分。生石灰消解 3～4 d 筛除生石灰块后使用。过筛粒径不得大于 5 mm。

三合土基础材料应按体积配合比拌料,宜为 1:2:4～1:3:6,宜采用消石灰、砂、碎砖配置。砂宜采用中、粗砂和泥砂。砖应粉碎,其粒径为 20～60 mm。

4）混凝土基础与毛石混凝土基础构造

当荷载较大、地下水位较高时,常采用混凝土基础。混凝土基础的强度较高,耐久性、抗冻性、抗渗性、耐腐蚀性都很好。基础的截面形式常采用台阶形,阶梯高度一般不小于300 mm。

（1）构造要求

毛石混凝土基础与混凝土基础的构造相同（图 5.18）,当基础体积较大时,为了节约混凝土的用量,降低造价,可掺入一些毛石（掺入量不宜超过 30%）形成毛石混凝土基础。

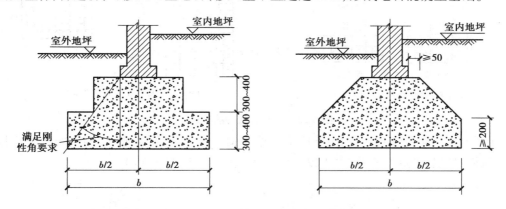

图 5.18 混凝土基础或毛石混凝土基础

（2）材料要求

混凝土的强度等级不宜低于 C15;毛石要选用坚实、未风化的石料,其抗压强度不低于 30 kPa;毛石尺寸不宜大于截面最小宽度的 1/3,且不大于 300 mm;毛石在使用前应清洗表面泥垢、水锈,并剔除尖条和扁块。

5.2.2 无筋扩展基础施工工艺及质量要求

1）砖基础施工

（1）工艺流程

砖基础施工工艺包括:地基验槽、砖基放线、砖浇水、材料见证取样、拌制砂浆、排砖摺底、立皮数杆、墙体盘角、立杆挂线、砌砖基础、验收养护等步骤。其工艺流程如图 5.19 所示。

（2）施工要点

①砌砖基础前,应先将垫层清扫干净,并用水润湿,立好皮数杆,检查防潮层以下砌砖的层数是否相符。

②从相对设立的龙门板上拉上大放脚准线,根据准线交点在垫层面上弹出位置线,即为基础大放脚边线。基础大放脚的组砌法如图 5.20 所示。大放脚转角处要

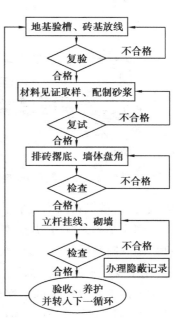

图 5.19 砖基础砌筑工艺流程图

放七分头,七分头应在山墙和檐墙两处分层交替放置,一直砌到实墙。

③大放脚一般采用一顺一丁砌筑法,竖缝至少错开 1/4 砖长。大放脚的最下一皮及各个台阶的上面一皮应以丁砌为主,砌筑时宜采用"三一"砌法,即一铲灰、一块砖、一挤揉。

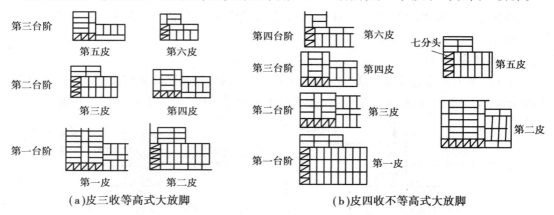

图 5.20 基础大放脚的组砌法

④开始操作时,在墙转角和内外墙交接处应砌大角,先砌筑 4 或 5 皮砖,经水平尺检查无误后进行挂线,砌好摆底砖,再砌以上各皮砖。挂线方法如图 5.21 所示。

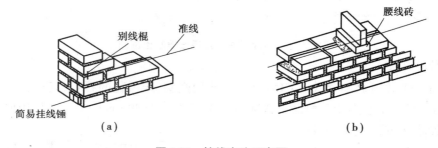

图 5.21 挂线方法示意图

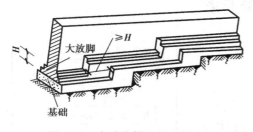

图 5.22 大放脚搭接长度做法

⑤砌筑时,所有承重墙基础应同时进行。基础接槎必须留斜槎,高低差不得大于 1.2 m。预留孔洞必须在砌筑时预先留出,位置要准确。暖气沟墙可以在基础砌完后再砌,但基础墙上放暖气沟盖板的出檐砖必须同时砌筑。

⑥有高低台的基础底面,应从低处砌起,并按大放脚的底部宽度由高台向低台搭接。如设计无规定时,搭接长度不应小于大放脚高度,如图 5.22 所示。

⑦砌完基础大放脚,开始砌实墙部位时,应重新抄平放线,确定墙的中线和边线,再立皮数杆。砌到防潮层时,必须用水平仪找平,并按图纸规定铺设防潮层。如设计未作具体规定,宜用 1:2.5 水泥砂浆加适量的防水剂铺设,其厚度一般为 20 mm。砌完基础经验收后,应及时清理基槽(坑)内的杂物和积水,应在两侧同时填土,并应分层夯实。

⑧在砌筑时,要做到上跟线、下跟棱;角砖要平,绷线要紧;上灰要准,铺灰要活;皮数杆要牢固垂直;砂浆饱满、灰缝均匀、横平竖直、上下错缝、内外搭砌、咬槎严密。

⑨砌筑时,灰缝砂浆要饱满,水平灰缝厚度宜为10 mm,不应小于 8 mm,也不应大于12 mm。每皮砖要挂线,它与皮数杆的偏差值不得超过 10 mm。

⑩基础中预留洞口及预埋管道,其位置、标高应准确,避免凿打墙洞;管道上部应预留沉降空隙。基础上铺放地沟盖板的出檐砖应同时砌筑,并应用丁砖砌筑,立缝碰头灰应打严实。

⑪基础砌至防潮层时,须用水平仪找平,并按设计铺设防水砂浆(掺加水泥质量3%的防水剂)防潮层。

2)毛石基础施工

(1)工艺流程

毛石基础施工包括:地基找平、基墙放线、材料见证取样、配置砂浆、立皮数杆挂线、基底找平、盘角、石块砌筑、勾缝等步骤。其工艺流程如图 5.23 所示。

(2)施工要点

①砌筑前应检查基槽(坑)的尺寸、标高、土质,清除杂物,夯平槽(坑)底。

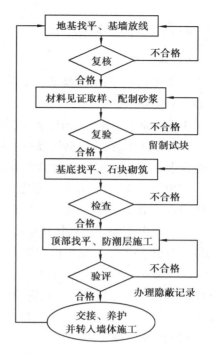

图 5.23 毛石基础工艺流程图

②根据设置的龙门板在槽底放出毛石基础底边线,在基础转角处、交接处立上皮数杆。皮数杆上应标明石块规格及灰缝厚度,砌阶梯形基础还应标明每一台阶的高度。

③砌筑时,应先砌转角处及交接处,然后砌中间部分。毛石基础的灰缝厚度宜为 20~30 mm,砂浆应饱满。石块间较大空隙应先用砂浆填塞后再用碎石块嵌实,不得先嵌石块后填砂浆或干塞石块。

④基础的组砌形式应内外搭砌,上下错缝,拉结石、丁砌石交错设置;毛石墙拉结石每0.7 m²墙面不应少于 1 块。

⑤砌筑毛石基础应双面挂线,挂线方法如图 5.24 所示。

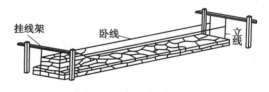

图 5.24 毛石基础挂线图

⑥基础外墙转角处、纵横墙交接处及基础最上一层,应选用较大的平毛石砌筑。每隔0.7 m须砌一块拉结石,上下两皮拉结石的位置应错开,立面形成梅花形。当基础宽度在400 mm以内时,拉结石宽度应与基础宽度相等;基础宽度超过 400 mm,可用两块拉结石内外搭砌,搭接长度不应小于 150 mm,且其中一块长度不应小于基础宽度的2/3。毛石基础每天的砌筑高度不应超过 1.2 m。

⑦每天应在当天砌完的砌体上铺一层灰浆,表面应粗糙。夏季施工时,对刚砌完的砌体,应用草袋覆盖养护 5~7 d,避免风吹、日晒和雨淋。毛石基础全部砌完后,要及时在基础两边均匀分层回填、分层夯实。

3) 灰土基础施工

（1）施工要点

施工工艺顺序：清理槽底→分层回填灰土并夯实→基础放线→砌筑放脚、基础墙→回填房心土→防潮层。

①施工前应先验槽，清除松土，如有积水、淤泥应清除晾干，槽底要求平整干净。

②拌和灰土时，应根据气温和土料的湿度搅拌均匀。灰土的颜色应一致，含水量宜控制在最优含水量±2%的范围（最优含水量可通过室内击实试验求得，一般为14%~18%）。

③填料时应分层回填，其厚度宜为200~300 mm。夯实机具可根据工程大小和现场机具条件确定。夯实遍数一般不少于4遍。

④灰土上下相邻土层接槎应错开，其间距不应小于500 mm。接槎不得在墙角、柱墩等部位，在接槎500 mm范围内应增加夯实遍数。

⑤当基础底面标高不同时，土面应挖成阶梯或斜坡搭接，按先深后浅的顺序施工，搭接处应夯压密实。分层分段铺设时，接头应做成斜坡或阶梯形搭接，每层错开0.5~1.0 m，并夯压密实。

（2）质量检验

施工前应检查灰土土料、石灰或水泥等配合比及灰土的拌和均匀性。

施工中应检查分层铺设的厚度、夯实时的加水量、夯实遍数及压实系数等。

施工结束后应进行地基承载力检验。灰土地基的质量检验标准见表5.2。

表 5.2　灰土地基的质量检验标准

项目	序号	检查项目	允许值或允许偏差		检查方法
			单位	数值	
主控项目	1	地基承载力	不小于设计值		静载试验
	2	配合比	设计值		检查拌和时的体积比
	3	压实系数	不小于设计值		环刀法
一般项目	1	石灰粒径	mm	≤5	筛析法
	2	土料有机质含量	%	≤5	灼烧减量法
	3	土颗粒粒径	mm	≤15	筛析法
	4	含水量	最优含水量±2%		烘干法
	5	分层厚度	mm	±50	水准测量

4) 混凝土基础施工

施工工艺顺序：基础垫层→基础放线→基础支模→浇筑混凝土→拆模→回填土。

①首先清理槽底，验槽并做好记录。按设计要求打好垫层，垫层的强度等级不宜低于C15。

②在基础垫层上放出基础轴线及边线,按线支立预先配制好的模板。模板可采用木模,也可采用钢模。模板支立要求牢固,避免浇筑混凝土时跑浆、变形,如图 5.25 所示。

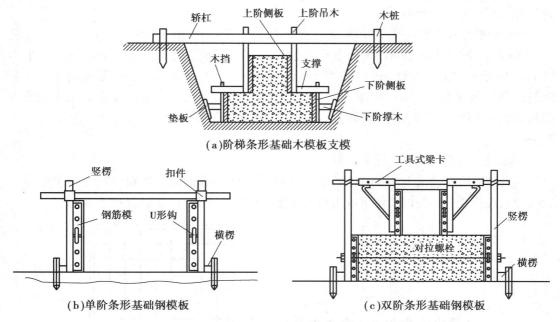

图 5.25　基础模板示意图

③台阶式基础宜按台阶分层浇筑混凝土,每层可先浇筑边角后浇筑中间。第一层浇筑完工后,可停 0.5～1.0 h,待下部密实后再浇筑上一层。

④基础截面为锥形,斜坡较陡时,斜面部分应支模浇筑,并防止模板上浮;斜坡较平缓时,可不支模板,但应将边角部位振捣密实,人工修整斜面。

⑤混凝土初凝后,外露部分需覆盖并浇水养护,待混凝土达到一定强度后方可拆除模板。

子项 5.3　钢筋混凝土基础

5.3.1　钢筋混凝土基础构造

1) 钢筋混凝土扩展基础构造

钢筋混凝土扩展基础常简称为扩展基础。将上部结构传来的荷载,通过向侧边扩展成一定底面积,使作用在基底的压应力等于或小于地基土的允许承载力,而基础内部的应力应同时满足材料本身的强度要求,这种起到压力扩散作用的基础称为扩展基础,也称为柔性基础。它可分为墙下钢筋混凝土条形基础和柱下钢筋混凝土独立基础。这类基础的抗弯和抗剪性能良好,可在竖向荷载较大、地基承载力不高以及承受水平力和力矩荷载等情况下使用。与无筋基础相比,其基础高度较小,因此更适宜在基础埋置深度较小时使用。它主要适用于 6 层和 6 层以下的一般民用建筑和整体式结构厂房。

扩展基础的构造应符合下列规定:

①锥形基础的边缘高度不宜小于 200 mm,且两个方向的坡度不宜大于 1:3;阶梯形基础的每阶高度宜为 300~500 mm。

②垫层的厚度不宜小于 70 mm,垫层混凝土强度等级不宜低于 C10。

③扩展基础受力钢筋最小配筋率不应小于 0.15%,底板受力钢筋的最小直径不宜小于 10 mm,间距不宜大于 200 mm,也不宜小于 100 mm。墙下钢筋混凝土条形基础纵向分布钢筋的直径不宜小于 8 mm,间距不宜大于 300 mm;每延米分布钢筋的面积不应小于受力钢筋面积的 15%。当有垫层时,钢筋保护层的厚度不应小于 40 mm,无垫层时不应小于 70 mm。

④混凝土强度等级不应低于 C20。

⑤当柱下钢筋混凝土独立基础的边长和墙下钢筋混凝土条形基础的宽度大于或等于 2.5 m 时,底板受力钢筋的长度可取边长或宽度的 0.9 倍,并宜交错布置(图 5.26)。

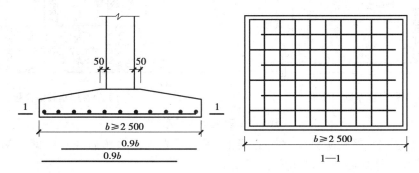

图 5.26　柱下独立基础底板受力钢筋布置

⑥钢筋混凝土条形基础底板在 T 形及十字形交接处,底板横向受力钢筋仅沿一个主要受力方向通长布置,另一方向的横向受力钢筋可布置到主要受力方向底板宽度 1/4 处(图 5.27)。在拐角处,底板横向受力钢筋应沿两个方向布置(图 5.27)。

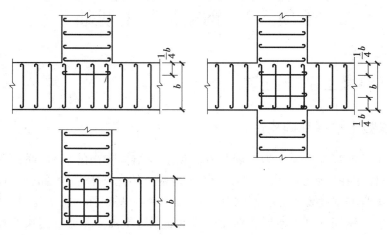

图 5.27　墙下条形基础纵横交叉处底板受力钢筋布置

⑦钢筋混凝土底板的厚度不小于 200 mm 时,底板应做成平板。

柱纵筋在基础中的锚固通过在基础中预埋锚筋来实现。现浇柱的基础中插筋的数量、直径以及钢筋种类应与柱内纵向受力钢筋相同。插筋的锚固长度应满足上述要求,插筋的下端宜做成直钩置于基础底板钢筋网上。当柱为轴心受压或小偏心受压、基础高度≥1 200 mm 或柱为大偏心受压、基础高度≥1 400 mm 时,可仅将四角的插筋伸至底板钢筋网上,其余插筋锚固在基础顶面下的长度按是否有抗震设防要求分别为 l_a 或 l_{aE},如图 5.28 所示。

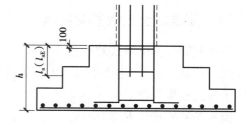

图 5.28 现浇柱的基础中插筋构造示意图

2)柱下钢筋混凝土条形基础构造

当地基较为软弱、柱荷载或地基压缩性分布不均匀,以致采用扩展基础可能产生较大的不均匀沉降时,常将同一方向(或同一轴线)上若干柱子的基础连成一体而形成柱下条形基础。这种基础的抗弯刚度较大,因而具有调整不均匀沉降的能力,并能将所承受的集中柱荷载较均匀地分布到整个基底面积上。柱下条形基础是软弱地基上框架或排架结构的一种常用基础形式。

柱下条形基础除应满足墙下条形基础的构造外,还应满足图 5.29 所示的条件。

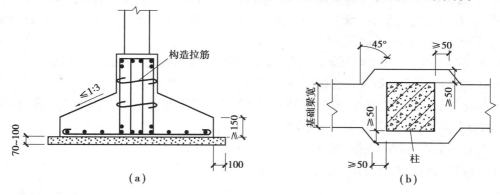

图 5.29 柱下钢筋混凝土条形基础

①柱下条形基础梁端部应向外挑出,其长度宜为第一跨柱距的 0.25 倍。

②柱下条形基础梁高度宜为柱距的 1/8~1/4,翼板的厚度不宜小于 200 mm。当翼板的厚度≤250 mm 时做成平板;当翼板的厚度>250 mm 时,宜采用变截面,其坡度不宜大于1:3,如图 5.29(a)所示。

③当梁高大于 700 mm 时,在梁的两侧沿高度间隔 300~400 mm 设置一根直径不小于 10 mm的腰筋,并设置构造拉筋,如图 5.29(a)所示。

④当柱截面尺寸等于或大于基础梁宽时,应满足图 5.29(b)的规定。

⑤基础梁顶部按计算所配纵向受力钢筋应贯通全梁,底部通长钢筋不应少于底部受力钢筋总面积的 1/3。

⑥现浇柱与条形基础梁的交接处,基础梁的平面尺寸应大于柱的平面尺寸,且柱的边缘至基础梁边缘的距离不得小于 50 mm。

⑦柱下条形基础的混凝土强度等级不应低于 C20。

3)钢筋混凝土筏板基础构造

筏板基础分为梁板式和平板式两种类型(图 5.6)。其选型应根据地基土质、上部结构体系、柱距、荷载大小、使用要求以及施工条件等因素确定。框架-核心筒结构和筒中筒结构宜采用平板式筏板基础。

筏板基础的构造要求有:

①筏板基础的混凝土强度等级不应低于 C30。当有地下室时,筏板基础应采用防水混凝土,防水混凝土的抗渗等级应按表 5.3 选用。对重要建筑,宜采用自防水并设置架空排水层。

表 5.3 防水混凝土抗渗等级

埋置深度 d/m	设计抗渗等级	埋置深度 d/m	设计抗渗等级
$d < 10$	P6	$20 \leq d < 30$	P10
$10 \leq d < 20$	P8	$30 \leq d$	P12

②采用筏板基础的地下室,钢筋混凝土外墙厚度不应小于 250 mm,内墙厚度不宜小于 200 mm。墙的截面设计除满足承载力要求外,尚应考虑变形、抗裂及外墙防渗等要求。墙体内应设置双面钢筋,钢筋不宜采用光面圆钢筋,水平钢筋的直径不应小于 12 mm,竖向钢筋的直径不应小于 10 mm,间距不应大于 200 mm。

③地下室底层柱、剪力墙与梁板式筏基的基础梁连接的构造应符合下列规定:

a.柱、墙的边缘至基础梁边缘的距离不应小于 50 mm(图 5.30);

b.当交叉基础梁的宽度小于柱截面的边长时,交叉基础梁连接处应设置八字角,柱角与八字角之间的净距不宜小于 50 mm[图 5.30(a)];

c.单向基础梁与柱的连接,可按图 5.30(b),(c)采用;

d.基础梁与剪力墙的连接,可按图 5.30(d)采用。

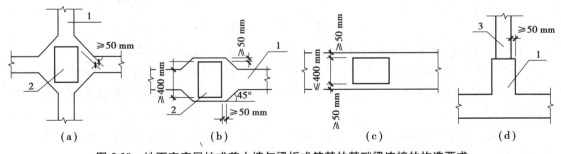

(a)　　　　　(b)　　　　　(c)　　　　　(d)

图 5.30 地下室底层柱或剪力墙与梁板式筏基的基础梁连接的构造要求
1—基础梁;2—柱;3—墙

④梁板式筏基基础梁和平板式筏基的顶面应满足底层柱下局部受压承载力的要求。对抗震设防烈度为 9 度的高层建筑,验算柱下基础梁、筏板局部受压承载力时,应计入竖向地震作用对柱轴力的影响。

⑤筏板与地下室外墙的接缝、地下室外墙沿高度处的水平接缝应严格按施工缝要求施

工,必要时可设通长止水带。

⑥带裙房的高层建筑筏板基础应符合下列规定:

a.当高层建筑与相连的裙房之间设置沉降缝时,高层建筑的基础埋深应大于裙房基础埋深至少 2 m。地面以下沉降缝的缝隙应用粗砂填实,如图 5.31(a)所示。

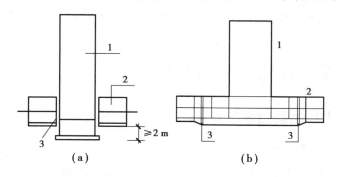

图 5.31 高层建筑与裙房间的沉降缝、后浇带处理示意图
1—高层建筑;2—裙房及地下室;3—室外地坪以下用粗砂填实;4—后浇带

b.当高层建筑与相连的裙房之间不设置沉降缝时,宜在裙房一侧设置用于控制沉降差的后浇带,当沉降实测值和计算确定的后期沉降差满足设计要求后,方可进行后浇带混凝土浇筑。当高层建筑基础面积满足地基承载力和变形要求时,后浇带宜设在与高层建筑相邻裙房的第一跨内。当需要满足高层建筑地基承载力、降低高层建筑沉降量、减小高层建筑与裙房间的沉降差而增大高层建筑基础面积时,后浇带可设在距主楼边柱的第二跨内,此时应满足以下条件:

- 地基土质较均匀;
- 裙房结构刚度较好且基础以上的地下室和裙房结构层数不少于两层;
- 后浇带一侧与主楼连接的裙房基础底板厚度与高层建筑的基础底板厚度相同,如图 5.31(b)所示。

c.当高层建筑与相连的裙房之间不设沉降缝和后浇带时,高层建筑及与其紧邻一跨裙房的筏板应采用相同厚度,裙房筏板的厚度宜从第二跨裙房开始逐渐变化,应同时满足主、裙楼基础整体性和基础板的变形要求;应进行地基变形和基础内力的验算,验算时应分析地基与结构间变形的相互影响,并采取有效措施防止产生有不利影响的差异沉降。

⑦地下室的抗震等级、构件的截面设计以及抗震构造措施应符合现行《建筑抗震设计规范》(GB 50011—2010,2016 年版)的有关规定。剪力墙底部加强部位的高度应从地下室顶板算起;当结构嵌固在基础顶面时,剪力墙底部加强部位的范围尚应延伸至基础顶面。

4)钢筋混凝土箱形基础

箱形基础的构造要求有:

①为避免基础出现过度倾斜,箱形基础在平面布置上应尽可能对称,以减少荷载的偏心距,偏心距一般不宜大于 0.1ρ(ρ 为基础底板面积抵抗矩对基础底面积之比)。

②箱形基础高度一般取建筑物高度的 $1/12 \sim 1/8$,同时不宜小于其长度的 $1/18$。

③底、顶板的厚度应满足柱或墙冲切验算要求,根据实际受力情况通过计算确定。底板

厚度一般取隔墙间距的 $1/10 \sim 1/8$,为 $30 \sim 100$ cm,顶板厚度为 $20 \sim 40$ cm,内墙厚度不宜小于 20 cm,外墙厚度不应小于 25 cm。

④基础混凝土强度等级不宜低于 C20,抗渗等级不宜低于 P6。

⑤为保证箱形基础的整体刚度,对墙体的数量应有一定限制,即平均每平方米基础面积上墙体长度不得小于 40 cm,或墙体水平截面积不得小于基础面积的 1/10,其中纵墙配置量不得小于墙体总配置量的 3/5。

5.3.2　钢筋混凝土基础施工及质量要求

1)钢筋混凝土扩展基础施工要点

(1)柱下钢筋混凝土独立基础

施工工艺顺序:基础垫层→基础放线→绑扎钢筋→支基础模板→浇筑混凝土→拆模。

①首先清理槽底,然后验槽并做好记录。按设计要求打好垫层,垫层混凝土的强度等级不宜低于 C15。

②在基础垫层上放出基础轴线及边线,钢筋工绑扎好基础底板钢筋网片。

③按线支立预先配制好的模板。模板可采用木模[图 5.32(a)],也可采用钢模[图 5.32(b)]。先将下阶模板支好,再支好上阶模板,然后支放杯心模板。模板支立要求牢固,避免浇筑混凝土时跑浆、变形。

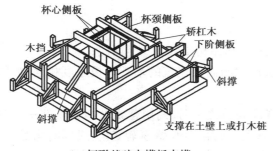
(a)杯形基础木模板支模

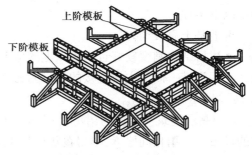
(b)阶梯形现浇柱基础钢模板

图 5.32　现浇独立钢筋混凝土基础模板示意图

如为现浇柱基础,模板支完后要将插筋按位置固定好,并进行复线检查。现浇混凝土独立基础的轴线位置偏差不能大于 10 mm。

④基础在浇筑前,应先清除模板内和钢筋上的垃圾杂物,避免堵塞模板的缝隙和孔洞。木模板应浇水湿润。

⑤对阶梯形基础,基础混凝土宜分层连续浇筑完成。每一台阶高度范围内的混凝土可分为一个浇筑层。每浇完一个台阶可停顿 $0.5 \sim 1.0$ h,待下层密实后再浇筑上一层。

⑥对于锥形基础,应注意保证锥体斜面的准确,斜面可随浇筑随支模板,分段支撑加固以防模板上浮。

⑦对杯形基础,浇筑杯口混凝土时,应防止杯口模板位置移动,应从杯口两侧对称浇捣混凝土。

⑧在浇筑杯形基础时,如杯心模板采用无底模板,应控制杯口底部的标高位置,先将杯底混凝土捣实,再采用低流动性混凝土浇筑杯口四周;或杯底混凝土浇筑完后停顿 0.5~1.0 h,待混凝土密实再浇筑杯口四周的混凝土。混凝土浇筑完成后,应将杯口底部多余的混凝土掏出,以保证杯底的标高。

⑨基础浇筑完成后,待混凝土终凝前应将杯口模板取出,并将混凝土内表面凿毛。

⑩高杯口基础施工时,杯口距基底有一定的距离,可先浇筑基础底板和短柱至杯口底面位置,再安装杯口模板,然后继续浇筑杯口四周的混凝土。

⑪基础浇筑完毕后,应将裸露的部分覆盖浇水养护。

(2)墙下钢筋混凝土条形基础

施工工艺顺序:基础垫层→基础放线→绑扎钢筋→支立模板→浇筑混凝土→拆模。

①首先清理槽底,然后验槽并做好记录。按设计要求打好垫层,垫层的混凝土强度等级不宜低于 C15。

②在基础垫层上放出基础轴线及边线,钢筋工绑扎好基础底板和基础梁钢筋,将柱子插筋按位置固定好,检验钢筋。

③钢筋检验合格后,按线支立预先配制好的模板。模板可采用木模,也可采用钢模。先将下阶模板支好,再支好上阶模板。模板支立要求牢固,避免浇筑混凝土时跑浆、变形。

④基础在浇筑前,应先清除模板内和钢筋上的垃圾杂物,避免堵塞模板的缝隙和孔洞。木模板应浇水湿润。

⑤混凝土的浇筑,高度在 2 m 以内时,可直接将混凝土卸入基槽;当混凝土的浇筑高度超过 2 m 时,应采用漏斗、串筒将混凝土溜入槽内,以免混凝土产生离析分层现象。

⑥混凝土宜分段分层浇筑,每层厚度宜为 200~250 mm,每段长度宜为 2~3 m,各段各层之间应相互搭接,使逐段逐层呈阶梯形推进,振捣要密实,不要漏振。

⑦混凝土要连续浇筑不宜间断,如若间断,其间隔时间不应超过规范规定的时间。

⑧当需要间歇的时间超过规范规定时,应设置施工缝。再次浇筑应待混凝土强度达到 1.2 N/mm² 以上时方可进行。浇筑前进行施工缝处理,应将施工缝松动的石子清除,并用水清洗干净,浇一层水泥浆再继续浇筑,接槎部位要振捣密实。

⑨混凝土浇筑完毕后,应覆盖洒水养护,达到一定强度后,拆模、检验、分层回填、夯实房心土。

2) 柱下钢筋混凝土条形基础施工要点

柱下钢筋混凝土条形基础的施工要点同墙下条形基础。

3) 钢筋混凝土筏板基础施工要点

施工工艺顺序:基础垫层→基础放线→绑扎钢筋→支立模板→浇筑混凝土→拆模。

①筏板基础为满堂基础,基坑施工的土方量较大,首先应做好土方开挖,开挖时注意基底持力层不被扰动。当采用机械开挖时,不要挖到基底标高,应保留 200 mm 左右,最后人工清槽。

②开槽施工中应做好排水工作,可采用明沟排水。当地下水位较高时,可预先采用人工

降水措施,使地下水位降至基底 500 mm 以下,保证基坑在无水的条件下进行开挖和基础施工。

③基坑施工完成后应及时进行验槽。验槽后清理槽底,进行垫层施工。垫层的厚度一般取 100 mm,混凝土强度等级不宜低于 C15。

④当垫层混凝土达到一定强度后,使用引桩和龙门架在垫层上进行基础放线、绑扎钢筋、支设模板、固定柱或墙的插筋。

⑤筏板基础在浇筑前应搭设脚手架,以便运灰送料,并应清除模板内和钢筋上的垃圾、泥土、污物,木模板应浇水湿润。

⑥混凝土浇筑方向应平行于次梁方向。对于平板式筏板基础,则应平行于基础的长边方向。筏板基础混凝土浇筑应连续施工,若不能整体浇筑完成,应设置竖直施工缝。施工缝的预留位置,当平行于次梁长度方向浇筑时,应在次梁中间 1/3 跨度范围内。对于平板式筏板基础的施工缝可在平行于短边方向的任何位置设置。

⑦当继续开始浇筑时应进行施工缝处理,在施工缝处将活动的石子清除,用水清洗干净,浇撒一层水泥浆,再继续浇筑混凝土。

⑧对于梁板式筏板基础,梁高出地板部分的混凝土可分层浇筑,每层浇筑厚度不宜大于 200 mm。

⑨基础浇筑完毕后,基础表面应覆盖并洒水养护。当混凝土强度达到设计强度的 25% 以上时即可拆模,待基础验收合格后即可回填土。

5.3.3 大体积混凝土浇筑及质量要求

1)原材料的要求

①水泥:优先采用水化热低的矿渣硅酸盐水泥、火山灰硅酸盐水泥,水泥应有出厂合格证及进场试验报告。

②砂:优先选用中砂或粗砂,为增加混凝土的抗裂性,含泥量严格控制在 2% 以内。

③石子:选用自然连续级配的卵石或碎石,粒径为 5~40 mm,为增加混凝土的抗裂性,含泥量严格控制在 1% 以内。

④外加剂:其掺量应根据施工需要通过试验确定,质量及应用技术应符合现行国家标准《混凝土外加剂应用技术规范》(GB 50119—2013)和有关环境保护的规定。

2)主要施工机具

①混凝土上料搅拌设备:混凝土自动计量设备、混凝土搅拌机、装载机、水箱、水泵。

②混凝土运输设备:混凝土搅拌罐车、混凝土泵车、布料机、机动翻斗、手推车、串筒、溜槽。

③混凝土振捣设备:插入式振捣器、平板振动器。

④混凝土测温设备:电阻型测温仪、热电偶测温仪、玻璃温度计、湿度仪。

3) 工艺流程

施工工艺顺序为:混凝土配置→混凝土搅拌→混凝土浇筑→混凝土振捣→混凝土养护→混凝土测温。

大体积混凝土防裂措施:选用中低热水泥,掺加粉煤灰或高效缓凝型减水剂,均可以延迟水化热释放速度,降低水化热峰值。掺入适量的 U 型混凝土膨胀剂,防止或减少混凝土收缩开裂,并使混凝土致密化,提高混凝土抗渗性。在满足混凝土泵送的条件下,尽量选用粒径较大、级配良好的石子;尽量降低砂率,一般宜控制在 42%~45%。在基础内预埋冷却水管,通循环低温水降温。控制混凝土的出机温度和浇筑温度,冬季在不冻结的前提下,采用冷骨料、冷水搅拌混凝土;夏季如施工时气温较高,还应对砂石进行保温,砂石料场设简易遮阳装置,必要时向骨料喷冷水。

4) 大体积混凝土搅拌、运输操作工艺

混凝土搅拌要按配合比严格计量,要求车车过磅。装料顺序:石子→水泥→砂子。如有添加剂时,应与水泥一并加入;粉末状的外加剂同水泥一并加入,液体状的与水同时加入。为使混凝土搅拌均匀,搅拌时间不得少于 90 s,当冬季施工或加有添加剂时应延长 30 s。

混凝土自搅拌机卸出后应及时运送到浇筑地点。在运输过程中,要防止混凝土的“离析”,水泥浆流失、坍落度变化和产生初凝等现象,如有发生应立即报告技术部门采取措施。混凝土从搅拌机中卸出后到浇筑完毕的延续时间,不应超过《混凝土质量控制标准》(GB 50164—2011)规定的时间。混凝土水平运输采用混凝土搅拌罐车或装载机,垂直运输采用混凝土泵车。

泵送混凝土必须保证混凝土泵能连续工作,如发生故障停歇时间超过 45 min 或混凝土已出现“离析”现象,应立即用压力水或其他方法冲洗净管内残留的混凝土。

5) 大体积混凝土浇筑

大体积混凝土的浇筑方法分为 3 种类型,如图 5.33 所示。

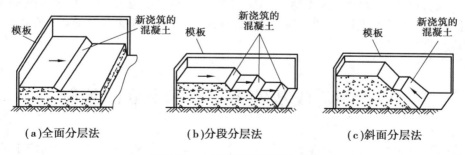

(a)全面分层法　　　　(b)分段分层法　　　　(c)斜面分层法

图 5.33　大体积混凝土浇筑方案

斜面分层法:混凝土浇筑采用“分段定点,循序推进,一个坡度,一次到顶”的方法——自然流淌形成斜坡混凝土的浇筑方法,能较好地适应泵送工艺,提高泵送效率,简化混凝土的泌水处理,保证了上下层混凝土不超过初凝时间,一次连续完成。当混凝土大坡面的坡角接

近端部模板时,改变混凝土的浇筑方向,即从顶端往回浇筑。分段分层法:混凝土浇筑时采用分段分层进行时,每段浇筑高度应根据结构特点、钢筋疏密程度决定,一般分层高度为振捣器作用半径的 1.25 倍,最大不得超过 500 mm。混凝土浇筑时,严格掌握控制下灰厚度、混凝土振捣时间,浇筑分为若干单元,每个浇筑单元间隔时间不超过 3 h。

大体积混凝土浇筑时每浇筑一层混凝土都应及时均匀振捣,保证混凝土的密实性。混凝土振捣采用赶浆法,以保证上下层混凝土接槎部位结合良好,防止漏振,确保混凝土密实。振捣上一层时应插入下层约 50 mm,以消除两层之间的接槎。平板振动器移动的间距,应能保证振动器的平板覆盖范围,以振实振动部位的周边。

在混凝土初凝之前,适当的时间内给予两次振捣,可以排除混凝土因泌水在粗骨料、水平钢筋下部生成的水分和空隙,提高混凝土与钢筋的握裹力。两次振捣的时间间隔宜控制在 2 h 左右。

混凝土应连续浇筑,特殊情况下如需间歇,其间歇时间应尽量缩短,并应在前一层混凝土凝固以前将下一层混凝土浇筑完毕。间歇的最长时间,按水泥的品种及混凝土的凝固条件确定,一般超过 2 h 就应按"施工缝"处理。

混凝土的强度不小于 1.2 MPa,才能浇筑下层混凝土;在继续浇筑混凝土之前,应将施工缝界面处的混凝土表面凿毛,剔除浮动石子,并用清水冲洗干净后再浇一遍高强度等级水泥砂浆,然后继续浇筑混凝土且振捣密实,使新老混凝土紧密结合。

斜面分层法浇筑混凝土采用泵送时,在浇筑、振捣过程中,上涌的泌水和浮浆将顺坡向集中在坡面下,应在侧模适宜部位留设排水孔,使大量泌水顺利排出。采取全面分层法时,每层浇筑都须将泌水逐渐往前赶,在模板处开设排水孔使泌水排出或将泌水排至施工缝处,设水泵将水抽走,至整个层次浇筑完。

大体积混凝土养护采用保湿法和保温法。保湿法,即在混凝土浇筑成型后,用蓄水、洒水或喷水养护;保温法是在混凝土成型后,覆盖塑料薄膜和保温材料养护或采用薄膜养生液养护。

在混凝土结构内部有代表性的部位布置测温点。测温点应在边缘与中间,按十字交叉布置,间距为 3~5 m,沿浇筑高度应布置在底部中间和表面,测点距离底板四周边缘要大于 1 m。通过测温全面掌握混凝土养护期间其内部的温度分布状况及温度梯度变化情况,以便定量、定性地指导控制降温速率。测温可以采用信息化预埋传感器先进测温方法,也可以采用埋设测温管、玻璃棒温度计测温方法。每日测量不少于 4 次(早晨、中午、傍晚、半夜)。

子项 5.4　浅基础施工技术交底的编制

建筑施工企业中的技术交底是在某一单位工程开工前,或一个分项工程施工前,由主管技术领导向参与施工的人员进行的技术性交待,其目的是使施工人员对工程特点、技术质量要求、施工方法与措施和安全等方面有一个较详细的了解,以便科学地组织施工,避免技术质量等事故的发生。各项技术交底记录也是工程技术档案资料中不可缺少的部分。

5.4.1 技术交底的分类

1)设计交底

设计交底即设计图纸交底。这是在建设单位主持下,由设计单位向各施工单位(土建施工单位与各专业施工单位)进行的交底,主要交待建筑物的功能与特点、设计意图与要求,以及建筑物在施工过程中应注意的各种事项等。

2)施工设计交底

施工设计交底一般由施工单位组织,在管理单位专业工程师的指导下,主要介绍施工中遇到的问题和经常性犯错误的部位,要使施工人员明白该怎么做,规范上是如何规定的等。

另外,还有专项方案交底、分部分项工程交底、质量(安全)技术交底、作业交底等,这里不作介绍。

5.4.2 施工技术交底的内容

①工地(队)交底中有关内容:如是否具备施工条件、与其他工种之间的配合与矛盾等,向甲方提出要求,让其出面协调等。

②施工范围、工程量、工作量和施工进度要求:主要根据自己的实际情况,实事求是地向甲方说明即可。

③施工图纸的解说:设计者的大体思路,以及以后在施工中存在的问题等。

④施工方案措施:根据工程的实况,编制出合理、有效的施工组织设计以及安全文明施工方案等。

⑤操作工艺和保证质量安全的措施:先进的机械设备和高素质的工人等。

⑥工艺质量标准和评定办法:参照现行的行业标准以及相应的设计、验收规范。

⑦技术检验和检查验收要求:包括自检以及监理抽检的标准。

⑧增产节约指标和措施。

⑨技术记录内容和要求。

⑩其他施工注意事项。

5.4.3 施工技术交底的形式

①施工组织设计交底可通过召集会议形式进行技术交底,并形成会议纪要归档。

②通过施工组织设计编制、审批,将技术交底内容纳入施工组织设计中。

③施工方案可通过召集会议形式或现场授课形式进行技术交底,交底的内容可纳入施工方案中,也可单独形成交底方案。

④各专业技术管理人员应通过书面形式配以现场口头讲授的方式进行技术交底,技术交底的内容应单独形成交底文件。交底内容应有交底的日期,有交底人、接收人签字,并经项目总工程师审批。

5.4.4　施工技术交底案例

此技术交底为一建筑物独立基础的施工技术交底。

1) 操作工艺

（1）工艺流程

清理和混凝土垫层施工→弹线→绑扎钢筋→相关专业预埋施工→支立模板→清理→预拌混凝土→混凝土浇筑→混凝土振捣→混凝土养护→模板拆除。

（2）操作方法

①清理和混凝土垫层施工。地基验槽完成后，先清除表层浮土及扰动土，不留积水，然后立即进行垫层混凝土施工，严禁晾晒基土并防止地基土被扰动。垫层混凝土必须振捣密实，表面平整。

②弹线。在垫层混凝土上准确测设出基础中心和基础轴线，依此画出基础模板边线和基础底层钢筋位置线。按图纸标明的底层钢筋根数和钢筋间距，让靠近模板边的那根钢筋离模板边 50 mm，并依次弹出钢筋位置线。

（3）绑扎钢筋

①垫层混凝土强度达到可上人后，即可开始绑扎钢筋。

②按弹出的钢筋位置线，先铺下层钢筋，长方向的钢筋应在下面。

③钢筋绑扎采用八字扣，保证绑好的钢筋不位移。必须将钢筋交叉点全部绑扎，不得漏扣。

④摆放钢筋保护层用的砂浆垫块，垫块厚度等于保护层厚度 40 mm，按 1 m 间距梅花形布置。垫块不能太稀，以防露筋。

⑤当独立基础之上为现浇钢筋混凝土柱时，应将柱伸入基础的插筋绑扎牢固，插入基础深度应符合设计要求。柱插筋底部弯钩部分必须与底板筋成 45°绑扎，连接点处必须全部绑扎。应在距底板 50 mm 处绑扎第一个箍筋（下箍筋），距基础顶 50 mm 处绑扎最后一个箍筋（上箍筋），在柱插筋最上部再绑扎一道定位箍筋。上下箍筋及定位箍筋绑扎入位后，将柱插筋调整到准确位置，并用井字木架（或用方木框内撑外箍）临时固定，然后绑扎剩余箍筋，保证柱插筋不变形、不走样。插筋上端应垂直，不倾斜。

⑥当独立基础之上为钢柱时，在基础钢筋绑扎时应同时做好地脚螺栓的埋设。地脚螺栓的埋深和锚固措施以及上端留置长度按设计要求办理。

（4）支立模板

①钢筋绑扎完毕，相关专业预埋件安装完毕，并进行工程隐蔽验收后，即可开始支立模板。

②模板采用木模。支模前，模板内侧涂刷脱模剂。

③当独立柱基础为锥形且坡度>30°时，斜坡部分支模板，并用铁丝将斜模板与底板钢筋拉紧，防止浇筑混凝土时上浮，此时模板上部应设透气孔及振捣孔。本工程只有 J-4 基础的一面斜坡存在这种情况。当坡度≤30°时，可不设斜撑。

④清理：清除模板内的木屑、泥土及其他杂物，清除钢筋上的油污，木模浇水湿润，堵严

板缝及孔洞。

⑤基础模板:每一阶的模板由4块侧板拼钉而成,其中两块侧板的尺寸与相应的台阶侧面尺寸相等,另两块侧板的长度大出150~200 mm,4块侧板用木档拼成方框。

支模前,先把截好尺寸的木板加钉木档拼成侧板,在侧板内侧弹出中线,再将各阶的侧板组拼成方框,并校正尺寸和角部方正。支模时,先把下阶模板放在基坑底,使侧板中线与基础中线对准,并用水平尺校正其平整度,再在模板四周钉上木桩,用平撑和斜撑将模板支顶牢固,然后再把上台阶模板搁置在下台阶模板上,两者中线互相对准,并用平撑和斜撑加以钉牢。

独立柱基础支模如图5.34、图5.35所示。基础梁支模如图5.36所示。

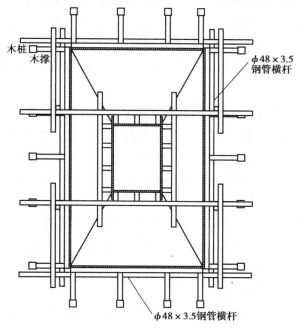

图5.34 独立柱基础支模图(单位:mm)

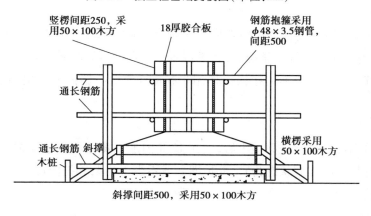

图5.35 独立柱基础支模图(单位:mm)

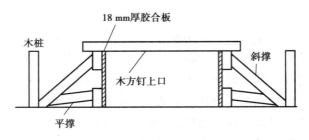

图 5.36　基础梁支模图

（5）混凝土浇筑

①混凝土浇筑开始前，复核基础轴线、标高，在模板上标好混凝土的浇筑标高。

②混凝土浇筑前，垫层表面如干燥，应用水湿润，但不得积水。浇筑现浇钢筋混凝土柱基础时，应对称下混凝土，防止柱插筋位移和倾斜。

③浇筑中混凝土的下料口距离所浇筑混凝土的表面高度不得超过 2 m，如自由下落高度超过 2 m 时应加串筒。

④浇筑钢柱混凝土基础，必须保证基础顶面标高符合设计要求。根据本工程柱脚类型和施工条件采用如下方法：第一次将混凝土浇筑到比设计标高低 50 mm 处，待校准标高后再浇筑细石混凝土，要求表面平整、标高准确；细石混凝土强度达到设计要求后安放垫板，并精确校准其标高，再将钢柱吊装到位并校正位置，最后在柱脚钢板下用细石混凝土填塞严密。

⑤混凝土浇筑应连续进行，间歇时间不得超过 2 h。浇筑混凝土时，应注意观察模板、螺栓、支撑木、预埋件、预留孔洞等有无变形或位移，当发现有变形或位移时，应立即停止浇筑，及时加固和纠正，再继续进行混凝土浇筑。

⑥浇筑阶梯式独立柱基础，在每一层台阶高度内应分层一次连续浇筑完成。分层厚度一般为振捣棒有效作用部分长度的 1.25 倍，最大厚度不超过 500 mm。每层应摊铺均匀、振捣密实。

（6）混凝土振捣

用插入式振捣器应快插慢拔，插点应均匀排列、逐点移动、顺序进行，不得遗漏。振捣中，应密切注视混凝土表面浮浆情况，合理掌握每一插点的振捣时间，做到既不欠振，也不过振。振捣棒的移动间距一般不大于振捣作用半径的 1.5 倍。振捣上一层混凝土时，应插入下层 50 mm。

（7）混凝土养护

混凝土浇筑完成并进行表面搓平后，应在 12 h 内加以覆盖和浇水养护。浇水的次数以能保持混凝土有足够的湿润状态为宜，养护期一般不少于 7 d，养护应设专人负责，防止因养护不善而影响混凝土质量。

（8）模板拆除

拆模时应保证混凝土棱角不因拆模而引起损坏。基础模板拆除时，先拆除斜撑与平撑，然后拆四侧模。拆除模板时，不得采用大锤或撬棍硬撬。

2) 质量标准

(1) 模板工程

①基础模板安装必须位置准确、结构牢固,施工中用的脚手架、踏板等不得支立或依托在模板上。在模板上涂刷隔离剂时,不得沾污钢筋和混凝土接槎处。

②模板拆除需待混凝土强度达到能保持混凝土棱角完整时方可进行。模板拆除方法应得当,确保不损坏混凝土。

(2) 混凝土工程

①混凝土所使用的水泥、外加剂等原材料的质量必须符合现行有关规范标准的规定,并按规定方法进行现场抽样检查,确认无误。

②混凝土应按国家现行标准《普通混凝土配合比设计规程》(JGJ 55—2011)的规定,根据混凝土的强度等级、耐久性和工作性等要求进行配合比设计。

③混凝土运输、浇筑及间歇的全部时间不应超过混凝土的初凝时间,混凝土应连续浇筑,当下层混凝土初凝后浇筑上一层混凝土时,应按施工缝要求进行处理。

(3) 一般项目

①模板的接缝处不应漏浆,在浇筑混凝土前,木模板应浇水润湿。但模板内不应有积水,杂物也应清理干净。

②模板与混凝土的接触面应清理干净并涂刷隔离剂,但不得采用影响结构性能的隔离剂。

③混凝土所使用的粗细集料、矿物掺合料、拌和用水的质量必须符合现行有关规范标准的规定。

④混凝土浇筑完毕后,应按施工方案采取养护措施,并应符合下列规定:应在浇筑完毕12 h内对混凝土加以覆盖并保湿养护;混凝土浇水养护的时间不得少于 7 d(对采用硅酸盐水泥、普通水泥或矿渣硅酸盐水泥拌制的混凝土);浇水的次数应能保证混凝土处于足够的润湿状态,混凝土的养护用水与拌制用水相同。

(4) 独立柱基础施工允许偏差(见表5.4)

表 5.4　独立柱基础施工允许偏差

项　目			允许偏差/mm	检查方法
钢筋加工	受力筋长度方向净尺寸		±10	钢尺检查
	箍筋内净尺寸		±5	钢尺检查
钢筋绑扎	钢筋骨架长、宽、高		±5	钢尺检查
	受力钢筋	间距	±10	钢尺量两端、中间各一点,取最大值
		排距	±5	
		保护层	±10	钢尺检查
	绑扎箍筋、横向钢筋间距		±20	钢尺量连续三档,取最大值

续表

项 目			允许偏差/mm	检查方法
模 板	插 筋	中心线位置	5	钢尺检查
		外露长度	10,0	
	预埋螺栓	中心线位置	2	
		外露长度	10,0	
	轴线位置		5	
	基础截面内部尺寸		10	
混凝土	轴线位置		10	钢尺检查
	标 高		—	水准仪或拉线,钢尺检查
	截面尺寸		8,−5	钢尺检查
	预埋件中心		10	钢尺检查
	预埋螺栓中心		5	钢尺检查
	表面平整度		8	2 m靠尺和塞尺检查

3) 成品保护

①在未继续施工上部柱子或吊装上部柱子以前,对施工完毕的独立柱基础应采取适当防护措施,插筋不得弯曲和污染,地脚螺栓不得损坏。

②支模板时,如已涂刷的脱模剂被雨淋脱落,应及时补刷。

③拆模板时,要轻轻撬动,使模板缓缓脱离混凝土表面,严禁猛砸狠撬使混凝土遭到破坏。

④拆下的模板应及时清理干净,涂刷脱模剂,暂时不用应遮阴覆盖,防止曝晒。

4) 应注意的质量问题

钢柱的预埋螺栓应位置准确、固定牢固,涂抹黄油并用塑料膜加以包裹,防止破坏丝扣。

5) 安全和环保措施

①施工中拆下的支撑、木档,要随即拔掉上面的钉子,并堆放整齐,以防伤人。

②施工垃圾要运到指定地点,不得随地乱弃。

③运送散装物资(如砂子、掺和料)应有覆盖,卸车地点在上风方向应适当遮挡,防止和减少扬尘。

④对现场钢筋切断机、木工锯、刨机具等高噪声设备应有隔离措施,并妥善安排作业时间,减轻噪声扰民。

⑤施工过程中如发现不明障碍物,在怀疑是文物的情况下,必须立即保护现场,并通知文物保护部门来现场勘察。

项目小结

本项目内容包括浅基础施工概述、无筋扩展基础、钢筋混凝土基础的施工。在浅基础施工概述中,涉及了浅基础的施工准备及工艺工序等问题;在无筋扩展基础施工要点中,重点阐述砖基础、石砌体基础、灰土和三合土基础、混凝土基础的构造特点及施工要点;在钢筋混凝土基础的施工中,重点介绍钢筋混凝土扩展基础、柱下条形基础、筏板基础、箱形基础的构造特点及施工要点。

复习思考题

1. 简述毛石基础、料石基础和砖基础的构造。
2. 简述砖砌基础的工艺流程及施工要点。
3. 简述毛石基础的工艺流程及施工要点。
4. 简述天然地基上建造浅基础的施工工艺。
5. 简述砖基础的施工要点。
6. 砖基础施工的注意事项是什么?
7. 简述混凝土基础施工要点。
8. 现浇钢筋混凝土独立基础的构造要求有哪些?
9. 简述现浇钢筋混凝土独立基础的施工要点。
10. 对筏板基础的构造有哪些要求?

项目 6

桩基础施工

项目导读

- **基本要求**　掌握桩基础的组成、分类及适用范围;掌握预制桩的施工顺序、打桩工艺、施工要点和质量事故产生的原因和预防措施;熟悉静力压桩施工方法;了解钢筋混凝土预制桩的制作、起吊、运输和堆放要求;了解锤击沉桩设备;了解打桩对周围环境的影响及其防治;了解振动沉桩的施工方法。
- **重点**　桩的分类,锤击法、静压法的施工工艺。
- **难点**　各种桩基易产生质量事故的原因与预防措施。

子项 6.1　桩基础组成与分类

桩基础是深基础应用最多的一种基础形式,它是由沉入土中的桩和连接桩顶的承台组成。桩基础的作用是将上部结构的荷载,通过较弱地层传至深部较坚硬的、压缩性小的土层或岩层。

6.1.1　桩基础的概念、作用与适用范围

如图 6.1 所示,桩基础由一根或数根单桩(也称为"基桩")和承台两个部分组成。在平面上桩可排列成一排或几排,桩顶由承台连接。桩基础的修筑方法是:先将桩设置于地基中,然后在桩顶处浇筑承台,再将若干根桩连接成一个整体构成桩基础。最后在上面修建上部结

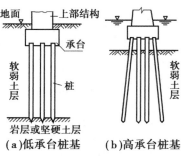

图 6.1　桩基础的组成

构,如房屋建筑中的柱、墙或桥梁中的墩、台等。

桩基础的作用是将承台以上结构传来的荷载,通过承台将外荷载传至桩顶,再由桩传到较深的地基土层中去。其中,承台不仅将外力传至桩顶,并箍住桩顶形成整体共同承受外力。各桩的作用是将所承受的荷载通过桩侧土的摩阻力和桩端土的支承力传至地基土层中去。

当地基上部软弱而在可能的设计桩长范围内埋藏有坚硬土层时,最适宜采用桩基础。桩基础如设计正确、施工得当,则它具有承载力高、稳定性好、沉降量小而均匀、适用性强等特点。桩基础适宜在下列情况下采用:

①当建筑物荷载较大,采用天然地基时地基承载力不足;或地基浅层土质差,采用换填或地基处理困难较大或经济上不合理时,采用桩基础是较好的解决方案。

②即使天然地基承载力满足要求,但因采用天然地基时沉降量过大;或是建筑物较为重要,对沉降要求严格时。

③高耸建筑物或构筑物在水平力作用下为防止倾覆或产生较大倾斜时。

④为防止新建建筑物地基沉降对邻近建筑物产生相互影响,对新建建筑物可采用桩基,以避免这种危害。

⑤设有大吨位的重级工作制吊车的重型单层工业厂房,吊车载重量大,使用频繁,车间内设备平台多,基础密集,因而地基变形大,这时可采用桩基础。

⑥精密设备基础安装和使用过程中对地基沉降及沉降速率有严格要求,动力机械基础对允许振幅有一定要求时。

⑦在地震区,采用桩穿过液化土层并深入下部密实稳定土层,可消除或减轻液化对建筑物的危害。

⑧已有建筑物加层、纠偏、基础托换时可采用桩基础。

⑨水中建筑物如桥梁、码头、采油平台等,地下水位很高,采用其他基础形式施工困难时。

6.1.2 桩的分类与选型

根据桩体材料、使用功能、结构形式、施工方法、挤土效应和承台位置等的不同,桩可分为以下几大类型。

1)按桩体材料分类

(1)木桩

木桩是一种古老的桩基形式,常采用坚韧耐久的木材,如杉木、松木、橡木等。其桩径常采用 160~360 mm,桩长为 4~10 m。木桩制造简单、质量轻、运输和沉桩方便、造价低;但木桩承载力低,在干湿交替的环境中极易腐烂,使用寿命不长,现一般很少使用,仅在乡村小桥和一些临时应急工程中使用。

(2)钢筋混凝土桩

钢筋混凝土桩是目前工程上采用最广泛的桩。钢筋混凝土桩可承压、抗拔、抗弯,不受地下水水位和土质的限制,无颈缩等质量事故,安全可靠,成桩方法可采用工厂预制或现场预制后打入(或压入)、现场钻孔灌注混凝土等。截面形式有方桩、空心方桩、管桩、三角形桩等,近年来出现了截面为矩形、T形等的壁板桩,承载力很高。各种常见截面形式如图6.2所示。对管桩,常施加预应力形成预应力管桩,提高桩身抗裂能力,防止在起吊时的弯矩应力或采用锤击法成桩时桩身产生的锤击拉应力下开裂断桩。

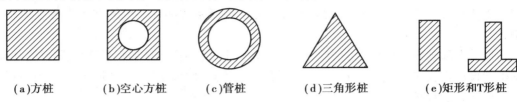

(a)方桩 　　(b)空心方桩 　　(c)管桩 　　(d)三角形桩 　　(e)矩形和T形桩

图6.2　钢筋混凝土桩的截面形式

(3)钢桩

常用钢桩有管状、宽翼工字形截面和板状截面等形式。其中钢管桩的直径一般为250~1 200 mm。钢桩具有穿透能力强、承载力高、自重轻、接桩方便、锤击沉桩效果好、施工质量稳定等优点;但也存在价格高、易锈蚀等不足。

(4)组合材料桩

组合材料桩是指一根桩由两种或两种以上材料组成的桩。它一般是为了降低造价,结合材料强度和地质条件,发挥材料特性而组合成的桩。例如钢管内填充混凝土,水位以下采用预制而桩上段多采用现场浇筑混凝土,中间为预制而外包灌注桩(水泥搅拌桩中插入型钢或预制小截面钢筋混凝土桩)等,一般应用于特殊地质环境及施工技术等情况。

2)按承载性状分类

作用在桩上的外荷载由桩侧摩阻力和桩端阻力共同承担。桩侧摩阻力和桩端阻力的分担比例主要受桩侧和桩端土的物理力学性质、桩的形式、桩与土的相对刚度及施工方法等因素的影响。根据摩阻力和桩端阻力占外荷载的比例大小,将桩基础分为摩擦型桩和端承型桩。

(1)摩擦型桩

摩擦型桩可分为以下两类:

①摩擦桩[图6.3(a)]:在极限承载力状态下,桩顶荷载由桩侧阻力承受,桩端阻力很小可忽略不计,即纯摩擦桩。这种桩穿过的软弱土层较厚,桩端达不到坚硬土层或岩层上,桩顶的荷载主要靠桩身与土层之间的摩擦力来支承。

②端承摩擦桩[图6.3(b)]:在极限承载力状态下,桩顶荷载主要由桩侧阻力承受,桩端阻力占的比例较小。例如,置于软塑状态黏性土中的长桩,桩端土为可塑状态的黏土,就是端承摩擦桩。

(2)端承型桩

端承型桩可分为以下两类:

①端承桩[图6.3(c)]:在极限承载力状态下,桩顶荷载由桩端阻力承受,桩侧阻力小到可忽略不计。较短的桩,桩端进入微风化或中等风化岩石时,为典型的端承桩。这种桩穿过上部软弱土层,直接将荷载传至坚硬土层或岩层上。

②摩擦端承桩[图6.3(d)]:在极限承载力状态下,桩顶荷载主要由桩端阻力承受,桩侧摩擦力占的比例较小。

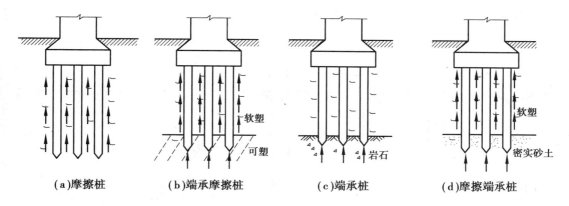

| (a)摩擦桩 | (b)端承摩擦桩 | (c)端承桩 | (d)摩擦端承桩 |

图 6.3　不同支承类型的桩

3)按桩的施工方法分类

（1）预制桩

因为是在打桩以前将桩身提前预制，所以桩身质量较容易保证。预制桩的沉桩施工主要有锤击、振动、静压等方法，当沉桩困难时，可采用预钻孔后再沉桩。由于锤击和振动沉桩产生噪声、振动等危害，而静力压桩的优点是噪声小、无振动，在桩身内不产生锤击沉桩所产生的很大锤击应力，可以减小桩身配筋，降低工程造价。因此，静力压桩已广泛应用于软土地区的工业与民用建筑、湾港码头、水工围堰、地铁等工程的桩基施工。

当要求单桩承载力较高、持力层埋深较深而使桩长较长时，预制桩必须采用分成几节进行预制和沉桩。因此，当下节桩沉入土中，进行上节桩沉桩时，必须将上、下节桩连接起来。目前常用的接桩方法主要有焊接法、螺栓连接法和浆锚法。

（2）灌注桩

灌注桩为在建筑工地现场成孔，并在现场灌注混凝土制成的桩。灌注桩大体可分为沉管灌注桩和钻（冲、挖、抓）孔灌注桩两大类。同一类桩还可以按照施工机械和施工方法以及直径的不同予以细分。

①沉管灌注桩。沉管灌注桩早在 20 世纪 30 年代传入我国，因其桩身不用预制可就地灌注，施工速度快，不产生泥浆，造价低于其他类型的灌注桩而应用较广。但其施工过程中的噪声和振动对环境产生影响，使其在城市建筑物密集地区的应用受到一定限制。沉管灌注桩可采用锤击振动、振动冲击等方法沉管成孔，其施工工序如图 6.4 所示。

锤击沉管灌注桩的常用直径（指预制桩尖的直径）为 300～500 mm，桩长在 20 m 以内，可打至硬塑黏土层中或中、粗砂层。这种桩的施工设备简单，打桩速度快、成本低，但容易产生缩径（桩身界面局部缩小）、断桩、局部夹土、混凝土离析和强度不足等质量问题。

振动沉管灌注桩的钢管底部带有活瓣桩尖（沉管时闭合，拔管时活瓣张开以便浇筑混凝土），或套上预制钢筋混凝土桩尖。桩横截面直径一般为 400～500 mm。

锤击、振动沉管施工时一般有单打、反插和复打法，根据土质情况和承载力要求进行选用。单打法适用于含水量较小的土层，且易采用预制桩尖；反插法及复打法适用于软弱饱和土层。单打法即一次拔管成桩，拔管时每提升 0.5～1.0 m，振动 5～10 s，再拔管 1.0 m，如此反复进行，直至全部拔除为止。为了扩大桩径（这时桩距不易太小）和防止在淤泥层中缩径或断桩，沉管灌注桩施工时可采用反插和复打工艺。复打法就是在浇筑混凝土并拔出

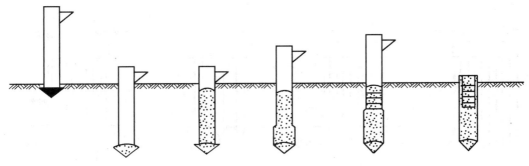

(a)打桩机就位　(b)沉管　(c)浇灌混凝土　(d)边拔管边振动　(e)安放钢筋笼，　(f)成桩
　　　　　　　　　　　　　　　　　　　　　　　　　　　　　　　　继续浇灌混凝土

图 6.4　沉管灌注桩的施工工序示意图

钢管后,立即在原位重新放置预制桩尖(或闭合管端活瓣)再次沉管,并再次浇筑混凝土。复打后的桩,其横截面面积增大,承载力提高,但其造价也相应增加。反插法是将套管每提升 0.5 m,再下沉 0.3 m,反插深度不宜大于活瓣桩尖长度的 2/3,如此反复进行,直至拔除地面。反插法也可扩大桩径,提高承载力。

②钻(冲)孔灌注桩。各种钻孔桩在施工时都要把钻孔位置处的土排出地面,然后清除孔底残渣,安放钢筋笼,最后浇筑混凝土。

目前,国内的钻(冲)孔灌注桩在钻进时不下钢筋套筒,而是利用泥浆护壁保护孔壁以防坍孔,清孔(排走孔底沉渣)后在水下灌注混凝土。常用桩径为 600~1 200 mm 等。更大直径 1 500~2 800 mm 钻孔桩一般用钢套筒护壁,所用钻机具有回旋钻进、冲击、磨头磨碎岩石和扩大桩底等多种功能,钻进速度快,深度可达 60 m,能克服流砂、消除孤石等障碍,并能进入微风化硬质岩石。其最大优点在于能进入岩层,刚度大,因此承载力高而桩身变形很小。

③挖孔桩。挖孔桩可采用人工或机械挖掘成孔。人工挖孔桩施工时应降低地下水位,每挖深 0.9~1.0 m,就浇灌或喷射一圈钢筋混凝土护壁(上下圈之间用钢筋连接),达到所需深度时再进行扩孔,最后在护壁内安装钢筋笼或浇灌混凝土。

在挖孔桩施工中,由于工人下到钻孔中操作,可能遇到流砂、坍孔、有害气体、缺氧、触电和上面掉下重物等危险而造成伤亡事故,因此必须严格执行有关安全生产的规定。挖孔桩的孔深一般不宜超过 25 m,当桩长小于等于 8 m 时,桩身直径不应小于 0.8 m;当桩长为 8~15 m 时,桩身直径不应小于 1 m;当桩长为 15~20 m 时,桩身直径不应小于 1.2 m;当桩身超过 20 m 时,桩身直径应适当加大。挖孔桩的优点:可直接观察地层情况,孔底易清除干净,设备简单,噪声小;场区各桩可同时施工,桩径大,适应性强,又较经济。

4)按承台的位置分类

桩基础按照承台的位置可分为高承台桩(也称高桩承台)基和低承台桩基(也称低桩承台)两种,如图 6.1 所示。通常将承台底面置于地面或局部冲刷线以下的桩基称为低承台桩基,如图 6.1(a)所示;承台底面高出地面或局部冲刷线的桩基称为高承台桩基,如图 6.1(b)所示。高承台桩基的位置较高,可减小墩台的圬工数量,施工较方便。然而在水平力的作用下,由于承台及部分桩身露出地面或局部冲刷线,减少了承台及自由段桩身侧面的土抗力,桩身的内力和位移都将大于低承台桩基,在稳定性方面也不如低承台桩基。

当常年有水、冲刷较深,或地下水位较深、施工时不易排水时,常采用高承台桩基方案。另外,对于受水平力较小的小跨度桥梁,选用高桩承台很可能是较为合理的方案。位于旱地、浅水滩或季节性河流的墩台,当冲刷不深,施工排水不太困难时,选用低承台方案,有利于提高基础的稳定性。

5)按桩轴方向分类

若按桩轴方向分类可分为竖直桩和斜桩,如图 6.5 所示。一般来说,竖直桩能承受的水平力较小,当水平外力和弯矩不大,桩不长或桩身直径较大时,可采用竖直桩,相应的桩基称为竖直桩桩基。反之,当水平外力较大且方向不变时,可采用单向斜桩;当水平外力较大且由于活载关系致使水平外力在两个方向都可能同时作用时,则可采用多向斜桩桩基。由于施工技术上的原因,目前钻(挖)孔灌注桩通常设计为竖直桩。

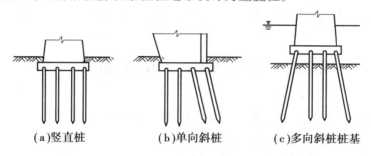

(a)竖直桩　　　(b)单向斜桩　　　(c)多向斜桩桩基

图 6.5　不同桩轴方向的桩

6)按成桩的直径分类

《建筑桩基技术规范》(JGJ 94—2018)按成桩直径大小,将桩分为小直径桩、中等直径桩和大直径桩 3 类。

(1)小直径桩

小直径桩指桩径 $d \leqslant 250$ mm、长径比 l/d 较大的桩,如树根桩。小桩具有施工空间要求小,对原有建筑基础影响小,施工方便,可在任何土层中成桩,并能穿越原有基础等特点,因此在地基换托、支护结构、抗浮、多层住宅地基处理等工程中得到了广泛应用。

(2)中等直径桩

即普通桩,桩径为 250 mm$<d<800$ mm 的桩。这种桩长期在工业与民用建筑中大量使用,其成桩方法和工艺很多。

(3)大直径桩

大直径桩指桩径 $d \geqslant 800$ mm 的桩,在设计中应考虑桩的挤土效应和尺寸效应,此类桩大多数为端承桩。

7)按成桩分类

因为桩的设置方式不同,桩孔处的排土量和桩周土体所受到的排挤及扰动程度也会不同,这将直接造成土体的天然结构、应力状态和性质的变化,从而影响到桩的承载能力、成桩质量与对环境的影响等。按成桩过程中是否产生挤土效应可分为下列 3 种:

（1）挤土桩

在成桩过程中，桩孔中的土未取出，造成大量挤土，使桩周土体受到严重扰动（重塑或土粒重新排列），土的工程性质有很大改变。如采用打入、静压和振动等成桩方法的实心预制桩、下端封闭的管桩和沉管灌注桩等。成桩过程中的挤土效应主要是地面隆起和土体侧移，对预制桩可能会造成桩的侧移、倾斜、上抬等质量事故，对灌注桩还可能造成断桩和缩径等。

（2）部分挤土桩

在成桩过程中，对周围土体引起部分挤土效应，桩周土体受到一定程度的扰动。一般底端开口的钢管桩、H型钢桩、冲孔灌注桩和开口薄壁预应力钢筋混凝土桩等属于部分挤土桩。

（3）非挤土桩

采用钻孔或挖孔方式，在成孔过程中将孔中土清除，故没有产生设桩时的排挤土作用。一般现场灌注的钻、挖孔桩或先钻孔再打入的预制桩属于非挤土桩。

子项 6.2 桩基础施工前的准备工作

首先要熟悉现场，开工前，应掌握施工区域内的具体桩位及对应的桩基结构形式、设计桩长等技术参数，并确定施工机械的摆放位置。

然后创造施工条件，准备临时用电；修建施工便道，平整场地，修通弃土道路；做好施工排水，在施工区域内开挖排水边沟，将地表水、施工废水等汇入排水沟，引至指定排水地点；做好场地围挡，根据合同文件和招标文件的相关要求，设置整齐统一的场地围挡。

其次做好技术准备工作，组建以项目经理、项目技术负责人为核心的技术管理体系，下设施工技术、质量、材料、资料、计划等分支部门；审核施工图纸，提出合理化建议；做好工程技术交底；建立完善的信息、资料档案制度；编制钢筋、水泥、木材等材料计划，相应编制材料试验计划，指导材料定货、供应和技术把关；按资源计划安排机械设备，周转工具进场，并完备相应手续；建立完善的质量保证体系；会同相关部门完成导线点复核以及水准点闭合工作；做好对班组人员的技术、安全交底工作，开工前，必须强调劳动纪律，向工人班组进行技术交底，学习图纸及有关施工规范，掌握施工顺序，保证工作质量和安全生产的技术措施落实到人。

最后做好施工机械设备的准备工作。

6.2.1 打桩前的准备

打桩方法有锤击法、振动法及静力压桩法等，其中以锤击法应用最普遍。打桩时，应用导板夹具或桩箍将桩嵌固在桩架两导柱中，桩位置及垂直度经校正后，方可将锤连同桩帽压在桩顶，开始沉桩。桩锤、桩帽与桩身中心线要一致，桩顶不平，应用厚纸板垫平或用环氧树脂砂浆补抹平整。开始沉桩应起锤轻压并轻击数锤，观察桩身、桩架、桩锤等垂直一致，方可转入正常。桩插入时的垂直度偏差不得超过0.5%。振动沉桩与锤击沉桩法基本相同，是用振动箱代替桩锤，将桩头套入振动箱连固的桩帽上或用液压夹桩器夹紧，便可按照锤击法启动振动箱进行沉桩至设计要求的深度。

6.2.2　定桩位和确定打桩顺序

在打桩前应根据设计图纸,确定桩基线,并将桩的准确位置测设到地上。桩基础位置偏差不得超过 2 cm,单排桩的轴线位置偏差不得超过 1 cm。桩定位有几种方法,如用小木桩、撒白灰点表示桩位。如桩位较密,在打桩过程中周围土层被挤紧,原标定的位置常会发生移动而不准确,且不易检查,此时可设置龙门板定桩位,比较准确,进行检查校正也比较容易。方法是:在龙门板上标出各桩位的中心线,然后拉紧线绳,使其与桩中心线的距离等于桩的半径或边长的一半,纵横 4 根线绳即可准确地表示出桩的位置,桩即在 4 根线绳所形成的正方形中打入。

根据地基土质情况,桩基平面布置,桩的尺寸、密集程度、深度,桩移动方便以及施工现场实际情况等因素确定打桩顺序。如图 6.6 所示为几种打桩顺序对土体的挤密情况。

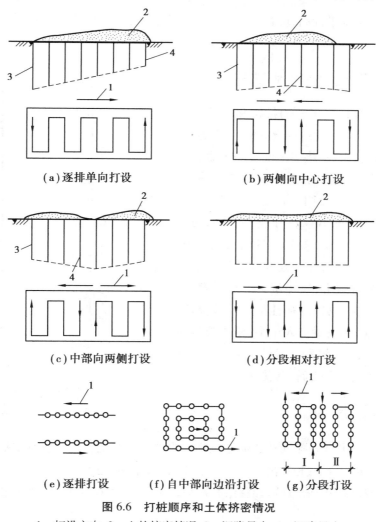

(a)逐排单向打设　　　　　　(b)两侧向中心打设

(c)中部向两侧打设　　　　　　(d)分段相对打设

(e)逐排打设　　(f)自中部向边沿打设　　(g)分段打设

图 6.6　打桩顺序和土体挤密情况

1—打设方向;2—土的挤密情况;3—沉降量大;4—沉降量小

当基坑不大时,打桩应逐排打设或从中间开始分头向周边或两边进行。对于密集群桩,自中间向两个方向或向四周对称施打,当一侧毗邻建筑物时,由毗邻建筑物处向另一方向施打。当基坑较大时,应将基坑分为数段,而后在各段范围内分别施打[图6.6(e),(f),(g)],但打桩应避免自外向内或从周边向中间进行,以避免中间土体被挤密,桩难以打入,或虽勉强打入,但使邻桩侧移或上冒。

对基础标高不一的桩,宜先深后浅;对不同规格的桩,宜先大后小,先长后短,可使土层挤密均匀,以防止位移或偏斜。在粉质黏土及黏土地区,应避免按一个方向施打,使土体一边挤压,造成入土深度不一和土体挤密程度不均,导致不均匀沉降。若桩距大于或等于4倍桩直径,则与打桩顺序无关。

6.2.3 设置水准点

为了控制桩顶水平标高,应在打桩地区附近设置水准点,作为水准测量用,水准点一般不宜少于2个。

6.2.4 弹性垫层、桩帽和送桩

打桩应用适合桩头尺寸的桩帽和弹性垫层,以缓和打桩的冲击。弹性垫层应用绳垫、尼龙垫或木块制作。为增加其锤击次数,垫木上配置一道钢箍,垫木下为桩帽。桩帽用钢板制成,并用硬木或绳垫承托。落锤或打桩机垫木亦可用"尼龙6"浇铸件(规格ϕ260 mm×170 mm,重10 kg),既经济又耐用,一个尼龙桩垫可打600根桩而不损坏。桩帽与桩周围的间隙应为5~10 mm。桩帽与桩接触表面须平整,桩锤、桩帽与桩身应在同一直线上,以免沉桩产生偏移。桩锤本身带帽者,则只在桩顶护以弹性垫层。若桩顶要打到桩架导杆底端以下,或要打入土中,则需打送桩,以减短预制桩的长度,避免浪费。送桩大多用钢材制作,其长度和截面尺寸应视需要而定(见图6.7)。

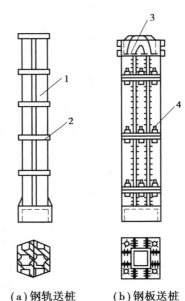

(a)钢轨送桩　　(b)钢板送桩

图6.7　钢送桩构造
1—钢轨;2—15 mm厚钢板箍;
3—硬木垫;4—连接螺栓

6.2.5 设置防震沟

防震沟的设置可有效降低对临近建筑物的影响。如某工程相邻建筑物基础为条形钢筋混凝土基础,深1 m,基础底板边离大厦地下室外墙仅2.5 m,桩基施工前开挖了一条宽0.8 m、深2 m的防震沟,沟中满填黄砂,经观察和检测,在整个施工过程中,对相邻建筑物结构无不良影响。

6.2.6　打桩前的其他准备工作

为便于观测预制桩的入土深度,桩在打入前应在桩的侧面画上标尺或在桩架上设置标尺,以观测桩身入土深度。

打桩前的其他准备工作还有:现场高空、地面和地下障碍物要妥善处理;架空高压线距离打桩架不得小于 10 m,上下水道应当拆迁;大树根和旧基础应予清除;施工场地应基本平整;作好排水措施;复查桩位,做好技术交底,特别是地质情况和设计要求的交底,以及准备好桩基础工程施工记录和隐蔽工程验收记录表等。

6.2.7　桩的制作、运输和堆放

1)桩的制作

（1）制作程序

桩的制作程序:压实、整平现场制作场地→场地地坪做三七灰土或浇筑混凝土→支模→绑扎钢筋骨架,安设吊环→浇筑混凝土→养护至 30% 强度拆模→支间隔端头模板,刷隔离剂,绑钢筋→浇筑间隔桩混凝土→同法间隔重叠制作第二层桩→养护至 70% 强度起吊→达 100% 强度后运输、堆放。

（2）制作方法

①混凝土预制桩可在工厂或施工现场预制。现场预制多采用工具式木模板或钢模板,支在坚实平整的地坪上,模板应平整牢靠,尺寸准确。用间隔重叠法生产,桩头部分使用钢模堵头板,并与两侧模板相互垂直,桩与桩间用塑料薄膜、油毡、水泥袋纸或刷废机油、滑石粉隔离剂隔开,邻桩与上层桩的混凝土须待邻桩或下层桩的混凝土达到设计强度的 30% 以后进行,重叠层数一般不宜超过 4 层。混凝土空心管桩采用成套钢管模胎在工厂用离心法制成。

②长桩可分节制作,单节长度应满足桩架的有效高度、制作场地条件、运输与装卸能力等方面的要求,并应避免在桩尖接近硬持力层或桩尖处于硬持力层中接桩。

③桩中的钢筋应严格保证位置正确,桩尖应对准纵轴线,钢筋骨架主筋连接宜采用对焊或电弧焊,主筋接头配置在同一截面内的数量不得超过 50%;相邻两根主筋接头截面的距离应不大于 $35d_g$(d_g 为主筋直径),且不小于 500 mm。桩顶 1 m 范围内不应有接头。桩顶钢筋网的位置要准确,纵向钢筋顶部保护层不应过厚,钢筋网格的距离应正确,以防锤击时打碎桩头,同时桩顶面和接头端面应平整,桩顶平面与桩纵轴线倾斜不应大于 3 mm。

④桩的混凝土强度等级应不低于 C30,粗骨料用粒径 5～40 mm 的碎石或卵石,宜用机械拌制、振捣混凝土,连续浇注捣实坍落度不大于 6 cm。混凝土浇筑应由桩顶向桩尖方向连续浇筑,不得中断,并应防止另一端的砂浆积聚过多,用振捣器仔细捣实;接桩的接头处要平整,使上下桩能互相贴合对准。浇筑完毕应覆盖、洒水养护不少于 7 d,如用蒸汽养护,在蒸养后,尚应适当自然养护,30 d 方可使用。

制桩时,按规定要求,做好灌注日期、混凝土强度、外观检查、质量鉴定等记录,以供验收时查用。制作钢筋混凝土预制桩的允偏差应符合表 6.1 的规定。

表 6.1 预制桩制作的允许偏差

项 次	项 目	允许偏差
1	钢筋混凝土预制桩	
	(1)横截面边长	±5 mm
	(2)桩顶对角线之差	10 mm
	(3)保护层厚度	±5 mm
	(4)桩深弯曲失高	不大于1‰桩长,且不大于 20 mm
	(5)桩尖中心线	10 mm
	(6)桩顶平面对桩中心线的倾斜	≤3 mm
	(7)锚固预留孔深	−0~−20 mm
	(8)浆锚预留孔位置	5 mm
	(9)浆锚预留孔直径	±5 mm
	(10)浆锚预留孔垂直度	≤1%
2	钢筋混凝土管桩	
	(1)直径	±5 mm
	(2)管壁厚度	−5 mm
	(3)抽芯圆孔平面位置对桩中心线	5 mm
	(4)桩尖中心线	10 mm
	(5)下节或上节桩的法兰对桩中心线的倾斜	2 mm
	(6)中节桩两个法兰对桩中心线倾斜之和	3 mm

(3)质量要求

预制桩的质量除应符合相应规范规定外,尚应符合下列规定:

①桩的表面应平整、密实,掉角的深度不应超过 10 mm,且局部蜂窝和掉角的缺损总面积不得超过该桩表面全部面积的 0.5%,并不得过分集中。

②由于混凝土收缩产生的裂缝,深度不得大于 20 mm,宽度不得大于 0.25 mm;横向裂缝长度不得超过边长的一半(管桩或多角形桩不得超过直径或对角线的1/2)。

③桩顶或桩尖处不得有蜂窝、麻面、裂缝和掉角。

2)桩的运输

当桩的混凝土强度达到设计强度标准值的 70% 后方可起吊,吊点应系于设计规定之处,如无吊环,可按图 6.8 所示位置设置吊点起吊。在吊索与桩间应加衬垫,起吊应平稳提升,应采取措施保护桩身质量,防止撞击和受振动。

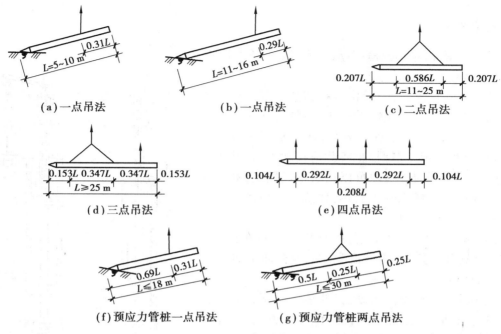

(a) 一点吊法　　　　　(b) 一点吊法　　　　　(c) 二点吊法

(d) 三点吊法　　　　　　　　(e) 四点吊法

(f) 预应力管桩一点吊法　　　　(g) 预应力管桩两点吊法

图 6.8　预制桩吊点位置

桩运输时的强度应达到设计强度标准值的 100%。长桩可采用平板拖车、平台挂车或汽车后挂小炮车运输;短桩运输亦可采用载重汽车,现场运距较近,亦可采用轻轨平板车运输。装载时桩支承应按设计吊钩位置或接近设计吊钩位置叠放平稳并垫实,支撑或绑扎牢固,以防运输中晃动或滑动;长桩采用挂车或炮车运输时,桩不宜设活动支座,行车应平稳,并掌握好行驶速度,防止任何碰撞和冲击。严禁在现场以直接拖拉桩体方式代替装车运输。

3) 桩的堆放

堆放场地应平整坚实,排水良好。桩应按规格、桩号分层叠置,支承点应设在吊点或近旁处保持在同一横断平面上,各层垫木应上下对齐,并支承平稳,堆放层数不宜超过 4 层。运到打桩位置堆放,应布置在打桩架附设的起重钩工作半径范围内,并考虑到起吊方向,避免转向。

子项 6.3　锤击沉桩

锤击沉桩是利用冲击力克服土对桩的阻力,将桩尖送到设计深度。

6.3.1　锤击沉桩施工机具

锤击沉桩法施工的机具主要包括桩锤、桩架和动力装置 3 个部分。

1) 桩锤

桩锤有落锤、单动汽锤、双动汽锤和柴油锤等几种。

（1）落锤

落锤亦称自落锤，一般由生铁铸成。利用桩锤本身重量自高处落下产生的冲击力，将桩打入土内。落锤一般重 1～2 t。为了搬运方便，适应桩锤重量的变化，可以分片铸成，用螺栓把各片连接起来，但装配螺栓易受振动而断裂。落锤可以用卷扬机提起，利用脱钩装置或松开卷扬机刹车放落，使落锤自由落在桩头上，桩便逐渐打入土中。

落锤构造简单，使用方便，冲击力较大，可在普通黏土和含砂砾石较多的土中打较重的桩，每分钟 6～20 次。

（2）汽锤

汽锤是以饱和蒸汽为动力，使锤体上下运动冲击桩头进行沉桩。汽锤具有结构简单、动力大、工作可靠、能打各种桩等特点，但需配备锅炉，移动较麻烦，目前已很少应用。汽锤有单作用、双作用两类。

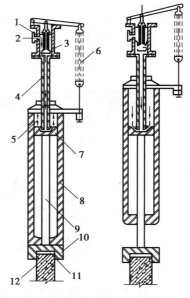

图 6.9　单动蒸汽锤构造示意图
1—活塞；2—进气孔；3—缸套；
4—锤芯进排气管；5—气室；
6—拉簧；7—活塞；8—锤壳；
9—顶杆；10—桩帽；11—桩垫；
12—桩

①单动汽锤。单动汽锤（图 6.9）的冲击部分为汽缸，动力为蒸汽或压缩空气。其动作原理：由蒸汽或压缩空气推动，升起汽缸达到顶端位置，排出气体，汽锤即下落到桩上而把桩打入土中。单动汽锤重 3～15 t，冲击力大，每分钟锤击次数为 60～80 次，但没有充分利用蒸汽或压缩空气的压力，软管磨损较快，软管同气阀连接处易脱开。

②双动汽锤。双动汽锤（图 6.10）的冲击部分为活塞。它与单动汽锤的区别是，当汽锤冲击时，不仅利用活塞杆的自重，而且还借蒸汽或压缩空气的压力向下推动活塞杆，双动汽锤打桩时是固定在桩顶上不与桩头脱离。蒸汽或压缩空气由汽锤外壳的调节气阀进入活塞下部，推动活塞杆升起，当活塞杆升到最上部位置时，调节气阀在压差的作用下自动改变位置，蒸汽或压缩空气改变方向进入活塞上部，下部气体排入大气。活塞杆向下冲击垫座时，不仅有活塞杆自身的重量，而且受到活塞杆上部气体向下的压力作用，这个压力超过活塞杆重量的 3～10 倍。双动汽锤活塞冲程短，每分钟锤击次数可达 100～300 次，锤重 5～7 t，工作效率高。桩锤的冲击力可通过调整供汽压力加以调节，因此一般工程都能使用，并可用于拔桩。

（3）柴油锤

柴油锤的冲击部分是一个上下运动的汽缸（导缸式）或活塞（图 6.11）。它以柴油作为动能，在汽缸内燃烧，推动冲击体向上运动，其反作用力传给桩头，将桩打入土中。冲击体自由落下，工作循环进行。柴油锤又分导杆式和筒式两类，其中以筒式柴油锤使用较多，它是一种汽缸固定活塞上下往复运动冲击的柴油锤。筒式柴油锤的特点是柴油在喷射时不雾化,只有被活塞冲击才雾化,其结构合理,有较大的锤击能力,工作效率高,还能打斜桩。使用柴油锤打桩,应注意控制油门,如油门开得过大,可能使冲击体抬升过高,产生冲击顶架、撞坏顶座或者把桩打裂、打断等事故。

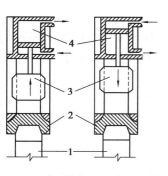

图 6.10 双动气锤构造示意图

1—桩;2—垫座;
3—冲击部分;4—蒸汽缸

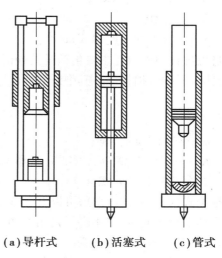

(a)导杆式　(b)活塞式　(c)管式

图 6.11 柴油桩锤类型示意图

2)桩架

桩架是支持桩身和桩锤,在打桩过程中引导桩的方向及维持桩的稳定,并保证桩锤沿着所要求方向冲击桩体的设备。桩架一般由底盘、导向杆、起吊设备、撑杆等组成。

桩架的形式多种多样。常用的桩架有两种基本形式:一种是沿轨道行驶的多能桩架;另一种是装在履带底盘上的履带式桩架。多能桩架是由定柱、斜撑、回转工作台、底盘及传动机构组成。它的机动性和适应性很大,在水平方向可作 360° 回转,导架可以伸缩和前后倾斜,底座下装有铁轮,底盘在轨道上行走。这种桩架适用于各种预制桩及灌注桩施工。履带式桩架以履带式起重机为主机,配备桩架工作装置而组成,其操作灵活、移动方便,适用于各种预制桩和灌注桩的施工。

桩架的选用应根据桩的长度、桩锤的类型及施工条件等因素确定。通常,桩架的高度 = 桩长+桩锤高度+桩帽高度+滑轮组高度+桩锤位移高度。

3)动力装置

打桩机械的动力装置是根据所选桩锤而定的,主要有卷扬机、锅炉、空气压缩机等。当采用空气锤时,应配备空气压缩机;当选用蒸汽锤时,则要配备蒸汽锅炉和卷扬机。

6.3.2 锤击沉桩工艺

锤击沉桩时,桩锤动量所转换的功除各种损耗外,如足以克服桩身与土的摩阻力和桩尖阻力时,桩即沉入土中,如图 6.12 所示为沉桩示意图。

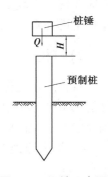

图 6.12 沉桩示意图

桩锤的动量为：

$$T = Q\sqrt{2gH} \qquad (6.1)$$

式中　Q——锤的重量，kN；

　　　H——落距，m；

　　　g——重力加速度，9.8 m/s²。

打桩过程中的损耗主要包括锤的冲击回弹能量损耗、桩身变形（包括桩头损坏）能量损耗、土体变形能量损耗等。其中锤的冲击回弹能量损耗（E）可以用下式计算：

$$E = \frac{1 - K^2}{Q + q}QH \qquad (6.2)$$

式中　q——桩的重量，kN；

　　　K——回弹系数，根据实测一般取 0.45；

　　　其余符号意义同式(6.1)。

根据式(6.1)和式(6.2)，可以看出锤重和落距对锤击动量和回弹消耗的影响。

当冲击功相同时，采用轻锤高击和重锤低击，其效率是有所不同的。采用轻锤高击，所得的动量较小，而桩锤对桩头的冲击大，因而回弹大，桩头也易损坏，消耗的能量较多；采用重锤低击，所得的动量较大，而桩锤对桩头冲击小，因而回弹也小，桩头不易损坏，大部分能量都可以用来克服桩身于土的摩阻力和桩尖阻力，因此沉桩速度较快。此外，重锤低击的落距小，因而可以提高锤击频率，这有利于在较密的土层（如砂或黏土层）中沉桩。

落距的确定，根据一般经验，采用单动汽锤时，取 0.6 m；采用柴油打桩锤时，小于 1.5 m；采用落锤时，小于 1.0 m。

1）定锤吊桩

打桩机就位后，先将桩锤和桩帽吊起，其锤底高度高于桩顶，并固定在桩架上，以便进行吊桩。

吊桩是用桩架上的钢丝绳和卷扬机将桩吊成垂直状态进入龙门导杆内。桩提升离地时，应用拖拉绳稳住桩的下部，以免撞击打桩架和邻近的桩。桩送入导杆内后，要稳住桩顶，先使桩尖对准桩位，扶正桩身，然后使桩插入土中。桩的垂直度偏差不得超过 1%。桩就位后，在桩顶放上弹性垫层（如草纸、废麻袋或草绳等），放下桩帽套入桩顶，桩帽上放好垫木，降下桩锤轻轻压住桩帽。桩锤底面、桩帽上下面和桩顶都应保持水平；桩锤、桩帽和桩身中心应在同一直线上，尽量避免偏心。此时在锤重压力下，桩会沉入土中一定深度，待下沉停止再全部检查，校正合格后即可开始打桩。

2）打桩

打桩应重锤低击、低提重打。桩开始打入时，桩锤落距宜低，一般为 0.5～0.8 m，以便使桩能正常沉入土中，待桩入土到一定深度，桩尖不易发生偏移时，可适当增加落距，逐渐提高到规定数值，继续锤击。打混凝土管桩，最大落距不得大于 1.5 m；打混凝土实心桩不得大于 1.8 m。桩尖遇到孤石或穿过硬夹层时，为了把孤石挤开和防止桩顶开裂，桩锤落距不得大于 0.8 m。

桩的入土深度的控制，对于承受轴向荷载的摩擦桩，以标高为主，以贯入度作为参考；端承桩则以贯入度为主,以标高作为参考。

施工时,贯入度的记录,对于落锤、单动汽锤和柴油锤取最后 10 击的入土深度;对于双动汽锤,取最后一分钟内桩的入土深度。贯入度值应符合设计要求。

测量和记录桩的贯入度应在下列条件下进行:桩顶没有破坏;锤击没有偏心;锤的落距符合要求;桩帽和桩垫工作正常。

3)打桩测量和记录

打桩工程是一项隐蔽工程,为了确保工程质量,分析处理打桩过程中出现的质量事故和为工程质量验收提供重要依据,在打桩过程中,必须对每根桩的施打进行下列测量并作好详细记录:

①如用落锤、单动汽锤或柴油锤打桩时,应测量记录桩身每沉落 1 m 所需要的锤击次数以及桩锤落距的平均高度。在桩下沉接近设计标高时,应在规定落距下,每一阵(每 10 击为一阵)后测量其贯入度,当其值达到或小于设计要求的贯入度时,打桩即行停止。

②如用双动汽锤和振动锤,开始应测量记录桩身每下沉 1 m 所需要的工作时间(每分钟锤击次数计入备注栏内,以观测其沉入速度及均匀程度)。当桩下沉接近设计标高时,应测量记录每分钟沉入的数值,以保证桩的设计承载能力。

③打桩时要注意测量桩顶水平标高。特别是对承受轴向荷载的摩擦桩,可用水平仪测量控制,水平仪位置应能观测较多的桩位。

④在桩架导杆的底部上每 1~2 cm 画好准线,注明数字。桩锤上则画一白线,打桩时,根据桩顶水平标高,定出桩锤应停止锤击的水平面的数字,将此导杆上的数字告诉操作人员,待锤上白线打到此数字位置时即应停止锤击,这样就能使桩顶水平标高符合设计规定。

4)注意事项

打桩时除测量必要的数值并记录外,还应注意下列几点:

①在打桩过程中应经常用线垂及水平尺检查打桩架。如垂直度偏差超过 1%,必须及时纠正,以免把桩打斜。

②打桩入土的速度应均匀,锤击间歇的时间不宜过长。

③应观察桩锤回弹情况,如经常回弹较大,说明桩锤太轻,不能使桩下沉,此时应更换重的桩锤。

④应随时注意贯入度的变化情况。当贯入度骤减,桩锤突然发生较大回弹,此时应将锤击的落距减小,加快锤击;若还有这种现象,即说明桩尖遇到障碍,应停止锤击,研究遇阻的原因并进行处理。如果继续施打,出现贯入度突然增加,表示桩尖或桩身可能已遭受损坏。

表明桩身可能被破坏的现象有:桩锤回弹,贯入度突增,锤击时桩弯曲、倾斜、颤动、桩破坏加剧等。

⑤用送桩打桩时,桩与送桩的纵轴线应在同一直线上。如用硬木制作的送桩,其桩顶损坏部分应修切平整后再用。

⑥对于打斜的桩,应将桩拔出,探明原因,排除障碍,用砂砾石填孔后重新插入施打。若拔桩有困难,应会同设计单位研究处理,或在原桩位附近打一桩。

打(沉)桩常遇问题及预防处理方法参见表 6.2。

表 6.2　打(沉)桩常遇问题及预防、处理方法

名称、现象	产生原因	预防措施及处理方法
桩顶位移或上升涌起(在沉桩过程中,相邻的桩产生横向位移或桩身上涌)	①桩入土后,遇到大块孤石或坚硬障碍物,把桩尖挤向一侧。 ②桩身不正直;或两节桩或多节桩施工,相接的两节桩不在同一轴线上,造成歪斜。 ③采用钻孔、插桩施工时,钻孔倾斜过大,在沉桩过程中桩随着钻孔倾斜而产生位移。 ④在软土地基施工较密集的群桩时,如沉桩次序不当,由一侧向另一侧施打,常会使桩向一侧挤压造成位移或涌起。 ⑤遇流砂;或当桩数较多,土体饱和密实,桩间距较小,在沉桩时土被挤过密而向上隆起,有时使相邻的桩随同一起涌起	施工前用钎或洛阳铲探明地下障碍物,较浅的挖除,深的用钻钻透或爆碎;对桩要吊线检查;桩不正直,桩尖不在桩纵轴线上时不宜使用,一节桩的细长比不宜超过40;钻孔插桩,钻孔必须垂直,垂直偏差应在1%以内,插桩时,桩应顺孔插入,不得歪斜;打桩时注意打桩顺序,避免打桩期间同时开挖基坑,一般宜间隔14 d,以消散孔隙压力,避免桩位移或涌起;在饱和土中沉桩,采用井点降水、砂井或挖沟降水或排水措施;采用"插桩法";减少土的挤密及孔隙水压力的上升,桩的间距应不少于3.5倍桩直径;位移过大,应拔出,移位再打,如位移不大,可用木架顶正,再慢锤打入;障碍物不深,可挖去回填后再打;浮起量大的桩应重新打入
桩身倾斜(桩身垂直偏差过大)	①场地不平,打桩和导杆不直,引起桩身倾斜; ②稳桩时桩不垂直,桩顶不平,桩帽、桩锤及桩不在同一直线上; ③桩制作时桩身弯曲超过规定,桩尖偏离桩的纵轴线较大,桩顶、桩帽倾斜,致使沉入时发生倾斜; ④同"桩顶位移"原因分析①②③	安设桩架场地应整平,打桩机底盘应保持水平,导杆应吊线保持垂直;稳桩时桩应垂直,桩帽、桩锤和桩三者应在同一直线上;桩制作时应控制桩身弯曲度不大于1%;桩顶应与桩纵轴线保持垂直;桩尖偏离桩纵轴线过大时不宜应用;产生原因④的防治措施同"桩顶位移"的防治措施
桩头击碎(打桩时,桩顶出现混凝土掉角、碎裂、坍塌或被打坏;桩顶钢筋局部或全部外露)	①桩设计未考虑工程地质条件或机具性能,桩顶的混凝土强度等级设计偏低,钢筋网片不足,造成强度不够; ②桩预制时,混凝土配合比不准确,振捣不密实,养护不良,未达到设计要求而被打碎; ③桩制作外形不符合要求,如桩顶面倾斜或不平,桩顶保护层过厚; ④施工机具选择不当,桩锤选用过大或过小,锤击次数过多,使桩顶混凝土疲劳损坏; ⑤桩顶与桩帽接触不平,桩帽变形倾斜或桩沉入土中不垂直,造成桩顶局部应力集中而将桩头破碎打坏; ⑥沉桩时未加缓冲桩或桩垫不合要求,失去缓冲作用,使桩直接承受冲击荷载; ⑦施工中落锤过高或遇坚硬砂土夹层、大块石等	桩设计应根据工程地质条件和施工机具性能合理设计桩头,保证有足够的强度;桩制作时混凝土配合比要正确,振捣密实,主筋不得超过第一层钢筋网片,浇筑后应有1~3个月的自然养生过程,使其充分硬化和排除水分,以增强抗冲击能力;沉桩前,应对桩构件进行检查,如桩顶不平或不垂直于桩轴线,应修补后才能使用,检查桩帽与桩的接触面处及桩帽垫木是否平整等,如不平整应进行处理后方能开打;沉桩时,稳桩要垂直;桩顶应加草垫、纸袋或胶皮等缓冲垫,如发现损坏,应及时更换;如桩顶已破碎,应更换或加垫桩垫,如破碎严重,可把桩顶剔平补强,必要时加钢板箍,再重新沉桩;遇砂夹层或大块石,可采用小钻孔再插预制桩的办法施打

名称、现象	产生原因	预防措施及处理方法
桩身断裂（沉桩时，桩身突然倾斜错位，贯入度突然增大，同时当桩锤跳起后，桩身随之出现回弹）	①桩制作弯曲度过大，桩尖偏离轴线，或沉桩时，桩细长比过大，遇到较坚硬土层或障碍物，或其他原因出现弯曲，在反复集中荷载作用下，当桩身承受的抗弯强度超过混凝土抗弯强度时，即产生断裂。 ②桩在反复施打时，桩身受到拉压，大于混凝土的抗拉强度时产生裂缝，剥落而导致断裂。 ③桩制作质量差，局部强度低或不密实；或桩在堆放、起吊、运输过程中产生裂缝或断裂。 ④桩身打断、接头断裂或桩身劈裂	施工前查清地下障碍物并清除，检查桩外形尺寸，发现弯曲超过规定或桩尖不在桩纵轴线上时，不得使用；桩细长比应不大于40；沉桩过程中，发现桩不垂直，应及时纠正，或拔出重新沉桩；接桩要保持上下节桩在同一轴线上；桩制作时，应保证混凝土配合比正确，振捣密实，强度均匀；桩在堆放、起吊、运输过程中，应严格按操作规程，发现桩超过有关验收规定，不得使用；普通桩在蒸养后，宜在自然条件下再养护一个半月，以提高后期强度，已断桩可采取在一旁补桩的办法处理
接头松脱、开裂（接桩处经锤击后，出现松脱、开裂等现象）	①接头表面留有杂物、油污，未清理干净。 ②采用硫磺胶泥接桩时，配合比、配制使用温度控制不当，强度达不到要求，在锤击作用下产生开裂。 ③采用焊接或法兰连接时，连接铁件或法兰平面不平，存在较大间隙，造成焊接不牢或螺栓不紧；或焊接质量不好，焊缝不连续、不饱满，存在夹渣等缺陷。 ④两节桩不在同一直线上，在接桩处产生弯曲，锤击时，接桩处局部产生应力集中而破坏连接	接桩前，应将连接表面杂质、油污清除干净；采用硫磺胶泥接桩时，严格控制配合比及熬制、使用温度，按操作要求操作，保证连接强度；检查连接部件是否牢固、平整，如有问题，应修正后才能使用；接桩时，两节桩应在同一轴线上，预埋连接件应平整服贴，连接好后，应锤击几下再检查一遍，如发现松脱、开裂等现象，应采取补救措施，如重接、补焊、重新拧紧螺栓并把丝扣凿毛，或用电焊焊死
沉桩达不到设计控制要求（沉桩未达到设计标高，或最后沉入度控制指标要求）	①地质勘察资料粗糙，地质和持力层起伏标高不明，致使设计桩尖标高与实际不符，达不到设计标高要求；或持力层过高。 ②设计要求过严，超过施工机械能力和桩身混凝土强度。 ③沉桩遇地下障碍物，如大块石、混凝土块等，或遇坚硬土夹层、砂夹层。 ④在新近代砂层沉桩，同一层土的强度差异很大，且砂层越挤越密，有时出现沉不下去的现象。 ⑤桩锤选择太小或太大，使桩沉不到或超过设计要求的控制标高。 ⑥桩顶打碎或桩身打断，致使桩不能继续打入。 ⑦打桩间歇时间过长，摩阻力增大	详细探明工程地质情况，必要时应作补勘；正确选择持力层或标高，根据地质情况和桩重合理选择施工机械、桩锤大小、施工方法和桩混凝土强度；探明地下障碍物，并清除掉，或钻透或爆碎；在新近代砂层沉桩，注意打桩次序，减少向一侧挤密的现象；打桩应连续打入，不宜间歇时间过长；防止桩顶打碎和桩身打断，措施同"桩顶破碎""桩身断裂"防治措施

续表

名称、现象	产生原因	预防措施及处理方法
桩急剧下沉（桩下沉速度过快，超过正常值）	①遇软土层或土洞；②桩身弯曲或有严重的横向裂缝，接头破裂或桩尖劈裂；③落锤过高或接桩不垂直	遇软土层或土洞应进行补桩或填洞处理；沉桩前检查桩垂直度和有无裂缝情况，发现弯曲或裂缝，处理后再沉桩；落锤不要过高，将桩拔起检查，改正后重打，或靠近原桩位做补桩处理
桩身跳动，桩锤回弹（桩反复跳动，不下沉或下沉很慢，桩锤回弹）	①桩尖遇树根、坚硬土层；②桩身弯曲过大，接桩过长	检查原因，穿过或避开障碍物；桩身弯曲如超过规定，不得使用；接桩长度不应超过40d，操作时注意落锤不应过高，如入土不深，应拔起避开或换桩重打

5) 对环境的影响及其预防措施

打（沉）桩时，由于巨大体积的桩体在冲击作用下于短时间内沉入土中，会对周围环境带来下述危害：

①挤土：由桩体入土后挤压周围土层造成。

②振动：打桩过程中在桩锤冲击下，桩体产生振动，使振动波向四周传播，会给周围的设施造成危害。

③超静水压力：土壤中含的水分在桩体挤压下产生很高的压力，此很高压力的水向四周渗透时亦会给周围设施带来危害。

④噪声：桩锤对桩体冲击产生的噪声达到一定分贝时，亦会对周围人的生活和工作带来不利影响。

为避免和减轻上述打桩产生的危害，根据过去的经验总结，可采取下述措施：

①限速：即控制单位时间（如1 d）打桩的数量，可避免产生严重的挤土和超静水压力。

②正确确定打桩顺序：一般在打桩的推进方向挤土较严重，为此宜背向保护对象向前推进打设。

③挖应力释放沟（或防振沟）：在打桩区与被保护对象之间挖沟（深2 m左右），此沟可隔断浅层内的振动波，对防振有益。如在沟底再钻孔排土，则可减轻挤土影响和超静水压力。

④埋设塑料排水板或袋装砂井：可人为造成竖向排水通道，易于排除高压力的地下水，使土中水压力降低。

⑤钻孔植桩打设：在浅层土中钻孔（桩长的1/3左右），可大大减轻浅层挤土影响。

6) 打（沉）桩的质量控制

①桩端（指桩的全截面）位于一般土层时，以控制桩端设计标高为主，贯入度可作参考。

②桩端达到坚硬、硬塑的黏性土，中密以上粉土、砂土、碎石类土、风化岩时，以贯入度控

制为主,桩端标高可作参考。

③当贯入度已达到,而桩端标高未达到时,应继续锤击 3 阵,按每阵 10 击的贯入度不大于设计规定的数值加以确认。

④振动法沉桩是以振动箱代替桩锤,其质量控制是以最后 3 次振动(加压),每次 10 min 或 5 min,测出每分钟的平均贯入度,以不大于设计规定的数值为合格,而摩擦桩则以沉到设计要求的深度为合格。

7)打(沉)桩控制贯入度的计算

打预制钢筋混凝土桩的设计质量控制,通常是以贯入度和设计标高两个指标来检验。打桩贯入度的检验,一般是以桩最后 10 击的平均贯入度应该小于或等于通过荷载试验(或设计规定)确定的控制数值,当无试验资料或设计无规定时,控制贯入度可以按以下动力公式计算:

$$S = \frac{nAQH}{mP(mP + nA)} \cdot \frac{Q + 0.2q}{Q + q} \tag{6.3}$$

式中 S——桩的控制贯入度,mm;

Q——锤重力,N;

H——锤击高度,mm;

q——桩及桩帽重力,N;

A——桩的横截面,mm^2;

P——桩的安全(或设计)承载力,N;

m——安全系数,对永久工程,$m=2$;对临时工程,$m=1.5$;

n——与桩材料及桩垫有关的系数,钢筋混凝土桩用麻垫时,$n=1$;钢筋混凝土桩用橡木垫时,$n=1.5$;木桩加桩垫时,$n=0.8$;木桩不加垫时,$n=1.0$。

如已做静荷载试验,应以桩的极限荷载 P_k(kN)代替公式中的 mP 值计算。

8)打(沉)桩验收要求

①预制桩(钢桩)的桩位偏差按表 6.3 控制。斜桩倾斜度的偏差应为倾斜角正切值的 15%。

表 6.3 预制桩(钢桩)的桩位允许偏差

序	检查项目		允许偏差/mm
1	带有基础梁的桩	垂直基础梁的中心线	≤100+0.01H
		沿基础梁的中心线	≤150+0.01H
2	承台桩	桩数为 1~3 根桩基中的桩	≤100+0.01H
		桩数大于或等于 4 根桩基中的桩	≤1/2 桩径+0.01H 或 1/2 边长+0.01H

注:H 为桩基施工面至设计桩顶的距离(mm)。

②施工结束后应对承载力进行检查。设计等级为甲级或地质条件复杂时,应采用静载试验的方法对桩基承载力进行检验,检验桩数不应少于总桩数的 1%,且不应少于 3 根,当总桩数少于 50 根时,检验桩数不应少于 2 根。在有经验和对比资料的地区,设计等级为乙级、

丙级的桩基可采用高应变法对桩基进行竖向抗压承载力检测,检测数量不应少于总桩数的5%,且不应少于10根。

③工程桩的桩身完整性的抽检数量不应少于总桩数的20%,且不应少于10根。每根柱子承台下的桩抽检数量不应少于1根。

④施工前应检验成品桩构造尺寸及外观质量;施工中应检验接桩质量、锤击及静压的技术指标、垂直度以及桩顶标高等;施工结束后应对承载力及桩身完整性等进行检验。

⑤钢筋混凝土预制桩的质量检验标准见表6.4。

表6.4　锤击预制桩质量检验标准

项目	序号	检查项目		允许值或允许偏差		检查方法
				单位	数值	
主控项目	1	承载力		不小于设计值		静载试验、高应变法等
	2	桩身完整性		—		低应变法
一般项目	1	成品桩质量		表面平整,颜色均匀,掉角深度小于10 mm,蜂窝面积小于总面积的0.5%		查产品合格证
	2	桩位		表6.3		全站仪或用钢尺量
	3	电焊条质量		设计要求		查产品合格证
	4	接桩:焊缝质量	咬边深度	mm	≤0.5	焊缝检查仪
			加强层高度	mm	≤2	焊缝检查仪
			加强层宽度	mm	≤3	焊缝检查仪
		电焊结束后停歇时间		min	≥8(3)	用表计时
		上下节平面偏差		mm	≤10	用钢尺量
		节点弯曲矢高		同桩体弯曲要求		用钢尺量
	5	收锤标准		设计要求		用钢尺量或查沉桩记录
	6	桩顶标高		mm	±50	水准测量
	7	垂直度		≤1/100		经纬仪测量

注:括号中为采用二氧化碳气体保护焊时的数值。

子项6.4　静力压桩

静压法沉桩是通过静力压桩机的压桩机构,以压桩机自重和桩机上的配重作反力而将预制钢筋混凝土桩分节压入地基土层中成桩。在桩压入过程中,系以桩机本身的质量(包括配重)作为反作用力,以克服压桩过程中的桩侧摩阻力和桩端阻力。当预制桩在竖向静压力作用下沉入土中时,桩周土体发生急速而激烈的挤压,土中孔隙水压力急剧上升,土的抗剪强度大大降低,从而使桩身很快下沉。其特点是:桩机全部采用液压装置驱动,压力大,自动化程度高,纵横移动方便,运转灵活;桩定位精确,不易产生偏心,可提高桩基施工质量;施工无噪声、无振动、无污染;沉桩采用全液压夹持桩身向下施加压力,可避免锤击应力,打碎桩头,桩截面可以减小,混凝土强度等级可降低 1~2 级,配筋比锤击法可省 40%;效率高,施工速度快,压桩速度每分钟可达 2 m,正常情况下每台班可压完 15 根桩,比锤击法可缩短工期 1/3;压桩力能自动记录,可预估和验证单桩承载力,施工安全可靠,便于拆装维修、运输等。但存在压桩设备较笨重、要求边桩中心到已有建筑物间距较大、压桩力受一定限制、挤土效应仍然存在等问题。

静力压桩适用于软土、填土及一般黏性土层中,特别适合于居民稠密及危房附近环境保护要求严格的地区沉桩;但不宜用于地下有较多孤石、障碍物或有 4 m 以上硬隔离层的情况。

6.4.1 静力压桩设备

静力压桩机分机械式和液压式两种。前者系用桩架、卷扬机、加压钢丝绳、滑轮组和活动压梁等部件组成,施压部分在桩顶端面,施加静压力为 600~2 000 kN,这种桩机设备高大笨重,行走移动不便,压桩速度较慢,但装配费用较低,只有少数还有这种设备的地区还在应用;后者由压拔装置、行走机构及起吊装置等组成(图 6.13),采用液压操作,自动化程度高,结构紧凑,行走方便快速,施压部分不在桩顶面而在桩身侧面,是当前国内较广泛采用的一种新型压桩机械。

国内常用的有 YZY 系列和 ZYJ 系列液压静力压桩机。

静力压桩机的选择应综合考虑桩的截面、长度,穿越土层和桩端土的特性,单桩极限承载力及布桩密度等因素。

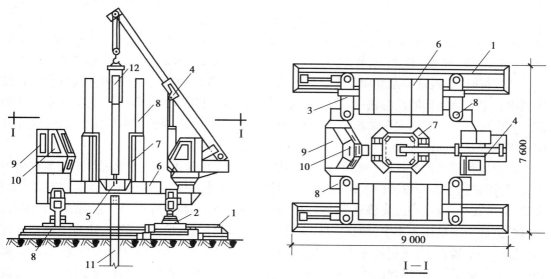

图 6.13 全液压式静力压桩机压桩

1—长船行走机构;2—短船行走及回转机构;3—支腿式底盘结构;4—液压起重机;5—夹持与压板装置;
6—配重铁块;7—导向架;8—液压系统;9—电控系统;10—操纵室;11—已压入下节桩;12—吊入上节桩

6.4.2　压桩工艺

①静压预制桩的施工一般都采取分段压入,逐段接长的方法。其施工工艺程序为:测量定位→压桩机就位→吊桩、插桩→桩身对中调直→静压沉桩→接桩→再静压沉桩→送桩→终止压桩→切割桩头。静压预制桩施工前的准备工作,桩的制作、起吊、运输、堆放、施工流水、测量放线、定位等均同锤击法打(沉)预制桩。

压桩的工艺程序如图 6.14 所示。

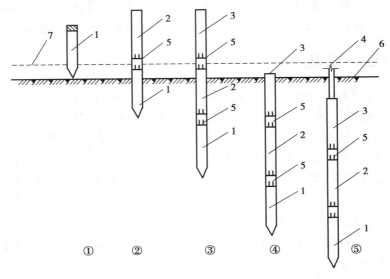

图 6.14　压桩工艺程序示意图

①—准备压第一段桩;②—接第二段桩;③—接第三段桩;④—整根桩压平至地面;⑤—采用送接压桩完毕
1—第一段桩;2—第二段桩;3—第三段桩;4—送桩;5—桩接头处;6—地面线;7—压桩架操作平台线

②压桩时,桩机就位是利用行走装置完成。行走装置由横向行走(短船行走)和回转机构组成。把船体当作铺设的轨道,通过横向和纵向油缸的伸程和回程使桩机实现步履式的横向和纵向行走。当横向两油缸一个伸程,另一个回程,可使桩机实现小角度回转,这样可使桩机达到要求的位置。

③静压预制桩每节长度一般在 12 m 以内,插桩时先用起重机吊运或用汽车运至桩机附近,再利用桩机上自身设置的工作吊机将预制混凝土桩吊入夹持器中,夹持油缸将桩从侧面夹紧,即可开动压桩油缸,先将桩压入土中 1 m 左右后停止,调正桩在两个方向的垂直度后,压桩油缸继续把桩压入土中,伸长完后,夹持油缸回程松夹,压桩油缸回程,重复上述动作可实现连续压桩操作,直至把桩压入预定深度土层中。在压桩过程中要认真记录桩入土深度和压力表读数的关系,以判断桩的质量及承载力。当压力表读数突然上升或下降时,要停机对照地质资料进行分析,判断是否遇到障碍物或产生断桩现象等。

④压桩应连续进行,如需接桩,可压至桩顶离地面 0.8~1.0 m 用硫磺砂浆锚接,一般在下部桩留 ϕ50 mm 锚孔,上部桩顶伸出锚筋,长 15~20 d,硫磺砂浆接桩材料和锚接方法同锤击法,但接桩时避免桩端停在砂土层上,以免再压桩时阻力增大压入困难。再用硫磺胶泥接

桩,间歇不宜过长(正常气温下为 10~18 min);接桩面应保持干净,浇筑时间不超过 2 min;上下桩中心线应对齐,节点矢高不得大于 1‰桩长。

⑤当压力表读数达到预先规定值便可停止压桩。如果桩顶接近地面,而压桩力尚未达到规定值,可以送桩。静力压桩情况下,只需用一节长度超过要求送桩深度的桩,放在被送的桩顶上便可以送桩,不必采用专用的钢送桩。如果桩顶高出地面一段距离,而压桩力已达到规定值时则要截桩,以便压桩机移位。

⑥压桩应控制好终止条件,一般可按以下进行控制:

A.对于摩擦桩,按照设计桩长进行控制,但在施工前应先按设计桩长试压几根桩,待停置 24 h 后,用与桩的设计极限承载力相等的终压力进行复压,如果桩在复压时几乎不动,即可以此进行控制。

B.对于端承摩擦桩或摩擦端承桩,按终压力值进行控制:

a.对于桩长大于 21 m 的端承摩擦桩,终压力值一般取桩的设计极限承载力。当桩周土为黏性土且灵敏度较高时,终压力可按设计极限承载力的 0.8~0.9 倍取值。

b.当桩长小于 21 m 而大于 14 m 时,终压力按设计极限承载力的 1.1~1.4 倍取值;或桩的设计极限承载力取终压力值的 0.7~0.9 倍。

c.当桩长小于 14 m 时,终压力按设计极限承载力的 1.4~1.6 倍取值;或设计极限承载力取终压力值 0.6~0.7 倍,其中对于小于 8 m 的超短桩,按 0.6 倍取值。

C.超载压桩时,一般不宜采用满载连续复压法,但在必要时可以进行复压,复压的次数不宜超过 2 次,且每次稳压时间不宜超过 10 s。

⑦静力压桩常遇问题及防治、处理方法,参见表 6.5。

表 6.5　静力压桩常遇问题及防治、处理方法

常遇问题	产生原因	防治及处理方法
液压缸活塞动作迟缓(YZY 型压桩机)	①油压太低,液压缸内吸入空气;②液压油黏度过高;③滤油器或吸油管堵塞;④液压泵内泄漏,操纵阀内泄漏过大	提高溢流阀卸载压力;添加液压油,使油箱油位达到规定高度;修复或更换吸油管;按说明书要求更换液压油;拆下清洗、疏通;检修或更换
压力表指示器不工作	①压力表开关未打开;②油路堵塞,压力表损坏	打开压力表开关;检查和清洗油路;更换压力表
桩压不下去	①桩端停在砂层中接桩,中途间断时间过长;②压桩机部分设备工作失灵,压桩停歇时间过长;③施工降水过低,土体中孔隙水排出,压桩时失去超静水压力的"润滑作用";④桩尖碰到夹砂层,压桩阻力突然增大,甚至超过压桩机能力而使桩机上抬	避免桩端停在砂层中接桩;及时检查压桩设备;降水水位适当;以最大压桩力作用在桩顶,采取停车再开、忽停忽开的办法,使桩有可能缓慢下沉穿过砂层

续表

常遇问题	产生原因	防治及处理方法
桩达不到设计标高	①桩端持力层深度与勘察报告不符; ②桩压至接近设计标高时过早停压,在补压时压不下去	变更设计桩长;改变过早停压的做法
桩架发生较大倾斜	当压桩阻力超过压桩能力或者来不及调整平衡	立即停压并采取措施,调整,使其保持平衡
桩身倾斜或位移	①桩不保持轴心受压; ②上下节桩轴线不一致; ③遇横向障碍物	及时调整;加强测量;障碍物不深时,可挖除回填后再压;歪斜较大,可利用压桩油缸回程,将土中的桩拔出,回填后重新压桩

⑧质量控制。

a.施工前应对成品桩做外观及强度检验,接桩用焊条或半成品硫磺胶泥应有产品合格证书,或送有关部门检验,压桩用压力表、锚杆规格及质量也应进行检查。硫磺胶泥半成品应每 100 kg 做一组试体(3 件),进行强度试验。

b.压桩过程中应检查压力、桩垂直度、接桩间歇时间、桩的连接质量及压入深度。重要工程应对电焊接桩的接头做 10% 的探伤检查。对承受反力的结构(对锚杆静压桩)应加强观测。

c.施工结束后,应做桩的承载力及桩体质量检验。

d.静力压桩质量检验标准见表 6.6。

表 6.6　静力压桩质量检验标准

项目	序号	检查项目		允许值或允许偏差		检查方法
				单位	数值	
主控项目	1	承载力		不小于设计值		静载试验、高应变法等
	2	桩身完整性		—		低应变法
一般项目	1	成品桩质量		表 6.4		查产品合格证
	2	桩位		表 6.3		全站仪或用钢尺量
	3	电焊条质量		设计要求		查产品合格证
	4	接桩:焊缝质量	咬边深度	mm	≤0.5	焊缝检查仪
			加强层高度	mm	≤2	焊缝检查仪
			加强层宽度	mm	≤3	焊缝检查仪
		电焊结束后停歇时间		min	≥6(3)	用表计时
		上下节平面偏差		mm	≤10	用钢尺量
		节点弯曲矢高		同桩体弯曲要求		用钢尺量

续表

项	序	检查项目	允许值或允许偏差		检查方法
			单位	数值	
一般项目	5	终压标准	设计要求		现场实测或查沉桩记录
	6	桩顶标高	mm	±50	水准测量
	7	垂直度	≤1/100		经纬仪测量
	8	混凝土灌芯	设计要求		查灌注量

注:电焊结束后停歇时间项括号中为采用二氧化碳气体保护焊时的数值。

子项 6.5 振动沉桩

振动沉桩是把振动打桩机安装在桩顶上,利用振动力来减少土对桩的阻力,使桩能较快沉入土中。这种方法一般用于沉、拔钢板桩和钢管桩,效果很好,尤其是在砂土中效率较高。对于黏土地基,则需要大功率振动器。

6.5.1 振动沉桩设备

振动沉桩是借助于固定在桩头上的振动沉桩机所产生的振动力,使土颗粒间的排列状况改变,体积收缩,以减小桩与土颗粒间的摩擦力,使桩在自重和机械力的作用下沉入土中。振动法沉桩的主要设备是一个大功率的电力振动器(振动打桩机)和一些附属起吊机械设备,主要包括桩锤、桩架及动力装置3个部分。

桩锤——其作用是对桩施加冲击,将桩打入土中。

桩架——其作用是将桩吊到打桩位置,并在打入过程中引导桩的方向,保证桩锤沿着所要求的方向冲击。

动力装置及辅助设备——驱动桩锤用的动力设施,如卷扬机、锅炉、空气压缩机和管道、绳索、滑轮等,此外还需要配备千斤顶、撬棍、千斤绳、小锤、各种扳手等。

在施工前应根据地基土的性质、桩的种类和尺寸、打桩工程进度、动力供应条件、打桩设备的效率等情况,选用适当的打桩机械设备。

1)桩锤

振动桩锤的作用原理是将振动桩锤固结在桩头上,产生高频率振动,并传给周围的土层,土层受振后颗粒间的排列状况改变,组织渐行密集,体积开始收缩,因而减少了土与桩表面间的摩擦阻力,桩在自重作用下下沉。这种沉桩方法工作效率高,设备质量轻、体积小,移动方便。振动锤有刚性振动锤、柔性振动锤和振动冲击锤3种,其中以刚性振动锤应用最多,且效果最好。

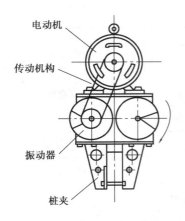

图 6.15　刚式振动沉桩锤
示意图

（图中标注）电动机、传动机构、振动器、桩夹

刚式振动沉桩机，其振动沉桩锤如图 6.15 所示。振动锤由两个转轴的偏心块构成，两轴旋转的方向相反、转数相同，工作时两个偏心轮的重心能同时达到最低点，因而偏心轮的总离心力的方向总是垂直的。振动锤底部是桩夹，通过桩夹把振动沉桩锤固定在所打的桩上。当偏心块旋转发生定向振动时，使桩下沉。振动锤具有沉桩、拔桩两种作用，在桩基施工中应用较多，多与桩架配套使用，亦可不用桩架，起重机吊起即可工作，沉桩不伤桩头，无有害气体。

振动锤按振动频率大小，可分为低频型（15～20 Hz）、中高频型（20～60 Hz）、高频型（100～150 Hz）、超高频型（1 500 Hz）等。

低频振动锤是使振动锤强迫振动频率与土体共振，振幅很大（7～25 mm），能破坏桩与土体间的黏结力，使桩自重下沉。它可用于下沉大口径管桩、钢筋混凝土管桩，但对临近建筑物会产生一定影响。

中高频振动锤是通过高频来提高激振力，增大振动加速度。但振幅较小（3～8 mm），在黏性土中显得能量不足，故仅适用于松散的冲击层和松散、中密的砂层，大多用于沉拔钢板桩。

高频振动锤是使强迫振动频率与桩体共振，利用桩产生的弹性波对土体产生高速冲击，由于冲击能量较大，将显著减小土体对桩体的贯入阻力，因而沉桩速度极快。在硬土层中下沉大断面的桩时，效果较好。对周围土体的剧烈振动影响一般在 30 cm 以内，可适用城市桩基础。

超高频振动锤是一种高速微振动锤，它的振幅极小，是其他振动锤的 1/4～1/3。但振动频率极高，而对周围土体的振动影响范围极小，并通过增加锤重和振动速度来增加冲击动量。常用于对噪声限制较严格的桩基础施工中。

2）桩架

与锤击沉桩相同。

3）动力装置

打桩机中的动力装置及辅助设施，主要是根据所选的桩锤性质而定。所选用的蒸汽锤，需要配备蒸汽锅炉、蒸汽绞盘等动力装置。用压缩空气来驱动，则要考虑电动机或内燃机的空气压缩机。用电源作动力，则应考虑变压器容量和位置、电缆规格及长度、现场供电情况等。

6.5.2　振动沉桩工艺

振动沉桩操作简便，沉桩效率高，不需要辅助设备，管理方便，施工适应性强，沉桩时桩的横向位移小和桩的变形小，不易损坏桩材，通常可应用于粉质黏土、松散砂土、黄土和软土中的钢筋混凝土桩、钢桩、钢管桩的陆上、水上、平台上的直桩施工及拔桩施工；在砂土中效率最高,一般不适用于密实的砾石和密实的黏性土地基打桩,不适应于打斜桩。

振动沉桩施工与锤击沉桩施工基本相同,除以振动锤代替冲击锤外,可参照锤击沉桩法施工。

沉桩设备进场,安装调试并就位后,可吊桩插入桩位土中,然后将桩头套入振动锤桩帽中或被液压夹桩器夹紧,便可启动振动锤进行沉桩直到设计标高。沉桩宜连续进行,以防止停歇过久而难以沉入。振动沉桩过程中,如发现下沉速度突然减小,可能是遇上硬土层,应停止下沉而将桩略提升 0.6~1.0 m,后重新快速振动冲下,可较易打穿硬土层而顺利下沉。沉桩时如发现有中密以上的细砂、粉砂等夹层,且其厚度在 1 m 以上时,可能使沉入时间过长或难以穿透,应会同有关部门共同研究采取措施。

1)振动沉桩注意事项

①桩帽或夹桩器必须夹紧桩头,以免滑动而降低沉桩效率,损坏机具或发生安全事故。
②夹桩器和桩头应有足够的夹紧面积,以免损坏桩头。
③桩架应保持垂直、平正,导向架应保持顺直,桩架顶滑轮、振动锤和桩纵轴必须在同一垂直线上。
④沉桩过程中应控制振动器连续作业时间,以免时间过长而造成振动器动力源烧损。
其他施工方面均与锤击沉桩相同。

2)接桩形式和方法

混凝土预制长桩受运输条件和打(沉)桩架高度限制,一般分成数节制作,分节打入,在现场接桩。常用接头方式有焊接、法兰接及硫磺胶泥锚接等几种(图 6.16)。前两种可用于各类土层;硫磺胶泥锚接适用于软土层。焊接接桩,钢板宜用低碳钢,焊条宜用 E43,焊接时应先将四角点焊固定,然后对称焊接,并确保焊缝质量和设计尺寸。法兰接桩,钢板和螺栓宜用低碳钢并紧固牢靠。硫磺胶泥锚接桩,使用的硫磺胶泥配合比应通过试验确定。硫磺胶泥锚接方法是将熔化的硫磺胶泥注满锚筋孔内并溢出桩面,然后迅速将上段桩对准落下,胶泥冷硬后即可继续施打,与前几种接头形式相比,此方法接桩简便快速。锚接时应注意以下几点:

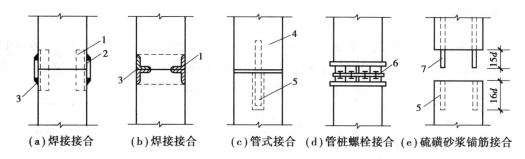

(a)焊接接合　(b)焊接接合　(c)管式接合　(d)管桩螺栓接合　(e)硫磺砂浆锚筋接合

图 6.16　桩的接头形式

1—角钢与主筋焊接;2—钢板;3—焊缝;4—预埋钢管;5—浆锚孔;
6—预埋法兰;7—预埋锚筋;d—锚栓直径

①锚筋应刷清并调直；

②锚筋孔内应有完好螺纹,无积水、杂物和油污；

③接桩时接点的平面和锚筋孔内应灌满胶泥,灌筑时间不得超过 2 min；

④灌筑后停歇时间应满足规范要求；

⑤胶泥试块每班不得少于一组。

3) 拔桩方法

当已打入的桩由于某种原因需拔出时,长桩可用拔桩机进行。一般桩可用人字桅杆借卷扬机拔起或钢丝绳捆紧桩头部,借横梁用液压千斤顶抬起;采用汽锤打桩可直接用蒸汽锤拔桩,将汽锤倒连在桩上,当锤的动程向上,桩受到一个向上的力,即可将桩拔出。

4) 桩及桩头处理

空心管桩,在打完桩之后,桩尖以上 1~1.5 m 范围内的空心部分应立即用细石混凝土填实,其余部分可用细砂填实。

各种预制桩,在打完桩之后,开挖基坑,按设计要求的桩顶标高将桩头多余部分凿去,凿桩头可用人工或风镐或采用小爆破法。无论采用哪种方法均不得把桩身混凝土打裂,并保证桩身主筋深入承台内,其长度必须符合设计规定。一般桩身主筋伸入混凝土承台内的长度,受拉时不少于 25 倍直径;受压时不少于 15 倍直径。主筋上黏着的混凝土碎块要清除干净。

当桩顶标高在设计标高以下时,应在桩位上挖成喇叭口,凿毛桩头表面混凝土,剥出主筋并焊接接长至设计要求长度,再与承台底的钢筋捆扎在一起。然后,用桩身同强度等级的混凝土,与承台一起浇灌接长桩身。

子项 6.6 编制预制桩施工方案

1) 工程概况

某工程基础采用预制钢筋混凝土方桩,选用标准图集《预制钢筋混凝土方桩》(04G361),桩型号为 JAZHb-340-11 11 9B 和 JAZHb-240-12 11B。接头采用钢帽甲,具体情况见表 6.7。

表 6.7 某工程基础预制钢筋混凝土方桩工程量

桩型号	桩数量/套	桩体积/m³
JAZHb-340-11 11 9B	182	918.74
JAZHb-240-12 11B	46	173.33
合计	228	1 092.07

2) 编写依据

①工程地质勘察报告；

②桩位平面布置图、总平面图等施工图纸资料；

③有关施工及验收规范；

④国家及地方颁布的安全操作规程及文明施工规定；

⑤场地及周围环境的实际情况。

3) 场地工程地质条件及沉桩可行性分析

（1）场地工程地质条件

根据工程地质勘察报告，可知场地属三角洲冲积平原，地貌形态单一，场地高程为2.75~4.43 m。勘探深度在30 m 范围内的地基土均属第四纪全新世纪及上更新世纪沉积物，主要由饱和的黏性土、粉性土组成。根据地基土的沉积时代、成因及物理力学差异划分为6层。

（2）沉桩可行性分析及设备选择

本工程地基土自第⑥层粉质黏土以上均为第四系饱和软土层，沉桩阻力较小，根据本地区类似地层施工经验及结合相邻场地地基土的主要物理学指标进行分析，按有关经验公式进行计算，得出采用 GPZ300 型全液压静力压桩机施工时，沉桩能满足设计要求。

4) 压桩对周围环境的影响及防护措施

（1）影响机理

静力压桩与锤击桩相比具有无振动、无噪声、无污染、施工现场干净文明等环保优点（该工艺符合 ISO14000 环境保护体系标准）。但是，在饱和软黏土地区，压桩与锤击桩一样都会引起很高的超孔隙水压力，由于其消散慢，产生累积叠加，会波及邻近范围的土体，发生隆起和水平位移，对周围的建筑物及地下管线产生一定的影响。由于本场地自第⑥层灰色黏土以上均为第四系饱和软土层，挤土效应是存在的，因此会对 1.0~1.5 倍的桩长范围产生影响。本工程拟采用一台设备施工，为保护周边环境的安全，必须采取必要的防护措施才能保证工程的顺利完成。

本工程场地四周离周边道路及建筑物均较近，同时由于拟施工的桩较大且长度较长，不可避免地会对周边产生影响，故在压桩施工时需要采取一定的防护措施。

（2）防护措施

只要为超孔隙水提供排放通道，让其迅速消散，同时阻断挤土位移路径，不使其连续作用，就可以消除其影响，达到保护周围环境的目的。目前经常采取的措施如下：

①打砂井，为超孔隙水提供排放通道；

②打止水钢板，减少挤土，阻断深层挤土路径，提供桩体挤土容纳空间；

③挖防挤（震）沟，暴露被保护对象，阻断浅层挤土位移路径；

④合理安排流程、控制压桩速度、分散挤土影响范围、降低挤土强度，为应力释放提供时

间,防止累积叠加;

⑤对被保护对象进行监测,用监测数据指导施工。

在一般工程施工中,应以安全、经济为原则,对上述措施进行综合利用。对于该场地来说,可采取以下 4 个方面的措施:

①开挖防挤沟。防挤沟可阻断浅层土的侧向挤压作用,并且可有效地汇集砂井溢出的超孔隙水。在本场地东、西、南、北四侧离开围墙约 4 m 处开挖防挤沟,宽度为 1.5 m,深度为 2 m。沟内积水设泵排走。

②打止水钢板。止水钢板的长度为 6 m,桩顶标高为 2 倍的周围管线埋深,在东、西、北三侧离开围墙 2 m 处布置。

③加强监测,进行信息化施工。甲方应委托有资质的单位对施工进行跟踪监测,监测内容建议为孔隙水压力和管道位移,也可考虑对先压桩进行测斜,及时提供监测数据,指导施工。

④控制压桩速率及科学地安排施工流程。当施工距离周边管线及建筑物 30 m 范围内的桩时,每栋楼每天施工量不超过 15 套,同时根据甲方委托的有资质的单位对道路、管道,尤其是西侧的管道进行跟踪监测的数据,控制施工速度。

施工流程为从北到南、从东到西,以避免集中施工带来的土体的集中变形。

5)静力压桩施工的质量保证措施

(1)场地处理

①施工前应做到现场"三通一平",尤其是施工便道要能满足运桩车行驶,并确保设备进场车辆和吊机的安全。

②施工用电量应满足 200 kW。

③如施工场地有暗浜存在,施工时如不能满足压机接地比压的要求,业主必须先进行场地处理。

④施工前应清除障碍物,如厂房的旧基础、防空洞、场地原有地下管线、架空电缆等,暗浜清理后回填密实;施工场地周围应保持排水畅通。

⑤边桩与周围建筑物的距离应大于 4.5 m。压桩区域内的场地边桩轴线向外扩延 5 m,同时铺道渣或建筑垃圾压实填平。

⑥每个栋号施工前放好定位角桩,并向外引测投影,以便压桩完成后确定建筑物的轴线。

(2)桩的验收、起吊、搬运及堆放等

①预制桩由建设单位委托工厂制作并负责运输、堆卸到现场。桩在使用前由业主、监理、我方指派专人按规范规定进行外观检查验收。验收时制桩方在提供预制桩出厂合格证的同时需提交如下资料:桩的结构图、材料检验试验记录、隐蔽工程验收记录、混凝土强度试验报告、养护方法等。

②预制方桩应达到设计强度的 70% 时方可起吊,达到 100%、龄期 28 d 后方可施工。桩在起吊和搬运时,必须做到平衡并不得损坏。水平吊运时,吊点距桩端的距离为 $0.207L$（L

为桩长）；单点起吊时，吊点距桩端的距离为 0.293L。

③装卸时应轻起轻放，严禁抛掷、碰撞、滚落，吊运过程中应保持平衡。

④桩的堆放场地应平整坚实，不得产生不均匀沉陷，堆放层数不得超过 4 层。在吊点处设置支点，上下支点应垂直对齐，并应采取可靠的防滚、防滑措施。

（3）施工放样

①依据业主单位移交的建筑物红线控制点和单体定位桩、总平面图、桩位平面布置图施放样桩，经监理验收无误后方可压桩。

②为便于在施工过程中及验收时核对轴线及桩位，应在各轴线的延长线上，距边桩 20 m 以外设控制桩或投设到已有建筑物上。

③桩位定位前应检查各轴线交点的距离是否与桩位图相符，无误后用直角坐标或极坐标法测放样桩。样桩用木桩或钢筋标记，为便于寻找，宜涂以红油漆。压桩机就位后，应对样桩进行校核，无误后再对中、压桩。

④桩基轴线的允许偏差不得超过下列数值：单排桩为 10 mm，桩基为 20 mm。

⑤为便于控制送桩深度，应在压桩范围 60 m 外设置两个以上水准控制点。

（4）压桩工艺流程

压桩工艺流程：测定桩位→压桩机就位调平→验桩→吊桩→桩调直、对中→压下桩→接桩→压上接桩→送桩→记录→拔送桩杆。压桩时，各工序应连续进行，严禁中途停压。

遇到下列情况时应暂停压桩，并与有关单位研究处理：

①初压时，桩身发生较大幅度的位移或倾斜，压桩过程中桩身突然下沉或倾斜；

②桩身破损或压桩阻力剧变，压桩力达到单桩极限承载力的 1.4 倍而桩未压至设计标高；

③桩位移及标高超限较多；

④场地下陷严重，影响设备的行走和就位，压桩机难以调平，桩身不能调直。

（5）压桩质量控制

①桩位控制。桩位偏差和垂直度应符合规范规定。

②影响桩位偏移和垂直度的因素有很多，施工过程中应注意以下几个方面：

a.施工放样后应进行轴线与控制基准线、桩位与轴线、桩位与桩位之间关系的检查；

b.由于挤土效应造成地面变形，致使所放样桩位移，在压桩前应校核；

c.在压桩过程中，桩尖遇到地下障碍物造成桩倾斜位移时，应将桩拔出，清除障碍物后再压；

d.压桩机工作时机身应调平。

（6）接桩与送桩

①接桩是压桩施工中的关键工序，每班由班长和兼职质量员进行检查，专职质量员进行抽查，班报表应记录焊接人员名单，责任落实到人。本工程方桩采用角钢焊接法接桩，焊条型号为 J422。

方桩焊接时应做到上下桩垂直对齐，检查桩帽是否平整、干净，接点处理应符合下列要求：

a.焊缝应连续饱满,不得虚焊漏焊,桩帽之间的空隙应用铁片垫实焊牢;

b.上、下节桩的中心线偏差不大于 5 mm,接点弯曲矢高不大于 1‰桩长,且不大于 20 mm。

②送桩。

a.送桩时送桩杆的中心线与桩的中心线应重合,送桩杆标记应清晰准确;

b.方桩桩顶标高控制在 0~10 cm,送桩完及时观察压力表读数并做好记录。

（7）中间验收及竣工验收

①按规范要求,施工时对每根桩都应进行中间验收,由总包方或监理指派专人与我方班组质检员共同进行。中间验收的内容包括:预制桩的质量及外观尺寸、插桩时的倾斜度、接点处理、桩位移、桩顶标高和终止压力等。

②做好中间验收的同时,应在以下方面进行跟踪检查:对中时桩位的复查、送桩时桩位移的复查、送桩完毕检查实际标高。

③在基坑开挖垫层并浇筑完毕及轴线施放完成后,由监理工程师牵头,组织甲方、总包方共同进行竣工验收,严格按建筑工程质量检验评定标准检验,实测桩的位移及桩顶标高,编制桩位竣工图,提交竣工资料。

（8）质量通病

质量通病主要有:沉桩困难,达不到设计标高;桩偏移或倾斜过大;桩虽达到设计标高或深度,但桩的承载能力不足;压桩阻力与地质资料或试验桩所反映的阻力相比有异常现象;桩体破损,影响桩的继续下沉。

6）施工进度计划（略）

7）各项资源需用量计划

①劳动力需用量计划（略）。

②主要材料用量计划。本工程材料主要为预制方桩,计划开工前三天桩材开始进场,根据一台压桩机的产量及有足够的余量,每天进场数量保证不低于 15 套。

③主要附材用量计划（略）。

④主要施工机具需用量计划（略）。

8）施工技术组织措施（略）

9）安全技术组织措施（略）

10）文明施工保证措施（略）

11）与相关施工单位的配合（略）

项目小结

本项目主要内容包括桩基施工的准备工作、锤击沉桩、静力压桩、振动沉桩等预制桩施工工艺,重点阐述了这些施工工艺的具体施工流程;着重分析了这些施工工艺常见的工程问题及处理方法。

复习思考题

1.试述钢筋混凝土预制桩的制作、起吊、运输、堆放等环节的主要工艺要求。

2.试述钢筋混凝土预制桩的施工准备工作及质量要求。

3.打桩易出现哪些问题？试分析出现的原因,应如何避免？

4.试述锤击沉桩施工工艺。

5.试述静力压桩施工工艺。

6.试述振动沉桩施工工艺。

项目 7

灌注桩基础施工

项目导读

- **基本要求**　掌握泥浆护壁成孔灌注桩的施工工艺流程,熟悉回转钻机成孔、潜水钻机成孔、冲击钻机成孔、冲抓锥成孔等成孔、清孔的方法,掌握水下浇筑混凝土的施工方法;掌握干作业钻孔灌注桩的施工机械、施工工艺及操作要点;掌握人工挖孔灌注桩的施工设备、施工工艺及施工注意事项;掌握锤击沉管灌注桩和振动沉管灌注桩的施工方法;掌握夯扩桩的布置和施工方法;掌握压浆管的制作方法、压浆管的布置要求、压浆桩位的选择方法、压浆施工顺序、压桩方法。
- **重点**　泥浆护壁钻(冲)孔灌注桩、沉管灌注桩的施工工艺。
- **难点**　各种桩基易产生质量事故的原因与预防措施。

子项 7.1　灌注桩基本知识

混凝土灌注桩是直接在施工现场的桩位上先成孔,然后在孔内安放钢筋笼,灌注混凝土而成。与预制桩相比,灌注桩具有不受地层变化限制、不需要接桩和截桩、节约钢材、振动小、噪声小等特点,但施工工艺复杂,影响质量的因素较多。灌注桩按成孔方法分为泥浆护壁成孔灌注桩、干作业钻孔灌注桩、人工挖孔灌注桩、沉管灌注桩等。近年来,又出现了夯扩桩、管内泵压桩、变径桩等新工艺,特别是变径桩,将信息化技术引入桩基础施工中。

7.1.1 灌注桩的特点及使用范围

1)灌注桩的特点

①单桩承载力高,一根桩可以承载几百吨甚至几千吨,能满足高层建筑的框架结构、筒体结构和剪力墙结构体系的需要。由于单桩承载力高,可以做到一根柱子下面只有一根桩,可以不做承台。

②岩层埋藏较浅时,大直径灌注桩可以嵌入岩层一定深度,使桩更加结实牢固。

③大直径灌注桩由于成孔直径大,施工时下放钢筋笼方便,灌注水下混凝土也易于保证质量。

④大直径灌注桩既能承受较大的垂直荷载,也能承受较大的水平荷载,而且能嵌入地层一定深度,其抗震性能也较好,同时沉降也小,能防止不均匀沉降。

⑤灌注桩施工不存在沉桩挤土问题,振动和噪声均很小,对邻近建筑物、构筑物及地下管线、道路等的危害极小。

但是,混凝土灌注桩的成桩工艺较复杂,尤其是湿作业成孔时,成桩速度也较预制打入桩慢,且其成桩质量与施工好坏密切有关,成桩质量难以直观地进行检查。但与预制桩相比,灌注桩施工操作要求严格,施工后混凝土需要一定的养护期,不能立即承受荷载,施工工期较长,成孔时有大量土渣或泥浆排出,在软土地基中易出现颈缩、断裂等质量事故。

混凝土灌注桩的成孔,按设计要求和地质条件、设备情况,可采用钻、冲、抓和挖等不同方式。成孔作业还分为干式成孔(孔内无水)和湿式成孔(孔内有水),分别采用不同的成孔设备和技术措施。湿式成孔时,需采用泥浆护壁,并用水下混凝土的浇筑方式浇筑桩身混凝土。根据成孔方法的不同,灌注桩可分为干作业成孔灌注桩、泥浆护壁成孔灌注桩、套管成孔灌注桩、人工挖孔灌注桩等。

2)灌注桩的使用范围

我国常用的灌注桩的使用范围见表 7.1。

表 7.1 各种灌注桩使用范围

成孔方法		适用范围
泥浆护壁成孔	冲抓 冲击 回旋钻	碎石类土、砂类土、粉土、黏性土及风化岩。正反循环钻孔深度可达 80 m。冲击成孔进入中等风化和微风化岩层的速度比回旋钻快,不受地下水位限制
	钻孔扩底	黏性土、淤泥、淤泥质土、粉土、黄土、填土以及夹有硬夹层的土层,扩大头直径可达 1 600 mm,深度可达 30 m,不受地下水位限制

续表

成孔方法		适用范围
干作业成孔	(长、短)螺旋钻	地下水位以上的黏性土、粉土、中等密实以上的砂类土及人工填土,深度可达 20~28 m
	人工挖孔扩底	地下水位以上的硬黏性土、填土、粉土、黄土以及中密以上的砂类土,底部扩大直径可达 3 000 mm
	机动洛阳铲(人工)	地下水位以上的黏性土、黄土及人工填土,深度可达 20 m
沉管钻孔	锤击 340~500 mm	硬塑黏性土、粉土、砂类土,直径 600 mm 以上的可达强风化岩,深度可达 20~30 m
	振动 400~500 mm	可塑黏性土、中细砂,深度可达 20 m
爆扩成孔	底部直径可达 800 mm	地下水位以上的黏性土、黄土、碎石类土及风化岩

7.1.2 灌注桩的构造及材料要求

①配筋率:当桩身直径为 300~2 000 mm 时,正截面配筋率可取 0.65%~0.2%(小直径桩取高值);对受荷载特别大的桩、抗拔桩和嵌岩端承桩,应根据计算确定配筋率,并不应小于上述规定值。

②配筋长度:端承型桩和位于坡地、岸边的基桩应沿桩身等截面或变截面通长配筋;摩擦型灌注桩的配筋长度不应小于 2/3 桩长。

③水平受荷桩,主筋不应小于 $8\phi12$;抗压桩和抗拔桩,主筋不应少于 $6\phi10$;纵向主筋应沿桩身周边均匀布置,其净距不应小于 60 mm。

④箍筋:应采用螺旋式,直径不应小于 6 mm,间距宜为 200~300 mm;当桩身位于液化土层范围内时,箍筋应加密;当钢筋笼长度超过 4 m 时,应每隔 2 m 设一道直径不小于 12 mm 的焊接加劲箍筋。

⑤桩身混凝土及混凝土保护层厚度应符合下列要求:桩身混凝土强度等级不得小于 C25,混凝土预制桩尖强度等级不得小于 C30;灌注桩主筋的混凝土保护层厚度不应小于 35 mm,水下灌注桩的主筋混凝土保护层厚度不得小于 50 mm。

7.1.3 灌注桩施工一般规定

①不同桩型的适用条件应符合下列规定:

a.泥浆护壁钻孔灌注桩宜用于地下水位以下的黏性土、粉土、砂土、填土、碎石土及风化岩层。

b.旋挖成孔灌注桩宜用于黏性土、粉土、砂土、填土、碎石土及风化岩层。

c.冲孔灌注桩除宜用于上述地质情况外,还能穿透旧基础、建筑垃圾填土或大孤石等障碍物。在岩溶发育地区应慎重使用,如采用,应适当加密勘察钻孔。

　　d.长螺旋钻孔压灌桩后插钢筋笼宜用于黏性土、粉土、砂土、填土、非密实的碎石类土、强风化岩。

　　e.干作业钻、挖孔灌注桩宜用于地下水位以上的黏性土、粉土、填土、中等密实以上的砂土、风化岩层。

　　f.在地下水位较高,有承压水的砂土层,滞水层,厚度较大的流塑状淤泥、淤泥质土层中不得选用人工挖孔灌注桩。

　　g.沉管灌注桩宜用于黏性土、粉土和砂土,夯扩桩宜用于桩端持力层(埋深不超过 20 m)为中、低压缩性的黏性土、粉土、砂土和碎石类土。

　　②成孔设备就位后,必须平整、稳固,确保在成孔过程中不发生倾斜和偏移。应在成孔钻具上设置控制深度的标尺,并应在施工中进行观测记录。

　　③成孔的控制深度应符合下列要求:

　　a.摩擦型桩:摩擦桩应以设计桩长控制成孔深度,端承摩擦桩必须保证设计桩长及桩端进入持力层的深度。当采用锤击沉管法成孔时,对桩管入土深度的控制应以标高为主,以贯入度控制为辅。

　　b.端承型桩:当采用钻(冲)、挖掘成孔时,必须保证桩端进入持力层的设计深度。当采用锤击沉管法成孔时,对桩管入土深度的控制应以贯入度为主,以控制标高为辅。

子项 7.2　泥浆护壁成孔灌注桩

　　泥浆护壁成孔是利用原土自然造浆或人工造浆浆液进行护壁,通过循环泥浆将被钻头切下的土块携带排出孔外成孔,然后安装绑扎好的钢筋笼,用导管法水下灌注混凝土成桩。此法对地下水高或低的土层都适用,但在岩溶发育地区慎用。

　　泥浆护壁成孔灌注桩的施工工艺流程如图7.1所示。

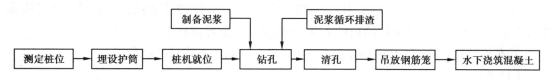

图7.1　泥浆护壁成孔灌注桩的施工工艺流程

7.2.1　施工准备

1)埋设护筒

　　护筒具有导正钻具、控制桩位、隔离地面水渗漏、防止孔口坍塌、抬高孔内静压水头和固定钢筋笼等作用,应认真埋设。

　　护筒(用厚度为 4~8 mm 的钢板制成的圆筒)的内径应大于钻头直径 100 mm,其长度以

1.5 m 为宜。在护筒的上、中、下各加一道加劲筋,顶端焊两个吊环,其中一个吊环供起吊用,另一个吊环用于绑扎钢筋笼吊杆,压制钢筋笼的上浮。护筒顶端同时正交刻四道槽,以便挂十字线,以备验护筒、验孔用。在其上部开设 1 个或 2 个溢浆孔,便于泥浆溢出,进行回收和循环利用。

埋设时,先放出桩位中心点,在护筒外 80~100 cm 的过中心点的正交十字线上埋设控制桩,在桩位外挖出比护筒大 60 cm 的圆坑(深度为 2.0 m),在坑底填筑 20 cm 厚的黏土并夯实。然后将护筒用钢丝绳对称吊放进孔内,在护筒上找出护筒的圆心(可拉正交十字线),通过控制桩放样找出桩位中心,移动护筒,使护筒中心与桩位中心重合。同时用水平尺(或吊线垂)校验护筒竖直后,在护筒周围回填含水量适合的黏土并分层夯实,夯填时要防止护筒偏斜。护筒埋设后,质量员和监理工程师验收护筒中心偏差和孔口标高。当中心偏差符合要求后,可钻机就位开钻。

2) 制备泥浆

泥浆的主要作用有:泥浆在桩孔内被吸附在孔壁上,将孔壁上的孔隙填补密实,避免孔内壁漏水,保证护筒内水压的稳定;泥浆比重大,可加大孔内水压力,稳固土壁、防止塌孔;泥浆有一定的黏度,通过循环泥浆可使切削碎的泥石渣屑悬浮起来后被排走,起到携砂、排土的作用;泥浆对钻头有冷却和润滑作用。

(1)制作泥浆时所用的主要材料

①膨润土:以蒙脱石为主的黏土性矿物。

②黏土:塑性指数 $I_p > 17$、粒径小于 0.005 mm 的黏粒含量大于 50% 的黏土为泥浆的主要材料。

(2)泥浆的性能指标

相对密度为 1.1~1.15;黏度为 18~20 s;含砂率为 6%;pH 为 7~9;胶体率为 95%;失水量为 30 mL/30 min。

(3)泥浆的性能指标测量

①钻进开始时,测定一次闸门口泥浆下面 0.5 m 处泥浆的性能指标。钻进过程中每隔 2 h 测定一次进浆口和出浆口的相对密度、含砂量、pH 值等指标。

②在停钻过程中,每天测一次各闸门出口 0.5 m 处的泥浆的性能指标。

(4)泥浆的拌制

为了有利于膨润土和羧甲基纤维素完全溶解,应根据泥浆需用量选择膨润土搅拌机,其转速宜大于 200 r/min。

投放材料时,应先注入规定数量的清水,边搅拌边投放膨润土,待膨润土大致溶解后,均匀地投入羧甲基纤维素,再投入分散剂,最后投入增大比重剂及渗水防止剂。

(5)泥浆的护壁

①施工期间护筒内的泥浆面应高出地下水位 1.0 m 以上。受水位涨落影响时,泥浆面应高出最高水位 1.5 m 以上。

②循环泥浆的要求。注入孔口的泥浆的性能指标:泥浆比重应不大于 1.10,黏度为 18~

20 s。排出孔口的泥浆的性能指标:泥浆比重应不大于 1.25,黏度为 18~25 s。

③在清孔过程中,应不断置换泥浆,直至浇筑水下混凝土。

④废弃的泥浆、渣应按环境保护的有关规定进行处理。

3)钢筋笼的制作

钢筋笼的制作场地应选择在运输和就位都比较方便的场所,在现场内进行制作和加工。钢筋进场后应按钢筋的不同型号、不同直径、不同长度分别堆放。

(1)钢筋骨架的绑扎顺序

①主筋调直:在调直平台上进行主筋调直。

②骨架成形:在骨架成形架上安放架立筋,按等间距将主筋布置好,用电弧焊将主筋与架立筋固定。

③将骨架抬至外箍筋滚动焊接器上,按规定的间距缠绕箍筋,并用电弧焊将箍筋与主筋固定。

(2)主筋接长

主筋接长可采用对焊、搭接焊、帮条焊的方法。主筋对接,在同一截面内的钢筋接头数不得多于主筋总数的 50%,相邻两个接头间的距离不小于主筋直径的 35 倍,且不小于 500 mm。主筋、箍筋焊接长度,单面焊为 $10d$,双面焊为 $5d$。

(3)钢筋笼保护层厚度控制

为确保桩混凝土保护层的厚度,应在主筋外侧设钢筋的定位钢筋,同一断面上定位 3 处,按 120°角布置,沿桩长的间距为 2 m。

(4)钢筋笼的堆放

堆放钢筋笼时应考虑安装顺序、钢筋笼变形和防止事故发生等因素,堆放不准超过两层。

7.2.2 成孔

桩架安装就位后,挖泥浆槽、沉淀池,接通水电,安装水电设备,制备符合要求的泥浆。用第一节钻杆(每节钻杆长约 5 m,按钻进深度用钢销连接)的一端接好钻机,另一端接上钢丝绳,吊起潜水钻,对准埋设的护筒,悬离地面,先空钻,然后慢慢钻入土中,注入泥浆,待整个潜水钻入土,观察机架是否垂直平稳,检查钻杆是否平直后再正常钻进。

泥浆护壁成孔灌注桩的成孔方法,按成孔机械分为回转钻机成孔、潜水钻机成孔、冲击钻机成孔、冲抓锥成孔等,其中以钻机成孔应用最多。

1)回转钻机成孔

回转钻机是由动力装置带动钻机回转装置转动,从而带动有钻头的钻杆转动,由钻头切削土壤。回转钻机用于泥浆护壁成孔的灌注桩,成孔方式为旋转成孔。根据泥浆循环方式不同,分为正循环回转钻机和反循环回转钻机。

（1）正循环回转钻机成孔

正循环回转钻机成孔是以钻机的回转装置带动钻具旋转切削岩土,同时利用泥浆泵向钻杆输送泥浆(或清水)冲洗孔底,携带岩屑的冲洗液沿钻杆与孔壁之间的环状空间上升,从孔口流向沉淀池,净化后再供使用,反复运行,由此形成正循环排渣系统;随着钻渣的不断排出,钻孔不断地向下延伸,直至达到预定的孔深。由于这种排渣方式与地质勘探钻孔的排渣方式相同,故称为正循环,以区别于后来出现的反循环排渣方式。

正循环回转钻机成孔的工艺原理如图 7.2 所示,由空心钻杆内部通入泥浆或高压水,从钻杆底部喷出,携带钻下的土渣沿孔壁向上流动,由孔口将土渣带出流入泥浆池。

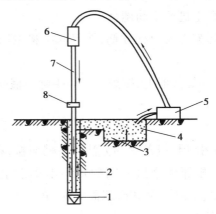

图 7.2　正循环回转钻机成孔的工艺原理
1—钻头;2—泥浆循环方向;3—沉淀池;4—泥浆池;5—泥浆泵;
6—水龙头;7—钻杆;8—钻机回转装置

正循环钻机成孔的泥浆循环系统有自流回灌式和泵送回灌式两种。泥浆循环系统由泥浆池、沉淀池、循环槽、泥浆泵、除砂器等设施设备组成,并设有排水、清洗、排渣等设施。泥浆池和沉淀池应组合设置。一个泥浆池配置的沉淀池不宜少于两个。泥浆池的容积宜为单个桩孔容积的 1.2~1.5 倍,每个沉淀池的最小容积不宜小于 6 m^3。

（2）反循环回转钻机成孔

反循环回转钻机成孔是由钻机的回转装置带动钻杆和钻头回转切削破碎岩土,利用泵吸、气举、喷射等措施抽吸循环护壁泥浆,挟带钻渣从钻杆内腔吸出孔外的成孔方法。根据抽吸原理不同,可分为泵吸反循环、气举反循环和喷射(射流)反循环 3 种施工工艺。泵吸反循环是直接利用砂石泵的抽吸作用使钻杆内的水流上升而形成反循环;喷射反循环是利用射流泵射出的高速水流产生负压使钻杆内的水流上升而形成反循环;气举反循环是利用送入压缩空气使水循环,钻杆内水流上升速度与钻杆内外液体重度差有关,随孔深增大其效率增加。当孔深小于 50 m 时,宜选用泵吸或射流反循环;当孔深大于 50 m 时,宜采用气举反循环。

反循环回转钻机成孔的工艺原理如图 7.3 所示。泥浆带渣流动的方向与正循环回转钻机成孔的情形相反。反循环工艺的泥浆向上流动的速度较快,能携带较大的土渣。

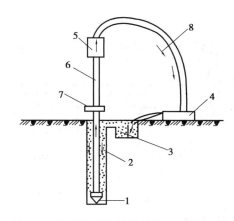

图7.3 反循环回转钻机成孔的工艺原理

1—钻头;2—新泥浆流向;3—沉淀池;4—砂石泵;5—水龙头;

6—钻杆;7—钻机回转装置;8—混合液流向

反循环钻机成孔一般采用泵吸反循环钻进。其泥浆循环系统由泥浆池、沉淀池、循环槽、砂石泵、除渣设备等组成,并设有排水、清洗、排废浆等设施。

地面循环系统有自流回灌式(图7.4)和泵送回灌式(图7.5)两种。循环方式应根据施工场地、地层和设备情况合理选择。

泥浆池、沉淀池、循环槽的设置应符合下列规定:

①泥浆池的数量不应少于2个,每个池的容积不应小于桩孔容积的1.2倍;

②沉淀池的数量不应少于3个,每个池的容积宜为$15\sim20~\mathrm{m}^3$;

③循环槽的截面积应是泵组水管截面积的$3\sim4$倍,坡度不小于10%。

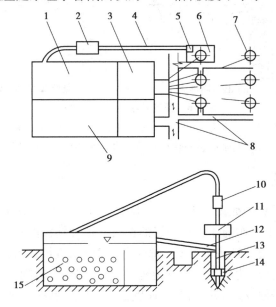

图7.4 自流回灌式循环系统

1—沉淀池;2—除渣设备;3—循环池;4—出水管;5—砂石泵;6—钻机;7—桩孔;8—溢流池;

9—溢流槽;10—水龙头;11—转盘;12—回灌管;13—钻杆;14—钻头;15—沉淀物

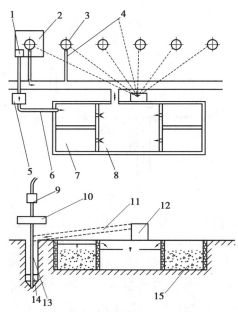

图 7.5　泵送回灌式循环系统

1—砂石泵;2—钻机;3—桩孔;4—泥浆溢流槽;5—除渣设备;6—出水管;7—沉淀池;8—水龙头;
9—循环池;10—转盘;11—回灌管;12—回灌泵;13—钻杆;14—钻头;15—沉淀物

回转钻机钻孔排渣方式如图 7.6 所示。

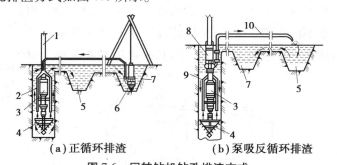

（a）正循环排渣　　　　　　（b）泵吸反循环排渣

图 7.6　回转钻机钻孔排渣方式

1—钻杆;2—送水管;3—主机;4—钻头;5—沉淀池;6—潜水泥浆泵;
7—泥浆池;8—砂石泵;9—抽渣管;10—排渣胶管

2) 潜水钻机成孔

潜水钻机成孔的示意图如图 7.7 所示。潜水钻机是一种将动力、变速机构和钻头连在一起加以密封,潜入水中工作的体积小而轻的钻机。这种钻机的钻头有多种形式,以适应不同桩径和不同土层的需要。钻头可带有合金刀齿,靠电动机带动刀齿旋转切削土层或岩层。钻头靠桩架悬吊吊杆定位,钻孔时钻杆不旋转,仅钻头部分将切削下来的泥渣通过泥浆循环排出孔外。钻机桩架轻便,移动灵活,钻进速度快,噪声小,钻孔直径为 500~1 500 mm,钻孔深度可达 50 m,甚至更深。

潜水钻机成孔适用于黏性土、淤泥、淤泥质土、砂土等钻进,也可钻入岩层,尤其适用于在地下水位较高的土层中成孔。当钻一般黏性土、淤泥、淤泥质土及砂土时,宜用笼式钻头;

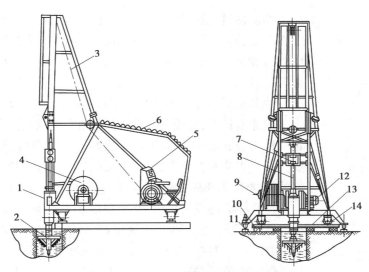

图 7.7 潜水钻机成孔示意图

1—主机;2—钻头;3—钢丝绳;4—电缆和水管卷筒;5—配电箱;6—遮阳板;7—活动导向;
8—方钻杆;9—进水口;10—枕木;11—支腿;12—卷扬机;13—轻轨;14—行走车轮

穿过不厚的砂夹卵石层或在强风化岩上钻进时,可镶焊硬质合金刀头的笼式钻头;遇孤石或旧基础时,应用带硬质合金齿的筒式钻头。

3) 冲击钻机成孔

冲击钻机通过机架、卷扬机把带刃的重钻头(冲击锤)提升到一定高度,靠自由下落的冲击力切削破碎岩层或冲击土层成孔,如图 7.8 所示。部分碎渣和泥浆挤压进孔壁,大部分碎渣用掏渣筒掏出。此法设备简单、操作方便,对于有孤石的砂卵石岩、坚质岩、岩层均可成孔。

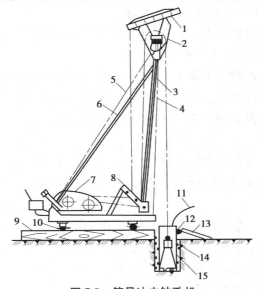

图 7.8 简易冲击钻孔机

1—副滑轮;2—主滑轮;3—主杆;4—前拉索;5—后拉索;6—斜撑;7—双滚筒卷扬机;
8—导向轮;9—垫木;10—钢管;11—供浆管;12—溢流口;13—泥浆渡槽;14—护筒回填土;15—钻头

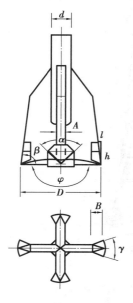

图7.9　十字形冲击钻头

冲击钻机成孔适用于穿越黏土、杂填土、砂土和碎石土。在季节性冻土、膨胀土、黄土、淤泥和淤泥质土以及有少量孤石的土层中有可能采用。持力层应为硬黏土、密实砂土、碎石土、软质岩和微风化岩。

冲击钻头的形式有十字形、工字形、人字形等,一般常用铸钢十字形冲击钻头,如图7.9所示。在钻头锥顶与提升钢丝绳间设有自动转向装置,冲击锤每冲击一次转动一个角度,从而保证桩孔冲成圆孔。当遇有孤石及进入岩层时,锤底刃口应采用硬度高、韧性好的钢材予以镶焊或栓接。锤重一般为1.0~1.5 t。

冲孔前应埋设钢护筒,并准备好护壁材料。若表层为淤泥、细砂等软土,则在筒内加入小块片石、砾石和黏土;若表层为砂砾卵石,则投入小颗粒砂砾石和黏土,以便冲击造浆,并使孔壁挤密实。冲击钻机就位后,校正冲锤中心对准护筒中心,在0.4~0.8 m的冲程范围内应低提密冲,并及时加入石块与泥浆护壁,直至护筒下沉3~4 m后,冲程可以提高到1.5~2.0 m,转入正常冲击,随时测定并控制泥浆的相对密度。

开孔时应低锤密击,如表土为散土层,则应抛填小片石和黏土块,保证泥浆比重为1.4~1.5,反复冲击造壁。待成孔5 m以上时,应检查一次成孔质量,在各方面均符合要求后,按不同土层情况,根据适当的冲程和泥浆比重冲进,并注意如下要点:

①在黏土层中,合适冲程为1~2 m,可加清水或低比重泥浆护壁,并经常清除钻头上的泥块。

②在粉砂或中、粗砂层中,合适冲程为1~2 m,加入制备泥浆或抛黏土块,勤冲勤排渣,控制孔内的泥浆比重为1.3~1.5,制成坚实孔壁。

③在砂夹卵石层中,冲程可为1~3 m,加入制备泥浆或抛黏土块,勤冲勤排渣,控制孔内的泥浆比重为1.3~1.5,制成坚实孔壁。

④遇孤石时,应在孔内抛填不少于0.5 m厚的相似硬度的片石或卵石以及适量黏土块。开始用低锤密击,待感觉到孤石顶部基本冲平、钻头下落平稳不歪斜、机架摇摆不大时,可逐步加大冲程至2~4 m;或高低冲程交替冲击,控制泥浆比重为1.3~1.5,直至将孤石击碎挤入孔壁。

⑤进入基岩后,开始应低锤勤击,待基岩表面冲平后,再逐步加大冲程至3~4 m,泥浆比重控制在1.3左右。如基岩土层为砂类土层,则不宜用高冲程,应防止基岩土层塌孔,泥浆比重应为1.3~1.5。

⑥一般能保持进尺时,尽量不用高冲程,以免扰动孔壁,引发塌孔、扩孔或卡钻事故。

冲进时,必须准确控制和预估绳索的合适长度,保证有一定余量,并应经常检查绳索磨损、卡扣松紧、转向装置灵活状态等情况,防止发生空锤断绳或掉锤事故。如果冲孔发生偏斜,则应在回填片石(厚度为300~500 mm)后重新冲孔。

当冲进时出现缩径、塌孔等问题时,应立即停冲提钻并探明塌孔等问题的位置,同时抛填片石及黏土块至塌孔位置上1~2 m处,重新冲进造壁。开始应低锤勤击,加大泥浆比重。

遇卡钻时,应交替起钻、落钻,受阻后再落钻、再提起。必要时可用打捞套、打捞钩助提。遇掉钻时,应立即用打捞工具打捞,如钻头被塌孔土料埋设,可用空气吸泥器或高压射水排出并冲散覆盖土料,露出钻头预设打捞环以后,再行打捞。如钻头在孔底倾覆或歪斜,应先拨正再提起。

每冲进 4~5 m 以及孔斜、缩径或塌孔处理后应及时检查钻孔。

凡停止冲进时,必须将钻头提至最高点。在土质较好时,可提离孔底 3~5 m。如停冲时间较长,应提至地面放稳。

4) 冲抓锥成孔

冲抓锥锥头上有一重铁块和活动抓片,通过机架和卷扬机将冲抓锥提升到一定高度,下落时松开卷筒刹车,抓片张开,锥头便自由下落冲入土中,然后开动卷扬机提升锥头,这时抓片闭合抓土,抓土后冲抓锥整体提升到地面上卸去土渣,依次循环成孔,如图 7.10 所示。

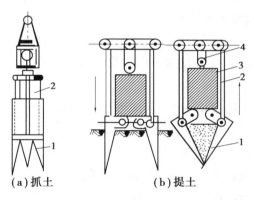

（a）抓土　　　　　（b）提土

图 7.10　冲抓锥锥头
1—抓片;2—连杆;3—压重;4—滑轮组

冲抓锥成孔的施工过程、护筒安装要求、泥浆护壁循环等与冲击成孔施工相同。

冲抓锥成孔直径为 450~600 mm,孔深可达 10 m,冲抓高度宜控制在 1.0~1.5 m。其适用于松软土层(砂土、黏土)中冲孔,遇到坚硬土层时宜换用冲击钻施工。

5) 成孔质量和沉渣检查

（1）成孔质量的检查方法

桩成孔质量检测方法主要有圆环测孔法（常规测法）、声波孔壁测定仪法、井径仪测定法 3 种。

①圆环测孔法。圆环测孔法的基本原理是在成好的孔内利用铅丝下钢筋圆环,铅丝吊点位于钢筋圆环中间,利用铅丝线的垂直倾斜角测定成孔质量。此方法快速简便,是比较常用的成孔检测方法。

②声波孔壁测定仪法。声波孔壁测定仪的测定原理:由发射探头发出声波,声波穿过泥

浆到达孔壁,泥浆的声阻抗远小于孔壁的土层介质的声阻抗,声波可以从孔壁产生反射,利用发射和接收的时间差和已知声波在泥浆中的传播速度,计算出探头到孔壁的距离,通过探头的上下移动,便可以通过记录仪绘出孔壁的形状。声波孔壁测定仪用来检测钻孔的形状和垂直度。

声波孔壁测定仪由声波发生器、发射和接收探头、放大器、记录仪和提升机构组成。声波发生器的主要部件是振荡器。振荡器产生的一定频率的电脉冲经放大后由发射探头转换为声波。大多数仪器的振荡频率是可调的,通过不同频率的声波来满足不同的检测要求。

放大器把接收探头传来的电信号进行放大、整形和显示。人们可以根据波的初至点和起始信号之间的光标长度,确定波在介质中的传播时间。

在钢制底盘上安装有8个探头(4个发射探头、4个接收探头),它们可以同时测定正交两个方向的孔壁形状。探头由无极变速的电动卷扬机提升或下降,它和热敏刻痕记录仪的走纸速度是同步的,或者是成比例调节的。因此,探头每提升或下降一次,可以在自动记录仪上连续绘出孔壁形状和垂直度。在孔口和孔底都设有停机装置,以防止探头上升到孔口或下降到孔底时电缆和钢丝绳被拉断。

刚钻完的孔,泥浆中含有大量的气泡,因为气泡会影响波的传播,故只有待气泡消失后才能测试。当泥浆很稠时,因气泡长期不能消失而难以进行测试,故可以采用井径仪进行测试。

③井径仪测定法。井径仪由测头、放大器和记录仪三部分组成,可检测直径为80~600 mm的浸透深达百米的孔,把测量腿加长后,还可以检测直径不大于1 200 mm的孔。

测头是机械式的,在测头放入测孔之前,四条测腿是合拢并用弹簧锁住的。将测头放入孔内后,靠测头自身的重量往孔底一墩,四条腿就像自动伞一样立刻张开;再将测头往上提升,由于弹簧力的作用,腿端部将紧贴孔壁,随着孔壁凹凸不平的状态相应地张开或收拢,带动密封筒内的活塞杆上下移动,从而使四组串联滑动电阻来回滑动,把电阻变化变为电压变化;信号经放大后,用数字显示或记录仪记录,可将显示的电压值与孔径建立关系,用静电显影记录仪记录时,可自动绘出孔壁形状。

(2)沉渣检查

采用泥浆护壁成孔工艺的灌注桩,浇灌混凝土之前,孔底沉渣应满足以下要求:端承桩不大于50 mm;摩擦端承桩或端承摩擦桩不大于100 mm;纯摩擦桩不大于30 mm。假如清孔不良,孔底沉渣太厚,将影响桩端承力的发挥,从而大大降低桩的承载力。常用的测试方法是垂球法。

垂球法是利用质量不少于1 kg的铜球锥体作为垂球(图7.11),顶端系上测绳,把垂球慢慢沉入孔内,施工孔深与测量孔深之差即为沉渣厚度。

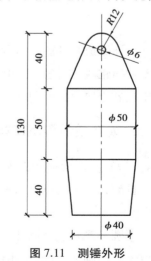

图7.11 测锤外形

7.2.3 清孔

成孔后,必须保证桩孔进入设计持力层深度。当孔达到设计要求后,即进行验孔和清孔。验孔是用探测器检查桩位、直径、深度和孔道情况;清孔即清除孔底沉渣、淤泥、浮土,以减少桩基的沉降量,提高承载能力。清孔的方法有以下几种:

1)抽浆法

抽浆清孔比较彻底,适用于各种钻孔方法的摩擦桩、支承桩和嵌岩桩,但孔壁易坍塌的钻孔使用抽浆法清孔时,要注意防止坍孔。

①用反循环方法成孔时,泥浆的相对密度一般控制在 1.1 以下,孔壁不易形成泥皮,钻孔终孔后,只需将钻头稍提起空转,并维持反循环 5~15 min 就可完全清除孔底沉淀土。

②正循环成孔,用空气吸泥机清孔。空气吸泥机可以把灌注水下混凝土的导管作为吸泥管,气压为 0.5 MPa,使管内形成的强大高压气流向上涌,同时不断地补足清水,被搅动的泥渣随气流上涌,从喷口排出,直至喷出清水为止。对稳定性较差的孔壁,应采用泥浆循环法清孔或抽筒排渣,清孔后的泥浆的相对密度应控制在 1.15~1.25;原土造浆的孔,清孔后的泥浆的相对密度应控制在 1.1 左右,清孔时必须及时补充足够的泥浆,并保持浆面稳定。

正循环成孔清孔完毕后,将弯管拆除,装上漏斗,即可开始灌注水下混凝土。用反循环钻机成孔时,也可等安好灌浆导管后,再用反循环方法清孔,以清除下钢筋笼和灌浆导管过程中沉淀的钻渣。

2)换浆法

采用泥浆泵,通过钻杆以中速向孔底压入相对密度为 1.15 左右、含砂率小于 4% 的泥浆,把孔内悬浮钻渣多的泥浆替换出来。对正循环回转钻来说,不需另加机具,且孔内仍为泥浆护壁,不易坍孔。但此法缺点较多,首先,若有较大泥团掉入孔底,则很难清除;再有就是相对密度小的泥浆会从孔底流入孔中,轻重不同的泥浆在孔内会产生对流运动,要花费很长的时间才能降低孔内泥浆的相对密度,清孔所花时间较长;当泥浆含砂率较高时,不能用清水清孔,以免砂粒沉淀而达不到清孔的目的。

3)掏渣法

掏渣法主要针对冲抓法所成的桩孔,采用掏渣筒进行掏渣清孔。

4)用砂浆置换钻渣清孔法

先用抽渣筒尽量清除大颗粒钻渣,然后以活底箱在孔底灌注 0.6 m 厚的特殊砂浆(相对密度较小,能浮在拌合混凝土之上);采用比孔径稍小的搅拌器,慢速搅拌孔底砂浆,使其与孔底残留钻渣混合;吊出搅拌器,插入钢筋笼,灌注水下混凝土;连续灌注的混凝土把混有钻渣并浮在混凝土之上的砂浆一直推到孔口,以达到清孔的目的。

7.2.4　钢筋笼吊放

①起吊钢筋笼采用扁担起吊法,起吊点在钢筋笼上部箍筋与主筋连接处,吊点对称。

②钢筋笼设置3个起吊点,以保证钢筋笼在起吊时不变形。

③吊放钢筋笼入孔时,实行"一、二、三"的原则,即一人指挥、二人扶钢筋笼、三人搭接,施工时应对准孔位,保持垂直,轻放、慢放入孔,不得左右旋转。若遇阻碍,应停止下放,查明原因并进行处理。严禁高提猛落和强制下入。

④对于20 m以下钢筋笼采用整根加工、一次性吊装的方法。20 m以上的钢筋笼分成两节加工,采用孔口焊接的方法。钢筋在同一节内的接头采用帮条焊连接,接头错开1 000 mm和35d（d为钢筋直径）的较大值。螺旋筋与主筋采用点焊,加强筋与主筋采用点焊,加强筋接头采用单面焊10d。

⑤放钢筋笼时,要求有技术人员在场,以控制钢筋笼的桩顶标高及防止钢筋笼上浮等问题。

⑥成型钢筋笼在吊放、运输、安装时,应采取防变形措施。

⑦按编号顺序,逐节垂直吊焊,上下节笼各主筋应对准校正,采用对称施焊。按设计图要求,在加强筋处对称焊接保护层定位钢板,按图纸补加螺旋筋,确认合格后方可下入。

⑧钢筋笼按确认长度下入后,应保证笼顶在孔内居中,吊筋均匀受力,牢靠固定。

7.2.5　水下浇筑混凝土

在灌注桩、地下连续墙等基础工程中,常要直接在水下浇筑混凝土。其方法是将密封连接的钢管(或强度较高的硬质非金属管)作为水下混凝土的灌注通道(导管),其底部以适当的深度埋在灌入的混凝土拌合物内,在一定的落差压力作用下,形成连续密实的混凝土桩身,如图7.12所示。

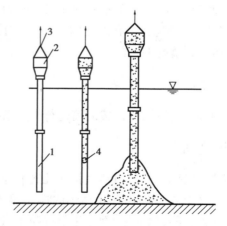

图7.12　导管法浇筑水下混凝土

1—导管;2—盛料漏斗;3—提升机具;4—球塞

1)导管灌注的主要机具

导管灌注的主要机具有：向下输送混凝土用的导管；导管进料用的漏斗；储存量大时还应配备储料斗；首批隔离混凝土控制器具，如滑阀、隔水塞或底盖等；升降安装导管、漏斗的设备，如灌注平台等。

（1）导管

①导管由每段长度为 1.5~2.5 m（脚管为 2~3 m）、管径为 200~300 mm、厚度为 3~6 mm 的钢管用法兰盘加止水胶垫以螺栓连接而成。导管要确保连接严密、不漏水。

②导管的设计与加工制造应满足下列条件：

a.导管应具有足够的强度和刚度，便于搬运、安装和拆卸。

b.导管的分节长度为 3 m，最底端一节导管的长度应为 4.0~6.0 m。为了配合导管柱的长度，上部导管的长度可以是 2,1,0.5 m 或 0.3 m。

c.导管应具有良好的密封性。导管采用法兰盘连接，用橡胶 O 形密封圈密封。法兰盘的外径宜比导管外径大 100 mm 左右，法兰盘的厚度宜为 12~16 mm，在其周围对称设置的连接螺栓孔不少于 6 个，连接螺栓的直径不小于 12 mm。

d.最下端一节导管底部不设法兰盘，宜以钢板套圈在外围加固。

e.为避免提升导管时法兰挂住钢筋笼，可设锥形护罩。

f.每节导管应平直，其偏差不得超过管长的 0.5%。

g.导管连接部位内径偏差不大于 2 mm，内壁应光滑平整。

h.将单节导管连接为导管柱时，其轴线偏差不得超过 ±10 mm。

i.导管加工完后，应对其尺寸规格、接头构造和加工质量认真检查，并应进行连接、过阀（塞）和充水试验，以保证其密闭性合格和在水下作业时导管不漏水。检验水压一般为 0.6~1.0 MPa，以不漏水为合格。

（2）盛料漏斗和储料斗

盛料漏斗位于导管顶端，漏斗上方装有振动设备以防混凝土在导管中阻塞。提升机具用来控制导管的提升与下降，常用的提升机具有卷扬机、电动葫芦、起重机等。

①导管顶部应设置漏斗。漏斗的设置高度应适于操作的需要，并应在灌注到最后阶段，特别时灌注接近桩顶部位时，能满足对导管内混凝土柱高度的需要，保证上部桩身的灌注质量。混凝土柱的高度，在桩顶低于桩孔中的水位时，一般应比该水位至少高出 2.0 m；在桩顶高于桩孔水位时，一般应比桩顶至少高 0.5 m。

②储料斗应有足够的容量以储存混凝土（即初存量），以保证首批灌入的混凝土（即初灌量）能达到要求的埋管深度。

③漏斗与储料斗用 4~6 mm 厚的钢板制作，要求不漏浆及挂浆，漏泄顺畅、彻底。

（3）隔水塞、滑阀和底盖

①隔水塞。隔水塞一般采用软木、橡胶、泡沫塑料等制成，其直径比导管内径小 15~20 mm。例如，混凝土隔水塞宜制成圆柱形，采用 3~5 mm 厚的橡胶垫圈密封，其直径宜比导管内径大 5~6 mm，混凝土强度等级不低于 C30，如图 7.13 所示。

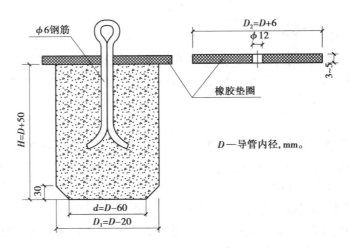

图 7.13 混凝土隔水塞

隔水塞也可用硬木制成球状塞,在球的直径处钉上橡胶垫圈,表面涂上润滑油脂制成。此外,隔水塞还可用钢板塞、泡沫塑料和球胆等制成。不管用何种材料制成,隔水塞在灌注混凝土时应能舒畅下落和排出。

为保证隔水塞具有良好的隔水性能和能顺利地从导管内排出,隔水塞的表面应光滑,形状尺寸应规整。

②滑阀。滑阀采用钢制叶片,下部为密封橡胶垫圈。

③底盖。底盖既可用混凝土制成,也可用钢制成。

2)水下混凝土灌注

采用导管法浇筑水下混凝土的关键:一是要保证混凝土的供应量大于导管内混凝土必须保持的高度和开始浇筑时导管埋入混凝土堆内必须的埋置深度所要求的混凝土量;二是要严格控制导管的提升高度,且只能上下升降,不能左右移动,以避免造成管内发生返水事故。

水下浇筑的混凝土必须具有较强的流动性和黏聚性以及良好的流动性,能依靠其自重和自身的流动能力来实现摊平和密实,有足够的抵抗泌水和离析的能力,以保证混凝土在堆内扩散过程中不离析,且在一定时间内其原有的流动性不降低。因此,要求水下浇筑混凝土中水泥的用量及砂率宜适当增加,泌水率控制在 2% ~ 3%;粗骨料粒径不得大于导管的 1/5 或钢筋间距的 1/4,并不宜超过 40 mm;坍落度为 150~180 mm。施工开始时采用低坍落度,正常施工时则用较大的坍落度,且维持坍落度的时间不得少于 1 h,以便混凝土能在一个较长的时间内靠其自身的流动能力来实现其密实成型。

(1)灌注前的准备工作

①根据桩径、桩长和灌注量,合理选择导管和起吊运输等机具设备的规格、型号。每根导管的作用半径一般不大于 3 m,所浇混凝土的覆盖面积不宜大于 30 m²,当面积过大时,可用多根导管同时浇筑。

②导管吊入孔时,应将橡胶圈或胶皮垫安放周正、严密,确保密封良好。导管在桩孔内的位置应保持居中,防止跑管,撞坏钢筋笼并损坏导管。导管底部距孔底(孔底沉渣面)高度以能放出隔水塞及首批混凝土为度,一般为 300~500 mm。导管全部入孔后,计算导管柱总

长和导管底部位置,并再次测定孔底沉渣厚度,若超过规定,应再次清孔。

③将隔水塞或滑阀用 8 号铁丝悬挂在导管内水面上。

(2)施工顺序

施工顺序为:放钢筋笼→安设导管→使滑阀(或隔水塞)与导管内水面紧贴→灌注首批混凝土→连续不断灌注直至桩顶→拔出护筒。

(3)灌注首批混凝土

在灌注首批混凝土之前,最好先配制 $0.1 \sim 0.3~\mathrm{m}^3$ 的水泥砂浆并将其放入滑阀(隔水塞)以上的导管和漏斗中,然后再放入混凝土,确认初灌量备足后,即可剪断铁丝,借助混凝土的质量排出导管内的水,使滑阀(隔水塞)留在孔底,灌入首批混凝土。

首批灌注混凝土的数量应能满足导管埋入混凝土中 1.2 m 以上。首批灌注混凝土数量应按图 7.14 和式(7.1)进行计算。

混凝土浇筑应从最深处开始,相邻导管下口的标高差不应超过导管间距的 $1/20 \sim 1/15$,并保证混凝土表面均匀上升。

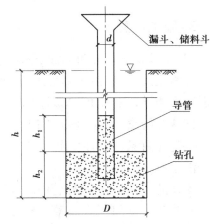

图 7.14 首批灌注混凝土数量计算例图

$$V \geqslant \frac{\pi d^2 h_1}{4} + \frac{k\pi D^2 h_2}{4} \tag{7.1}$$

式中 V——混凝土初灌量,m^3;

    h_1——导管内混凝土柱与管外泥浆柱平衡所需高度,m。$h_1 = (h - h_2) r_w / r_c$,其中,$h$ 为桩孔深度(m),r_w 为泥浆密度,r_c 为混凝土密度,取 $2.3 \times 10^3~\mathrm{kg/m}^3$。

    h_2——初灌混凝土下灌后导管外混凝土面的高度,取 $1.3 \sim 1.8$ m;

    d——导管内径,m;

    D——桩孔直径,m;

    k——充盈系数,取 1.3。

(4)连续灌注混凝土

首批混凝土灌注正常后,应连续不断灌注混凝土,严禁中途停工。在灌注过程中,应经常用测锤探测混凝土面的上升高度,并适时提升、逐级拆卸导管,保持导管的合理埋深。探测次数一般不宜少于所适用的导管节数,并应在每次起升导管前,探测一次管内外混凝土面的高度。遇特别情况(局部严重超径、缩径、漏失层位和灌注量特别大时的桩孔等)时,应增加探测次数,同时观察返水情况,以正确分析和判定孔内的情况。

在水下灌注混凝土时,应根据实际情况严格控制导管的最小埋深,以保证桩身混凝土的连续均匀,使其不会裹入混凝土上面的浮浆皮和土块等,防止出现断桩现象。对导管的最大埋深,则以能使管内混凝土顺畅流出,便于导管起升和减少灌注提管、拆管的辅助作业时间来确定。最大埋深不宜超过最下端一节导管的长度。灌注接近桩顶部位时,为确保桩顶混凝土质量,漏斗及导管的高度应严格按有关规定执行。

混凝土灌注的上升速度不得小于 2 m/h。灌注时间必须控制在埋入导管中的混凝土不丧失流动性的时间,必要时可掺入适量缓凝剂。

(5)桩顶混凝土的浇筑

桩顶的灌注标高应按照设计要求,且应高于设计标高 1.0 m 以上,以便清除桩顶部的浮浆渣层。桩顶灌注完毕后,应立即探测桩顶面的实际标高,常用带有标尺的钢杆和装有可开闭的活门钢盒组成的取样器探测取样,以判断桩顶的混凝土面。

3)施工注意事项

(1)导管法施工时的注意事项

①灌注混凝土必须连续进行,不得中断,否则先灌入的混凝土达到初凝,将阻止后灌入的混凝土从导管中流出,造成断桩。

②从开始搅拌混凝土起,在 1.5 h 内应尽量完成灌注。

③随孔内混凝土的上升,需逐步快速拆除导管,时间不宜超过 15 min,拆下的导管应立即冲洗干净。

④在灌注过程中,当导管内的混凝土不满,含有空气时,后续的混凝土宜通过溜槽徐徐灌入漏斗和导管,不得将混凝土整斗从上面倾入管内,以免在导管内形成高压气囊,挤出管节间的橡胶垫而使导管漏水。

(2)稳定钢筋笼的措施

为防止钢筋笼上浮,应采取以下措施:

①在孔口固定钢筋笼上端。

②灌注混凝土的时间应尽量加快,以防止混凝土进入钢筋笼时,流动性过小。

③当孔内混凝土接近钢筋笼时,应保持埋管的深度,并放慢灌注速度。

④当孔内混凝土面进入钢筋笼 1~2 m 后,应适当提升导管,减小导管的埋置深度,增大钢筋笼在下层混凝土中的埋置深度。

(3)混凝土上升困难时的处理

在灌注将近结束时,由于导管内混凝土柱的高度减少,超压力降低,而使管外的泥浆及所含渣土的稠度和比重增大。如出现混凝土上升困难的情况时,可在孔内加水稀释泥浆,亦可掏出部分沉淀物,使灌注工作顺利进行。

(4)初灌量的控制

依据孔深、孔径确定初灌量,初灌量不宜小于 1.2 m³,且保证一次埋管深度不小于 1 000 mm。

(5)水下混凝土的灌注不能间断

水下混凝土的灌注要连续进行,为此在灌注前需做好各项准备工作,同时配备发电机一台,以防停电造成事故。

(6)控制混凝土面上升速度

在水下混凝土的灌注过程中,勤测混凝土面的上升高度,适时拔管,最大埋管深度不宜大于 8 m,最小埋管深度不宜小于 1.5 m。桩顶超灌高度宜控制在 800~1 000 mm,这样既可保证桩顶混凝土的强度,又可防止材料的浪费。

（7）其他注意事项

①在堆放导管时，须垫平放置，不得搭架摆设；

②在吊运导管时，不得超过 5 节连接一次性起吊；

③导管在使用后，应立即冲洗干净；

④在连接导管时，必须垫放橡皮垫并拧紧螺栓以免出现漏水、漏气等现象；

⑤如桩基施工场地布置影响混凝土的灌注时，可在场地外设置 1 或 2 台汽车泵输送至桩的灌注位置。

4）常见质量缺陷处理

（1）导管堵塞

对混凝土配合比或坍落度不符合要求、导管过于弯折或者前后台配合不够紧密的控制措施如下：

①保证粗骨料的粒径、混凝土的配合比和坍落度符合要求；

②避免灌注导管有过大的变径和弯折，每次拆卸下来的导管都必须清洗干净；

③加强施工管理，保证前后台配合紧密，及时发现和解决问题。

（2）偏桩

偏桩一般有桩平移偏差和垂直度超标偏差两种。偏桩大多是因为场地原因、桩机对位不仔细、地层原因等引起的。其控制措施如下：

①施工前清除地下障碍，平整压实场地以防钻机偏斜；

②放桩位时认真仔细，严格控制误差；

③注意检查和复核桩机在开钻前及钻进过程中的水平度和垂直度。

（3）断桩、夹层

断桩、夹层是因为提钻太快，泵送混凝土跟不上提钻速度或者是相邻桩太近串孔造成的。其控制措施如下：

①保持混凝土灌注的连续性，可以采取加大混凝土泵量、配备储料罐等措施；

②严格控制提速，确保中心钻杆内有 0.1 m³ 以上的混凝土，如灌注过程中因意外原因造成灌注停滞时间大于混凝土的初凝时间时，应重新成孔灌桩。

（4）桩身混凝土强度不足

压灌桩按照泵送混凝土和后插钢筋的技术要求，坍落度一般不小于 18～22 cm，因此要求和易性要好。配合比中一般加有粉煤灰，这样会造成混凝土前期强度较低，加上粗骨料的粒径较小，如果不注意用水量的控制，很容易造成混凝土强度低。具体控制措施如下：

①优化粗骨料级配。大坍落度混凝土一般用粒径为 0.5～1.5 cm 的碎石，根据桩径和钢筋长度及地下水情况可以加入部分粒径为 2～4 cm 的碎石，并尽量不要加大砂率。

②合理选择外加剂。尽量用早强型减水剂代替普通泵送剂。

③粉煤灰的选用要经过配合比试验确定掺量，粉煤灰至少应选用Ⅱ级灰。

（5）桩身混凝土收缩

桩身回缩是普遍现象，一般通过外加剂和超灌予以解决，施工中保证充盈系数大于 1。

其控制措施如下：

①桩顶至少超灌 0.4~0.7 m，并防止孔口土混入；

②选择减水效果好的减水剂。

（6）桩头质量问题

桩头质量问题多为夹泥、气泡、混凝土不足、浮浆太厚等，一般是由于操作控制不当引起的。其控制措施如下：

①及时清除或外运桩口出土，防止下笼时混入混凝土中；

②保持钻杆顶端气阀开启自如，防止混凝土中积气造成桩顶混凝土含气泡；

③桩顶浮浆多因孔内出水或混凝土离析，应超灌排除浮浆后再终孔成桩；

④按规定要求进行振捣，并保证振捣质量。

（7）钢筋笼下沉

钢筋笼下沉一般随混凝土的收缩而出现，但有时也因桩顶钢筋笼固定措施不当而出现。其控制措施如下：

①避免混凝土收缩，从而防止笼子下沉；

②笼顶必须用铁丝加支架固定，12 h 后才可以拆除。

（8）钢筋笼无法沉入

钢筋笼无法沉入多是由于混凝土配合比不好或桩周土对桩身产生挤密作用。其控制措施如下：

①改善混凝土配合比，保证粗骨料的级配和粒径满足要求；

②选择合适的外加剂，并保证混凝土灌注量达到要求；

③吊放钢筋笼时，保证垂直和对位准确。

（9）钢筋笼上浮

由于相邻桩间距太近导致施工时混凝土串孔，或桩周土壤挤密作用造成前一支桩钢筋笼上浮。其控制措施如下：

①在相邻桩间距太近时进行跳打，保证混凝土不串孔，桩初凝后钢筋笼一般不会再上浮；

②控制好相邻桩的施工时间间隔。

（10）护筒冒水

埋设护筒时若周围填土不密实，或者由于起落钻头时碰动了护筒，都易造成护筒外壁冒水。其控制措施是：初发现护筒冒水时，可用黏土在护筒四周填实加固，若护筒发生严重下沉或位移，则应返工重埋。

子项 7.3 干作业钻孔灌注桩

干作业钻孔灌注桩是先用钻机在桩位处钻孔，然后在桩孔内放入钢筋骨架，再灌注混凝土而成的桩。其施工过程如图 7.15 所示。

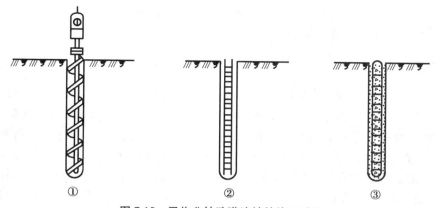

图 7.15 干作业钻孔灌注桩的施工过程

①—钻机进行钻孔;②—放入钢筋骨架;③—浇筑混凝土

7.3.1 施工机械

干作业成孔一般采用螺旋钻机钻孔,如图 7.16 和图 7.17 所示。螺旋钻机根据钻杆形式不同可分为整体式螺旋、装配式长螺旋和短螺旋 3 种。螺旋钻杆是一种动力旋动钻杆,它是利用钻头的螺旋叶旋转削土,土块由钻头旋转上升而带出孔外。螺旋钻头的外径分别为 400,500,600 mm,钻孔深度相应为 12,10,8 m。螺旋钻机适用于成孔深度内没有地下水的一般黏土层、砂土及人工填土地基,不适用于有地下水的土层和淤泥质土。

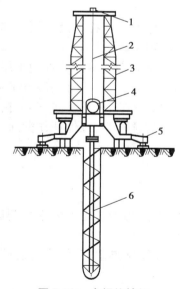

图 7.16 全螺旋钻机

1—导向滑轮;2—钢丝绳;3—龙门导架;
4—动力箱;5—千斤顶支腿;6—螺旋钻杆

图 7.17 液压步履式长螺旋钻机

7.3.2 施工工艺

干作业钻孔灌注桩的施工步骤为:螺旋钻机就位对中→钻进成孔、排土→钻至预定深度,停钻→起钻,测孔深、孔斜、孔径→清理孔底虚土→钻机移位→安放钢筋笼→安放混凝土溜筒→灌注混凝土成桩→桩头养护。

1)钻孔

钻机就位后,钻杆垂直对准桩位中心,开钻时先慢后快,减少钻杆的摇晃,及时纠正钻孔的偏斜或位移。钻孔时,螺旋刀片旋转削土,削下的土沿整个钻杆螺旋叶片上升而涌出孔外,钻杆可逐节接长直至钻到设计要求规定的深度。在钻孔过程中,若遇到硬物或软岩,应减速慢钻或提起钻头反复钻,穿透后再正常进钻。在砂卵石、卵石或淤泥质土夹层中成孔时,这些土层的土壁不能直立,易造成塌孔,这时钻孔可钻至塌孔下 1~2 m,用低强度等级的混凝土回填至塌孔 1 m 以上,待混凝土初凝后,再钻至设计要求深度,也可用 3∶7 夯实灰土回填代替混凝土进行处理。

2)清孔

钻孔至规定要求深度后,孔底一般都有较厚的虚土,需要进行专门处理。清孔的目的是将孔内的浮土、虚土取出,减小桩的沉降。常用方法是采用 25~30 kg 的重锤对孔底虚土进行夯实,或投入低坍落度的素混凝土,再用重锤夯实;或是使钻机在原深处空转清土,然后停止旋转,提钻卸土。

3)钢筋混凝土施工

桩孔钻成并清孔后,先吊放钢筋笼,后浇筑混凝土。

钢筋骨架的主筋、箍筋、直径、根数、间距及主筋保护层厚度均应符合设计规定,应绑扎牢固,防止变形。用导向钢筋将其送入孔内,同时防止泥土杂物掉入孔内。

钢筋骨架就位后,为防止孔壁坍塌,避免雨水冲刷,应及时浇筑混凝土。即使土层较好,没有雨水冲刷,从成孔至混凝土浇筑的时间间隔也不得超过 24 h。灌注桩的混凝土强度等级不得低于 C15,坍落度一般采用 80~100 mm,混凝土应连续浇筑,分层浇筑、分层捣实,每层厚度为 50~60 cm。当混凝土浇筑到桩顶时,应适当超过桩顶标高,以保证在凿除浮浆层后,桩顶标高和质量能符合设计要求。

7.3.3 施工注意事项

①应根据地层情况合理选择螺旋钻机和调整钻进参数,并可通过电流表来控制进尺速度,如果电流值增大,则说明孔内阻力增大,此时应降低钻进速度。

②开始钻进及穿过软硬土层交界处时,应缓慢进尺,保持钻具垂直;钻进含有砖头、瓦块、卵石的土层时,应防止钻杆跳动与机架摇晃。

③钻进中遇憋车、不进尺或钻进缓慢的情况时,应停机检查,找出原因,采取措施。避免盲目钻进,导致桩孔严重倾斜、垮孔甚至卡钻、折断钻具等恶性孔内事故发生。

④遇孔内渗水、垮孔、缩径等异常情况时,应立即起钻,采取相应的技术措施。当上述情况不严重时,可采取调整钻进参数、投入适量黏土球、经常上下活动钻具等措施保持钻进顺畅。

⑤在冻土层、硬土层施工时,宜采用高转速、小给进量、恒钻压的方法。

⑥对短螺旋钻进,每回次进尺(一个回次中钻头的进尺数)宜控制在钻头长度的 2/3 左

右,砂层、粉土层可控制在0.8~1.2 m,黏土、粉质黏土层控制在 0.6 m 以下。

⑦钻至设计深度后,应使钻具在孔内空转数圈以清除虚土,然后起钻,盖好孔口盖,防止杂物落入。

子项 7.4   人工挖孔灌注桩

人工挖孔灌注桩是采用人工挖掘方法成孔,然后放置钢筋笼,浇筑混凝土而成的桩,如图 7.18 所示。其施工布置如图 7.19 所示。其施工特点如下:

①设备简单。

②无噪声、无振动、不污染环境,对施工现场周围原有建筑物的影响小。

③施工速度快,可按施工进度要求决定同时开挖桩孔的数量,必要时各桩孔可同时施工。

④土层情况明确,可直接观察到地质变化,桩底沉渣能清除干净,施工质量可靠。尤其当高层建筑选用大直径的灌注桩,而施工现场又在狭窄的市区时,采用人工挖孔比机械挖孔具有更大的适应性。但其缺点是人工消耗量大、开挖效率低、安全操作条件差等。

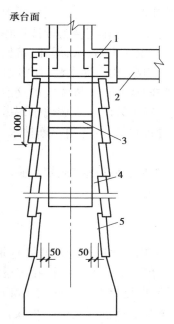

图 7.18   人工挖孔灌注桩的构造
1—护壁;2—主筋;3—箍筋;4—地梁;5—承台

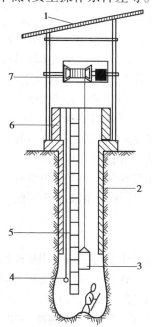

图 7.19   人工挖孔桩的施工布置
1—遮雨棚;2—混凝土护壁;3—装土铁桶;
4—低压照明灯;5—应急钢爬梯;6—砖砌井圈;
7—电动辘轳提升机

7.4.1   施工设备

人工挖孔灌注桩的施工设备一般可根据孔径、孔深和现场具体情况选用,常用的有如下几种:

①电动葫芦(或手摇轱辘)和提土桶,用于材料和弃土的垂直运输及供施工人员上下工作施工使用。

②护壁钢模板。

③潜水泵,用于抽出桩孔中的积水。

④鼓风机、空压机和送风管,用于向桩孔中强制送入新鲜空气。

⑤镐、锹、土筐等挖运工具,若遇硬土或岩石时,尚需风镐、潜孔钻。

⑥插捣工具,用于插捣护壁混凝土。

⑦应急软爬梯,用于施工人员上下。

⑧安全照明设备、对讲机、电铃等。

7.4.2 施工工艺

施工时,为确保挖土成孔的施工安全,必须考虑预防孔壁坍塌和流砂发生的措施。因此,施工前应根据地质水文资料拟订出合理的护壁措施和降排水方案。护壁方法有很多,可以采用现浇混凝土护壁、沉井护壁、喷射混凝土护壁等。

1) 挖土

挖土是人工挖孔的一道主要工序,采用由上向下分段开挖的方法,每施工段的挖土高度取决于孔壁的直立能力,一般取 0.8~1.0 m 为一个施工段,开挖井孔直径为设计桩径加混凝土护壁厚度。挖土时应事先编制好防治地下水方案,避免产生渗水、冒水、塌孔、挤偏桩位等不良后果。在挖土过程中遇地下水,且地下水不多时,可采用桩孔内降水法,用潜水泵将水抽出孔外。若出现流砂现象,则应首先考虑采用缩短护壁分节和抢挖、抢浇筑护壁混凝土的方法,若此法不行,就必须沿孔壁打板桩或用高压泵在孔壁冒水处灌注水玻璃水泥砂浆。当地下水较丰富时,宜采用孔外布井点降水法,即在周围布置管井,在管井内不断抽水,使地下水位降至桩孔底以下 1.0~2.0 m。

当桩孔挖到设计深度,并检查孔底土质已达到设计要求后,在孔底挖成扩大头。待桩孔全部成型后,用潜水泵抽出孔底的积水,然后立即浇筑混凝土。

2) 护壁

现浇混凝土护壁法施工即分段开挖、分段浇筑混凝土护壁,此法既能防止孔壁坍塌,又能起到防水的作用。为防止坍孔和保证操作安全,对直径在 1.2 m 以上的桩孔多设混凝土支护,每节高度为 0.9~1.0 m,厚度为 8~15 cm,或加配适量直径为 6~9 mm 的光圆钢筋,混凝土用 C20 或 C25。护壁制作主要分为支设护壁模板和浇筑护壁混凝土两个步骤。对直径在 1.2 m 以下的桩孔,井口砌 1/4 砖或 1/2 砖护圈(高度为 1.2 m),下部遇有不良土体时用半砖护砌。孔口第一节护壁应高出地面 10~20 cm,以防止泥水、机具、杂物等掉进孔内。

护壁施工采用工具式活动钢模板(由 4~8 块活动钢模板组合而成)支撑有锥度的内模。内模支设后,将用角钢和钢板制成的两半圆形合成的操作平台吊放入桩孔内,置于内模板顶部,用于放置料具和浇筑混凝土。

护壁混凝土的浇筑采用钢筋插实,也可通过敲击模板或用竹杆木棒反复插捣。不得在桩孔水淹没模板的情况下灌注混凝土。若遇土质差的部位,为保证护壁混凝土的密实,应根据土层的渗水情况使用速凝剂,以保证护壁混凝土快速达到设计强度的要求。

护壁混凝土内模拆除宜在 12 h 后进行,当发现护壁有蜂窝、渗水现象时,应及时补强加以堵塞或导流,防止孔外水通过护壁流入桩内而造成事故。当护壁混凝土强度达到 1 MPa (常温下约 24 h)时,可拆除模板,开挖下段的土方,再支模浇筑护壁混凝土,如此循环,直至挖到设计要求的深度。

3) 放置钢筋笼

桩孔挖好并经有关人员验收合格后,即可根据设计要求放置钢筋笼。钢筋笼在放置前,要清除其上的油污、泥土等杂物,防止将杂物带入孔内,并再次测量孔底虚土厚度,按要求清除。

4) 浇筑桩身混凝土

钢筋笼吊入验收合格后应立即浇筑桩身混凝土。灌注混凝土时,混凝土必须通过溜槽;当落距超过 3 m 时,应采用串桶,串桶末端距孔底高度不宜大于 2 m;也可采用导管泵送。混凝土宜采用插入式振捣器振实。当桩孔内渗水量不大时,在抽除孔内积水后,用串筒法浇筑混凝土。如果桩孔内渗水量过大,积水过多不便排干时,则应采用导管法水下浇筑混凝土。

5) 照明、通风、排水和防毒检查

①在孔内挖土时,应有照明和通风设施。照明采用 12 V 低压防水灯。通风设施采用 1.5 kW 鼓风机,配以直径为 100 mm 的塑料送风管,经常检查,有洞即补,出风口离开挖面 80 cm 左右。

②对无流砂威胁但孔内有地下水渗出的情况,应在孔内设坑,用潜水泵抽排。有人在孔内作业时,不得抽水。

③地下水位较高时,应在场地内布置几个降水井(可先将几个桩孔快速掘进作为降水井),用来降低地下水位,保证含水层开挖时无水或水量较小。

④每天开工前检查孔底积水是否已被抽干,检测孔内是否存在有毒、有害气体,保持孔内通风,准备好防毒面具等。为预防有害气体或缺氧,可对孔内气体进行抽样检测。凡一次检测的有毒含量超过容许值时,应立即停止作业,进行除毒工作。同时需配备鼓风机,确保施工过程中孔内通风良好。

7.4.3 施工注意事项

施工注意事项如下:

①成孔质量控制。成孔质量包括垂直度和中心线偏差、孔径、孔形等。

②防止塌孔。护壁是人工挖孔灌注桩施工中防止塌孔的构造措施。施工中应按照设计要求做好护壁,在护壁混凝土强度达到 1 MPa 后方能拆除模板。

③排水处理。地面水往孔边渗流会造成土的抗剪强度降低,可能造成塌孔。地下水对挖孔有着重要影响,水量大时,先采取降水措施;水量小时,可以边排水边挖,将施工段高度减小(如 300~500 mm)或采用钢护筒护壁。

④施工安全问题。

a.井下人员须配备相应安全的设施设备。提升吊桶的机构,其传动部分及地面扒杆必须牢靠,制作、安装应符合施工设计要求。人员不得乘盛土吊桶上下,必须另配钢丝绳及滑轮并有断绳保护装置,或使用安全爬梯上下。

b.孔口注意安全防护。孔口应避免落物伤人,孔内应设半圆形防护板,随挖掘深度逐层下移。吊运物料时,作业人员应在防护板下面工作。

c.每次下井作业前应检查井壁和抽样检测井内空气,当有害气体超过规定时,应进行处理。用鼓风机送风时严禁用纯氧进行通风换气。

d.井内照明应采用安全矿灯或 12 V 防爆灯具。桩孔较深时,上下联系可通过对讲机等方式,地面不得少于 2 名监护人员。井下人员应轮换作业,连续工作时间不应超过 2 h。

e.挖孔完成后,应当天验收,并及时将桩身钢筋笼就位和浇筑混凝土。正在浇筑混凝土的桩孔周围 10 m 半径内,其他桩不得有人作业。

子项 7.5   沉管灌注桩

沉管灌注桩是利用锤击打桩设备或振动沉桩设备,将带有钢筋混凝土的桩尖(或钢板靴)或带有活瓣式桩靴的钢管沉入土中(钢管直径应与桩的设计尺寸一致),造成桩孔,然后放入钢筋骨架并浇筑混凝土,随之拔出套管,利用拔管时的振动将混凝土捣实,便形成所需要的灌注桩。利用锤击沉桩设备沉管、拔管成桩,称为锤击沉管灌注桩,如图 7.20 所示;利用振动器振动沉管、拔管成桩,称为振动沉管灌注桩,如图 7.21 所示。

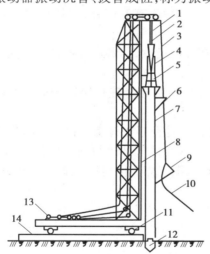

图 7.20   锤击沉管灌注桩

1—桩锤钢丝绳;2—桩管滑轮组;3—吊斗钢丝绳;
4—桩锤;5—桩帽;6—混凝土漏斗;7—桩管;
8—桩架;9—混凝土吊斗;10—回绳;
11—行驶用钢管;12—预制桩靴;
13—卷扬机;14—枕木

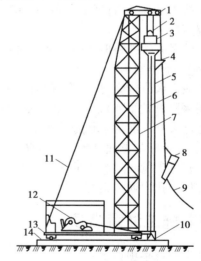

图 7.21   振动沉管灌注桩

1—导向滑轮;2—滑轮组;3—激振器;
4—混凝土漏斗;5—桩帽;6—加压钢丝绳;
7—桩管;8—混凝土吊斗;9—回绳;10—活瓣桩靴;
11—缆风绳;12—卷扬机;
13—行驶用钢管;14—枕木

沉管灌注桩在施工过程中对土体有挤密和振动影响作用。施工中应结合现场施工条件考虑成孔顺序,主要有以下几种:

①间隔一个或两个桩位成孔;

②在邻桩混凝土初凝前或终凝后成孔;

③一个承台下桩数在 5 根以上者,中间的桩先成孔,外围的桩后成孔。

为了提高桩的质量和承载能力,沉管灌注桩常采用单打法、复打法、翻插法等施工工艺。

①单打法(又称一次拔管法)。拔管时,每提升 0.5~1.0 m,振动 5~10 s,然后再拔管 0.5~1.0 m,这样反复进行,直至全部拔出。

②复打法。在同一桩孔内连续进行两次单打,或根据需要进行局部复打。施工时,应保证前后两次沉管轴线重合,并在混凝土初凝之前进行。

③翻插法。钢管每提升 0.5 m,再下插 0.3 m,反复进行,直至拔出。

施工时注意及时补充套筒内的混凝土,使管内混凝土面保持一定高度并高于地面。

7.5.1 锤击沉管灌注桩

锤击沉管灌注桩适用于一般黏性土、淤泥质土和人工填土地基。其施工过程为:就位→沉套管→初灌混凝土→放置钢筋笼,灌注混凝土→拔管成桩,如图 7.22 所示。

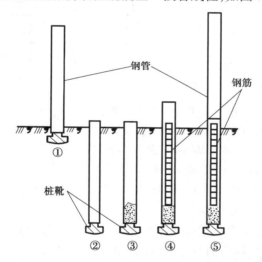

图 7.22 锤击沉管灌注桩的施工过程
①—就位;②—沉套管;③—初灌混凝土;
④—放置钢筋笼,灌注混凝土;⑤—拔管成桩

锤击沉管灌注桩的施工要点如下:

①桩尖与桩管接口处应垫麻(或草绳)垫圈,以防地下水渗入管内和作缓冲层。沉管时先用低锤锤击,观察无偏移后,再开始正常施打。

②拔管前应先锤击或振动套管,在测得混凝土确已流出套管时方可拔管。

③桩管内的混凝土应尽量填满,拔管时要均匀,保持连续密锤轻击,并控制拔管速度,一般土层以不大于 1 m/min 为宜;软弱土层与软硬交界处,应控制在 0.8 m/min 以内为宜。

④在管底未拔到桩顶设计标高前,倒打或轻击不得中断,并注意保持管内的混凝土始终略高于地面,直到全管拔出为止。

⑤桩的中心距在 5 倍桩管外径以内或小于 2 m 时,均应跳打施工;中间空出的桩,必须待邻桩混凝土达到设计强度的 50%以后,方可施打。

7.5.2　振动沉管灌注桩

振动沉管灌注桩采用激振器或振动冲击沉管,其施工过程为:桩机就位→沉管→上料→拔出钢管→在顶部混凝土内插入短钢筋并浇满混凝土,如图 7.23 所示。振动沉管灌注桩宜用于一般黏性土、淤泥质土及人工填土地基,更适用于砂土、稍密及中密的碎石土地基。

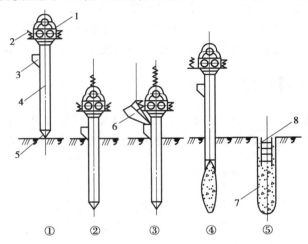

图 7.23　振动套管成孔灌注桩的成桩过程

①—桩机就位;②—沉管;③—上料;④—拔出钢管;

⑤—在顶部混凝土内插入短钢筋并浇满混凝土

1—振动锤;2—加压减振弹簧;3—加料口;4—桩管;5—活瓣桩尖;

6—上料口;7—混凝土桩;8—短钢筋骨架

振动沉管灌注桩的施工要点如下:

①桩机就位。将桩尖活瓣合拢对准桩位中心,利用振动器及桩管自重把桩尖压入土中。

②沉管。开动振动箱,桩管即在强迫振动下迅速沉入土中。沉管过程中,应经常探测管内有无水或泥浆,如发现水、泥浆较多时,应拔出桩管,用砂回填桩孔后方可重新沉管。

③上料。桩管沉至设计标高后停止振动,放入钢筋笼,再上料斗将混凝土灌入桩管内,一般应灌满桩管或略高于地面。

④拔管。开始拔管时,应先启动振动箱 8~10 min,并用吊铊测得桩尖活瓣确已张开,混凝土确已从桩管中流出以后,卷扬机方可开始抽拔桩管,边振边拔。拔管速度应控制在1.5 m/min以内。

子项 7.6　夯扩桩

夯扩桩(夯压成型灌注桩)是在普通沉管灌注桩的基础上加以改进,增加一根内夯管(图 7.24),使桩端扩大的一种桩型。内夯管的作用是在夯扩工序时,将外管混凝土夯出管外,并在桩端形成扩大头;在施工桩身时,利用内管和桩锤的自重将桩身混凝土压实。夯扩桩适用于一般黏性土、淤泥、淤泥质土、黄土、硬黏性土；也可用于有地下水的情况；可在20层以下的高层建筑基础中使用。桩端持力层可为可塑至硬塑粉质黏土、粉土或砂土，且具有一定厚度。如果土层较差，没有较理想的桩端持力层时，可采用二次或三次夯扩。

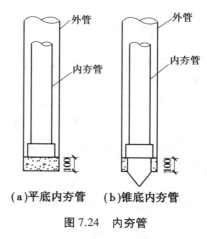

（a）平底内夯管　（b）锥底内夯管

图 7.24　内夯管

7.6.1　施工机械

夯扩桩可采用静压或锤击沉桩机械设备。静压法沉桩机械设备由桩架、压液或液压抱箍、桩帽、卷扬机、钢索滑轮组或液压千斤顶等组成。压桩时，开动卷扬机，通过桩架顶梁逐步将压梁两侧的压桩滑轮组钢索收紧，并通过压梁将整个压桩机的自重和配重施加在桩顶上，把桩逐渐压入土中。

7.6.2　施工工艺

夯扩桩施工时，先在桩位处按要求放置干混凝土，然后将内外管套叠对准桩位，再通过柴油锤将双管打入地基土中至设计要求的深度，接着将内夯管拔出，向外管内灌入一定高度（H）的混凝土，将内管放入外管内压实灌入的混凝土，再将外管拔起一定高度（h）。通过柴油锤与内夯管夯打管内混凝土，夯打至外管底端深度略小于设计桩底深度处（差值为 c）。其中 $H>h>c$。此过程为一次夯扩，如需第二次夯扩，则重复一次夯扩步骤即可，如图7.25所示。

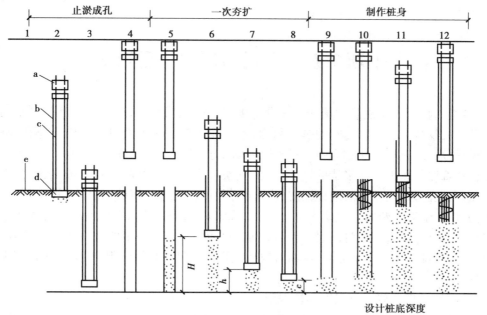

图 7.25　夯扩桩施工

a—柴油锤；b—外管；c—内管；d—内管底板；e—C20干硬混凝土

1)操作要点

①放内外管。在桩心位置上放置钢筋混凝土预制管塞,在预制管塞上放置外管,外管内放置内夯管。

②第一次灌注混凝土。静压或锤击外管和内夯管,当其沉入设计深度后,把内夯管从外管中抽出,向夯扩部分灌入一定高度的混凝土。

③静压或锤击。把内夯管放入外管内,将外管拔起一定高度。静压或锤击内夯管,将外管内的混凝土压出或夯出管外。在静压或锤击作用下,使外管和内夯管同步沉入规定深度。

④灌混凝土成桩。把内夯管从外管内拔出,向外管内灌满桩身部分所需的混凝土,然后将顶梁或桩锤和内夯管压在桩身混凝土上,上拔外管,外管拔出后,混凝土成桩。

2)施工注意事项

①夯扩桩可采用静压或锤击沉管进行夯压、扩底、扩径。内夯管比外管短100 mm,内夯管底端可采用闭口平底或闭口锥底。

②沉管过程中,外管封底可采用干硬性混凝土、无水混凝土,经夯击形成阻水、阻泥管塞,其高度一般为100 mm。当不出现由内、外管间隙涌水、涌泥的情况时,也可不采取上述封底措施。

③桩的长度较大或需配置钢筋笼时,桩身混凝土宜分段灌注,拔管时内夯管和桩锤应施压于外管中的混凝土顶面,边压边拔。

④工程施工前宜进行试成桩,应详细记录混凝土的分次灌入量、外管上拔高度、内管夯击次数、双管同步沉入深度,并检查外管的封底情况,有无进水、涌泥等,经核定后作为施工控制的依据。

子项 7.7   PPG 灌注桩后压浆法

PPG 灌注桩后压浆法是利用预先埋设于桩体内的注浆系统,通过高压注浆泵将高压浆液压入桩底,浆液克服土粒之间的抗渗阻力,不断渗入桩底沉渣及桩底周围土体孔隙中,排走孔隙中的水分,充填于孔隙之中。由于浆液的充填胶结作用,在桩底形成一个扩大头。另一方面,随着注浆压力及注浆量的增加,一部分浆液克服桩侧摩阻力及上覆土压力,沿桩土界面不断向上泛浆,高压浆液破坏泥皮,渗入(挤入)桩侧土体,使桩周松动(软化)的土体得到挤密加强。浆液不断向上运动,上覆土压力不断减小,当浆液向上传递的反力大于桩侧摩阻力及上覆土压力时,浆液将以管状流溢出地面。因此,控制一定的注浆压力和注浆量,可使桩底土体及桩周土体得到加固,从而有效地提高桩端阻力和桩侧阻力,达到大幅度提高承载力的目的。

PPG 灌注桩后压浆法有以下几种类型:

①借桩内预设构件进行压浆加固,改善桩侧摩擦和支承情况。使用一根钢管及装在其内部的内管所组成的套管,使后灌浆通过单阀按照不连续的 1 m 的间隔进行压浆。

②桩端压浆,加固桩端地基。通过压浆管将浆液压入桩端。使用的浆液视地基岩土类

型而定,对于密砂层,宜采用渗透性良好、强度高的灌浆材料。灌注桩后压浆法用于灌注桩修补加固时,可利用钻孔抽芯孔分段自下而上向桩身进行后压浆补强。

③桩侧压浆,破坏和消除泥皮,填充桩侧间隙,提高桩土黏结力,提高桩侧摩阻力。

PPG 灌注桩后压浆法施工工艺流程为:准备工作→按设计水灰比拌制水泥浆液→水泥浆经过滤至储浆桶(不断搅拌)→注浆泵、加筋软管与桩身压浆管连接→打开排气阀并开泵放气→关闭排气阀先试压清水,待注浆管道通畅后再压注水泥浆液→桩检测。

7.7.1 注浆设备及注浆管的安装

高压注浆系统由浆液搅拌器、带滤网的储浆斗、高压注浆泵、压力表、高压胶管、预埋在桩中的注浆导管和单向阀等组成。

1)高压注浆泵

高压注浆泵是实施后压浆的主要设备。高压注浆泵一般采用额定压力为 6~12 MPa,额定流量为 30~100 L/min 的注浆泵;高压注浆泵的压力表量程为额定泵压的 1.5~2.0 倍。一般工程常用 2TGZ-120/105 型高压注浆泵,该泵的浆量和压力根据实际需要可随意变档调速,可吸取浓度较大的水泥浆、化学浆液、泥浆、油、水等介质的单液浆或双液浆,吸浆量和喷浆量可大可小。2TGZ 型高压注浆泵的技术参数见表 7.2。

表 7.2　2TGZ 型高压注浆泵的技术参数

传动速度	排浆量 /(L · min⁻¹)	最大压力 /MPa	电机/kW	质量/kg	长/mm	宽/mm	高/mm
1 速	32	10.5					
2 速	38	9	11	1 070	1 900	1 000	750
3 速	75	5					
4 速	120	3					

浆液搅拌器的容量应与额定压浆流量相匹配,搅拌器的浆液出口应设置水泥浆滤网,避免因水泥团进入储浆筒后被吸入注浆导管内而造成堵管或爆管事件的发生。

高压注浆泵与注浆管之间采用能承受 2 倍以上最大注浆压力的加筋软管,其长度不超过 50 cm,输浆软管与注浆管之间设置卸压阀。

2)注浆管的制作

注浆管一般采用 $\phi25$、管壁厚度为 2.5 mm 的焊接钢管,管阀与注浆管焊接连接。注浆管随同钢筋笼一起沉入钻孔中,边下放钢筋笼边接长注浆管,注浆管紧贴钢筋笼内侧,并用铁丝在适当位置固定牢固。注浆管应沿钢筋笼圆周对称设置,注浆管的根数根据设计要求及桩径大小确定。注浆管压浆后可取代等强度截面钢筋。注浆管的根数根据桩径大小进行设置,可参照表 7.3 的规定。

表 7.3　注浆管的根数

桩径/mm	D<1 000	1 000≤D<2 000	D≥2 000
根数	2	3	4

桩底压浆时,管阀底端进入桩端土层的深度应根据桩端土层的类别确定,持力层过硬时可适当减小,持力层较软弱及孔底沉渣较厚时可适当增加。一般管阀进入桩端土层的深度可参照表 7.4 确定。

表 7.4　管阀进入土层的深度

桩端土层类别	黏性土、黏土、砂土	碎石土、风化岩
管阀进入土层的深度/mm	≥200	≥100

桩侧压浆时,管阀设置应综合地层情况、桩长、承载力增幅要求等因素确定,一般离桩底 5~15 m 以上每 8~10 m 设置一道。

注浆管的长度应比钢筋笼的长度多出 55 cm,在桩底部长出钢筋笼 5 cm,上部高出桩顶混凝土面 50cm,但不得露出地面,以便于保护。

桩底注浆管采用两根通长注浆管布置于钢筋笼内,用铁丝绑扎,分别放于钢筋笼两侧。注浆管一般超出钢筋笼 300~400 mm,其超出部分钻上花孔,予以密封。

桩侧注浆管由钢导管下放至设计标高,用弹性软管(PVC)连接。在预定的灌浆断面,弹性软管环置于钢筋笼外侧捆绑,钢管置于钢筋笼内,两者用三通连接,在弹性软管沿环向外侧均匀钻一圈小孔,并予以密封。

在注浆管最下部 20 cm 处制作成注浆喷头(俗称"花管"),在该部分采用钻头均匀钻出 4 排(每排 4 个)间距为 3 cm、直径为 3 mm 的注浆孔作为压浆喷头;用图钉将注浆孔堵严,外面套上同直径的自行车内胎并在两端用胶带封严,这样注浆喷头就形成了一个简易的单向装置。注浆时,注浆管中的压力将车胎迸裂、图钉弹出,水泥浆通过注浆孔和图钉的孔隙压入碎石层中,而灌注混凝土时该装置又可以保证混凝土浆不会将注浆管堵塞。

将两根注浆管对称绑在钢筋笼的外侧,成孔后清孔、提钻、下钢筋笼。在钢筋笼的吊装安放过程中要注意对注浆管的保护,钢筋笼不得扭曲,以免造成注浆管在丝扣连接处松动,喷头部分应加混凝土垫块进行保护,不得摩擦孔壁,以免造成注浆孔的堵塞。

7.7.2　水泥浆配制与注浆

1)水泥浆配制

采用与灌注桩混凝土同强度等级的普通硅酸盐水泥与清水拌制成水泥浆液,水灰比根据地下土层情况适时调整,水灰比一般为 0.45~0.6。

先根据试验按搅拌筒上的对应刻度确定出一定水灰比的水泥浆液,在正式搅拌前,将一定水灰比水泥浆液的对应刻度在搅拌筒外壁上做出标记。配制水泥浆液时,先在搅拌机内加一定量的水,然后边搅拌边加入定量的水泥,根据水灰比再补加水,水泥浆搅拌好后应达到对应刻度。搅拌时间不少于 3 min,浆液中不得混有水泥结石、水泥袋等杂物。水泥浆搅拌好,过滤后放入储浆筒,水泥浆在储浆筒内也要不断地进行搅拌。

2)注浆

在碎石层中,水泥浆在工作压力的作用下影响面积较大。为防止压浆时水泥浆液从临近薄弱地点冒出,压浆的桩应在混凝土灌注完成 3~7 d 后,且该桩周围至少 8 m 范围内没有钻机钻孔作业,且该范围内的桩混凝土灌注完成也应在 3 d 以上,方可压浆。

压浆时最好采用整个承台群桩一次性压浆,先施工周边桩再施工中间桩。压浆时采用两根桩循环压浆,即先压第一根桩的 A 管,压浆量约占总量的 70%,压完后再压另一根桩的 A 管,然后依次为第一根桩的 B 管和第二根桩的 B 管,这样就能保证同一根桩两根管的压浆时间间隔在 30~60 min 以上,给水泥浆一个在碎石层中扩散的时间。压浆时应做好施工记录,记录的内容应包括施工时间、压浆开始及结束时间、压浆数量以及出现的异常情况和处理的措施等。

压浆前,为使整个压浆线路畅通,应先用压力清水开塞,开塞的时机为桩身混凝土初凝后、终凝前,用高压水冲开出浆口的管阀密封装置和桩侧混凝土(桩侧压浆时)。开塞采用逐步升压法,当压力骤降、流量突增时,表明通道已经开通,应立即停机,以防止大量水涌入地下。

正式压浆作业之前,应进行试压浆,对浆液水灰比、注浆压力、压浆量等工艺参数进行调整优化,最终确定工艺参数。

在压浆过程中,应严格控制单位时间内水泥浆的注入量和注浆压力。注浆速度一般控制在 30~50 L/min。

当设计对压浆量无具体要求时,应根据下列公式计算压浆量。

桩底压浆水泥用量:

$$G_{cp} = \pi(htd + \xi n_0 d^3) \tag{7.2}$$

桩侧压浆水泥用量:

$$G_{cs} = \pi[t(L-h)d + \xi m n_0 d^3] \tag{7.3}$$

式中　G_{cp},G_{cs}——桩底、桩侧压浆水泥用量,t。

　　　d,L——桩直径、桩长,m。

　　　h——桩底压浆时浆液沿桩侧上升高度,m。桩底单压浆时,h 可取 10~20 m,桩侧为细粒土时取高值,为粗粒土时取低值;复式压浆时,h 可取桩底至其上桩侧压浆断面的距离。

　　　t——包裹于桩身表面的水泥结石厚度,可取 0.01~0.03 m,桩侧为细粒土及正循环成孔取高值,粗粒土及反循环孔取低值。

　　　n_0——桩底、桩侧土的天然孔隙率,$n_0 = e_0/(1+e_0)$,e_0 为天然孔隙比。

　　　ξ——水泥充填率,对于细粒土取 0.2~0.3,对于粗粒土取 0.5~0.7。

　　　m——桩侧注浆横断面数。

注浆压力可通过试压浆确定,也可以根据下式计算确定:

$$p_g = p_w + \zeta_x \sum \gamma_i h_i \tag{7.4}$$

式中　p_g——泵压,kPa;

　　　p_w——桩侧、桩底压浆处静水压力,kPa;

　　　γ_i,h_i——注浆点以上第 i 层土有效重度(kN/m³)和厚度(m);

　　　ζ_x——注浆阻力经验系数,与桩底、桩侧土层类别、饱和度、密实度、浆液稠度、成桩时间、输浆管长度等有关。桩底压浆时 ζ_x 的取值见表 7.5。

表 7.5　桩底压浆时 ζ_x 的取值

土层类别	软土	饱和黏性土、粉土、粉细砂	非饱和黏性土、粉土、粉细砂	中粗砂砾、卵石	风化岩
ζ_x	1.0~1.5	1.5~2.0	20~40	1.2~3.0	10~40

当土的密实度高、浆液水灰比小、输浆管长度大、成桩间歇时间长时,ζ_x 取高值;对于桩侧压浆,ζ_x 取桩底压浆取值的 0.3~0.7 倍。

被压浆桩离正在成孔桩作业点的距离不小于 $10d$(桩径),桩底压浆应对两根注浆管实施等量压浆。对于群桩压浆,应先外围,后内部。

在压浆过程中,当出现下列情况之一时应改为间歇压浆,间歇时间为 30~180 min。间歇压浆可适当降低水灰比,若间歇时间超过 60 min,则应用清水清洗注浆管和管阀,以保证后续压浆能正常进行。

①注浆压力长时间低于正常值;

②地面出现冒浆或周围桩孔串浆。

对压浆过程采用"双控"的方法进行控制。当满足下列条件之一时可终止压浆:

①压浆总量和注浆压力均达到设计要求;

②压浆总量已经达到设计值的 70%,且注浆压力达到设计注浆压力的 150% 并维持 5 min 以上;

③压浆总量已经达到设计值的 70%,且桩顶或地面出现明显上抬。桩体上抬不得超过 2 mm;

压浆作业过程记录应完整,并经常对后压浆的各项工艺参数进行检查,发现异常情况时,应立即查明原因,采取措施后继续压浆。压浆作业过程的注意事项如下:

①后压浆施工过程中,应经常对后压浆的各工艺参数进行检查,发现异常立即采取处理措施。

②压浆作业过程中,应采取措施防止爆管、甩管、漏电等。

③操作人员应佩戴安全帽、防护眼镜、防尘口罩。

④注浆泵的压力表应定期进行检验和核定。

⑤在水泥浆液中可根据实际需要掺加外加剂。

⑥施工过程中,应采取措施防止粉尘污染环境。

⑦对于复式压浆,应先桩侧,后桩底;当多断面桩侧压浆时,应先上后下,间隔时间不宜少于 3 h。

子项 7.8　编制灌注桩施工方案

1)概况

(1)工程概况

某工程的楼高为 3~8 层,框架结构,设计标高为 146.29 m(±0.000),地面整平标高约为 140.50 m,中间为架空层,作为车库,属二级建筑物,最大单柱荷重为 13 000 kN。该工程的安全等级为二级,场地等级为二级,地基等级为二级。

(2)工程地质概况

①地形地貌及地质构造。拟建工程地势平坦,标高范围为 140.54~141.18 m,正常水位

为 136.10 m,场地与小河沟之间已建有一堵高度为 2.5 m 的浆砌石围墙。场地地貌属于丘陵地带。

场地岩土层的主要组成是:上部为素填土;中部为粗砂层、圆砾和残积成因的砂砾岩残积砾质黏性土;下伏基岩为侏罗系下统长林组强风化砂岩、砂砾岩。该区域地质调查资料表明,场地内无断裂带通过。

②岩土层特征及分布情况。根据钻探可知,该场地岩土体类型自上而下划分为:素填土(冲积成因的)、粗砂、圆砾、砂砾岩残积砾质黏性土、强风化砂砾岩。

现将各岩土层的结构及其特征详述如下:

a.素填土(编号为①)。灰黄、褐黄色,填料以砂砾岩残积砾质黏性土为主,含较多角砾及碎石,碎石含量占 10%~20%。底部约 0.40 m 厚为灰黑色耕土,含腐殖质,有臭味,填土年限约为 2 年。层厚为 3.7~5.4 m,采芯率为 68%~82%。该层全场均有分布,厚度较均匀,工程地质性能差,承载力特征值 $f_{ak} = 80$ kPa。

b.粗砂(编号为②)。灰黄、褐黄色,湿、松散,粒级成分以粗砂为主,含少量砾石,粒度不均一,石英质,混粒,强砂感,微黏感,泥质胶结,胶结一般,系冲积成因。层顶埋深为 3.7~5.4 m,层厚为 0.5~0.9 m,采芯率为 72%。该层仅分布场地西北角 ZK1、ZK5 地段,呈透镜体展布,工程地质性能较差,承载力特征值 $f_{ak} = 130$ kPa。

c.圆砾(编号为③)。灰、灰黄色,稍密~中密,饱和。圆砾含量占 50%~60%,次圆状,粒径为 20~60 mm,最大粒径为 120 mm,成分为砂砾岩、砂岩,呈中风化状态,粒间以粗中砂及少量泥质充填,胶结一般,局部相变为卵石或砾砂,系冲洪积成因。层顶埋深为 3.9~5.9 m,层厚为 1.8~3.8 m,采芯率为 62%~78%。该层全场均有分布,厚度较均匀,工程地质性能较好,承载力特征值 $f_{ak} = 280$ kPa。

d.砂砾岩残积砾质黏性土(编号为④)。黄褐色、黄白色,原岩组织结构已完全破坏,粒径大于 2 mm 的颗粒含量占 20%~30%,岩芯呈砂土状,手捏易碎,浸水易软化,尚可干钻。层顶埋深为 6.9~8.5 m,层厚为 6~10.2 m,采芯率为 72%~82%。该层全场均有分布,厚度大且稳定,工程地质性能较好,承载力特征值 $f_{ak} = 260$ kPa。

e.强风化砂砾岩(编号为⑤)。黄褐色、紫褐色,原岩组织结构已基本破坏,岩芯呈碎屑状、碎块状,手掰可断,浸水易软化,干钻困难。层顶埋深为 16.6~18 m,层厚为 3~5.85 m,采芯率为 60%~72%。该层全场均有分布,仅部分钻孔揭露,工程地质性能好,承载力特征值 $f_{ak} = 400$ kPa。

③地基土设计参数。地基土设计参数见表 7.6。

表 7.6 地基土设计参数

岩土层	指标										
	重度 /(kN·m⁻³)	孔隙比	黏聚力 /kPa	内摩擦角 /(°)	压缩模量 /MPa	承载力特征值/kPa				基础深度承载力调整系数	
						重探取值	标贯取值	经验取值	建仪取值	η_b	η_a
素填土①	18.8	0.80	12	10	8	120	—	80	80	0	1.1
粗砂②	18.6	0.72	—	16	6	—	—	130	130	3.0	4.4

续表

岩土层	重度/(kN·m⁻³)	孔隙比	黏聚力/kPa	内摩擦角/(°)	压缩模量/MPa	承载力特征值/kPa				基础深度承载力调整系数	
						重探取值	标贯取值	经验取值	建仪取值	η_b	η_a
圆砾③	20.4	0.56	—	32	22	300	—	260	260	3.0	4.4
砂砾岩残积砾质黏性土④	19.8	0.68	20	28	18	—	280	260	260	0.5	2
强风化砂砾岩⑤	20.2		30	42	38	—	420	400	400		

④地下水。拟建场地的地下水主要为富存于素填土和圆砾层中的孔隙潜水。孔隙潜水的富水性较强。旱季时场地地下水主要受大气降水和场地北侧基岩裂隙水的侧向入渗补给,由东向西径流,汇入小河沟;雨季时小河水位抬升,则河水的侧向补给是场地地下水的主要补给来源,抽水试验表明场地地下水与小河之间有较强的水力联系。场地地下水的水位埋深为 3.3~4.6 m,富水性强,据调查访问,地下水位的变化幅度为 1~2 m。

(3)设计方案概况

本工程采用泥浆护壁冲孔灌注桩基础,选择强风化砂砾岩层为持力层,极限端阻力标准值 $q_{pk}=3\,500$ kPa。本工程建筑桩基的安全等级为二级,单桩单柱桩基提高一级,本工程泥浆护壁冲孔灌注桩共 209 根,其中 800 mm 桩径的桩有 35 根,1 000 mm 桩径的桩有 80 根,1 200 mm 桩径的桩有 94 根。

2)施工准备

(1)人力准备

①为了保质保量按期完成任务,建立以项目经理和技术负责人为核心的生产管理班子,严格按照有关规范标准和公司质量原则,强化管理,做到岗位明确、职责分明,建立健全技术、质检、安全、生产、财务等管理体系,对本工程的工期、质量、成本、安全等要素进行全面的组织管理和把关。

②施工班组的组织安排。根据工程施工需要配备一班技术熟练的施工班组,并对所有进场的工人进行三级安全教育,特殊工种需持证上岗,施工前对班组进行技术交底。

(2)技术经济准备

①组织人员现场踏勘,调查和收集施工所需的各项原始资料(包括场地的地质情况、水泥与地材资源情况、水电供应情况、交通运输条件等)。

②自审图纸,参加甲方组织的图纸会审,编制与审定施工方案,提交监理审核。

③由建设单位向施工单位移交工程坐标、水准点等书面材料并进行复核。

（3）施工现场准备

①场地平整。按"三通一平"的要求,对场地进行平整和夯实。

②搭设临时设施。按照施工方案的规定及时搭设临时性生产和生活设施。

③标高引测。根据甲方及规划局提供的标高基准点,将施工水准点引测到施工现场四周的四角上,并加以保护,误差不大于 2 mm。

④桩位测量。根据桩位平面图,选某一轴线相交点为基准进行放样,测出桩位,并会同监理、甲方进行现场核样。

3）主要技术措施

（1）冲孔灌注桩施工的技术措施

①采用冲击、泥浆护壁、正循环施工工艺,水下浇筑混凝土成桩。施工过程必须严格遵照设计要求和执行《建筑桩基技术规范》（JGJ 94—2008）的规定工艺来控制质量。

②材料检验。由材料组对每种进场材料进行材质检验,到场材料必须具有符合要求的合格证书。

③成孔灌注桩。

a.确保桩位不偏差。在冲孔机就位前,对埋设护筒或第一模人工挖孔桩的位置、深度和垂直度进行复核,确保桩位正确。

b.确保桩身垂直成孔。垂直度是灌注桩顺利施工的重要条件,因此在塔架就位之后应检查机台的平整和稳固情况,确保桩身成孔的垂直度。

c.控制冲击速度和护壁泥浆指标。控制冲锤的冲程不大于 3 m,护壁泥浆的相对密度为 1.2～1.3；清孔时进行泥浆密度复验,相对密度控制在 1.05～1.25。每次制备的泥浆的循环使用次数取 2 次。

d.成孔检查。成孔之后应对孔径、孔深和沉渣等检测指标进行复验,必须达到设计和施工规范要求后方可进行下道工序施工。

④钢筋笼制作。钢筋笼的制作必须符合设计和施工规范的要求。对钢筋的规格和外形尺寸进行检查,控制偏差在允许范围之内。下笼时,施工人员在钢筋笼的焊接过程中必须按规范的搭接长度和标准焊缝进行操作,并按要求放置垫层,每节二组,每组三块,补足焊接部位箍筋。钢筋笼入孔后,将吊筋固定,避免灌注混凝土时钢筋笼上拱。

⑤浇筑混凝土成桩。

a.工程采用 C25 混凝土。搅拌时由专职试验员负责控制混凝土级配的配制工作,加料达到允许偏差范围之内。如遇雨天,则对配合比进行相应调整。严格计量和测试管理,监督试块按要求制作,每根桩一组三块。

b.水下混凝土必须具有良好的和易性,控制坍落度在 180～220 mm。

c.混凝土灌注过程应严格按照工艺规程进行,确保初灌量和控制导管埋入混凝土的深度不小于 2 m。灌注时导管不得左右移动,保证有次序地拔管和连续浇筑混凝土直至整桩完毕。

（2）质量保证措施（略）

（3）安全技术措施（略）

4）施工现场标准化管理和文明工地建设（略）

5）冲孔灌注桩施工

（1）施工技术

①测量定位和护筒埋设。

a.测量定位根据实际情况选用合适的仪器设备。

b.利用指定的轴线交点作控制点，采用极坐标法进行放样，桩位方向距离误差小于 5 mm。

c.测定护筒标高的误差不大于 1 cm。

d.护筒采用 8 mm 的钢板卷制而成，长度为 2 000 mm，ϕ800 工程桩护筒内径为 1 200 mm，ϕ1 000 工程桩护筒内径为 1 400 mm，ϕ1 200 工程桩护筒内径为 1 600 mm。由于第一层土为新近回填土，为防止施工中护筒外圈返浆造成坍孔和护筒脱落，护筒应埋入自然地面以下 2 m。护筒埋设的位置应准确，其中心与桩中心允许误差不大于 20 mm，并应保证护筒的垂直度和水平度。

②成孔工艺。采用冲击正循环配制泥浆护壁。采用正循环二次清孔工艺，导管灌注混凝土成桩。冲孔灌注桩的施工工艺流程如图 7.26 所示。

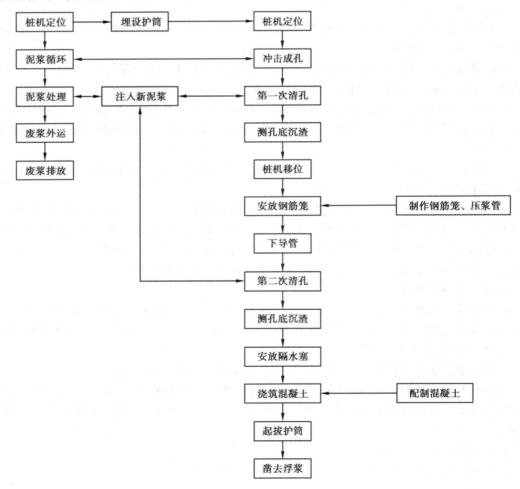

图 7.26　冲孔灌注桩的施工工艺流程

a.击进参数。本工程采用 ZZ-5 型桩机,桩锤冲程可定为 0.8~1.0 m。

b.桩孔质量检测。桩孔质量参数包括孔径、孔深、钻孔垂直和沉渣厚度,自测 5%。

● 孔径用孔径仪测量,若出现缩径现象则应扫孔,符合要求后方可进行下道工序。

● 冲孔前先用水准仪测顶护筒或孔桩护壁面标高,并以此作为基点,用测绳测量孔深,孔深偏差保证在 ±30 cm 以内。

● 沉渣厚度以第二次清孔后测定的量为准。

c.护壁与清渣。

● 泥浆性能指标。泥浆性能指标见表 7.7。

表 7.7 泥浆性能指标

项目	黏度	相对密度	含砂量	胶体率	pH 值
指标	20~25 s	1.15~1.30	<3%	96%	7.0~9.0

● 冲击成孔时泥浆的相对密度应控制在 1.20~1.30,以便携带砂子,保证孔壁稳定。每次制备的泥浆循环使用次数取 2 次。

d.清孔方法。

● 第一次清孔。桩孔完成后,应进行第一次清孔,清孔时应将冲锤提离孔底 0.3~0.5 m,缓慢冲击,同时加大泵量,确保第一次清孔后孔内无泥块,相对密度达到 1.25 左右。

● 第二次清孔。钢筋笼、导管下好后,要用导管进行第二次清孔,第二次清孔的时间不少于 30 min,测定孔底沉渣小于 5 cm 时方可停止清孔。测定孔底沉渣,应用测锤测试,测绳读数一定要准确,用 3~5 孔必须校正一次。清孔结束后,要尽快灌注混凝土,其间隔时间不能大于 30 min。第二次清孔注入浆的相对密度为 1.15 左右,漏斗黏度为 18~25 s,第二次清孔泥浆的相对密度控制在 1.20 左右,不超过 1.25。

e.泥浆的维护与管理。现场泥浆池的体积为 30 m³,废浆池的体积为 50 m³,确保每天冲击冲孔的需要。主泥浆循环槽的规格为 0.5 m×0.6 m,成孔过程中,泥浆循环系统应定期清理,确保文明施工。泥浆池实行专人负责和管理。对泥浆循环和沉淀池的砂性土,需专门配备人员进行打捞,处理后的渣土经数次翻晒后作干土外运。

③钢筋笼的制作与吊放。

a.钢筋笼按设计图纸制作,主筋采用单面焊接,搭接长度大于等于 10d。加强筋与主筋点焊要牢固,制作钢筋笼时在同一截面上搭焊接头的根数不得多于主筋总根数的 50%。

b.发现弯曲、变形钢筋时要做调直处理,钢筋局部弯曲要校直。制作钢筋笼时应用控制工具标定主筋间距,以便在孔口搭焊时保持钢筋笼的垂直度。为防止提升导管时带动钢筋笼,严禁弯曲或变形的钢筋笼下入孔口。

c.钢筋笼在运输吊放过程中严禁高起掉落,以防止发生弯曲、扭曲变形。

d.每节钢筋笼焊 3~4 组护壁环,每组 4 只,以保证混凝土保护层的均匀。

e.钢筋笼吊放采用活吊筋,一端固定在钢筋笼上,另一端用钢管固定于孔口。

f.钢筋笼入孔时,应对准孔位徐徐轻放,要避免碰撞孔壁。若下笼过程中遇阻,不得强行下入,应查明原因并处理后方可继续下笼。

g.每节钢筋笼焊接完毕后应补足接头部位的缠筋,方可继续下笼。

h.钢筋笼用吊筋固定,避免浇筑混凝土时钢筋笼上浮。

④混凝土的浇筑。

a.原材料及配合比。

• 采用 32.5R 普通硅酸盐散装水泥,必须有出厂合格证和复试报告。

• 石子的质量应符合规范要求,碎石的粒径采用 5~40 mm,5 mm 筛余量为 90%~100%,40 mm 筛余量大于 5%。石料堆场应选干净处,严禁混入泥土杂质。

• 砂子的质量应符合规范要求,选用级配合理、质地坚硬、颗粒洁净的中粗砂,在储运堆放过程中防止混入杂物。

• 外加剂应符合规范要求,确保合格后方可使用。

• 应将配合比换算成每盘的配合比,应严格按配合比称量,不得随意变更。

b.混凝土搅拌。混凝土搅拌时应严格按配合比称量砂、石、外加剂。混凝土原材料投量允许偏差:水泥为±2%,砂石为±3%,水、外加剂为±2%。原材料投料时应依次加入砂、石子、水泥、水和外加剂,混凝土的搅拌时间不小于 90 s。混凝土搅拌过程中应及时测试坍落度和制作试块,拌好的混凝土应及时浇筑,发现离析现象应重新搅拌,混凝土的坍落度应控制在 18~22 cm。

c.混凝土浇筑。

• 浇筑采用导管法。导管下至距孔底 0.5 m 处,使用直径 220 mm 的导管。导管使用前需经通球和压水试验,确保无漏水、渗水时方能使用,导管接头连接须加密封圈并上紧丝扣。

• 导管隔水塞采用水泥塞,塞上钉有胶皮垫,其直径大于导管内径 20~30 mm。为确保隔水塞顺利排出,应先加 0.3 m³ 砂浆,剪球后不准再将导管下放孔底。

• 初浇量要保证导管内混凝土有 0.8~1.30 m 深。本工程混凝土初浇量不得小于 1.5 m³。

• 在浇筑混凝土过程中提升导管时,由配备的质量员测量混凝土的液面高度并做好记录,严禁将导管提离混凝土面,导管深度应控制在 3~8 m,不得小于 2 m。

• 按规范要求制作试块,试块尺寸为 150 mm×150 mm×150 mm,每根工程桩做一组试块,标准养护,28 d 后进行测试。

• 灌注接近桩顶标高时,应按计算出的最后一次浇筑混凝土量严格进行灌注。

• 在混凝土的浇筑过程中应防止钢筋笼上浮,当混凝土面接近钢筋笼底部时,导管埋深宜保持在 3 m 左右,并适当放慢浇筑速度;当混凝土面进入钢筋底端 1~2 m 时,可适当提升导管,提升时要平稳,避免出料冲击过大或钩带钢筋笼。

(2)工程质量标准及质量保证措施

施工及验收应遵照《建筑桩基技术规范》(JGJ 94—2008)、《混凝土结构工程施工质量验收规范》(GB 50204—2015)、《建筑地基基础工程施工质量验收规范》(GB 50202—2018)的规定。

①工程质量标准。

a.原材料和混凝土强度应符合设计要求和施工规范的规定。

b.成孔深度应符合设计要求,孔底沉渣的厚度应小于 5 cm。

c.实际浇灌混凝土量不宜小于计算体积。

d.浇筑后的桩顶标高及浮浆的处理应符合设计要求和施工规范的要求。

e.所使用的材料必须具有质量保证书及检验合格报告。

f.成桩混凝土的质量要求:连续完整,无断桩、缩径、夹泥现象,混凝土的密实度好,桩头混凝土无疏松现象。

②允许偏差项目。

a.成桩后桩孔中心位置偏差:20 mm。

b.钢筋笼制作。主筋间距偏差为±10 mm;箍筋间距偏差为±20 mm;钢筋笼直径偏差为±10 mm;钢筋笼总长度偏差为±10 mm;钢筋搭接长度不小于10d;焊缝宽度不小于0.7d;焊缝厚度不小于0.3d。

c.桩垂直度小于0.5%。

d.混凝土加工。混凝土强度等级大于设计混凝土强度等级;混凝土坍落度为18~22 cm;主筋保护层厚度不小于50 mm。

③保证质量措施。

a.管理措施。

● 分公司的工程技术部直接对该项目的工程质量进行监督与控制,直接掌握工程质量动态,指导全面质量管理工作,严格执行岗位责任制。

● 对各工序、工种实行检查监督管理,行使质量否决权。对主要工序设置管理点,严格按工序质量控制体系和工序控制点要求进行运转。

● 实行三级质量验收制度,每道工序班组100%自检,质量员100%检验,工地技术负责人30%抽查。

● 认真填写施工日记。

b.技术措施。

● 桩基轴线及桩位放样,定位后要进行复测,定位精度误差不超过5 mm。

● 桩机定位、安装必须水平,现场配备水平尺,当击进深度达5 m左右时,用水平尺再次校核机架水平度,不合要求随时纠正。

● 第一次清孔时,冲锤稍提离孔底进行缓慢冲击,把泥块打碎,检测孔底沉渣小于5 cm时方能提锤。

● 钢筋笼在孔口焊接时采用十字架吊锤法,确保整体放进笼时的垂直度。

● 混凝土搅拌时砂石料经过磅称称量,误差不超过3%;严格控制水灰比,根据现场砂石料的含水量情况调整加水量,每根桩做1~25次坍落度检验。

● 浇筑混凝土时严禁中途间断,提升导管时要保证导管埋入混凝土中3~8 m。

● 根据地层特点及时调整泥浆性能,防止缩径和坍塌。进入砂层时,泥浆的相对密度必须控制在1.15~1.30,黏度为20~25 s,确保孔壁稳定。

(3)工程质量保证体系

①工程质量保证制度(略)。

②工程质量保证的组织管理措施(略)。

(4)材料质量控制体系(略)

(5)保证工程进度措施(略)

6)确保安全生产与文明施工的技术组织措施

(1)安全生产措施(略)

(2)文明施工措施(略)

项目小结

本项目主要内容包括泥浆护壁成孔灌注桩、干作业钻孔灌注桩、人工挖孔灌注桩、沉管灌注桩、夯扩桩、PPG灌注桩后压浆法等的施工要求、施工方法,重点阐述了这些灌注桩的具体施工流程,着重分析了这些灌注桩的常见工程问题及处理方法。

复习思考题

1.灌注桩与预制桩相比有何优缺点?

2.简述泥浆护壁成孔灌注桩的施工工艺流程。

3.水下混凝土是如何浇筑的?

4.简述干作业钻孔灌注桩的施工工艺流程。

5.简述人工挖孔灌注桩的施工工艺流程。

6.简述锤击沉管灌注桩的施工工艺流程。

7.简述振动沉管灌注桩的施工工艺流程。

8.简述夯扩桩的施工工艺流程。

9.简述PPG灌注桩后压浆法的施工工艺流程。

项目 8
季节性地基基础施工

项目导读

- **基本要求**　了解冬期和雨期地基基础施工,给工程不仅带来损失,而且影响工程的使用寿命;掌握地基基础在冬雨期施工时,为确保工程质量、安全施工,应采取的施工方法和技术措施。
- **重点**　冬雨期地基基础施工的安全技术和施工方法。
- **难点**　冬期钢筋混凝土浅基础及灌注桩基础的施工。

子项 8.1　冬期地基基础施工

冬期施工期限划分原则是根据当地多年气象资料统计,当室外日平均气温连续 5 d 稳定低于 5 ℃即进入冬期施工,当室外日平均气温连续 5 d 高于 5 ℃即解除冬期施工。凡进行冬期施工的工程项目,应编制冬期施工专项方案,对有不能适应冬期施工要求的问题应及时与设计单位研究解决。建筑工程冬期施工除应符合现行国家标准《建筑工程冬期施工规程》(JGJ/T 104—2011)外,尚应符合其他国家现行有关标准的规定。

8.1.1　冬季地基基础施工的特点

冬期施工所采取的技术措施是以气温作为依据的。各分项工程冬期施工的起讫日期,在有关施工规范中均做了明确规定。冬期施工有以下几个特点:

①冬期施工是质量事故的多发期。在冬期施工中,长时间持续负低温、大的温差、强风、

降雪和反复的冻融,经常造成建筑施工的质量事故。据资料分析,有 2/3 的工程质量事故发生在冬期,尤其是混凝土工程。

②冬期施工质量事故的发现有滞后性。冬期发生质量事故往往不易察觉,到春天解冻时一系列质量问题才暴露出来。这种事故的滞后性给处理质量事故带来很大的困难,处理不恰当将会影响建筑物的使用寿命。

③冬期施工的计划性和准备工作时间性很强。冬期施工时,常由于时间短,仓促施工,容易出现质量事故。

8.1.2　土方工程的冬期施工

土在结冻时其机械强度大大提高,使土方工程冬期施工造价增高、工效降低。寒冷地区土方工程施工一般宜在入冬前完成。若必须在冬期施工时,其施工方法应根据本地区气候、土质和冻结情况并结合施工条件进行技术经济比较后确定。施工前应周密计划,做好准备,以便做到连续施工。

1)土壤的防冻保温

土壤的防冻保温是在冬季来临时,土层未冻结之前,采取一定的措施使基础土层免遭冻结或减少冻结的一种方法。在土方冬期开挖中,土的保温防冻法是最经济的方法之一,常用的做法有翻松耙平防冻、雪覆盖防冻和保温材料防冻等。

（1）翻松耙平法

翻松耙平法是在土壤冻结之前,将预先确定的冬期土方作业地段上的表层土翻松耙平,利用松土中许多充满空气的孔隙来降低土壤的导热性,达到防冻的目的。翻耕的深度一般在 25～30 cm,其宽度宜为开挖时冻结深度的 2 倍加基槽(坑)底宽之和。

（2）雪覆盖防冻法

在初冬积雪量大的地区,可以利用雪的覆盖作为保温层来防止土的冻结。雪覆盖防冻的方法可视土方作业的特点而定。对大面积的土方工程可在地面上设篱笆或筑雪堤,其高度 h 为 50～100 cm,其间距宜为 10～15 m,设置时应使其长边垂直于主导风向,如图 8.1 所示。对面积较小的基槽(坑)土方开挖,可在土冻结前、初次降雪后在地面上挖积雪沟,沟深 30～50 cm,宽度为预计深度的 2 倍与槽(坑)底宽之和。施工时在挖好的沟内应很快用雪填满,以防止未挖土层的冻结,如图 8.2 所示。

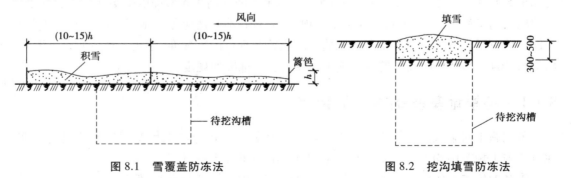

图 8.1　雪覆盖防冻法　　　　图 8.2　挖沟填雪防冻法

（3）保温材料覆盖法

面积较小的基槽（坑）的防冻，可直接用保温材料覆盖。常用保温材料有炉渣、锯末、膨胀珍珠岩、草袋、树叶等，再加盖一层塑料布。在已开挖的基槽（坑）中，靠近基槽（坑）壁处覆盖的保温材料需加厚，以使土壤不致受冻或冻结轻微，如图 8.3 所示。对未开挖的基坑，保温材料铺设宽度为 2 倍的土层冻结深度与基槽（坑）底宽度之和，如图 8.4 所示。

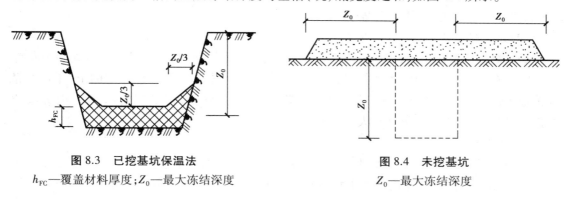

图 8.3 已挖基坑保温法

h_{FC}—覆盖材料厚度；Z_0—最大冻结深度

图 8.4 未挖基坑

Z_0—最大冻结深度

2）冻土的融化

由于土在冻结时的机械强度大大提高，冻土的抗压强度比抗拉强度大 2~3 倍，因此冬期土方施工可采取先将冻土破碎或利用热源将冻土融化，然后再挖掘。

为了有利于冻土挖掘，可利用热源将冻土融化。融化冻土的方法有循环针法、烟火烘烤法和电热法 3 种，后两种方法因耗用大量能源，施工费用高，使用较少，只用在面积不大的工程施工中。融化冻土的施工方法应根据工程量大小、冻结深度和现场条件综合选用。融化时应按开挖顺序分段进行，每段大小应适应当天挖土的工程量。冻土融化后，挖土工作应昼夜连续进行，以免因间歇而使地基土重新冻结。

（1）循环针法

循环针分为蒸汽循环针和热水循环针两种，如图 8.5 所示。

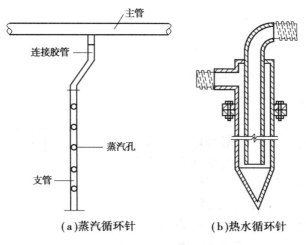

（a）蒸汽循环针   （b）热水循环针

图 8.5 循环针融化冻土法

蒸汽循环针法是将管壁钻有孔眼的蒸汽管插入事先钻好的冻土孔内。蒸汽管直径 D 一般为 20~25 mm,其下端应封死,冻土孔径宜为 30~70 mm,间距不大于 1 m,插入深度视土的冻结深度确定。然后通入低压蒸汽,借蒸汽的热量来融化冻土。由于蒸汽融化冻土会破坏土的结构、降低地基承载力,故此法不宜用于开挖基槽(坑)。

热水循环针法是用直径 60~150 mm 的双层循环热水管按梅花形布置,间距不超过 1.5 m,管内用 40~50 ℃ 的热水循环供热。

(2)烟火烘烤法

烟火烘烤法适用于面积较小、冻土不深,且燃料便宜的地区。常用锯末、谷壳和刨花等作燃料。在冻土上铺杂草、木柴等引火材料,燃烧后撒上锯末,上面压数厘米的土,让它不起火苗地燃烧(250 mm 厚的锯末,其热量经一夜可融化约 300 mm 厚的冻土)。开挖时分层分段进行,烘烤时应做到有火就有人,以防引起火灾。

(3)电热法

电热法通常用直径 16~25 mm 的下端带尖钢筋作电极,将电极钢筋打到冻土层以下 150~200 mm 的深度,并露出地面 100~150 mm,做梅花形布置,其间距见表 8.1。加热时间视冻土厚度、土的温度、电压高低等条件而定。通电加热时,可在冻土上铺 100~250 mm 厚的锯末,用质量分数为 1%~2% 的氯盐溶液浸湿,以加快表层冻土的融化。电热法效果最佳,但能源消耗量大、费用高,仅在土方工程量不大时或紧急工程中采用。

表 8.1 电极间距

电压/V	冻结深度/mm			
	500	1 000	1 500	2 000
380	600	600	500	500
220	500	500	400	400

采用此法时,必须有周密的安全措施,应由电气专业人员担任通电工作,工作地点应设置警戒区,通电时严禁人员靠近,防止触电。

3)冻土的开挖

冻土的开挖宜采用剪切法,具体的开挖方法一般有人工法、机械法和爆破法 3 种。

(1)人工法开挖

人工法开挖冻土适用于开挖面积较小和场地狭窄,不具备用其他方法进行土方破碎、开挖的工程。开挖时一般用大铁锤和铁楔子劈冻土(图 8.6)。施工中 1 人掌楔,2 或 3 人轮流打大锤,一个组常用几个铁楔,当一个铁楔打入土中而冻土尚未脱离时,再把第二个铁楔在旁边的裂缝上加进去,直至冻土剥离为止。为防止震手或误伤,铁楔宜用粗铁丝做成把手。施工时掌

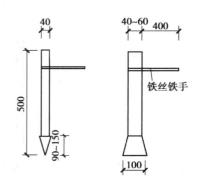

图 8.6 破冻土的铁楔子

铁楔的人与掌锤的人不能脸对着脸,必须互成90°,同时要随时注意去掉楔头打出的飞刺,以免飞出伤人。

（2）机械法开挖

当冻土层厚度在0.5 m以内时,可用推土机、铲运机或中等动力的普通挖掘机施工开挖;当冻土层厚度在0.5~1.0 m时,可用大功率推土机、拖拉机牵引的专用松土机破碎冻土;当冻土层厚度在1.0~1.5 m时,可采用重锤冲击破碎冻土,重锤可用铸铁制成楔形或球形,质量宜为2~3 t,如图8.7所示。

最简单的施工方法是用风镐将冻土破碎,然后用人工和机械挖掘运输。

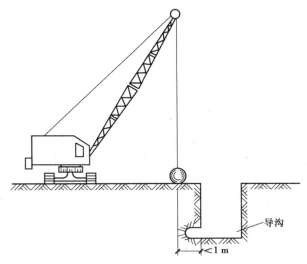

图 8.7 重锤冲击破碎冻土示意图

（3）爆破法开挖

爆破法适用于冻土层较厚、面积较大的土方工程。这种方法是将炸药放入直立爆破孔中或水平爆破孔中进行爆破,冻土破碎后用挖土机挖出,或借爆破的力量向四周崩出,做成需要的沟槽。

冻土深度在2 m以内时,可采用直立爆破孔,如图8.8（a）所示;冻土深度超过2 m时,可采用水平爆破孔,如图8.8（b）所示。

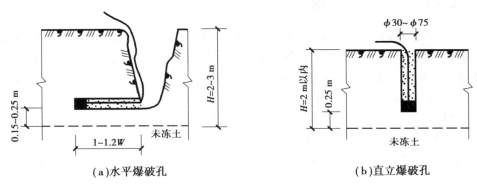

（a）水平爆破孔　　　　　　　　　　　（b）直立爆破孔

图 8.8 爆破法和土层冻结深度的关系

H—冻土层厚度;*W*—最小抵抗线

爆破孔断面的形状一般是圆形,直径为 50~70 mm,排列成梅花形,爆破孔的深度为冻土厚度的 0.6~0.85 倍。爆破孔的间距等于 1~2 倍最小抵抗线长度(药包中心至地面最短距离),排距等于 1.5 倍最小抵抗线长度。爆破孔可用电钻、风钻、钢钎钻打而成。

爆破冻土所用炸药有黑色炸药、硝铵炸药及 TNT 炸药等。工地上通常所用的硝铵炸药呈淡黄色,燃点在 270 ℃ 以上,比较安全。

冻土爆破必须在专业技术人员指导下进行,严格遵守雷管、炸药的管理规定和爆破操作规程。距爆破点 50 m 以内应无建筑物,200 m 以内应无高压线。当爆破现场附近有居民或有精密仪表等怕振动的设备时,应提前做好疏散及保护工作。冬期施工严禁使用任何甘油类炸药,因其在低温凝固时稍受振动即会爆炸,故十分危险。

4)冬期回填土施工

冬期回填土应尽量选用未受冻的、不冻胀的土壤进行回填施工。填土前,应清除基础上的冰雪和保温材料;填方边坡表层 1 m 以内不得用冻土填筑;填方上层应用未冻的、不冻胀的或透水性好的土料填筑。冬期填方每层铺土厚度应比常温施工时减少 20% ~ 25%,预留沉降量应比常温施工时适当增加。用含有冻土块的土料作回填土时,冻土块粒径不得大于 150 mm,其含量(按体积计)不得超过 30%;铺填时,冻土块应均匀分布、逐层压实。

表 8.2 冬期填方高度限制

平均气温/℃	填方高度/m
−5~−10	4.5
−11~−15	3.5
−16~−20	2.5

冬期施工室外平均气温在 −5 ℃ 以上时,填方高度不受限制;平均气温在 −5 ℃ 以下时,填方高度不宜超过表 8.2 的规定。用石块和不含冰块的砂土(不包括粉砂)、碎石类土填筑时,填方高度不受限制。

室外的基槽(坑)或管沟可用含有冻土块的土回填,但冻土块体积不得超过填土总体积的 15%,而且冻土块的粒径应小于 150 mm;室内的基槽(坑)或管沟的回填土不得含有冻土块;管沟底至管顶 0.5 m 范围内不得用含有冻土块的土回填。回填工作应连续进行,防止基土或已填土层受冻。

8.1.3 基槽(坑)冬期验槽

①冬期进行验槽时,应先了解基坑完成时间,如果基坑完成时间和验槽时间间隔较大,应怀疑基坑表层土的冻结现象。在现场检查时,应对土的状态进行鉴别判断,仔细观察土的温度、强度和土样温度升高后的强度变化等情况,如有冻结现象,可将冻结层清除,对冻结层以下的土进行检验。

②当基坑内有积雪或积冰时,对冰雪下的土的状态不好检验,可能漏掉局部软土或不均匀土的存在现象,导致验槽错误。因此,在验槽之前应对基坑内的积雪和局部积冰进行清扫,把地基土完全暴露,并注意冰下土的状态。对已覆盖保温的基坑,应分段将保温层揭开进行检查。

③基坑中的坑、枯井、洞穴等附近容易出现冻土厚度不均匀现象,即在坑、枯井、洞穴位置冻土厚度较大,基坑开挖时,大面积冻土挖净后,在坑、枯井、洞穴部位可能还有残留冻土。

在验槽时,如果不引起注意,可能给工程留下隐患。因此验槽之前,应首先对场地的地下工程进行核对,对原有的土(水)坑、各种井和菜窖等人工洞穴进行专门检查,并重点检查土是否处于冻结状态、是否有局部松散或浸水软化的土层。

④对于春融期开挖的基坑,如果基底容许留有残留冻土层,为了防止残留冻土层融化后出现不均匀融沉现象,在基础施工之前应对基底的残留冻土层进行检查,对其融沉性进行评价,必要时对土的融沉性进行试验,确认冻土层厚度均匀、冻土实际状态与勘察资料一致后,再进行基础施工。

⑤在验槽时,如果发现局部基坑表面已冻结,应对土的结构和冰晶结构进行观察,对土的冻胀性和融化后的强度进行判断,发现软土和冻胀性较强的土受冻后,必须清除干净,然后再进行基础施工。

⑥在基础施工前,应认真检查基坑开挖深度是否达到设计要求,如果基础埋深小于基础周围地基土的冻结深度,当基底土作用于基础底面的法向冻胀力大于基础上部荷载时,基础将在基底土的法向冻胀力作用下发生位移(图8.9)。当基底土的冻结深度、冻胀性、上部荷载分布等出现不均匀现象时,基础将在不均匀冻胀作用下出现破坏现象。

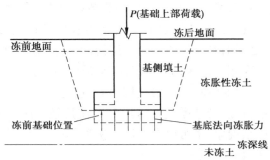

图 8.9 基底法向冻胀力示意图

8.1.4 地基处理冬期施工

1)灰土与砂石地基

①冬期应避免大面积砂石换填施工,如果必须进行施工,应控制施工速度,保证每层砂石不出现冻结现象,可对填完的砂石层采取保温措施,或保证已出现冻结的砂石层表面不出现扰动现象。

②当基坑底排水条件不好或基坑处于斜坡上方向时,应尽量在夏季进行水撼法换填施工,使浸入相邻建筑地基的水有足够的时间渗入地基深层,避免相邻建筑发生冻害。

③在严冬季节应避免采用水撼法进行换填施工,可采用压密法或夯实法进行施工。如果必须采用水撼法施工,应控制砂石料填入基坑时的温度和水的温度,必要时通过现场简易试验或热工计算确认不会出现冻结现象后方可施工。

④在冬期进行大量基坑水撼法换填砂石施工时,可能出现单个基坑施工不连续的现象,如果基坑数量较多,应控制同时施工的基坑数量,保证每个基坑在下一层施工结束后,马上进行上一层的回填,避免冻结现象发生。

⑤在第一层灰土回填前,应对基坑进行清理,将基坑底部堆积的冰雪、局部软土、浮土、冻土清理干净。施工期间出现降雪天气时,应对已经施工的地面进行覆盖保护,如果没有采取覆盖措施,应将表层积雪清除干净后方可继续施工。

⑥灰土换填冬期施工时,为了保证施工质量,遇到大风天气或降雪天气应停工,并对现

场堆积的材料和没有施工完的基坑进行覆盖保温,防止冰雪混入材料中,同时防止已填完的灰土层冻结。

⑦分层施工的灰土层应随铺随压,当天能压多少就铺多少。当气温较低或压实机械出现故障时,土层铺完后如果不能及时碾压,应将新铺的土层覆盖保温,当重新施工时,机械压到哪里,覆盖层揭到哪里。如果发现未压实的土已经冻结,应将其挖掉重新铺筑压实。

⑧冬期施工灰土换填工程,尤其要重视质量检验工作。应设置专人现场跟踪检验,压实一块检验一块,发现不合格部位应立即返工。对于工程量较大或较重要工程,可在现场设置简易试验室,其含水量试验可采用快速水分测定方法进行现场试验,既能保证检验工作的及时、可靠,又可防止因等待检验结果使填土层表层冻结。

⑨不论是压实机械还是夯实机具,当其表面出现黏结现象时,应及时采取措施进行清理,必要时在土层表面撒一层薄砂,从而防止填料与压实设备冻结或黏结。

在寒冷地区,为了保证工程质量,应尽量避免在严冬季节施工。当必须进行施工时,对于大面积换填工程,可选用大能量压实(夯实)机械,加大每层土的填筑厚度,如采用重锤夯实法,每层处理厚度可达到 1 m;采用强夯法,每层处理厚度可以更大。此时,即使填土表层有冻结现象,也可以在本层夯实工作完成后,再将表层冻结料清除掉,然后再进行下一层土的回填夯实施工。

2)强夯法

(1)适用条件

①强夯法冬期施工适用于各种条件的碎石土、砂土、粉土、黏性土、湿陷性土、人工填土等。

②当建筑场地地下水位距地表面在 2 m 以下时,可直接施夯。当地下水位较高不利施工或表层为饱和黏土时,可在地表铺填 0.5~2 m 的中(粗)砂、片石;也可以根据地区情况,回填含水量较低的黏性土、建筑垃圾、工业废料等后再进行施夯。

③当日平均气温低于-10 ℃,大雪天或冻土厚度大于 1.0 m 时,不宜进行强夯施工。

(2)强夯法冬期施工的施工期

冬季气温在 0 ℃以下,土壤开始冻结到第二年春季冻土全部融化(季节冻土层)为止的整个冻结期称为强夯法冬期施工期。

由于强夯法冬期施工的施工期长,尤其是严寒地区,包括冬季、春季和夏初季节,气候差异很大,地基土处在反复冻融状态,不但其厚度不同,强度也不相同,直接影响强夯施工工艺和参数。因此,按照气候条件、基土状态,将冬期施工分为 3 个阶段(或 3 期)。

①初冬期:日平均气温不低于-10 ℃、冻土厚度不大于 1 m 的月份划为初冬期。

②严冬期:日平均气温低于-10 ℃到日最高气温达 0 ℃,同时冻土厚度大于 1 m 的月份划为严冬期。

③春融期:日最高气温在 0 ℃以上至冻土全部融化之前的月份称为春融期。

(3)强夯法冬期施工特点

①强夯法冬期施工包括地基土从冻结到全部融化的全过程,这一过程中地基土处于多

层状态。如冬期表层为冻结土,下层为暖土;春融期表层为融土,中间层为冻结土,下层为暖土。地基处于多层状态的情况下进行施工,这是冬期强夯施工的主要特点。在冬期强夯时,应根据各地气候条件,土壤冻结、融化厚度,不同的施工期(阶段),制订相应的施工方案和工艺组织施工。

②强夯法冬期施工实际上就是在冻土地基上进行强夯法施工。因此,首先要根据施工时的气候、地基的土质、冻胀类别、冻层厚度及地基处理要求,决定对冻土层的处理原则。在冻土上施夯,一部分能量用于破碎处理冻土,因此,冬期强夯总需夯击能中应包括处理冻土和加固地基两项夯击能,一般把实际起加固作用的部分夯击能称为有效夯击能。

③冬期强夯法施工一般需要回填(或换填)材料,且用量较大,因此,要在入冬前作好储料准备,并做好防冻处理。

④冬期由于地表干燥、地下水位低、地表土冻结、各种机械运行便利,是强夯法施工的好季节,尤其是在低洼沼泽、湖塘地带施工。但由于在负温下施工,应注意设备保温防冻和保养。另外,由于地基土冻结,夯击震动影响范围大,一定要加强防震措施。防震措施一般是设防震沟。对重要工程或有条件的地方,可进行测震试验,确定施工方案。根据以往经验,在中小能量强夯时,一般建筑物的震动影响安全距离为 15~20 m;冬季有冻层时,可适当增大安全距离,一般为 30~50 m,当冻深很大时还应增大。

(4)施工要点

①当地面有冻土时,选择施工设备时应考虑破碎冻土的需要。用常温强夯使用的能量和夯锤破碎冻土,不但施工效率低,冻土破碎后块径也较大。破碎冻土用的夯锤,锤底静压力应不大于正常施工时的锤底静压力,并应根据冻土的厚度和冻结强度依据地区经验进行选择。当没有地区经验时,可参考表 8.3 进行选择。

表 8.3　强夯法破碎冻土夯锤及夯击能量选择参考表

冻土层厚度/cm	<20	20~50	50~100	>100
锤底静压力/kPa	20~25	25~30	30~50	>50
单击夯击能/($kN \cdot m^{-1}$)	800~1 000	1 000~1 200	1 200~1 500	>500
夯锤材料	钢板混凝土	钢板混凝土内加铁锭	钢板混凝土内加铁锭或铸铁	铸铁

②在冻土上强夯施工,相邻建筑的安全距离必须大于常温强夯施工允许距离。普通强夯相邻建筑安全距离一般应大于 15 m;当地面有较厚的冻土时,应在强夯场地与相邻建筑之间设置隔震沟,隔震沟的深度一般在 3 m 左右,相邻建筑的安全距离应大于 25 m;对于能量大于 2 000 kN·m 的强夯施工,或对震动有特殊要求的建筑,安全距离还应加大。必要时,应通过现场振动测试确定施工安全距离。

③当地表有冰雪时,应将冰雪清除后再开始强夯。如果地表有冻土,应确定冻土的厚度、含水量、密度等指标,并估算冻土的夯后位置。对于厚度较大、含水量较高和密度较差的冻土,在施工时应严格控制夯坑深度,防止将其送入基底标高以下,必要时夯前应将冻土清除。

④强夯施工时,一旦出现锤底黏结现象,应及时进行清理,保证夯锤底部的平整。必要

时,可在施工场地表面铺一层松散材料,如砂土或碎石,避免锤底黏结现象的发生。

⑤强夯时,夯坑之间的土由于强夯的振动、提升夯锤时的摩擦碰撞和夯锤底部土的侧向挤出作用,该部分土已经出现松动现象。常温情况下,经过满夯处理,该部分土可以重新得到加固。但如果在冬期施工,夯坑不及时填平并满夯,致使该部分土冻结后满夯时无法将其加固夯实。因此,在冬季施工时,当天的夯坑应该当天填平,填平后及时满夯;如果不能及时填平,应采取保温措施,防止夯坑之间已经松动土的冻结现象发生。

⑥回填材料如果是用土,则应在入冬前或初冬采集堆放,采取一定保温措施防止冻结。如果是春季施工,在冻深较大的地上取土是十分困难的,所以在有条件时,可将挖出的冻土适当晾晒,融化后再回填。在有工业废料、砂石等的地方,宜考虑采用粗粒的不冻结材料以及建筑垃圾等。

⑦基土的换回填。强夯冬期施工中,回填时严格控制土或其他填料质量,凡夹杂的冰块必须清除。填方之前地基表层有冻层时也需清除,回填一般用推土机分层推填压实。回填厚度按设计要求填够,并适当加厚,以便保护地基土不受冻。

3) 重锤夯实法施工要点

①当地表有松散冻土或冰雪时,直接采用重锤夯实法施工,松散冻土是不能夯实的,将松散冻土或冰雪夯入地基中,融化后地基土将发生一定的融沉变形。如果基础直接坐落在重锤夯实土的表面,未被夯实的松散冻土和冰雪融化后,基础有可能发生较大的沉陷。因此,在重锤夯实施工前,应将地表的冰雪和冻土层清除干净,并采取防冻措施,防止暴露的土层重新冻结,影响夯实效果。

②一般情况下,在冻土上不宜直接进行重锤夯实施工。当冻土层厚度不大且较密实时,可以考虑在冻土上直接施工。此时,在确定夯击能量时应考虑破碎冻土所消耗的能量,通常采用加大夯锤的质量、提高落距、增加击数等方法达到目的,并应通过试夯确定施工参数,以确保夯实质量。当冻土可能被夯入基底标高以下时,必须将土层表面的冻土清除干净。分层夯实时,在进行上层土回填之前,应将下层土表面的冻土清除干净。

③冬期不宜直接在软土上进行重锤夯实施工。必须施工时,可在软土表面填一层含水量适中的黏性土,最好在软土表面撒一层薄砂,并经常清理夯锤底面冻结或黏结的土。这是因为冬期当室外气温较低时,直接在软土上进行重锤夯实施工,由于夯锤本身的温度为负温,土的含水量较大,土层表面的温度亦较低,软土和夯锤接触后很容易冻结在锤底,并且越结越厚,轻则造成锤底不平,影响夯实效果,夯后地面高低不平;重则造成夯锤质量增大,影响施工效率,甚至造成施工机械事故。

④重锤夯实地基施工后表层有一层松动的虚土,冬期施工时这层虚土容易冻结,如果这层冻结虚土不清理,直接施工基础,冻土融化后基础将由于虚土压密出现沉降变形。因此,冬期重锤夯实施工结束后,应采取措施,保护地基不受冻。基础施工前,应检查地基表层虚土是否冻结、是否清理干净,经检查确认无冻土和虚土后方可进行基础施工。

4) 预压地基施工要点

①在加载前应检查地面是否已经冻结,如果有冻土层存在,应将冻土层清除,然后再

进行加载施工;也可在地面冻结前将加载部位保温,或将冻土层融化,防止将冻土压在堆载下。

②冬期进行砂井施工时,应避免使用冷砂直接进行砂井施工,砂料堆表层冻结后,在灌砂袋或砂井时,应将料堆表层冻结层去掉,用未冻砂石灌装砂袋或砂井,施工时注意筛选冻块,或对冷砂或冻结砂块进行加热处理,保证砂井排水畅通。

③冬期施工袋装砂井工程,如果灌袋用的砂不是干砂,应及时将湿砂灌完的砂袋送入井孔中,防止砂袋冻结。如果不能尽快送入井孔中,应将灌完的砂袋放在室内或暖棚中,防止冻结。如果发现砂袋已经冻结,应将其融化后再使用。

④堆载坡脚处往往有较多的排水通道,如排水垫层或排水盲沟、排水管等,而堆载坡脚处的堆载覆盖层较薄或没有覆盖层,排水通道可能直接暴露在地面,冬期气温降低后该部位可能出现冻结现象,使排水通道冻死。因此,在进入冬期之前,应对堆载坡脚处采取保温措施,如图 8.10 所示。其中保温宽度在排水垫层外侧外延应大于 1 倍冻深,保温层厚度应根据当地施工期的气温和所使用的保温材料来确定。

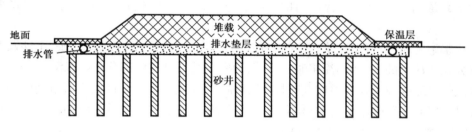

图 8.10 堆载坡脚保温示意图

5)振冲地基施工要点

①冬期进行振冲施工时,应首先检查地面是否冻结。如果地面有冻土层,对于较薄的冻土,可采取人工挖除的方法处理;对于较厚的冻土,应采用冻土钻孔机引孔,将冻土层钻透后再用振冲器冲孔。

②对于黏性土和排水条件不好的地基土,冬期施工振冲碎石桩时,应考虑施工用水对地基的浸泡作用,保证排水系统的畅通。当施工出现地基冻结现象时,应对冻土层进行可靠的判断,属冻胀性较强的土应在基础施工之前将其清除,并用砂石换填压实后再进行基础施工。

③施工前,应使用蒸汽管对振冲器预温加热,防止泥水在振冲器上冻结。对射水孔应经常检查,发现有泥砂及时清理,防止堵管。一旦发生堵管或振冲器外冻结现象,可用蒸汽管进行清扫,不得用大锤敲击或用喷灯烘烤。

④冬期进行振冲施工时,在施工间歇应将供水管、水泵内积水排净,对水箱进行保温,必要时对供水设备进行保温及对水进行加热,防止出现冻结现象。场地内排水沟积水表层冻结时,应及时清除,保证排水畅通。

⑤振冲地基地表一般有 50~100 cm 厚的松动土层,通常在振冲施工后要将其挖除。对于需过冬的地基,振冲施工后不急于清理基槽,将地表松动土层保留到基础施工之前再清理,使其起到一定的覆盖保温作用。如果松动土层覆盖保温作用不够,还应考虑其他保温

措施。

⑥寒冷地区的严冬季节不宜进行振冲碎石桩施工。必须进行时,应尽量避开寒流和降雪天气。

6) 高压喷射注浆地基施工要点

①冬期在进行水泥浆注浆加固地基时,应控制浆液的温度,保证浆液在注入地基前的温度不低于 20 ℃为好,一般采用加热水的方法达到目的,同时在使用水泥之前,将备用的水泥提前放在暖棚中,避免直接使用低温露天存放的水泥。必要时在配置浆液之前,测量水和水泥的温度,经过热工计算,确定水的加热温度。在确定水的加热温度时,应注意水温不能超过 60 ℃,防止发生水泥假凝现象。为了加快浆液的凝结,可在浆液中掺入早强型外加剂,常见的外加剂有氯化钙、三乙醇胺、硫酸钠及其他复合型早强剂。

②冬期进行注浆施工时,应尽量减少室外敷设的输浆管道的长度,或是采取管道保温措施。同时应注意提高浆液的温度,经常检查管道内壁是否有冻结现象,间歇施工时应将管道内的浆液清洗干净后将管道内的存水排净。间歇时间较长时,应将管道放在采暖的房间中。

③注浆施工时,应根据注浆速度确定打管的速度。打完的管应及时注浆,不能及时注浆的管或分几次注浆的管,在不注浆时应将管头堵严,并对暴露的部分作好保温。

④注浆管完成注浆任务后应及时拔出,清洗干净后备用,同时将拔管后地基中的管孔填死。如果注浆后注浆管不及时拔出,会使注浆管冻结在地基中,或被凝结的浆液凝固在地基中,使拔管的施工难度加大,注浆管的重复使用次数降低甚至报废,同时使施工速度受到影响。

⑤冬期由于地表冻土的收缩,基础侧壁的土与基础之间可能出现缝隙,冻土层也可能出现地裂缝。注浆进行时,在压力的作用下,浆液可能沿基础与基侧土之间的缝隙或地裂处挤出(图 8.11),造成注浆压力无法达到设计压力,浆液大量流失,达不到预计注浆加固效果。因此,冬期在原有建筑基础附近注浆时,应首先检查基础侧壁是否有裂隙。如果有裂隙,应先用水泥浆将裂隙灌满,待这些浆液冻结或凝结后再进行基底的灌浆施工。当施工时发现有压力上不去时,应检查基侧是否有漏浆现象,如有应及时进行封堵。

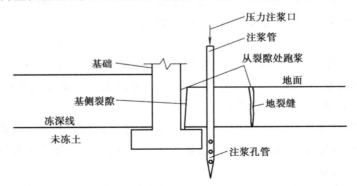

图 8.11 高压注浆时沿基侧与地裂处跑浆示意图

8.1.5 砖基础冬期施工

1) 冬期施工方法

冬期砌筑基础工程施工方法可分为外加剂法和暖棚法等。

（1）一般规定

①冬期施工所用材料应符合下列规定：

a.砖、砌块在砌筑前,应清除表面污物、冰雪等,不得使用遭水浸和受冻后表面结冰、污染的砖或砌块。

b.砌筑砂浆宜采用普通硅酸盐水泥配制,不得使用无水泥拌制的砂浆。

c.现场拌制砂浆所用砂中不得含有直径大于 10 mm 的冻结块或冰块。

d.石灰膏、电石渣膏等材料应有保温措施,遭冻结时应经融化后方可使用。

e.砂浆拌和水温度不宜超过 80 ℃,砂加热温度不宜超过 40 ℃,且水泥不得与 80 ℃以上热水直接接触;砂浆稠度宜较常温适当增大,且不得二次加水调整砂浆和易性。

②砌筑间歇期间,宜及时在砌体表面进行保护性覆盖,砌体面层不得留有砂浆。继续砌筑前,应将砌体表面清理干净。

③砌体工程宜选用外加剂法进行施工,对绝缘、装饰等有特殊要求的工程,应采用其他方法。

④施工日记中应记录大气温度、暖棚内温度、砌筑时砂浆温度、外加剂掺量等有关资料。

⑤砂浆试块的留置,除应按常温规定要求外,尚应增设一组与砌体同条件养护的试块,用于检验转入常温 28 d 的强度。如有特殊需要,可另外增加相应龄期的同条件试块。

（2）外加剂法

外加剂法是在砌筑砂浆内掺入一定数量的抗冻化学剂来降低水溶液的冰点,以保证砂浆中有液态水存在,使水化反应在一定负温下不间断进行,使砂浆强度在负温下能够继续缓慢增长。同时,由于降低了砂浆中水的冰点,砌体表面不会立即结冰而形成冰膜,故砂浆和砌体能较好地黏结。

外加剂法施工要点如下：

①采用外加剂法配制砂浆时,可采用氯盐或亚硝酸盐等外加剂。氯盐应以氯化钠为主,当气温低于-15 ℃时,可与氯化钙复合使用。

②砌筑施工时,砂浆温度不应低于 5 ℃。

③当设计无要求,且最低气温等于或低于-15 ℃时,砌体砂浆强度等级应较常温施工提高一级。

④氯盐砂浆中复掺引气型外加剂时,应在氯盐砂浆搅拌的后期掺入。

⑤采用氯盐砂浆时,应对砌体中配置的钢筋及钢预埋件进行防腐处理。

⑥砌体采用氯盐砂浆施工,每日砌筑高度不宜超过 1.2 m,墙体留置的洞口距交接墙处不应小于 500 mm。

⑦下列情况不得采用掺氯盐的砂浆砌筑砌体:对装饰工程有特殊要求的建筑物;使用

环境湿度大于80%的建筑物;配筋、钢埋件无可靠的防腐处理措施的砌体;接近高压电线的建筑物(如变电所、发电站等);经常处于地下水位变化范围内,以及在地下未设防水层的结构。

(3)暖棚法

暖棚法是在结构物周围用廉价保温材料搭设简易暖棚,在棚内装热风机或生火炉,使其在+5 ℃以上的条件下砌筑,并养护不少于3 d。暖棚法施工主要适用于寒冷地区的地下工程和基础工程的砌体砌筑。由于较费工料,需一定加热设备或燃料,热效低,一般不宜多用。暖棚法施工要点如下:

①采用暖棚法施工时,可优先选用装热风机。采用生火炉时,要防火、防煤气中毒。

②砌筑时,要求砖石和砂浆砌筑时的温度均不低于5 ℃,且距所砌的结构底面0.5 m处的气温也不得低于5 ℃。

③暖棚内砌筑的砌体,其养护时间应根据暖棚内的温度按表8.4采用。

表8.4 暖棚法砌体的养护期限

暖棚温度/℃	5	10	15	20
养护时间/d	≥6	≥5	≥4	≥3

④砌筑条形基础时,所搭设的暖棚形式如图8.12所示。

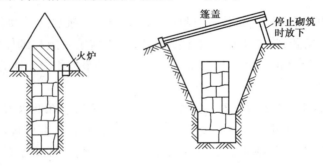

图8.12 暖棚法施工示意图

2)施工要点

①冬期施工砖砌体应按"三一"砖砌法,平铺压茬施工,以保证良好黏结,不得大面积铺灰砌筑。砂浆要随拌随用,不要在灰槽中存灰过多以防冻结。砖缝应控制在8~10 mm,禁止用灌注法砌筑。

②基础砌筑时,应随砌随用未冻土在其两侧回填一定高度;砌完后应用未冻土及时回填,防止砌体和地基遭受冻结。

③每天砌筑后,应在砖(石)砌体上覆盖保温材料,砌体表面不得留有砂浆,防止表面冻结。

④砌筑工程的冬期施工应优先选用掺盐砂浆法。

⑤春融期在残留冻土层上施工基础时,基础砌筑施工必须同步进行,并避免基坑局部晾

晒,保证冻土层的温度状态基本相同,融化可缓慢同步进行。如果由于特殊情况基础施工不能同步进行,应对后施工的基底采取适当的保温措施。

⑥春融期进行基础施工,如果基坑外侧边缘堆积有冰雪,应将清理出的积雪及时运出施工现场,防止堆积在基坑外侧边缘,造成春季积雪融化时,融化水沿基坑侧壁流入基坑中。如果发现残留雪水已流入基坑,应检查基底土是否有浸水软化现象。对浸水软化的土,应采取可靠的方法进行处理,防止地基浸水软化造成基础不均匀沉降事故。

8.1.6 毛石基础冬期施工

毛石基础的冬期施工应优先采用掺盐砂浆法,禁止采用冻结法施工。采用掺盐砂浆法砌筑毛石基础,不宜在平均气温低于-10 ℃或最低气温低于-20 ℃时砌筑,当气温更低时采用暖棚法施工。当地基为不冻胀性土时,毛石可以在冻结的地基上砌筑;当地基为冻胀性土时,毛石必须在未冻结的地基上砌筑,并随砌随用暖土回填。

毛石基础的砌筑要点如下:

①砌筑毛石基础的第一皮石块时应坐浆,并将大面向下。

②毛石砌体宜分皮卧砌,并上、下错缝,内外搭砌。

③每皮石块砌筑时,每隔 1～1.5 m 的距离应砌一块拉结石,且上下皮错开形成梅花形。墙过厚时,可用两块拉结石内外搭接,搭接长度不小于 15 cm,其中一块应大于墙厚度的 2/3。

④基础扩大部分如做成阶梯形,上级阶梯的石块应至少压砌下级阶梯的 1/2,相邻阶梯的毛石应相互错缝搭砌。

⑤毛石砌体的灰缝厚度为 20～30 mm,砂浆应饱满,石块间较大的空隙应先填塞砂浆,后用碎石块嵌实。

⑥基础的预留孔洞口施工时应按要求设置,不得在毛石砌筑完后凿孔开洞。

8.1.7 钢筋混凝土浅基础冬期施工

1)钢筋工程

(1)钢筋工程冬期施工一般规定

①钢筋调直冷拉温度不宜低于-20 ℃。预应力钢筋张拉温度不宜低于-15 ℃。

②钢筋负温焊接,可采用闪光对焊、电弧焊、电渣压力焊等方法。当采用细晶粒热轧钢筋时,其焊接工艺应经试验确定。当环境温度低于-20 ℃时,不宜进行施焊。

③负温条件下使用的钢筋,施工过程中应加强管理和检验,钢筋在运输和加工过程中应防止撞击和刻痕。

④钢筋张拉与冷拉设备、仪表和液压工作系统油液应根据环境温度选用,并应在使用温度条件下进行配套校验。

⑤当环境温度低于-20 ℃时,不得对 HRB400 级钢筋进行冷弯加工。

（2）钢筋负温焊接

①雪天或施焊现场风速超过三级风焊接时,应采取遮蔽措施,焊接后未冷却的接头应避免碰到冰雪。

②热轧钢筋负温闪光对焊,宜采用预热→闪光焊或闪光→预热→闪光焊工艺。钢筋端面比较平整时,宜采用预热→闪光焊;端面不平整时,宜采用闪光→预热→闪光焊。

③钢筋负温闪光对焊工艺应控制热影响区长度。焊接参数应根据当地气温按常温参数调整。采用较低变压器级数,宜增加调整长度、预热留量、预热次数、预热间歇时间和预热接触压力,并宜减慢烧化过程的中期速度。

④钢筋负温电弧焊宜采取分层控温施焊。热轧钢筋焊接的层间温度宜控制在 150 ~ 350 ℃。

⑤钢筋负温电弧焊可根据钢筋牌号、直径、接头形式和焊接位置选择焊条和焊接电流。焊接时应采取防止产生过热、烧伤、咬肉和裂缝等措施。

⑥钢筋负温帮条焊或搭接焊的焊接工艺应符合:

a.帮条与主筋之间应采用四点定位焊固定,搭接焊时应采用两点固定;定位焊缝与帮条或搭接端部的距离不应小于 20 mm。

b.帮条焊的引弧应在帮条钢筋的一端开始,收弧应在帮条钢筋端头上,弧坑应填满。

c.焊接时,第一层焊缝应具有足够的熔深,主焊缝或定位焊缝应熔合良好;平焊时,第一层焊缝应先从中间引弧,再向两端运弧;立焊时,应先从中间向上方运弧,再从下端向中间运弧;在以后各层焊缝焊接时,应采用分层控温施焊。

d.帮条接头或搭接接头的焊缝厚度不应小于钢筋直径的30%。焊缝宽度不应小于钢筋直径的70%。

⑦钢筋负温坡口焊的工艺应符合:

a.焊缝根部、坡口端面以及钢筋与钢垫板之间均应熔合,焊接过程中应经常除渣;

b.焊接时,宜采用几个接头轮流施焊;

c.加强焊缝的宽度应超出 V 形坡口边缘 3 mm,高度应超出 V 形坡口上下边缘 3 mm,并应平缓过渡至钢筋表面;

d.加强焊缝的焊接,应分两层控温施焊。

⑧HRB400 级钢筋多层施焊时,焊后可采用回火焊道施焊,其回火焊道的长度应比前一层焊道的两端缩短 4~6 mm。

⑨钢筋负温电渣压力焊应符合:

a.电渣压力焊宜用于 HRB400 级热轧带肋钢筋;

b.电渣压力焊机容量应根据所焊钢筋直径选定;

c.焊剂应存放于干燥库房内,在使用前经 250~300 ℃烘焙 2 h 以上;

d.焊接前,应进行现场负温条件下的焊接工艺试验,经检验满足要求后方可正式作业;

e.电渣压力焊焊接参数可按表 8.5 进行选用;

f.焊接完毕,应停歇 20 s 以上方可卸下夹具回收焊剂,回收的焊剂内不得混入冰雪,接头渣壳应待冷却后清理。

表 8.5　钢筋负温电渣压力焊焊接参数

钢筋直径 /mm	焊接温度 /℃	焊接电流 /A	焊接电压/V		焊接通电时间/s	
			电弧过程	电渣过程	电弧过程	电渣过程
14~18	−10	300~350	35~45	18~22	20~25	6~8
	−20	350~400				
20	−10	350~400				
	−20	400~450				
22	−10	400~450			25~30	8~10
	−20	500~550				
25	−10	450~500				
	−20	550~600				

注:本表系采用常用 HJ431 焊剂和半自动焊机参数。

2) 混凝土工程

(1)冬期浇筑的混凝土,其受冻临界强度应符合的规定

①采用蓄热法、暖棚法、加热法等施工的普通混凝土,采用硅酸盐水泥、普通硅酸盐水泥配制时,其受冻临界强度不应小于设计混凝土强度等级值的30%;采用矿渣硅酸盐水泥、粉煤灰硅酸盐水泥、火山灰质硅酸盐水泥、复合硅酸盐水泥时,不应小于设计混凝土强度等级值的40%。

②当室外最低气温不低于−15 ℃时,采用综合蓄热法、负温养护法施工的混凝土受冻临界强度不应小于4.0 MPa;当室外最低气温不低于−30 ℃时,采用负温养护法施工的混凝土受冻临界强度不应小于5.0 MPa。

③对强度等级等于或高于C50的混凝土,不宜小于设计混凝土强度等级值的30%。

④对有抗渗要求的混凝土,不宜小于设计混凝土强度等级值的50%。

⑤对有抗冻耐久性要求的混凝土,不宜小于设计混凝土强度等级值的70%。

⑥当采用暖棚法施工的混凝土中渗入早强剂时,可按综合蓄热法受冻临界强度取值。

⑦当施工需要提高混凝土强度等级时,应按提高后的强度等级确定受冻临界强度。

(2)对原材料的要求

①水泥。在冬期施工时,应优先选用硅酸盐水泥或普通硅酸盐水泥。当采用蒸汽养护时,宜选用矿渣硅酸盐水泥;混凝土最小水泥用量不宜低于 280 kg/m³,水胶比不应大于0.55;大体积混凝土的最小水泥用量,可根据实际情况决定;强度等级不大于C15的混凝土,其水胶比和最小水泥用量可不受以上限制。

②粗、细骨料。由于骨料是混凝土的基本材料,其用量大、产地广,所以在冬期施工中,对混凝土所用骨料除要求清洁、级配良好、质地坚硬外,还要求没有冰块、雪团等冻结物,不应含有易冻裂的矿物质。骨料中不应含有机物质,如腐殖酸能延缓混凝土的硬化,尤其当采用不加热的施工方法时,危害性更大。因为要中和骨料中所含的有机物质,就要消耗大量的水化产物,从而延缓水泥的水化速度和强度的增长过程。这些杂质不仅影响混凝土的早期

硬化速度,还要降低后期强度。掺加含有钾、钠离子的防冻剂混凝土,不得采用活性骨料或在骨料中混有此类物质的材料。

冬期施工中,砂子用中砂或粗砂,其加热温度控制在 20 ℃以上。砂加热应在开盘前进行,加热应均匀。当采用保温加热料斗时,宜配备两个,交替加热使用。每个料斗容积可根据机械可装高度和侧壁厚度等要求进行设计,每一个斗的容量不宜小于 3.5 m³。预拌混凝土用砂,应提前备足料,运至有加热设施的保温封闭储料棚(室)或仓内备用。

③拌和水。拌和水中不得含有导致延缓水泥正常凝结硬化及引起钢筋和混凝土腐蚀的离子。一般饮用的自来水及洁净的天然水都可作为拌和水。

④外加剂。在混凝土中掺入适量外加剂,能改善混凝土的工艺性能,提高混凝土的耐久性,并保证其在低温下的早强及负温下的硬化,防止早期受冻。目前冬期施工常用的外加剂多为定型产品,其组分中包括防冻、早强、减水、引气和阻锈等。非加热养护法混凝土施工,所选用的外加剂应含有引气组分或掺入引气剂,含气量宜控制在 3.0% ~ 5.0%。钢筋混凝土掺用氯盐类防冻剂时,其氯盐掺量不得大于水泥质量的 1.0%,掺用氯盐的混凝土应振捣密实,且不宜采用蒸汽养护。

在下列情况下,不得在钢筋混凝土结构中掺用氯盐:

a.排出大量蒸汽的车间、浴池、游泳馆、洗衣房和经常处于空气相对湿度大于 80%的房间以及有顶盖的钢筋混凝土蓄水池等在高湿度空气环境中使用的结构;

b.处于水位升降部位的结构;

c.露天结构或经常受雨、水淋的结构;

d.有镀锌钢材或铝铁相接触部位的结构和有外露钢筋、预埋件而无防护措施的结构;

e.与含有酸、碱或硫酸盐等侵蚀介质相接触的结构;

f.使用过程中经常处于环境温度为 60 ℃以上的结构;

g.使用冷拉钢筋或冷拔低碳钢丝的结构;

h.薄壁结构,中级和重级工作制吊车梁、屋架、落锤或锻锤基础结构;

i.电解车间和直接靠近直流电源的结构;

j.直接靠近高压电源(发电站、变电所)的结构;

k.预应力混凝土结构。

(3)混凝土冬期施工工艺及要点

● 混凝土的搅拌

冬期施工混凝土的原材料一般需要加热,加热时应优先考虑采用加热水的方法,这是因为水的比热比砂石大 4 倍,且加热设备简单,加热效果好。当外界气温较低,只加热拌和水尚不能满足拌合物出机温度的要求时,对砂子和石子等骨料也可加热。水及骨料的加热温度应根据热工计算确定,但不得超过表 8.6 的规定。若骨料不加热时,水可加热到 100 ℃,但水泥不应与 80 ℃以上的水直接接触。投料顺序应先投入骨料和已加热的水,然后再投入水泥。水泥则不得直接加热,使用前宜先运入暖棚内存放。

投料前应先用热水或蒸汽冲洗搅拌机。冬期搅拌混凝土的投料顺序应与材料加热条件相适应,一般是先投入骨料和加热的水,待搅拌一定时间,水温降低到 40 ℃左右时,再投入水泥继续搅拌到规定的时间(比常温搅拌时间延长 50%)。混凝土搅拌的最短时间应按表 8.7 采用。

表8.6 拌和水及骨料加热最高温度

水泥强度等级	拌和水/℃	骨料/℃
小于42.5	80	60
42.5,42.5R 及以上	60	40

表8.7 混凝土搅拌的最短时间

混凝土坍落度/cm	搅拌机容积/L	混凝土搅拌最短时间/s
≤80	<250	90
	250~500	135
	>500	180
>80	<250	90
	250~500	90
	>500	135

注:采用自落式搅拌机时,应较上表搅拌时间延长30~60 s;采用预拌混凝土时,应较常温下预拌混凝土搅拌时间延长15~30 s。

严格控制混凝土的水灰比(0.45~0.55)和坍落度(14~16 cm)。因为混凝土的水灰比和坍落度不仅反映拌合物的流动性、可塑性、稳定性和易密实,而且影响到混凝土硬化后的强度。

混凝土拌合物的温度应作热工计算予以确定。混凝土出机温度不宜低于15 ℃,经运输、泵送等入模温度不得低于5 ℃。

● 混凝土运输

①合理选择放置搅拌机的地点,尽量缩短运距,选择最佳运输路线,缩短运输时间。

②正确选择运输容器的形式、大小和保温材料,改善运输条件,加强运输工具的保温覆盖。混凝土运输与物送机具应进行保温或具有加热装置。泵送混凝土在浇筑前应对泵管进行保温,并应采用与施工混凝土同配比砂浆进行预热。

③尽量减少装卸次数并合理组织装入、运输和卸出混凝土的工作,防止混凝土热量散失。

④如混凝土从运输到浇筑过程中发生冻结现象,必须在浇筑前进行人工二次加热拌和。

● 混凝土浇筑

①在浇筑前,应先清除模板和钢筋上的冰雪和污垢,做好必要的准备工作。

②冬期混凝土浇筑应控制入模温度,一般为15~20 ℃;采用机械振捣,振捣要快速。

③基础底板多为大体积钢筋混凝土结构。由于结构表面系数小、体积大,水泥的水化热量高,水化热聚积在内部不易散发,混凝土内部温度将逐渐增高,而表面散热特别快,形成较

大的温差,使混凝土结构产生温度应力而形成裂缝。为防止裂缝的产生,必须减小混凝土的内外温差及与介质间的温差,采取必要的技术措施。大体积混凝土分层浇筑时,已浇筑层的混凝土在未被上一层混凝土覆盖前,温度不应低于 2 ℃。采用加热法养护混凝土时,养护前的混凝土温度也不得低于 2 ℃。

④冬期不得在强冻胀性地基土上浇筑混凝土。在弱冻胀性地基土上浇筑混凝土时,基土不得受冻;在非冻胀性地基土上浇筑混凝土时,混凝土受冻临界强度应符合上文相关规定。

● 冬期混凝土养护

冬期基础混凝土浇筑后的养护主要采用暖棚法、蓄热法、综合蓄热法、蒸汽养护法、电加热法和负温养护法等几种。

①暖棚法:将被养护的基础结构置于棚中,内部设置热源,以维持棚内正温环境,使混凝土在正温下养护。暖棚法施工适用于地下结构工程和混凝土构件比较集中的工程。暖棚法施工应设专人监测混凝土及暖棚内温度,暖棚内各测点温度不得低于 5 ℃。测温点应选择具有代表性位置进行布置,在离地面 500 mm 高度处应设点,每昼夜测温不应少于 4 次。养护期间应监测暖棚内的相对湿度,混凝土不得有失水现象,否则应及时采取增湿措施或在混凝土表面洒水养护。暖棚的出入口应设专人管理,并应采取防止棚内温度下降或引起风口处混凝土受冻的措施。在混凝土养护期间应将烟或燃烧气体排至棚外,并应采取防止烟气中毒和防火的措施。

②蓄热法:将混凝土组成材料(水泥除外)进行加热搅拌和水泥水化释放出来的热量,通过保温材料严密覆盖,使混凝土缓慢冷却,保证混凝土在正温条件下逐渐硬化并达到预期强度的方法。当室外最低温度不低于 -15 ℃ 时,地面以下的工程,或表面系数不大于 5 m^{-1} 的结构,宜采用蓄热法养护。对结构易受冻的部位,应采取加强保温措施。蓄热法混凝土养护的关键是需设计计算和确定混凝土冷却到 0 ℃ 时所需的保温材料、冷却时间和所要达到的强度。

③综合蓄热法:通过高性能的保温围护结构,使加热拌制的混凝土缓慢冷却,并利用水泥产生的热量和掺入的抗冻早强减水复合外加剂或采用短时加热等综合措施,使混凝土温度在降至冰点前达到预期要求的强度。当室外最低温度不低于 -15 ℃ 时,对于表面系数为 5 ~ 15 m^{-1} 的结构,宜采用综合蓄热法养护,围护层散热系数宜控制在 50 ~ 200 kJ/(m^3·h·K)。综合蓄热法施工的混凝土中应掺入早强剂或早强型复合外加剂,并应具有减水、引气作用。

根据施工条件的不同,分为低蓄热养护和高蓄热养护两种。低蓄热养护即原材料加热,掺入低温早强剂或防冻剂,再覆盖高效能的保温材料的养护方法;高蓄热养护即原材料加热,掺入低温早强剂或防冻剂,再覆盖高效能保温材料,最后采取短时加热的养护方法。低蓄热养护以冷却法为主,使混凝土在缓慢冷却至冰点前达到允许受冻时的临界强度;高蓄热养护以短时加热为主,使混凝土在养护期间达到要求的受荷强度。当日平均气温不低于 -15 ℃ 时,宜采用低蓄热养护;当日平均气温低于 -15 ℃ 时,宜采用高蓄热养护。

④蒸汽养护法:让蒸汽与混凝土直接接触,利用蒸汽的湿热养护混凝土,或将蒸汽作为

热载体,通过散热器将热量传导给混凝土使混凝土升温养护的方法。混凝土经 70~80 ℃蒸汽养护,第一天可达 60%左右强度,第二天能增加20%,第三天增加 8%左右强度。混凝土蒸汽养护法可采用棚罩法、蒸汽套法、热模法、内部通汽法等方法进行。对于地下基础,通常采用棚罩法。棚罩法是使用帆布、油毡或特殊罩子将新浇筑混凝土就地覆盖或扣罩,通入蒸汽以加热混凝土进行养护。如在地槽上部盖简单的盖子(图 8.13),这种临时性设施简便,但保温性能

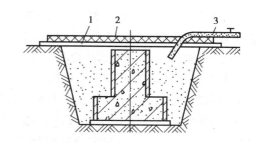

图 8.13 棚罩法养护示意
1—脚手板;
2—帆布、油毡或特殊罩子;3—蒸汽管

差、蒸汽消耗大,每立方米混凝土耗汽达600~900 kg,且温度也难以保持均匀。

蒸汽养护法应采用低压饱和蒸汽(气压小于 0.07 MPa,相对湿度 90%~95%)。采用普通硅酸盐水泥时,混凝土最高养护加热温度不宜超过 80 ℃;采用矿渣硅酸盐水泥时,加热温度可提高到 85 ℃。但采用内部通汽法时,最高加热温度不应超过 60 ℃。混凝土在加热养护通汽前,自身温度不低于 5 ℃,加热完毕冷却至 5 ℃后方可拆模。

⑤电加热法:是在混凝土结构的内部或外表设置电极,通以低压电流,使电能变为热能加热养护混凝土的方法。电加热法设备简单、施工方便、热量损失小、易于控制,但耗电量大,多用于局部混凝土养护。按电能转换为热能的方式不同,电加热法可分为电极加热法(它又分为内部电极加热和表面电极加热两种形式)、电热毯法、电磁感应加热法和远红外线养护法。电加热法养护混凝土的温度应符合表 8.8 的规定。

表 8.8 电加热法养护混凝土的温度   单位:℃

水泥强度等级	结构表面系数/(m⁻¹)		
	<10	10~15	>15
32.5	70	50	45
42.5	40	40	35

注:采用红外线辐射加热时,其辐射表面温度可采用 70~90 ℃。

⑥负温养护法:此法适用于不易加热保温,且对强度增长要求不高的一般混凝土结构工程。负温养护法施工的混凝土,应以浇筑后 5 d 内的预计日最低气温来选用防冻剂,起始养护温度不应低于 5 ℃。混凝土浇筑后,裸露表面应采取保湿措施,同时应根据需要采取必要的保温覆盖措施。负温养护法施工应按相关规定加强测温;混凝土内部温度降到防冻剂规定温度之前,混凝土的抗压强度不应小于 5.0 MPa。

(4)混凝土冬期施工可采取的措施

①改用高活性的水泥,如高强度等级水泥、快硬水泥等。

②降低水灰比,使用低流动性混凝土或干硬性混凝土。

③在灌筑前使混凝土或其组成材料升高温度,使混凝土既能早强,又不易冻结。

④灌筑后,对混凝土进行保温或加热,人为地造成一个温湿条件,对混凝土进行养护。

⑤搅拌时,加入一定的外加剂,加速混凝土硬化,提早达到临界强度;或降低水的冰点,使混凝土中的水在负温环境下不致冻结。

（5）混凝土冬期施工质量控制及检查

①混凝土冬期施工质量检查除应符合现行国家标准《混凝土结构工程施工质量验收规范》（GB 50204—2015）以及国家现行有关标准规定外,尚应符合:应检查外加剂质量及掺量,外加剂进入施工现场后应进行抽样检验,合格后方准使用;应根据施工方案确定的参数检查水、骨料、外加剂溶液和混凝土出机、浇筑、起始养护时的温度;应检查混凝土从入模到拆除保温层或保温模板期间的温度;采用预拌混凝土时,原材料、搅拌、运输过程中的温度检查及混凝土质量检查应由预拌混凝土生产企业进行,并应将记录资料提供给施工单位。

②冬期混凝土施工期间的测温项目与频次应符合现行国家标准《建筑工程冬期施工规程》（JGJ/T 104—2018）的相关规定。

混凝土养护期间的温度测量应符合下列规定:

a.采用蓄热法或综合蓄热法时,在达到受冻临界强度之前应每隔4~6 h测量一次;

b.采用负温养护法时,在达到受冻临界强度之前应每隔2 h测量一次;

c.采用加热法时,升温和降温阶段应每隔1 h测量一次,恒温阶段每隔2 h测量一次;

d.混凝土在达到受冻临界强度后,可停止测温;

e.大体积混凝土养护期间的温度测量尚应符合现行国家标准《大体积混凝土施工规范》（GB 50496—2018）的相关规定。

养护温度的测量方法应符合下列规定:

a.测温孔应编号,并应绘制测温孔布置图,现场应设置明显标识。

b.测温时,测温元件应采取措施与外界气温隔离;测温元件测量位置应处于结构表面下20 mm处,留置在测温孔内的时间不应少于3 min。

c.采用非加热法养护时,测温孔应设置在易于散热的部位;采用加热法养护时,应分别设置在离热源不同的位置。

③混凝土质量检查应符合下列规定:

a.应检查混凝土表面是否有受冻、粘连、收缩裂缝,边角是否脱落,施工缝处有无受冻痕迹;

b.应检查同条件养护试块的养护条件是否与结构实体相一致;

c.按现行国家标准《建筑工程冬期施工规程》（JGJ/T 104—2011）附录B成熟度法推定混凝土强度时,应检查测温记录与计算公式要求是否相符;

d.采用电加热养护时,应检查供电变压器二次电压和二次电流强度,每一工作班不应少于2次。

④模板和保温层在混凝土达到要求强度并冷却到5 ℃后方可拆除。拆模时混凝土表面与环境温差大于20 ℃时,混凝土表面应及时覆盖,缓慢冷却。

⑤混凝土抗压强度试件的留置除应按现行国家标准《混凝土结构工程施工质量验收规范》（GB 50204—2015）规定进行外,尚应增设不少于2组同条件养护试件。

8.1.8　桩基础冬期施工

1)钢筋混凝土预制桩

(1)施工准备

①在受冻前,对施工场地内的高空和地下障碍物进行处理,桩机移动范围内的场地进行平整,以保证桩机垂直度的要求。在春融期间,施工场地应保持排水畅通。

②预制桩的混凝土应达到设计强度的75%方可起吊,混凝土强度达到100%才能运输和打桩。如需提前吊运,必须采取措施并经过验算后方可进行。

③桩在起吊和搬运时,必须做到平稳轻放,桩身不应有裂纹或碰坏棱角,吊点应符合设计规定,现场需要改变吊点时,应经过计算确定。

④桩的堆放位置应按照桩机行走路线及打桩顺序确定。桩的堆放场地应平整坚实,并清除场地表层的冰雪,以避免产生不均匀的沉陷;垫木与吊点的位置应相同,各层桩的垫木应保持在同一个垂直线内,最下层的垫木应适当加宽,以增大基土的承压面;桩的堆放层数,一般不宜超过4层。

(2)冬期施工要点

①冬期施工桩基础的轴线从基线引出的距离应适当增加,以免在打桩时受冻土硬壳层的影响。水准点的数量不应少于2个,如没有采取防冻胀影响的水准点,应每天与永久性(不受冻胀影响的水准点)的水准点校核后方可使用。

②冬期打锤宜考虑采用重锤低击的施工工艺,锤重的选择应根据工程地质条件、桩的类型、结构、密集程度及施工条件等情况选用。

③冻土层厚度超过0.5 m时,应先钻孔去除冻土层,在现场附近先行试打,以确定打桩的参数。

④桩在打入前,应在桩的侧面或桩架上设置标尺,以便能准确地掌握打桩的深度。

⑤开始打桩时,落距应小,入土一定深度待桩稳定后,再按要求落距。用落锤或单动汽锤打桩时,最大落距不宜大于1 m,用柴油锤时应使锤跳动正常。

⑥当遇到贯入度剧变,桩身突然发生倾斜、移位或有严重回弹,桩顶或桩身出现严重裂缝或破碎时,应停止打桩,并及时与有关单位研究处理。

⑦对于温度较高($-2\sim0$ ℃)、厚度不大(不大于20 cm左右)的冻土,经试打后可以直接在冻土上施工;如果冻土厚度较大、温度较低,应在打桩之前,将桩位地面的冻土人工挖除,或局部融化,或用钻孔机引孔,然后再进行打桩施工。当采用钻机引孔时,孔径应小于桩径50 mm。

⑧寒冷地区的严冬季节,气温可能降到-20 ℃以下,此时将低温预制桩桩体直接打入软土中,桩身混凝土温度很低,土中含水量又很大,土中水分会向桩侧表面聚集结冰,形成桩侧表面冰膜,当冰膜融化后,将降低桩的侧摩阻力。因此,在严寒气候条件下,在软土地基上一般不宜进行预制桩打桩施工。对于必须进行施工的工程,桩基施工后应有一段时间使桩侧冰膜融化后水分逐渐排除,桩周土重新固结,使桩的侧摩阻力得以恢复。

⑨打桩施工应连续进行,尽量不要中途停止。如果由于设备故障等原因打桩施工不得

不停止,应对没有打到设计深度的桩和桩周土采取保温措施,防止桩土冻结在一起。否则,当继续打桩时,可能出现桩无法打入或把桩头打碎的现象。

⑩在寒冷的气候下,桩的运输、堆放、吊装等环节都可能使桩的接头部位粘有冰雪。当采用硫黄胶泥、环氧树脂砂浆等材料进行接桩时,如果不将其清理干净,桩的接头强度会受到影响,接桩质量无法保证。因此在接桩前,应对每个接头进行清理,桩表面有冰雪时可用喷灯将冰雪融化并将接头表面烤干预热,然后再接桩。

2) 干作业成孔灌注桩

（1）适用条件

①干作业成孔灌注桩适用于地下水位以上的一般黏性土、砂土及人工填土地基,不宜用于地下水位以下的上述各类土及碎石土、淤泥和淤泥质土地基。

②在冻胀土、膨胀土地区施工灌注桩时,应做好防冻胀、防膨胀的处理。

（2）施工设备

冬期施工宜选用螺旋钻成孔。

（3）螺旋钻钻头选用

平底钻头适用于松散土层;耙式钻头适用于土层中含有砖头、瓦块的杂填土层;筒式钻头适用于黏性填土中含有混凝土碎块、碎石等障碍物,每次钻取厚度应小于筒身高度,钻进时宜适当加水冷却;尖底钻头适用于黏性土层,在冬期钻冻土时应在刃口上镶焊硬质合金刀头。

（4）成孔

①钻孔前应调整机架,保持钻杆垂直、位置正确,防止钻杆晃动扩大孔径及增加孔底虚土。

②钻进速度应根据电流变化及时调整,遇到超过额定电流值时要立即提钻杆,并慢速进尺。

③钻进过程中,应及时清理孔口周围积土。在冬期施工时,由于气温严寒使暖土在出土筒内壁冻结,这时可摘除出土筒。因此,及时清理孔口周围积土尤为重要。

④安装有筒式出土器的钻机,为便于钻头迅速、准确地对准桩位,可在桩位上放置定位圆环或在桩中心点用 3～4 寸(10～13 cm)铁钉插入土层内。为便于明确桩的不同设计深度,可在铁钉端部插带不同颜色的塑料布条以示区别。

⑤开始钻进冻土层时,应准确地保证钻杆垂直,放松起重绳,加大钻杆对土层的压力,缓慢进尺。在含有砖头、瓦块等杂填土或含水量较大的软塑黏土层中钻进时,也应减缓进尺速度,减少钻杆晃动,以免扩大孔径。

⑥当进尺深度达到设计标高时,应在原处正向空转数圈,以清除螺杆上的积土,然后停止回转,提升钻杆。如黏性土含水量较大时,应将螺旋钻杆提升超过地表面后,用铁板将桩孔覆盖好,反向空转甩掉螺旋钻杆上的积土。

⑦当出现钻杆跳动、机架摇晃、钻不进尺等异常情况时,应立即停车检查。钻砂土层时,钻深不应超过地下水位标高处,以防坍孔。

⑧成孔深度达到设计标高后,桩底虚土应夯实处理。采用步履式螺旋钻孔机成形的桩

孔内,宜加入30 L左右的碎石,用直径250 mm、重20~25 kg的铁锤人工夯实孔底;当采用长螺旋钻机成孔时,利用履带吊车上的双筒卷扬机的附绳,提升夯实铁锤(300 mm,锤重100 kg左右)距底部1 m进行夯实(根据土层含水情况,以夯击时桩孔底部基土不产生塑化为度,确定孔内碎石加入量)。当孔底为砂质土时,宜用纯水泥浆灌入孔底,厚约10 cm,然后浇灌桩身混凝土。

⑨桩孔底部处理后,经质量检查合格的桩,应及时灌注混凝土。来不及浇筑混凝土时,应以铁板覆盖桩孔,并用珍珠岩袋盖严以保温防冻。

(5)混凝土灌注

①在灌注混凝土前,必须对孔深、孔径、孔壁、垂直度等进行复查,不合格时应及时采取处理措施。

②振实混凝土时,宜用长轴振捣器,连续灌注,分层振实,分层高度一般不大于1.5 m。

③桩身灌注混凝土前,应先安放铁漏斗,以避免地面虚土掉进孔内。

3)沉管灌注桩

(1)适用条件

①锤击沉管灌注桩适用于一般黏性土、淤泥质土、砂土和人工填土地基,但不能在密实的砂砾石、漂石层中使用。振动沉管灌注桩与锤击沉管灌注桩相比,更适合于稍密及中密的砂土地基施工。

②对于饱和淤泥的软弱地基,必须制订防止缩颈、断桩等保证质量措施,并经工艺试验后方可施工。

(2)沉管构造

沉管成孔可采用预制钢筋混凝土桩尖或钢板制成的活瓣桩尖。预制桩尖的混凝土强度等级不得低于C30,桩管下端与预制桩尖接触处应垫缓冲材料,桩尖中心应与桩管中心线重合。活瓣桩尖应具有足够的强度和刚度,活瓣之间的缝隙应紧密,防止水或泥浆渗进管内;也可在成孔前管内装入适量混凝土堵塞活瓣,避免其缝隙因成孔时穿越饱和淤泥软弱层可能渗进管内水或泥浆。

(3)沉管要点

①沉管施工前,应检查地表是否已经冻结。如果地表冻结层厚度小于500 mm,可采取人工开孔的方法,用锹镐等工具将桩位处的冻土层挖出略大于桩管直径的孔,然后将桩管桩尖放入孔中后再开始沉管施工。如果冻土层厚度大于500 mm,且冻结强度较高,人工开孔较困难,可采用机械引孔的方法,用冻土钻机将冻土层钻透,然后再开始沉管施工。

②在地面冻结之前(或施工前)应查阅场地地质资料,了解场地填土情况和土层冻结情况。如果场地原有建筑未拆除到基底,应在地面冻结之前先将地面下的旧基础清除,然后再开始沉管施工。对地表杂填土中的混凝土块、石块等障碍物,应在场地回填时就进行控制,防止大块砖石填入地基中。沉管施工时一旦遇到大块混凝土或块石,可采用冲击破碎法将其穿透。

③冬期沉管灌注桩施工,直接将负温桩管沉入地基中,地基土中的泥水和管中的混凝土可能冻结在桩管的内、外表面,形成"挂蜡"现象,影响沉管、下钢筋笼、灌注混凝土的正常施

工。如果施工时气温过低,在开始沉管之前,应采用蒸汽加热法加热桩管,同时用压力蒸汽清扫管壁冻结的冰水和砂浆,保证沉管、下钢筋笼和灌注混凝土的顺利进行。施工期间应经常用蒸汽加热、清扫管壁,防止"挂蜡"现象发生。

④套管成孔宜按桩基施工流水顺序依次向后退打。对群桩基础,或桩的中心距小于3~3.5倍桩径时,应制订保证不影响邻桩质量的技术措施。

⑤混凝土预制桩尖埋设位置应与设计位置相符,桩管应垂直套入桩尖,二者的轴线应一致。

⑥锤击不得偏心,如采用预制桩尖,在锤击过程中应检查桩尖有无损坏。

⑦在沉管时,应在桩管内灌入高1.5 m左右的封底混凝土后方可开始沉管,以避免土层内的水或泥浆进入套管,混入混凝土内,影响混凝土质量。

⑧必须严格控制最后二阵十击的贯入度,其值可按设计要求。如设计无具体要求时,应根据试桩和施工经验确定。

4) 人工挖孔桩

①在寒冷季节进行挖孔桩施工,每个桩孔挖完后应及时灌注混凝土。当天没有挖完的桩孔,晚上停工或施工间歇时,应将孔口用防寒毡或塑料布盖严,防止孔内外空气形成对流散热使孔口附近的孔壁冻结;也可以在孔口部位设置局部护筒,防止孔口部分孔壁土冻融片帮现象发生。

②对于没有护壁的桩孔,当孔壁冻土融化时,就会发生片帮现象,桩侧土的冻融酥松,还会造成桩侧摩阻力的降低;对于有混凝土护壁的桩孔,过量通风时,输入的冷空气可能导致孔内新浇筑的护壁混凝土早期受冻。对于挖孔深度大于10 m的桩,可采用机械通风的方法保持孔底空气的新鲜,但通风量应适宜,一般保证通风量在25~30 L/s即可。当孔底无人施工时,应停止送风;施工人员入孔时,应提前向孔中送风,并尽量加快挖孔的施工速度,防止长时间大量通风造成孔壁土或护壁混凝土受冻。

③对于有混凝土护壁的人工挖孔桩,孔口附近的几节护圈混凝土如果不注意保温防冻,容易因早期受冻,使混凝土强度不足或出现混凝土酥松现象。因为护壁混凝土一般较薄,一旦受冻即冻透,直接影响护壁效果,而且有可能影响桩身质量。在孔口附近,护壁混凝土浇筑后,应对孔内温度进行监测,发现温度过低时应采取保温防护措施。混凝土内可掺入防冻剂,在护壁混凝土拆模之前应将孔口覆盖,防止混凝土的早期受冻,一旦出现混凝土早期受冻现象,应将受冻混凝土清除重新浇筑。

④冬期进行人工挖孔桩施工,散落在孔口地面的残土应彻底清除干净,防止残土在孔口冻结,如不及时清理,冻结后孔口地面凹凸不平,孔口操作人员容易滑倒。一旦在孔口地面滑倒,容易跌入孔中,造成重大安全事故。冬期挖孔施工时,孔口地面积雪积水应及时清理,并在上面撒些炉灰。为安全起见,必要时可在孔口设置安全护栏。

5) 桩身与基础梁混凝土冬期施工

①负温条件下进行沉管灌注桩施工,如果混凝土拌合物温度过低,容易在桩管内壁冻结,俗称"挂蜡"现象,导致混凝土灌注和下钢筋笼困难;同时由于地温较低,混凝土温度过低

可能导致混凝土在地下强度增长过慢,甚至在冻土层中出现混凝土早期受冻现象。当气温低于 0 ℃ 以下灌注混凝土时,应采取保温防冻措施。灌注时,混凝土的温度不得低于 5 ℃。当气温在 -10 ℃ 以下时,采取水和砂加热措施,通过计算确定材料加热温度,混凝土的入管温度不宜低于 15 ℃。在桩身混凝土未达到设计要求强度 50% 以前不得受冻。

②冬期施工的灌注桩,对在冻土层内的桩身混凝土的养护,宜采用防冻剂与珍珠岩袋覆盖蓄热保温,或在桩顶平面内插入棒式电极进行混凝土养护。

③冬期桩基地梁灌注混凝土时应埋设铁皮管(管沿墙纵向坡度 1%,以便冷凝水从溢水孔内流出)进行内部通蒸汽养护,梁表面覆盖珍珠岩袋保温,或在梁的上表面内插入电极进行电加热养护。

④冬期混凝土电加热养护时的升温速度,每小时不大于 10 ℃;降温速度,每小时不大于 5 ℃。电加热养护的最高温度控制在 40 ℃ 左右为宜。当混凝土采用电加热养护时,电极的布置应保证混凝土内的温度均匀,同时应符合下列规定:

a.应在混凝土的外露表面覆盖后进行。

b.电压一般宜采用 50~110 V,在有安全措施的条件下,也可采用 120~220 V 的电压。

c.混凝土在养护过程中,应注意观察其外露表面的湿度。当混凝土表面开始干燥时,应先停电切断电源后,以热水(温度在 50~60 ℃)湿润混凝土表面,当混凝土养护到终凝后,要适时测定电加热养护线路的电流。湿润混凝土表面的热水可适量加入氯化钠,以调节电流。

⑤加强冬期施工中的测温工作。混凝土内的白铁预埋测温孔管,接缝要严密,以免水泥浆浸入管内造成堵塞,影响测温。测温孔要选择在有代表性的部位。测温管口要用保温材料(棉花、纱布等)临时堵塞,测温时再拔出,以免冷空气侵入管内,影响测温值的准确性。

电加热或蒸汽养护时,在升、降温阶段每小时测温一次,在恒温期间每两小时测温一次。在同一个构件内,全部测温孔应统一编号,并同时绘制测温孔布置图,认真做好温度检测记录。

子项 8.2 雨期地基基础施工

8.2.1 雨期施工的特点

雨期施工主要解决雨水的排除,施工现场必须做好临时排水系统的规划,主要考虑阻止场外水流流入施工现场和将场内水流及时排出。雨期施工的特点如下:

①雨期施工的开始具有突然性。由于暴雨、山洪等恶劣气象往往不期而至,这就需要及早进行雨期施工的准备和防范。

②雨期施工带有突击性。雨水对建筑结构和地基基础的冲刷或浸泡具有严重的破坏性,必须迅速、及时地防护,才能避免给工程造成损失。

③雨期往往持续时间较长,阻碍了工程的顺利进行,拖延工期。对这一点应事先有充分估计并做好合理安排。

8.2.2 雨期施工的准备工作

①雨期到来前要做好排水系统的综合考虑,对已建成的排水设施必须进行清理和疏浚。在低洼地形的工程,应在雨期到来前安装正式的排水设施,保证水流畅通。

②已经开挖的基坑,雨期不能回填时,应在基坑轴线或放坡线外侧开挖排水沟或围土堤,防止地面及邻近高处的雨水流入坑内。

③回填中的取土、运土、铺筑、压实等各道工序应连续作业,如雨前已回填的土方应将表面压成一定坡度,以利排除雨水。

④纵向排水沟的排水坡度,平坦地区不应小于2‰,沼泽地区可减至1‰。边坡坡度的确定应根据土质和排水沟的深度确定,黏性土一般为1∶0.7~1∶1.5。

⑤进入雨期应备好必要的防潮、防雨、排涝器材,并做好人员组织工作。

⑥对工人宿舍、办公室、食堂、仓库等应进行全面检查,对危险建筑物应进行全面翻修、加固或拆除。

8.2.3 雨期施工的注意事项及有关规定

1)施工场地及边坡

①做好场地周围防洪排水措施,疏通现场排水沟道,做好低洼地面的挡水堤,准备好排水机具,防止雨水淹泡地基。

②雨期土方开挖所放边坡坡度应缓一些,如土质、施工环境和边坡削坡都有困难时,应增设挡土墙。

③坑、沟边上部不得堆积过多的材料,雨期前应清除沟边多余的弃土,减轻坡顶压力。

④雨期雨水不断向土壤内部渗透,如填方在填土与原状土的附近,该处土壤因含水量增大,黏聚力急剧下降,土壤抗剪强度降低极易造成土方塌方。所以,凡雨水量大、持续时间长、地面土壤已饱和的情况下,要及早加强对边坡坡角、支撑等的处理。

2)施工道路

①对路面坑洼处应加铺炉渣、砂砾石材料,道路两侧应做好排水,低洼处增设涵管,尽快排除积水。

②道路两旁要做好排水沟,保证雨期道路的正常使用。

3)施工材料及机电设备防护

①水泥应堆放在地形较高处,并设置水泥仓库,垛底应高出地面0.5 m。坚持及时收、发的原则,不积压水泥,以防久存受潮。对散装水泥应设金属封闭料仓,如无料仓时,水泥应放在地势高、防雨、防潮条件好的仓库内,其底部铺设油毛毡,四周做好排水工作。

②对木门、木窗、石膏板、轻钢龙骨等以及怕雨淋的材料,应采取有效措施,可放入棚内或屋内,要垫高码放并通风良好,以防受潮。应防止混凝土、砂浆受雨淋含水过多,而影响工

程质量。

③机电设备的电闸要采取防雨、防潮等措施,并应安装接地保护装置,以防漏电、触电。

④塔式起重机的接地装置要进行全面检查,其接地装置、接地体的深度、距离、棒径、地线截面应符合规程要求,并进行遥测。

4)基础砌筑工程

①雨期用砖不宜再洒水湿润,砌筑时湿度较大的砌块不可上墙,砌筑高度不得超过1.2 m。

②砌体施工如遇大雨必须停工,受雨水冲刷后的墙体应翻砌最上面的两皮砖。

③稳定性较差的窗间墙、砖柱应及时浇筑圈梁或加临时支撑,以增强墙体的稳定性。

④砌体施工时,纵、横墙最好同时砌筑,雨后要及时检查墙体的质量。

5)基础混凝土工程

①进入雨期,要加强对砂、石材料含水率的测定,并及时调整搅拌混凝土的用水量。

②雨期浇筑混凝土时,一般遇小雨可连续作业,遇大雨应及时停止施工。遇暴雨袭击时应注意:

a.已入模的混凝土必须继续振捣,浇筑完毕加以覆盖后方能停工。

b.如混凝土表面已受冲刷,雨后混凝土已超过终凝时,应按施工缝处理。对于必须保证连续施工、不允许出现施工缝的工程,应采取一定的防雨措施,保证施工的连续性。

c.模板下的支撑底与土基的接触面要夯实,并加垫板,防止产生较大的变形。

8.2.4 基础工程雨期施工要点

①雨期施工的工作面不宜过大,应逐段、逐片地分期施工。

②雨期施工前,应对施工场地原有排水系统进行检查、疏通或加固,必要时应增加排水措施,保证水流畅通。另外还应防止地面水流入场内。在傍山、沿河地区施工,应采取必要的防洪措施。

③深基础坑边要设挡水埂,防止地面水流入。基坑内设集水井并配足水泵。坡道部分应备有临时挡水措施(草袋挡水)。

④基槽(坑)挖完后,应立即浇筑好混凝土垫层,以防止雨水泡槽。

⑤深基础护坡桩距既有建筑物较近者,应随时测定位移情况。

⑥钻孔灌注桩应做到当天钻孔当天灌注混凝土,基底四周要挖排水沟。

⑦深基础工程雨后应将模板及钢筋上淤泥、积水清除掉。

⑧箱形基础大体积混凝土施工应采取综合措施,如掺外加剂、控制水泥单方用量、选择合理砂率、加强水封养护等,防止混凝土雨期施工坍落度偏大而影响混凝土质量,降温不好形成混凝土收缩裂缝。

子项 8.3　冬雨期施工的安全技术

8.3.1　冬期施工安全技术

①各类脚手架进入冬期施工前要加固,要及时清除积雪,注意防滑。

②冬期施工应做好防火、防寒准备,保证好消防器材和水源的供应,以及道路的通畅。

③施工中特别注意设备防冻,班前班后要认真检查机具、卡具等,若有缺陷应及时处理。

④强夯施工中操作人员要有安全保护(如安全帽等)。吊车应适当设置安全罩,防止飞土石砸车挡风玻璃。施工前或施工中,进行安全教育和技术交底,保证施工安全。

⑤要防止一氧化碳中毒,亚硝酸钠和食盐混放误食会引起中毒。保证蒸汽锅炉的使用安全。

⑥桩基础冬期施工的安全措施:

a.冬期施工前应平整道路,及时清除冰雪,地上电线、地下管线和地下构筑物均宜先行拆除,特别是对埋设在地下的电缆及管道要查明清楚,对危及施工安全的设施要拆除或采取确保安全生产的措施。

b.在每台班施工前要对机械进行空载试运转,以检查电源线路和油路是否通畅,发现异常要查明原因,及时修理后方可正式施工。步履式螺旋钻机在架立或放倒钻杆臂架的时候,要有安全保护措施,以免油路故障、操作失灵,造成安全事故。

c.干作业成孔灌注桩施工中,钻孔和灌注混凝土要密切配合,做到成孔后立即组织灌注混凝土。如因故来不及灌注混凝土的桩孔,要及时覆盖保温,使冷空气不致侵入孔内,以免造成孔内土壁结霜,影响质量和避免扭伤。

d.套管成孔灌注桩采用沉管工艺时,可用收紧钢丝绳加压或加配重以提高沉管的效率,用收紧钢丝绳加压时应随桩管沉入深度随时调整离合器,防止抬起桩架,发生事故。

e.桩架高度如超过 10 m,移动时应加缆绳,以防机架倾倒。

f.电气设备必须接地线,接地电阻不得大于 10 Ω。

g.起重臂倾角不得大于 1∶5 或 78°,桩架前倾不得超过 1∶10 或 5°,后倾不得超过 1∶3 或 18°。

h.不准与履带成 90°侧向吊桩。将桩吊起 10~20 cm 时,应停机检查各部位正常后方可继续起吊。

i.打桩时,严禁桩架下面有人,悬锤时禁止移动和检修打桩架。

j.工作停止时,应将桩锤落下,拉开电闸,夹紧轨钳,汽缸应放在活塞座上,桩锤应用方木垫实或用销子销住。

8.3.2 雨期施工安全技术

①各类脚手架进入雨期施工前要加固,要及时检查并注意防滑。

②雨期施工基础放坡,除按规定要求外,必须作补强护坡。

③机电设备应做好防潮、防雨、防雷措施,对电动机、控制电闸的安全接地和漏电装置要可靠。

④一般机电设备应设置在地势较高、防潮避雨的地方。施工现场高出建筑物的塔吊、人货电梯、钢脚手架等必须安装防雷装置。塔式起重机每天作业完毕,须将轨钳卡牢,防止大雨时滑走。

⑤雨期施工应有相应的防滑措施。若遇大雨、雷电或 6 级以上强风时,应禁止高处、起重等内容的作业,且过后重新作业之前应先检查各项安全设施,确认安全后方可继续作业。

⑥箱形基础贴油毡砌保护墙后,墙体须加临时支撑,增加其稳定性,防止被大雨冲倒。

⑦雷雨时工人不要在高墙旁或大树下避雨,不要走近电杆、铁塔、架空电线和避雷针的接地导线周围 10 m 以内地区。人若遭受雷击触电后,应立即采用人工呼吸急救并请医生采取抢救措施。

8.3.3 冬雨期施工应用案例

1) 工程概况

某广场工程单体建筑面积 215 835 m²,平面呈 L 形,南北长 272 m,东西宽 272 m 和 55 m。地下 3 层,埋深 17.3 m,地上为钢筋混凝土框架结构 11 层,局部 13 层,高度 64.3 m,集商业、购物、休闲、娱乐、高尚居住环境为一体。建筑设计既有现代化大型商业中心的风格和氛围,又体现了民族传统和古都风貌。

该广场工程基础底板为大体积混凝土,施工时正值冬季。混凝土底板轴线尺寸 497.53 m× 153.54 m,基坑面积超过 7.5 万 m²。基础类型为筏基与独立柱基和抗水板组合而成,筏基底板有 50 余个不同高度及 215 个深度和形状不同的独立基坑。筏基厚度 1.8~2.2 m,最厚处 5.1 m。在筏基底板上支撑起 11 栋塔(板)楼,分别为东区 3 栋办公楼,1 栋公寓楼;中区 1 栋酒店及 2 栋办公楼;西区 3 栋办公楼,1 栋公寓楼;地下结构全部相通。底板混凝土强度等级为 C35,抗渗等级为 P12。底板及外墙采用 UEA 补偿收缩混凝土,掺 UEA 膨胀剂及麦斯特高效减水剂。底板混凝土总量约 14 万 m³,钢筋总量 3.4 万 t。基础中的裙房部位为 0.65 m 厚抗水板,并有 1 层 75 mm 厚聚苯板和 50 mm 厚焦渣的压缩变形层。抗水板上有 250 mm 厚卵石滤水层。

筏基大底板上贯穿东南西北方向预留沉降后浇带(施工缝),将整个底板分为 15 块。每块混凝土量为 6 000~11 000 m³,后浇带宽 1.5 m;下口设聚氯乙烯平铺止水带,中间设 BW-Ⅱ型止水带。

防水工程共设 3 道防线:材料防水、氯化聚乙烯橡胶防水卷材或聚氨酯涂膜;P12 刚性防水混凝土层;卵石滤水层加集水井。

2) 底板混凝土工程施工特点

①本工程混凝土量大,总量约 14 万 m³,且高程尺寸变化多,独立基坑类型多而复杂,配筋多而间距密,最多达 18 层。

②沉降后浇带及施工缝将整个底板分为 15 块,每块混凝土必须一次浇筑完成,不允许留垂直施工缝,每块混凝土量约 1 万 m³。浇筑混凝土强度大,质量要求高。

③工期紧,底板工程要求两个半月完成,正值冬期施工。

④本工程处于城市繁华的闹市区,交通组织困难大。基坑总面积达 10 万 m²,而周围道路及施工用地十分紧张,面对多家施工单位,泵送管线长,施工区域交叉干扰多,现场的组织协调工作十分艰巨。

⑤多个搅拌站同时供应同强度等级混凝土,对原材料的选择严格并统一要求,既要满足各项技术要求,还要控制含碱量,含碱量应低于 3 kg/m³。

⑥设计及功能上的要求给施工带来不少难度,如裙房底板下有压缩层,压缩层需经试验确定,部分基坑深、坡度陡,垫层需在钢丝网上抹细石混凝土,支模需吊帮,外墙需设置两种止水带等。

3) 主要施工技术及管理措施

(1)统一配合比

设计要求底板及外墙混凝土强度等级为 C35,抗渗等级为 P12。由于底板施工阶段正值冬季,考虑底板大体积混凝土水化热高不会受冻,决定厚度 ≥1 m 的底板及墙体掺 JD-10 防冻剂。混凝土配合比统一制定。为减少碱-集料反应,对水泥、砂、石、UEA、粉煤灰及外加剂等均在试验基础上进行选择。

大体积混凝土应优先选择矿渣水泥,但为控制含碱量,采用高标号低碱琉璃河普硅 425R 水泥,其水化热问题通过掺粉煤灰来解决,配合比中 42.5R 普硅水泥 +15% 粉煤灰 +12% 低碱 UEA,其混合水化热与 325 水泥水化热相当,效果理想。

考虑到本工程地处闹市区,运输车辆易堵塞,为使施工中有充裕的混凝土浇筑接茬时间,将初凝和终凝时间调整到合适时间。混凝土初凝定为(12±2)h,终凝时间为(16±2)h,坍落度定为出机坍落度 200~240 mm,入泵坍落度 100~180 mm,冬期施工混凝土出机温度控制为 10~20 ℃,并选用能有效降低或推迟水化热峰值的外加剂。

(2)混凝土施工工艺

大体积混凝土应采取分层浇筑、阶梯式推进。每层混凝土应在初凝前完成上层浇筑,新旧混凝土接茬时间不允许超过 8 h。

振捣手须经培训上岗,配袖标操作,快插慢拔,接茬时应插入下层混凝土 50 mm 左右。特殊部位钢筋较密,钢筋根部、斜坡上下口处要重点加强振捣。

底板混凝土表面,要求抹 3 遍(2 遍找平,1 遍压实),以减少表层收缩裂缝。

(3)养护与测温

混凝土振捣压抹以后及时覆盖塑料薄膜,上部盖 2 层防火草帘,保温保湿养护。测温点按 8 m×8 m 设 1 个,测混凝土中心温度、表面温度与大气温度。中心温度与表面温度、表面温度与大气温度之差控制在 25 ℃ 以内。掺防冻剂混凝土强度达到 3.51 N/mm² 前每 2 h 测一次,以后每 6 h 测一次。大体积混凝土升温阶段每 4 h 测一次,降温阶段每 6 h 测一次。

(4)沉降后浇带处理

沉降后浇带及后浇带(施工缝)将筏基分为 15 块。后浇带宽 1.5 m。按业主要求,沉降后浇带混凝土提前浇筑,约在混凝土整体收缩完成 80% 进行,其等级提高一级,掺量由 12% 提高到 13%,使混凝土在限制下膨胀,提高密实性。

(5)劳动组织

成立混凝土调度中心,负责商品混凝土调度管理,确保底板混凝土施工的连续性。在底板混凝土浇筑期间,配备 200 台以上混凝土罐车,每个保证 6 台地泵(或泵车),并有备用泵及泵管。要求混凝土供应量满足 15 000 m³/24 h 的要求,现场 10 台塔吊配合泵送混凝土施工,一旦泵送受阻即改用塔吊协助接茬,防止冷缝产生。

(6)交通运输组织及调度

设立交通指挥中心,现场设置标志线,罐车优先,兼顾其他,使大密度、高强度底板混凝土施工顺利进行。

4)结论

该广场工程底板混凝土冬期施工由于施工组织得当,技术措施有力,进展十分顺利。不到 80 d 就完成了 14 万 m³ 混凝土的浇筑,且底板大体积补偿收缩混凝土、补偿收缩抗冻混凝土强度及抗渗等级均满足设计要求。

项目小结

我国幅员辽阔,季节性气候差别大。南方地区冬季出现负温较短,而华北、东北、西北等地区每年都有较长的低温季节。沿海一带地区,春、夏之交雨水频繁,并伴有台风、暴雨和潮汛。冬期的低温和雨期的降水,给施工带来很大的困难,常规的施工方法已不能适应。在冬期和雨期施工时,必须从具体条件出发,选择合理的施工方法,制订具体的措施,确保工程质量,降低工程费用。合理地利用冬期、雨期施工是加快施工进度、充分利用全年时间施工的一种有效方法。

冬期施工应主要解决各种材料受冻害影响的问题。基础砌砖石工程冬期施工主要是防止砂浆受冻,常采用外加剂法或暖棚法施工。基础混凝土工程冬期施工主要是解决混凝土未达到临界强度前的受冻问题,常采用蓄热法、材料加热法、外加剂法和电热法等方法施工。

雨期施工应主要解决因雨水过多给工程施工中的施工场地及土方边坡、施工道路、材料及机电设备防护、基础砌筑等施工带来的影响。一般通过合理地安排工期,采用有效的防范措施来确保施工质量和安全。

复习思考题

1.冻土的定义、特性和分类是什么？地基土如何保温防冻？

2.冻土的开挖有哪些方法？它们适合于在哪种情况下使用？

3.基础砌筑工程有哪些冬期施工方法？各有什么特点？

4.钢筋负温闪光对焊应注意些什么？

5.基础混凝土工程的冬期施工期是如何规定的？其施工有什么特点？

6.基础混凝土冬期施工的主要方法有哪些？有何特点？

7.混凝土冬期施工中常用的外加剂有哪些？其作用如何？

8.混凝土冬期施工可采取什么样的措施？

9.强夯法冬期施工的施工期如何确定？

10.强夯法冬期施工参数如何确定？

11.解释混凝土的虚热保温法。

12.雨期施工应注意哪些问题？施工有哪些要求？

13.冬期施工的质量检查与安全技术主要应注意哪些问题？

14.雨期施工的质量检查与安全技术主要应注意哪些问题？

参考文献

［1］中华人民共和国住房和城乡建设部.房屋建筑制图统一标准：GB 50001—2017［S］.北京：中国计划出版社，2017.

［2］中华人民共和国住房和城乡建设部.总图制图标准：GB/T 50103—2010［S］.北京：中国计划出版社，2011.

［3］中华人民共和国住房和城乡建设部.建筑制图标准：GB/T 50104—2010［S］.北京：中国计划出版社，2011.

［4］中华人民共和国住房和城乡建设部.建筑结构制图标准：GB/T 50105—2010［S］.北京：中国建筑工业出版社，2010.

［5］中华人民共和国住房和城乡建设部.建筑地基基础工程施工质量验收标准：GB 50202—2018［S］.北京：中国计划出版社，2018.

［6］中华人民共和国住房和城乡建设部.土方与爆破工程施工及验收规范：GB 50201—2012［S］.北京：中国建筑工业出版社，2012.

［7］中华人民共和国住房和城乡建设部.砌体结构设计规范：GB 50003—2011［S］.北京：中国建筑工业出版社，2012.

［8］陕西省住房和城乡建设厅.砌体结构工程施工质量验收规范：GB 50203—2011［S］.北京：中国建筑工业出版社，2011.

［9］陕西省建筑科学研究院.钢筋焊接及验收规程：JGJ 18—2012［S］.北京：中国建筑工业出版社，2012.

［10］中华人民共和国住房和城乡建设部.混凝土结构设计规范：GB 50010—2010（2015 年版）［S］.北京：中国建筑工业出版社，2015.

［11］中国建筑科学研究院.混凝土结构工程施工质量验收规范：GB 50204—2015［S］.北京：中国建筑工业出版社，2015.

［12］江苏省住房和城乡建设厅.建筑地面工程施工质量验收规范：GB 50209—2010［S］.北

京:中国计划出版社,2010.

[13] 黑龙江省寒地建筑科学研究院,天元建设集团有限公司.建筑工程冬期施工规程:
    JGJ/T 104—2011[S].北京:中国建筑工业出版社,2011.

[14] 建筑施工手册编写组.建筑施工手册[M].4 版.北京:中国建筑工业出版社,2003.

[15] 《实用建筑施工手册》编写组.实用建筑施工手册[M].2 版.北京:中国建筑工业出版
    社,2005.

[16] 朱永祥.地基基础工程施工[M].北京:高等教育出版社,2005.

[17] 《基础工程施工手册》编写组.基础工程施工手册[M].2 版.北京:中国计划出版
    社,2002.

[18] 陈跃庆.地基与基础工程施工技术[M].北京:机械工业出版社,2004.

[19] 毕守一,钟汉华.基础工程施工[M].郑州:黄河水利出版社,2009.

[20] 肖捷.地基与基础工程施工[M].北京:机械工业出版社,2006.